GEFÖRDERT VOM

德国职业教育全球网络项目（VETnet）

职业教育
机电类规划教材

德 国 “ 双 元 制 ” 教 学 模 式 本 土 化 示 范 教 材

德国工商大会上海代表处（AHK - Shanghai）推荐教材

外研职教

零件手动加工

MANUAL PROCESSING OF PARTS

主 编　郑爱权

外语教学与研究出版社

北京

图书在版编目（CIP）数据

零件手动加工 / 郑爱权主编. -- 北京 ：外语教学与研究出版社，2019.9（2022.3 重印）
ISBN 978-7-5135-9771-5

Ⅰ. ①零… Ⅱ. ①郑… Ⅲ. ①机械元件－加工－高等职业教育－教材 Ⅳ. ①TH16

中国版本图书馆 CIP 数据核字（2019）第 223550 号

出 版 人　王　芳
责任编辑　赵　任
责任校对　吴　飞
封面设计　高　蕾
版式设计　彩奇风
出版发行　外语教学与研究出版社
社　　址　北京市西三环北路 19 号（100089）
网　　址　http://www.fltrp.com
印　　刷　北京虎彩文化传播有限公司
开　　本　787×1092　1/16
印　　张　30.5
版　　次　2019 年 10 月第 1 版　2022 年 3 月第 4 次印刷
书　　号　ISBN 978-7-5135-9771-5
定　　价　68.00 元

职业教育出版分社：
　地　　址：北京市西三环北路 19 号　外研社大厦　职业教育出版分社（100089）
　咨询电话：010-88819475
　传　　真：010-88819475
　网　　址：http://vep.fltrp.com
　电子信箱：vep@fltrp.com
　购书电话：010-88819928/9929/9930（邮购部）
　购书传真：010-88819428（邮购部）

购书咨询：（010）88819926　电子邮箱：club@fltrp.com
外研书店：https://waiyants.tmall.com
凡印刷、装订质量问题，请联系我社印制部
联系电话：（010）61207896　电子邮箱：zhijian@fltrp.com
凡侵权、盗版书籍线索，请联系我社法律事务部
举报电话：（010）88817519　电子邮箱：banquan@fltrp.com
物料号：297710001

德国“双元制”教学模式本土化示范教材 编写委员会

本书编写组

主　编　郑爱权

参　编　倪红海　周晓蓉　苏立祥

Vorwort

Die „duale" Ausbildung in Deutschland, die ihren Ursprung im mittelalterlichen Lehrlingswesen hat, verbindet die beiden Lernorte Schule und Betrieb eng miteinander. Die Auszubildenden erwerben in der Berufsschule fachtheoretisches und überfachliches Wissen und ergänzen dies im Betrieb mit praktischen Fertigkeiten. Die „duale" Ausbildung hat, als bedeutender Teil eines umfangreichen Systems der beruflichen Bildung, eine Vielzahl von hochqualifizierten Fachkräften für Deutschland ausgebildet, die wirtschaftliche und technologische Entwicklung Deutschlands gefördert, und wird als „Geheimwaffe" des deutschen Wirtschaftsaufschwungs bezeichnet. Als der damalige Bundeskanzler Helmut Kohl im Jahr 1987 die Geheimnisse der deutschen wissenschaftlicher und technologischer sowie wirtschaftlicher Entwicklung zusammenfasste, wies er darauf hin, dass die deutsche kulturelle Qualität und die entwickelte berufliche Bildung zwei wichtige Gründe für die wirtschaftliche Wiederbelebung Deutschlands waren.

Seit den 1970er Jahren, orientierten sich zahlreiche Länder an der deutschen „dualen" Ausbildung zur Verbesserung oder in Ergänzung der eigenen Berufsbildung, und sie wurde von den westlichen Ländern als „Vorbild Europas" bezeichnet. Dieser Erfolg der „dualen" Ausbildung zog auch das Interesse der chinesischen Staatsführung, der Wirtschaftler und der Bildungsreformer Chinas auf sich. Seit den 1980er Jahren wurde die „duale" Ausbildung in China eingeführt, und zahlreiche „duale" Pilotprojekte wurden in den zentralen Städten in Ost-, Nordost- sowie im mittleren China nacheinander ins Leben gerufen, wodurch die Qualifizierungsmodelle des Berufsbildungspersonals wesentlich verändert wurden. In den vergangenen Jahren trugen die deutsche „duale" Ausbildung durch die starke Unterstützung der Auslandshandelskammer Shanghai einen wesentlichen Beitrag zur pädagogischen Reform der Berufsbildung in verschiedenen Regionen Chinas bei. Mit dem Verlangen nach einer „mit starker Staatsmacht übereinstimmenden Handwerklichkeit" bei der industrieller Transformation, mit der Strategie „Wirtschaftserfolg durch Berufsbildung" und der Umsetzung von dem großen Plan „Made in China 2025", sowie der Vertiefung der bilateralen Kooperation zwischen Deutschland und China, entwickelte sich das Lernen von der „dualen" Ausbildung zum Trend der zeitgenössischen chinesischen beruflichen Bildungsreform.

Aufgrund variierender Voraussetzungen und Gegebenheiten in den einzelnen Regionen und auch zum Teil unterschiedlichen Schwerpunkten und Ansätzen innerhalb der Entscheidungsgremien, setzen zahlreiche berufsbildende Schulen und Colleges seit jeher eigene Schwerpunkte bei der Entwicklung und Durchführung der „dualen" Ausbildung. Sei es bei der Reform der Ausbildungsgestaltung, der Erprobung der Lernortkooperation oder der Forschung im Bereich des „modernen Lehrlingswesens", um nur einige Beispiele zu nennen. Aus Sicht der praktischen Durchführung der „dualen" Ausbildung war es nun für viele Akteure der beruflichen Bildung dringend notwendig, eine auf dem deutschen Qualitätsbewertungssystem basierende, allgemein anwendbare und übertragbare Lehrbuchserie zur Unterstützung bereitzustellen.

Gefördert durch das deutsche Bundesministerium für Bildung und Forschung (BMBF), unterstützt das Projekt „German Chambers worldwide network for cooperative, work-based Vocational

Education & Training", kurz „VETnet", als eine wichtige Plattform die Entwicklung der Berufsbildung die Einführung des „dualen" Ausbildungssystems in insgesamt 11 Partnerländer, wo sich die deutsche Auslandshandelskammer angesiedelt hat, einschließlich China, Brasilien, Indien, Rußland, Griechenland, Portugal, Spanien usw. In China arbeitet die Auslandshandelskammer Shanghai bei der Einführung und Anpassung des deutschen „dualen" Ausbildungssystems mit dem Suzhou Chien-Shiung Institute of Technology zusammen und hat bereits große Erfolge im Bereich „Theorie und Praxis in der Gestaltung der Berufsbildung" erzielt. Das Suzhou Chien-Shiung Institute of Technology mit Sitz im Yangtze-Delta in Taicang/Jiangsu, ist besonders bekannt durch seine hohe Dichte an deutschen Unternehmen, die sich dort in einer wirtschaftlich herausragenden Region in den vergangenen Jahrzehnten niedergelassen haben. Um dem Bedarf an qualifizierten Fachkräften dieser Unternehmen nachzukommen, wurde bereits im Jahr 2007 in Taicang das erste überbetriebliche Ausbildungszentrum –das „Sino-German (Taicang) Vocational Training Center" –eingerichtet, welches im Jahr 2015 zur ersten „Sino-German Dual Vocational Education Base" ausgebaut wurde. Von dort ausgehend wurde auch die "Deutsche Duale Berufsbildungsvereinigung AHK" gegründet, die als eine wichtige Plattform zur Förderung der Durchführung und Erforschung der „dualen" Ausbildung in China sowie weiterer Zusammenarbeit auf diesem Gebiet zwischen Deutschland und China fungiert. Als ein wichtiges Ergebnis verfassten nun Fachexperten aus den Partnerinstitutionen der Berufsbildungsvereinigung, basierend auf ihren mindestens 10-jährigen Erfahrungen, auf Einladung und unter Federführung der Auslandshandelskammer Shanghai und des Suzhou Chien-Shiung Institute of Technology diese im Verlag „Foreign Language Teaching and Research Press" offiziell veröffentlichte Lehrbuchserie: „Exemplarische Lehrbücher für die Lokalisierung der deutschen „dualen" Ausbildung in China". Die Lehrbuchserie füllt eine wesentliche inhaltliche Lücke in der Durchführung der „dualen" Ausbildung, geht über die Grenze der teilnehmenden Institutionen im chinesischen Berufsbildungssystem hinaus und repräsentiert in vorbildlicher Weise das Motto unserer „dualen" Berufsbildungsvereinigung: „gemeinsame Gestaltung, gemeinsamer Nutzen und gemeinsame Entwicklung". Als ein beispielgebendes Pilotprojekt soll diese Lehrbuchserie als Wegweiser für die „duale" Ausbildung in den chinesischen berufsbildenden Schulen und Colleges dienen und die Zusammenarbeit der Teilnehmer an „dualen" Ausbildungsinitiativen in China fördern, sodass das chinesische Berufsbildungswesen noch erfolgreicher und effizienter gemeinsam gefördert wird.

Wie das altes chinesisches Sprichwort lautet: „Mandarine, die in Huainan geboren ist, ist echte Mandarine, in Huaibei wird sie aber ‚Zhi'." Das heißt, es gibt auf der Welt keine „Blaupause". Das gleiche gilt auch für diese Lehrbuchserie. Ihre Inhalte sind an die lokalen Bedingungen anzupassen und flexibel zu handhaben, und die individuelle Herangehensweise ist aufgrund der deutschen „dualen" Ausbildung gemäß den regionalen Bedürfnissen und Bedingungen zu entwickeln, um die lokale wirtschaftliche und gesellschaftliche Entwicklung besser zu bedienen, was unsere gemeinsame Mission ist.

Direktorin Berufsbildung der Auslandshandelskammer Shanghai

28.06.2017, Shanghai

序

德国“双元制”教育起源于中世纪的学徒制度，它将学校教育与企业培训紧密结合起来，受训者以学徒身份在企业接受实践技能训练，并以学生身份在学校接受专业理论和文化教育。“双元制”教学模式作为一种比较完善的职业教育教学模式，为德国培养了大批高素质技术人才，促进了德国经济与科技的发展，被誉为德国经济腾飞的“秘密武器”。1987 年，时任联邦德国总理科尔在总结德国科技与经济发展奥秘时指出：德国人的文化素质和发达的职业教育是德国经济复兴的两条重要原因。

20 世纪 70 年代以来，许多国家借鉴“双元制”教学模式以改进本国的职业教育，西方国家称其为“欧洲的师表”。“双元制”教学模式的成功也引起中国的领导者、经济学家和教育改革者们的关注。80 年代“双元制”教学模式进入中国，华东、华中和东北等地区中心城市相继启动“双元制”试点项目，推动了职业教育人才培养模式改革。近年来，在德国工商大会上海代表处（AHK-Shanghai）的大力推动下，“双元制”教学模式在各地职业教育改革中产生了广泛影响。随着中国产业转型对“大国工匠”的渴求、“职教兴国”战略的提出、“中国制造 2025”宏大计划的实施和中德两国合作的深化，学习借鉴“双元制”教学模式已成为当代中国职业教育改革的一种潮流。

由于地域不同、校情各异、理解不一，中国各地职业院校对“双元制”教学模式研究与实践的重点各不相同，有的侧重人才培养模式改革，有的侧重校企合作体制机制探索，有的立足于现代学徒制研究等，取得了一定进展和成效。从实践“双元制”的需求来看，按照德国质量评价标准建立一套通用的可操作、可推广的培训教材体系是当前“双元制”教学模式研究的当务之急。

德国职业教育全球网络（VETnet）项目由德国联邦教育和研究部资助，旨在将双元制职业教育培训体系引入 11 个德国驻外商会所在的国家，包括中国、巴西、印度、俄罗斯、希腊、葡萄牙、西班牙等，为目的国的职业教育发展提供重要平台。在中国，德国工商大会上海代表处与苏州健雄职业技术学院开展合作，苏州健雄职业技术学院借鉴、引进德国“双元制”教学模式和培养标准，取得了丰硕的实践和理论成果。苏州健雄职业技术学院的所在地太仓，位于中国经济最为活跃的“长三角”城市群核心地带，依托区域丰厚的德企土壤，于 2007 年成立服务华东地区德资企业的跨企业培训中心——AHK 中德培训中心；2015 年，又合作成立中国境内首个“AHK 中德双元制职业教育示范推广基地”，组建“AHK 中德双元制职业教育联盟”，为“双元制”教学模式在中国的实践和研究以及中德两国在职业教育领域更广泛的合作搭建了重要平台。这次由德国工商大会上海代表处、苏州健雄职业技术学院联合联盟单位，总结过去 10 年“双元制”教学经验，由外语教学与研究出版社正式出版的德国“双元制”教学模式本土化示范教材，很好地弥补了德国“双元制”教学模式推广过程中培训资源的不足，打破了国内“双元制”教育主体间的壁垒，很好地阐释了中德“双元制”教育大家庭“共建、共享、共同发展”的理念，是一次非常有意义的探索。这套培训教材的出版，对中国职业院校“双元制”教育的实践具有指导作用，必将增强“双元制”教育的合力，共同推进中国职业教育的改革和发展。

“橘生淮南则为橘，生于淮北则为枳。”中国这句古话告诉我们，没有放之四海而皆准的普遍真理。因此，各地在使用这套教材时，应结合实际情况灵活运用，在汲取德国“双元制”教育精髓的基础上，努力走出各自职业教育的成功道路，更好地服务当地经济社会发展，这是我们的共同使命。

德国工商大会上海代表处职业教育总监

2017 年 6 月 28 日，上海

前言

众所周知，德国制造在当今世界俨然成为高质量、稳定可靠的代名词，究其原因，德国的双元制教育模式是其根本保障。随着我国改革开放的进一步深化，借鉴德国双元制教育模式、进行本土化创新实践成为当前我国职业教育发展的重要选择。

苏州健雄职业技术学院作为我国双元制教育的探索者和先行者，长期致力于推进双元制本土化创新，形成了三站（职业学校、培训中心、企业）互动、分段轮换的定岗双元人才培养特色。学校坚持以“学徒”为主体，提倡行动导向教学法，将课堂还给学生，以项目工作过程为主线，融入职业素养培养。

本教材立足于德国双元制教育模式，结合国内高职发展现状、学生具体学情及产业对人才需求情况等诸多因素进行本土化设计，最终形成了具有双元制鲜明特色的、基于完整工作过程的教材编写风格和呈现形式。教材项目设置由浅入深，凸显了双元制教育的特色及职业教育的本质。全书主要分绪论、培训项目和知识库三大部分：第一部分为绪论；第二部分5个培训项目，分别为培训中心现场管理体系基本认识（含2个子任务）、零件测量、笔架手动加工（含8个子任务）、配合件手动加工（含2个子任务）和组合件手动加工（含2个子任务）；第三部分为知识库。

对比现有同类教材，本教材具有以下鲜明特色：

(1) 培养体系构建完整、丰满。基于双元制本土化培养模式，三站互动、分段轮换的人才培养路径，突出技能和职业素养的培养，教学评价体系全面且人性化，不仅体现结果的实现程度，而且注重过程的评价。

(2) 项目任务设计新颖。全书共5个项目，每个项目包括若干精心设计的任务。每个项目或任务均由“工作任务书”“任务描述”“任务提示”“工作过程”“总结与提高”等几部分组成。每个项目或任务的“工作过程”又分为“信息”“计划”“决策”“实施”“检查”“评价”6个阶段。通过6个阶段完成整个项目或任务，并对项目或任务进行自我分析，绘制雷达图，可发现训练过程中存在的不足，以便在后续的项目或任务中有目的地、有针对性地加强训练。

(3) 立体化教学资源丰富。通过专题库、视频、音频及网络教学资源等形式打造饱满的课程内容，实现多种方式的课程学习，构建线上和线下混合式教学模式。相关知识点和技能点可通过网络学习平台进行自主学习。教学过程和学习过程更加生活化、情景化、动态化、形象化。

(4) 校、培、企三方合作编制。教材内容由学校、培训中心和企业三方联合选取制定，部分项目案例来源于培训教学案例和企业实践案例，缩短了课堂与企业的距离。

(5) 工匠精神凸显。企业5S和TPM现场管理体系内容贯穿始终，从本质上培养学生严谨、健康、规范、安全的意识，灵活运用持续改进工作方法，真正实现工匠精神的培养。

(6) 评价体系多元化。各任务评价不仅对学生完成工作页的质量和技能操作进行考核，还要记录学生在完成任务过程中的工作速度、工作质量、专业知识、培训态度、文明生产、社会行为、安全生产和培训内容等八个方面，真正做到不唯结果论，以生为本，树“匠”为上的软性评价体系。

本教材建议学时数为 240 学时，具体学时分配如下表：

项目	任务	建议学时数
绪论	培训规范和 5S、TPM 管理	2
项目 1　培训中心现场管理体系基本认识	任务 1　5S 管理规范和 TPM 全面生产维护认识	8
	任务 2　台虎钳的拆装及结构分析	4
项目 2　零件测量	零件测量	8
项目 3　笔架手动加工	任务 1　U 型槽钢简单划线及双支撑面锉削	10
	任务 2　支撑架锯削与锉削加工	12
	任务 3　底座六面体加工	10
	任务 4　支撑架和底座的划线	4
	任务 5　底座钻孔加工	12
	任务 6　底座錾削加工	4
	任务 7　支撑架铰孔加工	6
	任务 8　支撑架攻螺纹与装配	8
项目 4　配合件手动加工	任务 1　非对称性配合件加工	24
	任务 2　对称性配合件加工	24
项目 5　组合件手动加工	任务 1　滑槽组合件手动加工	32
	任务 2　滑阀导板机构组合件手动加工	72
合　　计		240

本教材由学校、培训中心、企业三方人员联合编写。郑爱权担任本书主编，并负责大纲、项目 3、项目 5 及知识库的编写和全书的统稿工作；绪论和项目 1 由倪红海编写；项目 2 由周晓蓉编写；项目 4 由苏立祥编写；苏州健雄职业技术学院纪飞飞、舍弗勒（中国）培训中心张学峰、太仓德资企业专业工人培训中心王振东、克朗斯机械（太仓）有限公司朱福林等参与了书中考核评价方案、培训中心管理、企业项目转化及在线学习资源建设等工作；韩树明担任教材编写指导和审核工作。

在本教材编写过程中，福伊特中国培训中心、淮安市双元制职业培训中心、中德（成都）AHK 职教培训中心、亿迈齿轮公司培训中心、AHK 双元制职业教育示范推广基地、铁王数控机床（苏州）有限公司、苏州鸿安机械有限公司、骏伟塑胶制品（太仓）有限公司等单位的相关技术人员对书中的一些具体问题给予了帮助并提供了一些资料和宝贵的应用经验。此外，本教材的编写还得到江苏省高校品牌专业建设工程项目（PPZY2015B188）和江苏省高等学校重点教材建设项目（项目编号：2018-2-068）的资助。在此，一并表示诚挚的感谢。同时，也要感谢我们团队中每一位成员为编写本教材付出的努力。

本教材配套的教学资源，请登录网站：http://mooc1.chaoxing.com/course/92682791.html 或扫描书中二维码进行获取。

由于编者水平有限，书中疏漏之处在所难免，恳请专家和广大读者批评指正。

编　者

2019 年 6 月

目录

知识库

第一章 健康安全环境

一、认识 HSE

1. HSE 定义

HSE 是健康（Health）、安全（Safety）、环境（Environment）的英文缩写，全称为职业健康、安全与环境。

（1）职业健康是指与工作相关的健康保健问题，如职业病、职业相关病等，是指员工在工作及其他职业活动中，因接触职业危害因素而引起的，并列入国家公布的职业病范围的疾病。

（2）安全是指在劳动生产过程中，努力改善劳动条件、消除不安全因素，使劳动生产在保证劳动者健康、企业财产不受损失、确保人民生命安全的前提下顺利进行。

（3）环境是指与人类密切相关的、影响人类生活和生产活动的各种自然力量或作用的总和，它不仅包括各种自然因素的组合，还包括人类与自然因素间相互形成的生态的组合。

2. HSE 意义

随着全球经济的发展，职业健康、安全与环境问题日益严重。严峻的职业健康、安全与环境问题要求我们在解决这类问题时不能仅依靠技术手段，还应该重视生产过程中的管理以及对人们职业健康、安全与环境意识的教育。国际上，从各个层面也越来越重视职业健康、安全与环境，越是发达的国家，重视程度越高。我国实施改革开放多年以来，对于这方面也越来越重视。

国际上对职业健康、安全与环境也有相应的管理体系，通过对环境、设备、人员操作等方面进行策划、管理、监督和控制，从而避免事故、保护环境、保证人员健康与安全。

3. HSE 范围

HSE 范围是指影响作业场所内员工、临时工、合同工、外来人员和其他人员安全健康的条件和因素；是对进入作业场所的任何人员的安全与健康的保护，但不包括职工其他劳动权利和劳动报酬的保护，也不包括一般的卫生保健和伤病医疗工作。作业场所一般是指组织生产活动的场所。

4. 企业员工的 HSE 责任

（1）特种作业人员必须按照国家有关规定经过专门的安全作业培训，取得特种作业操作资格证书，方可上岗作业。

（2）必须接受所有与工作需要相关的 HSE 教育和培训，掌握本职岗位所需要的安全生产知识，提高安全生产技能，增强事故预防和应急处理能力。

（3）必须遵守公司的环境健康安全规章制度和指令，并劝说和阻止他人的不安全活动和操作。

（4）上岗前，要检查个人防护用品、工具设备是否良好和有效；确认自己是否处于良好的精神状态，如饮酒、疲劳、生病、情绪不稳定等严禁上岗。

（5）作业过程中，必须维护保养设备和工具，并始终保持工作场所整洁有序，正确使用化学制品和处理危险废物。

（6）作业后，要清理工作现场，收拾好工具，收拾好安全防护用品；确保没有遗留任何安全隐患后方可离开。

（7）当危险、伤害或环境事件发生时要立即报告，并协助救护和调查处理。

5. 企业员工的 HSE 权利

（1）有权依法订立劳动合同、依法获得安全生产保障（劳动保护用品）、依法获得参加工伤社会保险。

（2）有权了解其他作业场所和工作岗位存在的危险因素、防范措施以及事故应急措施。

（3）有权拒绝违章指挥和强令冒险作业。

（4）发现直接危及人身安全的紧急情况时，有权停止作业或者在采取可能的应急措施后撤离作业场所。

（5）有权对本单位的安全生产工作提出建议，对安全生产工作中存在的问题提出批评、检举、控告。

（6）因安全生产事故受到损害的从业人员，除依法享有工伤社会保险外，依照有关部门民事法律尚可有获得赔偿的权利的，还有权向本单位提出赔偿的要求。

二、车间的安全生产与防护

对长期工作在机械行业加工车间的机械工人来说，不注意生产中的安全防护会带来极其严重的后果。一次意外事故可能会缩减甚至断送个人的职业生涯，更会给个人和家庭带来极大的痛苦。

因此，个人需要在工作实践中注意积累安全生产方面的宝贵经验，牢固树立安全第一的思想。

1. 个人的安全防护

（1）眼睛的防护

机床在加工工件时，产生的高温金属切屑常常会以很高的速度从刀具下飞出来，有的可能弹得很远，稍不留神就可能导致周围的人眼睛受伤。

在车间进行相关操作时，一定要做到时刻佩戴防护眼镜。大多数情况选用普通的平光镜，这种平光镜带有防振的玻璃镜片，刮伤的镜片可以更换。平光镜的镜架分为固定式和柔性可调式两种，如图 1–1 所示。

进行任何磨削、钻削操作时，必须佩戴防护罩眼镜，如图 1–2 所示，防止飞溅的磨削颗粒和碎片从侧面打进眼睛。

若戴有近视镜，可以采用防护面罩，如图 1–3 所示，对眼睛进行安全防护。

图 1–1　普通的框式防护眼镜

图 1–2　防护罩眼镜

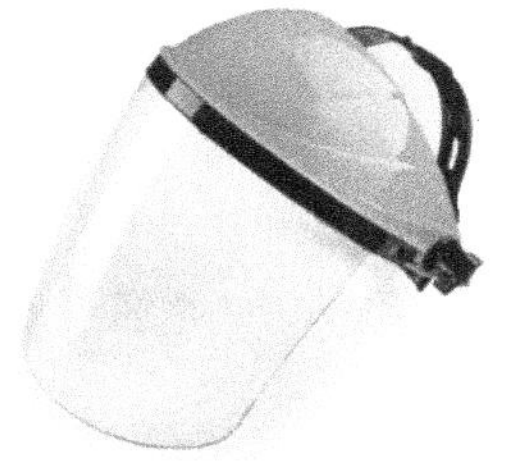

图 1–3　防护面罩

（2）听力的防护

在学校实训车间里通常没有噪声干扰的问题。然而，在真正的机械加工车间里，离噪声较大的装配生产线或冲压设备较近时，如何保护听力不受损害也是安全工作的重要内容。

国家卫生部在《工业企业职工听力保护规范》中第一章总则第二条，本规范适合用于各类企业噪声作业场所职工的听力保护。凡有职工每工作日，8 小时暴露于等效声级 85 分贝的企业，都应执行本规范。

在第六章护耳器第二十五条，企业应当提供三种以上护耳器（包括不同类型不同型号的耳塞或耳罩），如图 1–4 所示，供暴露于等效声级 85 分贝作业场所的职工选用。

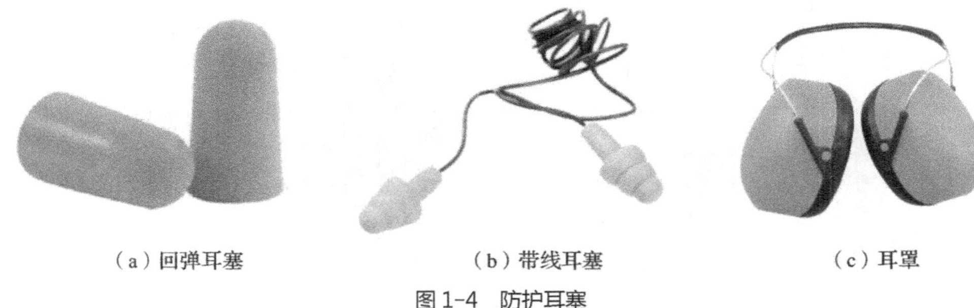

（a）回弹耳塞　（b）带线耳塞　（c）耳罩

图 1–4　防护耳塞

表 1–1 为规定时间内允许噪声表。

表 1-1　规定时间内允许噪声表

序号	每个工作日接触噪声时间 /h	允许噪声 /dB
1	8	85
2	4	88
3	2	91
4	1	94
5	0.5	97
6	0.25	100
7	0.125	103
8	最高不得超过 115 dB	

在《金属切削机床 安全防护通用技术条件（GB 15760—2016)》5.8 噪声条款中，应采取措施降低机床的噪声，在空运转条件下，机床的噪声声压级应符合表 1–2 的规定。

表 1-2　机床空运转噪声声压级的限值

机床质量 /T	≤ 10	>10 ~ 30	≥ 30
普通机床 /dB(A)	85	85	90
数控机床 /dB(A)	83		

（3）磨屑及有害烟尘的控制

磨屑是由砂轮机磨削工件或刀具的过程中不断产生的，它包含了大量的对人体有害的细小金属颗粒和砂轮磨料。为了减少空气中磨屑的含量，大部分磨削加工机械安装了砂轮机除尘装置，如图 1–5 所示。此外，添加冷却液也有一定的降尘作用。

（4）工作时的着装、服饰与头发

在机械加工车间工作时，应当穿工作服，不要系领带，如图 1–6 所示。

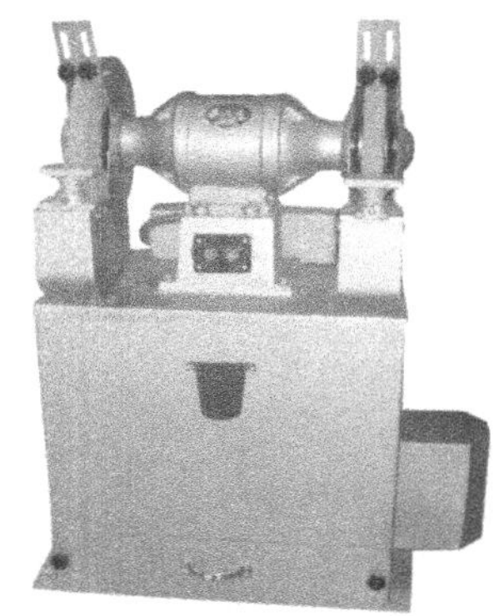

（a）除尘式砂轮机

（b）砂轮机吸尘装置

图 1-5　砂轮机除尘装置

工作时，应该戴上工作帽，并将长发置于工作帽内，以免头发被卷入机器中，从而发生灾难性的事故，如图 1-7 所示。

图 1-6　工作服

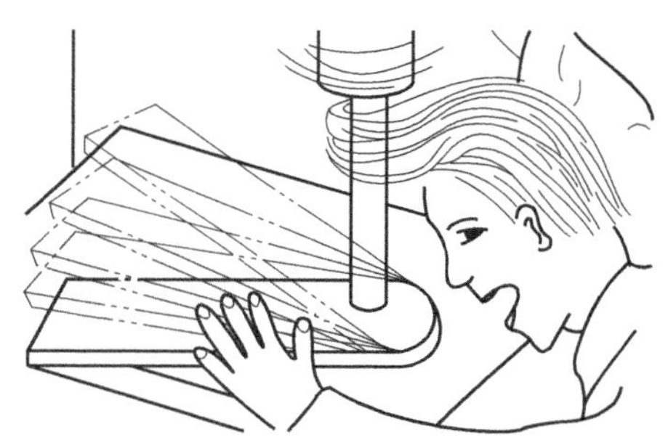

图 1-7　头发卷入机器

操作机床不可戴手表和戒指，以免产生剐带而造成严重伤害。

（5）脚部的防护

在机械加工车间里，脚部一般不存在太多的危险，但在繁忙的作业时一些工件很有可能落到脚上，同时也应注意地面上尖利的金属切屑。

工作时应穿着脚头有防护钢板的劳保鞋，如图 1-8 所示。

（6）手部的防护

长年与各种机械打交道，应保护好双手。在加工操作过程中，机床上的金属屑不要用手直接接触，应使用刷子清除，如图 1-9 所示。因为切屑不仅十分锋利，而且刚被切削下来时温度很高，特别是较长的切屑尤其危险。

操作时严禁戴手套。若手套被机床部件剐带，手臂可能会被带入旋转的机器中。

各种切削液、冷却液和溶剂对人的皮肤都有刺激作用，经常接触可能会引起皮疹或感染。所以应尽量少接触这些液体，如果无法避免，使用后应立即洗手。

（7）搬运重物

不适当地搬运重物可能会导致脊椎永久性的损伤，甚至使个人完全丧失劳动能力，将力量全部施加在脊背上抬重物是错误的，如图 1-10 所示。

搬运重物的正确姿势，如图 1-11 所示。

图 1-8　钢包头劳保鞋

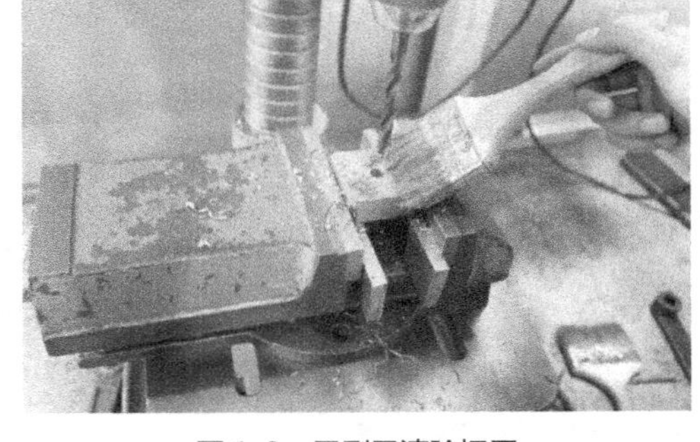

图 1-9　用刷子清除切屑

图 1-10　搬运重物的错误姿势

图 1-11　搬运重物的正确姿势

正确搬运重物的步骤，如表 1-3 所示。

表 1-3　正确搬运重物的步骤

序号	步　骤
1	保持腰背平直
2	下蹲，膝盖弯曲
3	腿部肌肉平稳地用力，抬起重物，保持背脊成直线
4	将重物放在易搬运的地方，搬运时要注意周围环境
5	当你把抬起的重物放回地面时，要采用与抬物类似的方式

（8）严禁在车间里打闹

车间不是打闹玩耍的场所，一些不经意的玩笑可能给自己及他人带来严重的伤害。

2. 机械伤害事故的预防

生产制造车间存在很多发生机械伤害的可能性。因此要记住：运转着的机床不会区分被加工的零件和你的手指，当被开动的机器夹住时，不可能用自己的力气将机器停下。因此每次开机床前，应明确如下问题：

（1）怎么使用这台机器？

（2）使用这台机器有什么潜在的危险？

（3）所有的安全装置都就位了吗？

（4）操作程序安全吗？

（5）是否做我力所能及的事？

（6）是否已做好所有的调整工作，并将所有的锁紧螺栓和卡钳夹紧了？

（7）工件装夹得牢固吗？

（8）佩戴好必需的防护装备了吗？

（9）知道关机的开关在哪里吗？

（10）所做的每件事都考虑了安全问题吗？

三、典型案例及注意事项

不同的工种都有不同的工作服。在生产工作场所，我们不能像平时休息那样，穿自己喜欢穿的服装。工作服不仅仅体现一个企业员工的精神面貌，更重要的是它还具有保护生命安全和健康的作用。忽视它的作用，从某种意义上来讲，也就是忽视了你自己的生命安全。有时操作人员习惯了戴手套作业，即使在操作旋转的机械时，也不会意识到这样不对，但是操作旋转的机械最忌戴手套。因为戴手套而引发的伤害事故是非常多的，下面就是一例。

2002 年 4 月 23 日，陕西一煤机厂职工小吴正在摇臂钻床上进行钻孔作业。测量零件时，小吴没有关停钻床，只是把摇臂推到一边，就用戴手套的手去搬动工件，这时，飞速旋转的钻头猛地绞住了小吴的手套，强大的力量拽着小吴的手臂往钻头上缠绕。小吴一边喊叫，一边拼命挣扎，等到同事听到喊声关掉钻床，小吴的手套、工作服已被撕烂，右手小拇指也被绞断。

从上面的例子我们应该懂得，劳保用品也不能随便使用，并且在旋转机械附近，我们的衣服等物一定要收拾利索。如要扣紧袖口，不要戴围巾、手套等。上海某纺织厂就曾经发生过一起这样的事故，一名挡车女工没有遵守厂里的规定，把头巾围到领子里上岗作业，当她接线时，头巾的末端嵌入梳毛机轴承细缝里，头巾被绞，该女工的脖子被猛地勒在纺纱机上，同事虽立即停机，但该女工还是失去了宝贵的生命。所以我们在操作旋转机械时一定要做到工作服的“三紧”，即：袖口紧、下摆紧、裤脚紧；不要戴手套、围巾；女工的发辫更要盘在工作帽内，不能露出帽外。

第二章 TPM 全面生产维护

一、5S 管理

1. 5S 管理简介

20 世纪 80 年代，一种起源于日本的管理模式风靡全球，它就是 5S 管理，即整理（Seiri）、整顿（Seiton）、清扫（Seiso）、清洁（Seiketsu）和素养（Shitsuke）。因为这 5 个词日语中罗马拼音的第一个字母都是“S”，所以简称为“5S”。

2. 5S 管理的含义

（1）整理（Seiri）

1）整理的定义。整理就是区分需要用和不需要用的物品，将不需要用的物品处理掉，如表 2-1 所示。其目的是把“空间”腾出来活用，根据现场物品处理原则，只留下需要的物品、需要的数量和需要的时间。

表 2-1　物品区分

区分	使用频率	保管方法
必需品	每时都得使用	现场保管
	每天使用一次	
	每周使用一次	
非必需品	每月使用一次	现场保管
	2 个月至半年使用一次	指定场所保管
	半年至一年使用一次	
不用品	一年中从不用一次	废弃或变更

2）整理的目的。整理主要有以下目的：

① 改善和增加作业面积；

② 现场无杂物，行道通畅，提高工作效率；

③ 减少磕碰的机会，保障安全，提高质量；

④ 消除混放、混料等差错事故；

⑤ 有利于减少库存量，节约资金；

⑥ 改变作风，提高工作情绪。

3）整理的意义。首先，把要与不要的人、事、物分开，再将不需要的人、事、物加以处理，对生产现场摆放的各种物品进行分类，区分哪些是需要的，哪些是不需要的；其次，对于现场不需要的物品，诸如用剩的材料、多余的半成品、切下的料头、切屑、垃圾、废品、多余的工具、报废的设备、工人的个人生活用品等，要坚决清理出生产现场，这项工作的重点在于坚决把现场不需要的物品清理掉。对于车间里各个工位或设备的前后、通道左右、厂房上下、工具箱内外，以及车间的各个死角，都要彻底搜寻和清理，达到现场无不用之物。

（2）整顿（Seiton）

1）整顿的定义。整顿就是合理安排物品放置的位置和方法，并进行必要的标示。

2）整顿的目的。不浪费时间寻找物品，提高工作效率和产品质量，保障生产安全。

3）整顿的意义。把需要的人、事、物加以定量、定位。通过前一步整理后，对生产现场需要留下的物品进行科学合理的布置和摆放，以便用最快的速度取得所需之物，在最有效的规章、制度和最简捷的流程下完成作业。

4）整顿的要点如下：

① 物品摆放要有固定的地点和区域，以便于寻找，消除因混放而造成的差错。

② 物品摆放地点要科学合理。例如，根据物品使用的频率，经常使用的物品应放得近些（如放在作业区内），偶尔使用或不常使用的物品则应放得远些（如集中放在车间某处）。

③ 物品摆放目视化，使定量装载的物品做到过目知数，摆放不同物品的区域采用不同的色彩和标记加以区别。

（3）清扫（Seiso）

1）清扫的定义。清扫就是清除现场的脏污、清除作业区域的物料垃圾。

2）清扫的目的。清扫的目的在于清除脏污，保持现场干净、明亮。

3）清扫的意义。清扫的意义是将工作场所的污垢去除，是实施自主保养的第一步。

4）清扫的要点如下：

① 自己使用的物品，如设备、工具等，要自己清扫，而不要依赖他人，不增加专门的清扫工。

② 对设备的清扫，着眼于对设备的维护保养。清扫设备要同设备的点检结合起来，清扫即点检；清扫设备要同时做设备的润滑工作，清扫也是保养。

③ 清扫也是为了改善。当清扫地面发现有飞屑和油水泄漏时，要查明原因，并采取措施加以改进。

（4）清洁（Seiketsu）

1）清洁的定义。清洁就是指将整理、整顿、清扫实施的做法制度化、规范化，维持其成果。

2）清洁的目的。清洁的目的在于认真维护并坚持整理、整顿、清扫的效果，使其保持最佳状态。

3）清洁的意义。清洁的意义是通过对整理、整顿、清扫活动的坚持与深入，从而消除发生安全事故的根源，创造一个良好的工作环境，使工人能愉快地工作。

4）清洁的要点如下：

① 车间环境不仅要整齐，而且要做到清洁卫生，保证工人的身体健康，提高工人的劳动热情。

② 不仅物品要清洁，而且工人本身也要做到清洁，如工作服要清洁，仪表要整洁，及时理发、刮须、修指甲、洗澡等。

③ 工人不仅要做到身体上的清洁，而且要做到精神上的“清洁”，待人要讲礼貌、要尊重别人。

④ 要使环境不受污染，进一步消除浑浊的空气、粉尘、噪声和污染源，消灭职业病。

（5）素养（Shitsuke）

1）素养的定义。素养就是指人人按章操作、依规行事，养成良好的习惯。

2）素养的目的。提升“人的品质”，培养对任何工作都讲究认真的人。

3）素养的意义。素养的意义在于努力提高工人的修养，使工人养成严格遵守规章制度的习惯和作风，是5S管理的核心。

二、TPM全面生产维护

1. TPM的含义

TPM是（Total Productive Maintenance）的英文缩写，意为“全员生产性保全活动”。1971年首先由日本人倡导提出。它是指全体人员，包括企业领导、生产现场工人以及办公室人员参加的生产维修、保养体制。TPM的目的是达到设备的最高效益，它以小组活动为基础，涉及设备全系统。

2. TPM的目标

TPM的主要目标是限制和降低六大损失：

（1）产量损失。
（2）闲置、空转与短暂停机损失。
（3）设置与调整停机损失。
（4）速度降低（速度损失）。
（5）残、次、废品损失，边角料损失（缺陷损失）。
（6）设备停机时间损失（停机时间损失）。

3. TPM 的发展史

TPM 的整个发展过程以时间点区分，如图 2-1 所示。

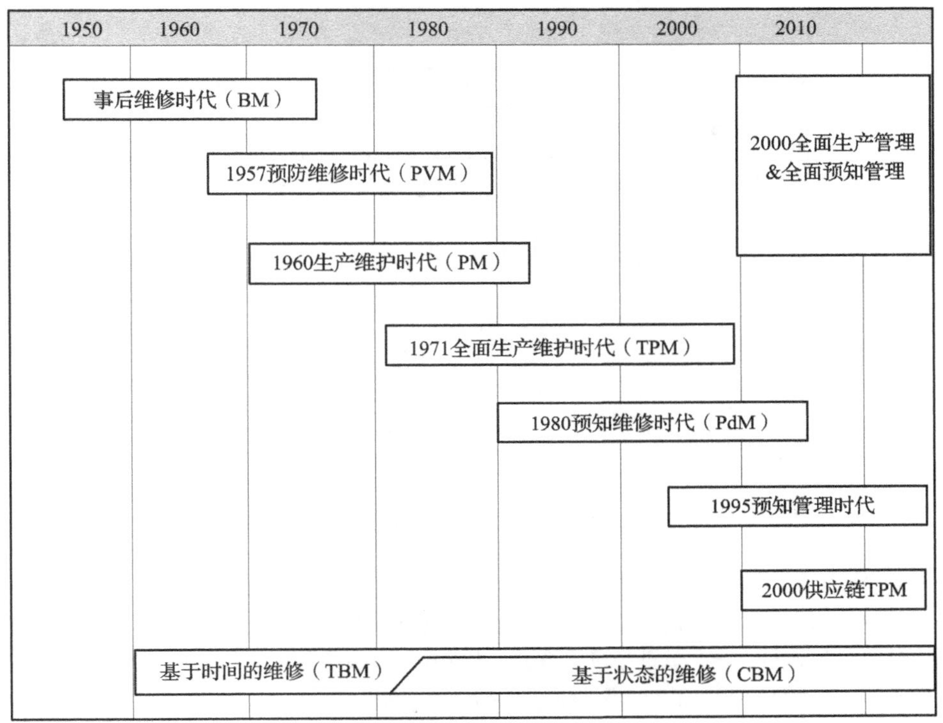

图 2-1　TPM 的发展过程

4. TPM 的三大管理思想

（1）预防哲学

防止问题发生是 TPM 的基本方针，这叫做预防哲学，也是消除灾害、不良、故障的理论基础。为防止问题的发生，应当消除问题的根源，并为防止问题的再发生进行逐一的检查。

（2）“零”目标

TPM 以实现 4 个零为目标，即：灾害为零、不良为零、故障为零、浪费为零。为了实现 4 个零，TPM 以预防保全手法为基础开展活动。

（3）全员参与和小集团活动

做好预防工作是 TPM 活动成功的关键。如果操作者不关注，相关人员不关注，领导不关注，就不可能做到全方位的预防。因为一个企业规模比较大，光靠几个或几十个工作人员维护，就算是一天 8 个小时不停地巡查，也很难防止一些显在或潜在的问题发生。

重复小团队是指从高层到中层再到第一线的小团队的各阶层相互协作活动的组织。TPM 的推进组织为重复小团队，而重复小团队是执行力的保证。

5．TPM 重要指标

设备综合效率（Overall Equipment Effectiveness，OEE）是用来评估设备效率状况，以及测定设备运转损失，研究其对策的一种有效方式，最早由日本能率协会顾问公司提出。它是全球公认量度 TPM 的重要指标。

设备综合效率的构成，如图 2-2 所示。

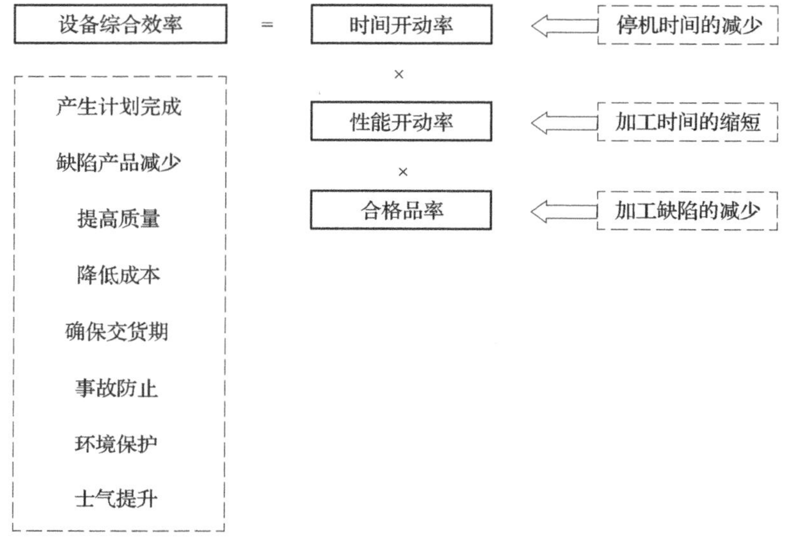

图 2-2　设备综合效率的构成

从这些构成要素上，我们可以判断设备是否充分发挥出了其性能。基本上，综合效率越接近 100% 越好，但受到各种因素的影响，一般机械型生产设备，其设备的综合效率能维持在 85% 以上，或连续式生产型设备综合效率在 90% 以上，就已经算不错了，当然这又会因行业、生产模式的不同而有所差异。

针对构成设备综合效率的要素加以说明，设备损失构成分析表，如表 2-2 所示。

表 2-2　设备损失构成分析表

设备损失构成			参考定义
正常日历时间	停止时间	休息时间	影响设备运转的时间：员工的休息时间，生产计划规定的休息时间
		非设备因素停机时间	早会（每日 10 min）、案例发表会、班组交流会、教育培训、消防演习、体检（疫苗注射）、盘点、试验、能源动力设施的中断等引起设备的停机时间
		计划停机的时间	计划的预防维修、纠正性维修时间 17:00 活动、TPM 活动日，每日下班前清扫 10 min
		无负荷时间	外包中间品或其他生产线延迟交付所引起的待料

续表

<table>
<tr><th colspan="6">设备损失构成</th><th>参考定义</th></tr>
<tr><td rowspan="7">正常日历时间</td><td rowspan="7">负荷时间</td><td rowspan="2">停机时间</td><td colspan="3">故障</td><td>突发故障引起的停机时间</td></tr>
<tr><td colspan="3">品种切换、调整、员工误操作停机</td><td>模具、工装夹具的更换、调整、试生产时间
员工操作责任项目中［其他］所包含的时间</td></tr>
<tr><td rowspan="5">运作时间</td><td rowspan="2">速度损失</td><td colspan="2">空转、临时停机</td><td>运转时间 – 加工数 × 实际加工时间</td></tr>
<tr><td colspan="2">速度降低</td><td>设备理论加工速度与实际加工速度之差
加工数 ×（实际加工时间 – 理论加工时间）</td></tr>
<tr><td rowspan="3">实际运作时间</td><td rowspan="2">质量损失</td><td>缺陷返工</td><td>正常生产时加工出不合格品的时间
挑选、修复不合格品而导致的设备停止有效开动的时间</td></tr>
<tr><td>初期不合格品率</td><td>生产开始时，自故障停机至恢复运转时，条件的设定、试加工、试冲等加工的不合格品的时间</td></tr>
<tr><td>有效运转时间</td><td>价值运转时间</td><td>实际生产出附加价值的时间
生产合格品所用的时间</td></tr>
</table>

三、PDCA 循环

1．PDCA 循环的由来

PDCA 循环是一种科学的工作程序，最早是由美国贝尔实验室的休哈特博士提出，后经戴明博士在日本推广应用。所以，又称为“戴明环”。PDCA 循环 – 改善提升，本是产品质量控制的一个原则，但是它不仅仅能控制产品质量管理的过程，还同样可以有效控制工作质量和管理质量。

2．PDCA 循环的 4 个阶段

所谓 PDCA 即是计划（Plan）、实施（Do）、检查（Check）、行动（Action）的首字母组合，一个完整的 PDCA 循环包括 4 个阶段，如图 2–3 所示。

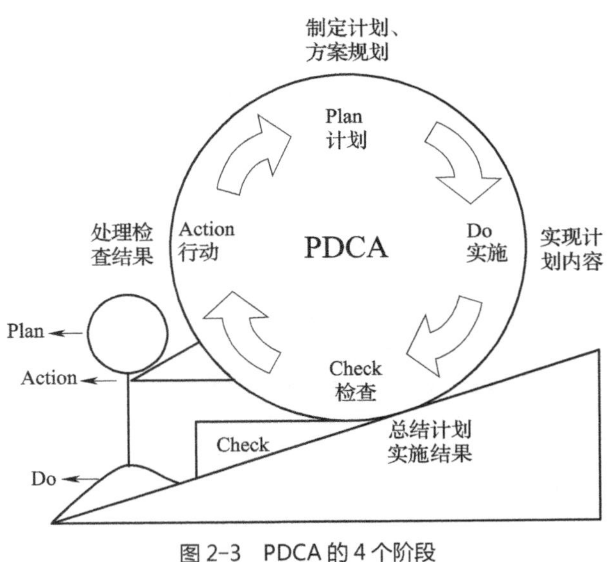

图 2–3　PDCA 的 4 个阶段

（1）P（Plan）—计划，第一阶段是计划，它包括分析现状；找出存在问题的原因；分析产生问题的原因；找出其中的主要原因；拟订措施计划，预计效果 5 个步骤。

（2）D（Do）—实施，第二阶段是实施。

（3）C（Check）—检查，第三阶段是检查。把实施的结果与预定目标对比，检查计划实施情况是否达到预期效果。

（4）A（Action）—行动，对检查的结果进行处理，成功的经验应加以肯定并适当推广、标准化；失败的教训应加以总结，未解决的问题放到下一个 PDCA 循环里。

以上 4 个过程不是运行一次就结束，而是应周而复始地进行，一个循环完了，解决了一些问题，未解决的问题进入下一个循环，这样阶梯式上升。PCDA 循环实际上是有效进行任何一项工作的合乎逻辑的工作程序。在质量管理中，有人称其为质量管理的基本方法。无论哪一项工作都离不开 PDCA 循环，每一项工作都需要经过计划、实施计划、检查计划、对计划进行调整并不断改善这样 4 个阶段。

3. PDCA 循环的 8 个步骤

PDCA 的 8 个步骤，如图 2-4 所示。

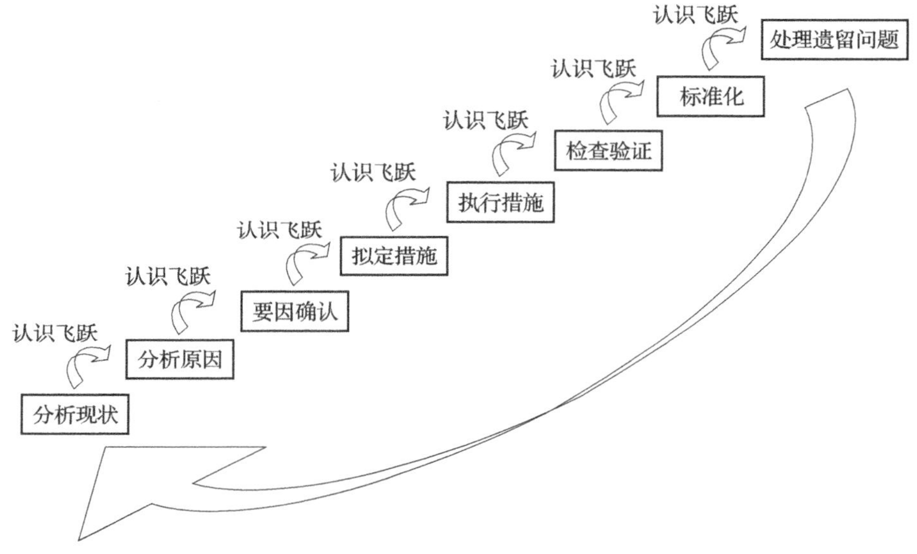

图 2-4　PDCA 的 8 个步骤

（1）分析现状，发现问题。强调的是对现状的把握和发现问题的意识、能力，发现问题是解决问题的第一步，是分析问题的前提。

（2）分析原因。找准问题后分析产生问题的原因至关重要，运用头脑风暴法等方法，把导致问题产生的所有原因统统找出来。

（3）要因确认。区分主因和次因是最有效地解决问题的关键。

（4）拟定措施。措施是执行力的基础，尽可能使其具有可操作性。

（5）执行措施。高效的执行力是组织完成目标的重要一环。

（6）检查验证。“下属只做你检查的工作，不做你希望的工作。”IBM 的前 CEO 郭士纳的这句话将检查验证、评估效果的重要性一语道破。

（7）标准化。标准化是维持企业管理现状不下滑，积累、沉淀经验的最好方法，也是企业管理水平不断提升的基础。可以这样说，标准化是企业管理系统的动力，没有标准化，企业就不会进步，甚至会倒退。

（8）处理遗留问题。所有问题不可能在一个 PDCA 循环中全部解决，遗留的问题会自动转入下一个 PDCA 循环，如此，周而复始，螺旋上升。

4. PDCA 循环的特点

（1）周而复始。PDCA 循环一定要按顺序进行，它靠组织的力量来推动，像车轮一样向前进，PDCA 循环的 4 个过程不是运行一次就完结，而是周而复始地进行。一个循环结束了，解决了一部分问题，还有部分问题没有解决，或者又出现了新的问题，再进行下一个 PDCA 循环，依此类推，如图 2-5 所示。

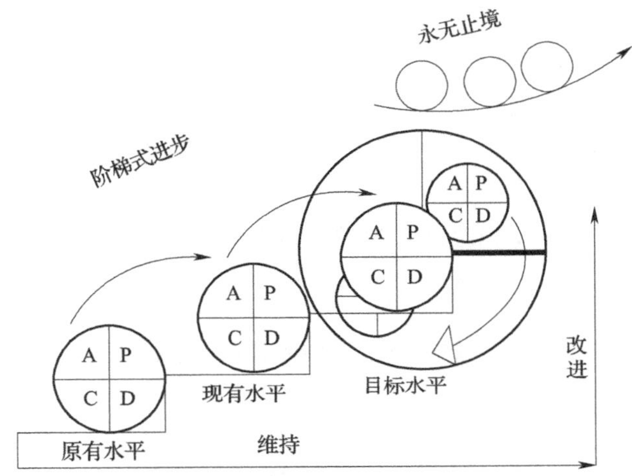

图 2-5　PDCA 循环的特点示意图

（2）大环带小环。企业中，每个科室、车间、工段、班组，直至个人的工作，均有一个 PDCA 循环，这样逐层解决问题，而且大环套小环，一环扣一环，小环保大环，推动大循环。这里，大环与小环的关系，主要是通过质量计划指标连接起来，上一级的管理循环是下一级管理循环的根据，下一级的管理循环又是上一级管理循环的组成部分和具体保证。

（3）阶梯式上升。PDCA 循环不是在同一水平上循环，每循环一次，就解决一部分问题，取得一部分成果，工作就前进一步，水平就提高一步。每通过一次 PDCA 循环，都要进行总结，提出新目标，再进行第二次 PDCA 循环，使质量管理的车轮滚滚向前。PDCA 每循环一次，质量水平和管理水平均提高一步。

第三章 测量知识

一、量具的类型

用来测量、检验零件及产品的形状和尺寸的工具称为量具。量具的种类很多，根据其用途和特点，可分为以下三种类型。

1. 万能量具

万能量具一般都有刻度，在测量范围内可以测量零件和产品的形状及尺寸的具体数值。如游标卡尺、千分尺、百分表和万能游标角度尺等。

2. 专用量具

专用量具不能测量出实际尺寸，只能测定零件和产品的形状及尺寸是否合格。如卡规、塞尺等。

3. 标准量具

标准量具只能制成某个固定尺寸，通常用来校对和调整其他量具，也可以作为标准与被测量件进行比较。如量块等。

二、钳工常用的量具

1. 钢直尺

钢直尺是最简单的长度量具，它的长度有 150 mm，300 mm，500 mm 和 1 000 mm 四种规格。常用的 150 mm 钢直尺，如图 3–1 所示。

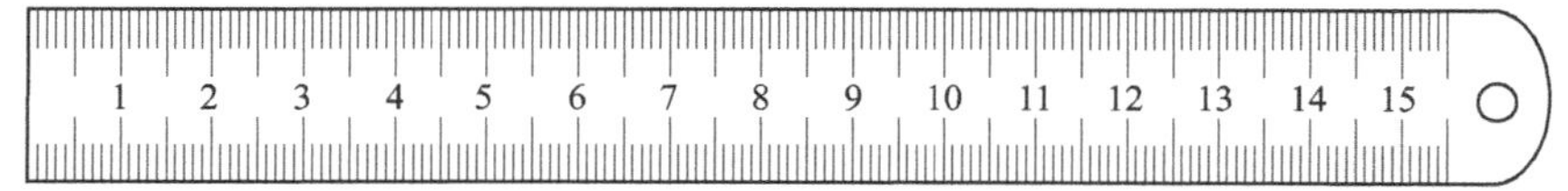

图 3–1　150 mm 钢直尺

钢直尺用于测量零件的长度尺寸，如图 3–2 所示。它的测量结果不太准确。这是由于钢直尺的刻线间距为 1 mm，而刻线本身的宽度就有 0.1 ～ 0.2 mm，所以测量时读数误差比较大，只能读出毫米数，即它的最小读数值为 1 mm，比 1 mm 小的数值，只能估计而得。

2. 游标卡尺

游标卡尺是一种中等精度的量具，可以用它来测量零件的外径、内径、长度、宽度、厚度、深度和孔距等尺寸。游标卡尺的测量精度有 0.1 mm、0.05 mm 和 0.02 mm 三种，测量范围有 0 ～ 125 mm、0 ～ 150 mm、0 ～ 200 mm、0 ～ 300 mm 等。

（1）游标卡尺的结构

游标卡尺由尺身（主尺）、内测量爪、紧固螺钉、深度尺、游标尺、外测量爪等部分组成，其结构如图 3–3 所示。

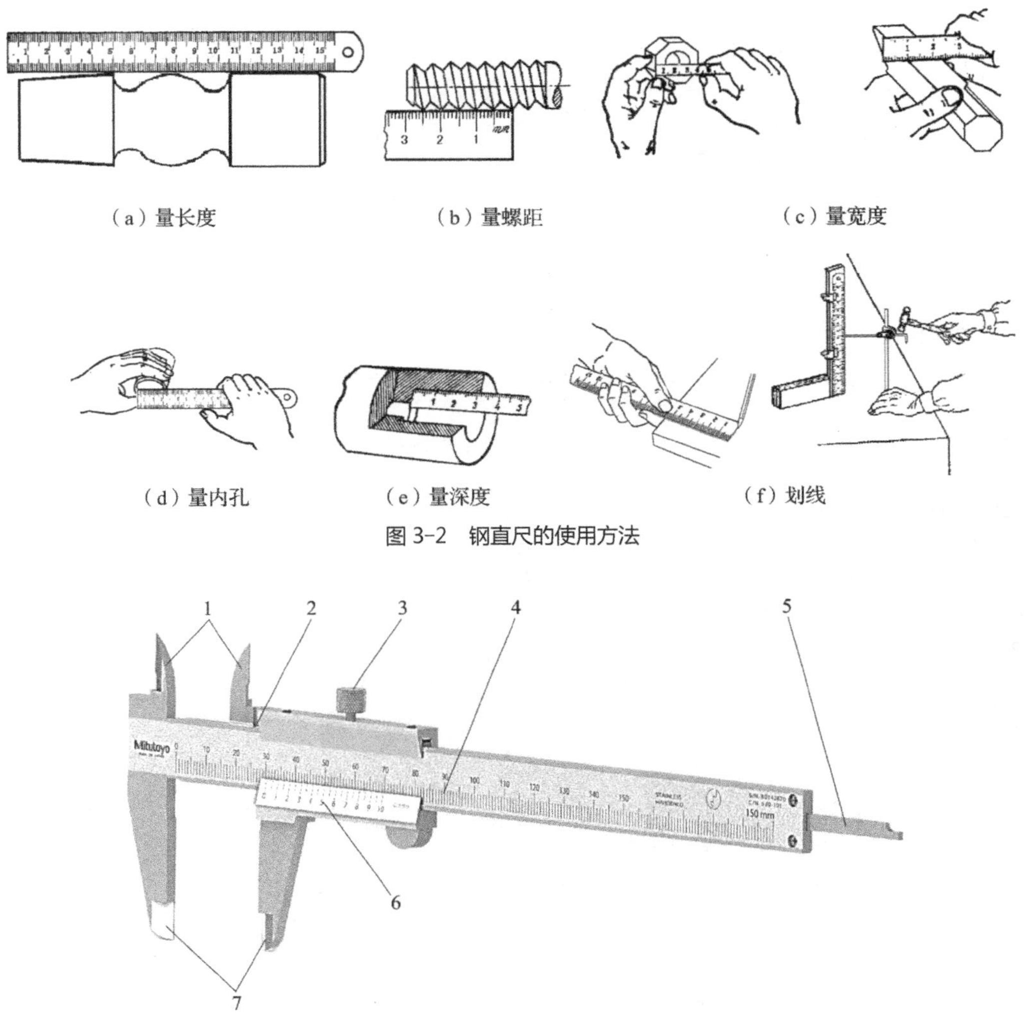

（a）量长度　（b）量螺距　（c）量宽度

（d）量内孔　（e）量深度　（f）划线

图 3-2　钢直尺的使用方法

图 3-3　游标卡尺的结构

1—内测量爪；2—尺框；3—紧固螺钉；4—尺身；5—深度尺；6—游标尺；7—外测量爪

（2）游标卡尺的读数方法和读数原理

1）游标读数值为 0.05 mm 的游标卡尺

如图 3-4（a）所示，尺身每小格的长度为 1 mm，当两爪合并时，游标上的 20 格刚好等于主尺的 39 mm，则游标每格长度为 39 mm ÷ 20=1.95 mm，尺身 2 格与游标 1 格长度之差为 2−1.95=0.05（mm），所以它的精度为 0.05 mm。

如图 3-4（b）所示，游标零线在 32 mm 与 33 mm 之间，游标上的第 11 格刻线与尺身刻线对准。所以，被测尺寸的整数部分为 32 mm，小数部分为 11 × 0.05=0.55（mm），被测尺寸为 32+0.55=32.55（mm）。

2）游标读数值为 0.02 mm 的游标卡尺

如图 3-4（c）所示，尺身每小格长度为 1 mm，当两爪合并时，游标上的 50 格刚好等于尺身上的 49 mm，则游标每格长度为 49 mm ÷ 50=0.98 mm，尺身每一格与游标每一格长度之差为 1−0.98=0.02（mm），所以它的精度为 0.02 mm。

如图 3-4（d）所示，游标零线在 123 mm 与 124 mm 之间，游标上的 10 格刻线与尺身刻线对准。所以，被测尺寸的整数部分为 123 mm，小数部分为 10 × 0.02=0.2（mm），被测尺寸为 123+0.2=123.20（mm）。

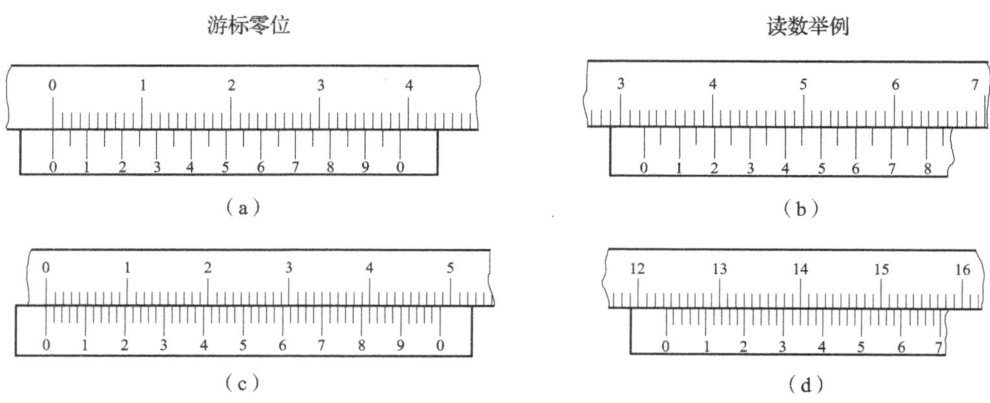

图 3-4　游标零位和读数

（3）游标卡尺的使用方法

使用游标卡尺测量零件尺寸时，必须注意下列几点：

1）测量前应把卡尺擦干净，检查卡尺的两个测量面和测量刃口是否平直无损，把两个量爪紧密贴合时，应无明显的间隙，同时游标和主尺的零位刻线要相互对准。这个过程称为校对游标卡尺的零位。

2）移动尺框时，活动要自如，不应过松或过紧，更不能有晃动现象。

3）当测量零件的外尺寸时，卡尺两测量面的连线应垂直于被测量表面，不能歪斜。测量时，可以轻轻摇动卡尺，放正垂直位置，图 3-5（a）所示。

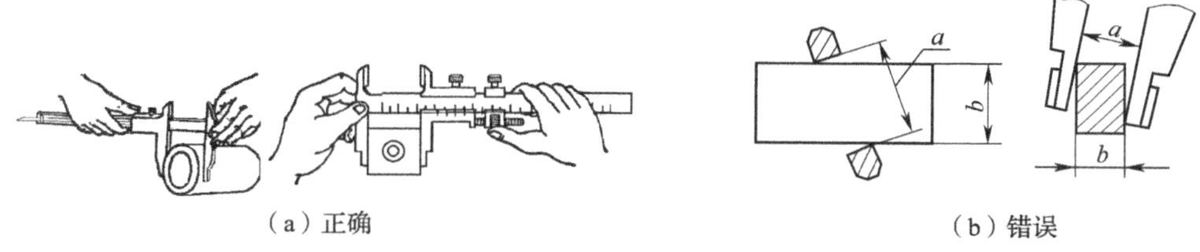

图 3-5　测量外尺寸时正确与错误的位置

测量沟槽时，应当用量爪的平面测量刃进行测量，尽量避免用端部测量刃和刀口形量爪去测量外尺寸。而对于圆弧形沟槽尺寸，则应当用刀口形量爪进行测量，不应当用平面测量刃进行测量，如 3-6 所示。

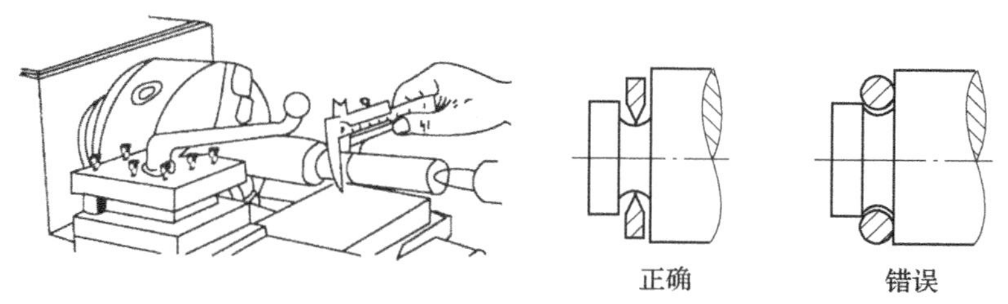

图 3-6　测量沟槽时正确与错误的位置

测量沟槽宽度时，也要放正游标卡尺的位置，应使卡尺两测量刃的连线垂直于沟槽，不能歪斜，否则，量爪若在如图 3-7 所示的错误位置上，也将使测量结果不准确（可能大也可能小）。

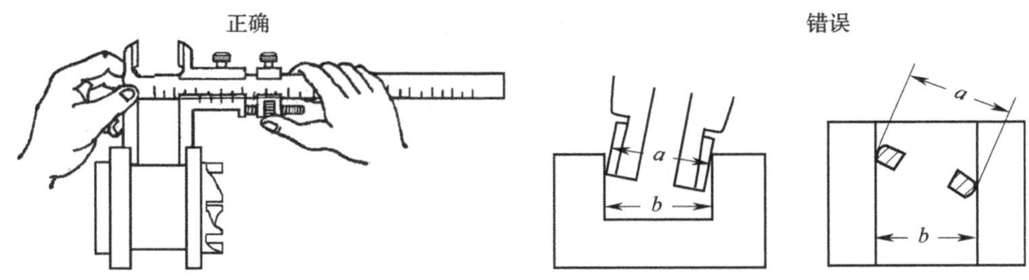

图 3-7　测量沟槽宽度时正确与错误的位置

4）当测量零件的内尺寸时，如图 3-8 所示，要使量爪分开的距离小于所测内尺寸，进入零件内孔后，再慢慢张开并轻轻接触零件内表面，用紧固螺钉固定尺框后，轻轻取出卡尺来读数。取出量爪时，用力要均匀，并使卡尺沿着孔的中心线方向滑出，不可歪斜，以免使量爪扭伤、变形或受到不必要的磨损，同时也避免使尺框走动，影响测量精度。

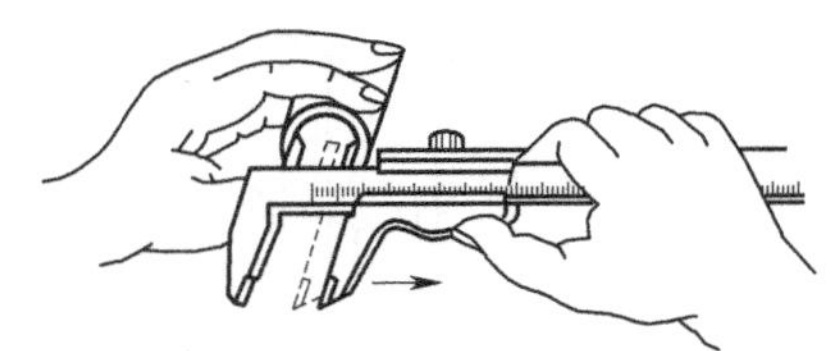
图 3-8　内孔的测量方法

卡尺两测量刃应在孔的直径上，不能偏歪。图 3-9 所示为带有刀口形量爪和带有圆柱面形量爪的游标卡尺在测量内孔时正确的和错误的位置。当量爪在错误位置时，其测量结果将比实际孔径 D 要小。

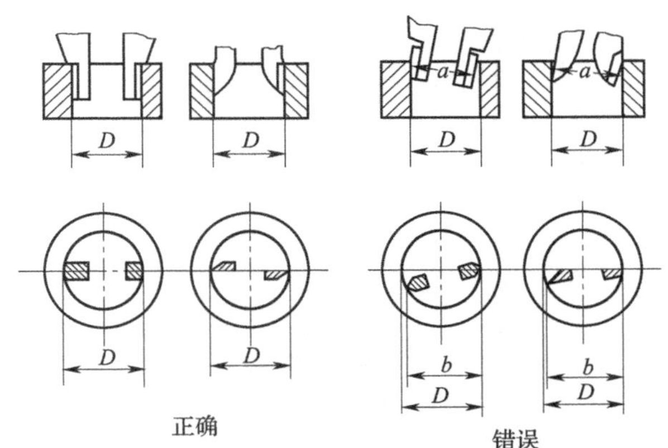

图 3-9　测量内孔时正确与错误的位置

5）用游标卡尺测量零件时，不允许过分地施加压力，所用压力应使两个量爪刚好接触零件表面为宜。如果测量压力过大，不但会使量爪弯曲或磨损，且量爪在压力作用下产生弹性变形，使测量的尺寸不准确（外尺寸小于实际尺寸，内尺寸大于实际尺寸）。

在游标卡尺上读数时，应把卡尺水平地拿着，朝着亮光的方向，使人的视线尽可能和卡尺的刻线表面垂直，以免由于视线的歪斜造成读数误差。

6）为了获得正确的测量结果，可以多测量几次。即在零件的同一截面上的不同方向进行测量。对于较长零件，则应当在全长的各个部位进行测量，从而获得一个比较正确的测量结果。

3. 高度游标卡尺

高度游标卡尺如图 3-10 所示，用于测量零件的高度和精密划线。它的结构特点是用质量较大的基座 4 代替量爪 5，而动的尺框 3 则通过横臂装有测量高度和划线用的量爪，量爪的测量面上镶有硬质合金，可提高量爪的使用寿命。高度游标卡尺的测量工作应在平台上进行。当量爪的测量面与基座的底平面位于同一平面时，如在同一平台平面上，主尺 1 与游标 6 的零线相互对准。所以在测量高度时，量爪测量面的高度就是被测量零件的高度尺寸，它的具体数值与游标卡尺一样可在主尺（整数部分）和游标（小数部分）上读出。应用高度游标卡尺划线时，调好划线高度，用紧固螺钉 2 把尺框锁紧后，也应在平台上先进行调整再进行划线。图 3-11 所示为高度游标卡尺的应用。

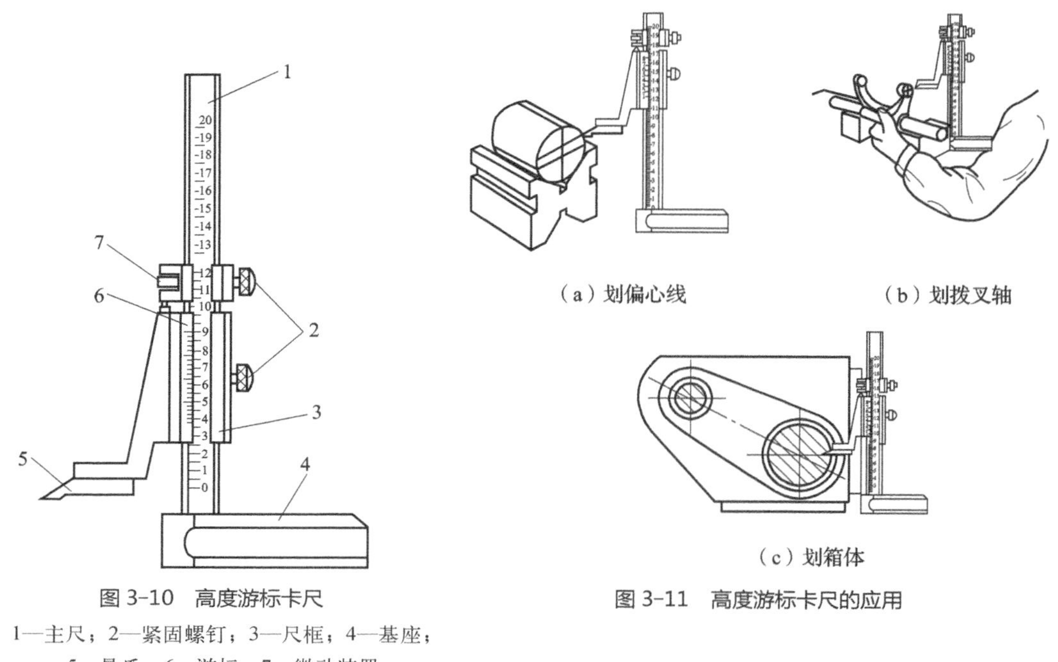

（a）划偏心线　　（b）划拨叉轴

（c）划箱体

图 3-10　高度游标卡尺

1—主尺；2—紧固螺钉；3—尺框；4—基座；5—量爪；6—游标；7—微动装置

图 3-11　高度游标卡尺的应用

4．深度游标卡尺

深度游标卡尺如图 3-12 所示，用于测量零件的深度尺寸或台阶高低和槽的深度。它的结构特点是尺框 3 的两个量爪连在一起成为一个带游标测量基座 1，基座的端面和尺身 4 的端面就是它的两个测量面。如测量内孔深度时应把基座的端面紧靠在被测孔的端面上，使尺身与被测孔的中心线平行，伸入尺身，则尺身端面至基座端面之间的距离就是被测零件的深度尺寸。它的读数方法和游标卡尺完全一样。

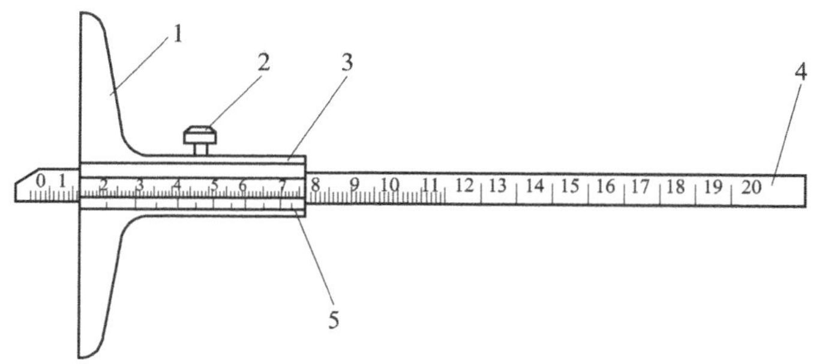

图 3-12　深度游标卡尺

1—测量基座；2—紧固螺钉；3—尺框；4—尺身；5—游标

测量时，先把测量基座轻轻压在工件的基准面上，两个端面必须接触工件的基准面，如图 3-13（a）所示。测量轴类等台阶时，测量基座的端面一定要压紧在基准面，如图 3-13（b）、（c）所示，再移动尺身，直到尺身的端面接触到工件的量面（台阶面），然后用紧固螺钉固定尺框，提起卡尺，读出深度尺寸。多台阶小直径的内孔深度测量，要注意尺身的端面是否在要测量的台阶上，如图 3-13（d）所示。当基准面是曲线时，如图 3-13（e）所示，测量基座的端面必须放在曲线的最高点上，测量出的深度尺寸才是工件的实际尺寸，否则会出现测量误差。

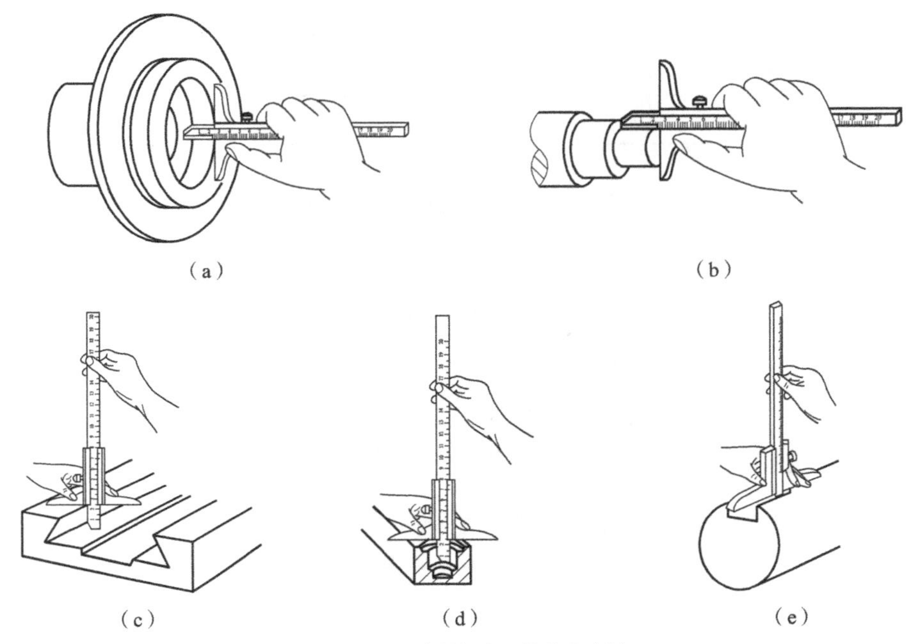

图 3-13　深度游标卡尺的使用方法

以上介绍的各种游标卡尺都存在一个共同的问题，就是读数不是很清晰，容易读错，有时不得不借放大镜将读数部分放大。现有游标卡尺采用无视差结构，使游标刻线与主尺刻线处在同一平面上，消除了在读数时因视线倾斜而产生的视差；有的卡尺装有测微表成为带表卡尺，如图 3-14 所示，便于准确读数，提高了测量精度；还有一种带有数字显示装置的游标卡尺，如图 3-15 所示，这种游标卡尺在零件表面量得尺寸时，就直接用数字显示出来，其使用极为方便。

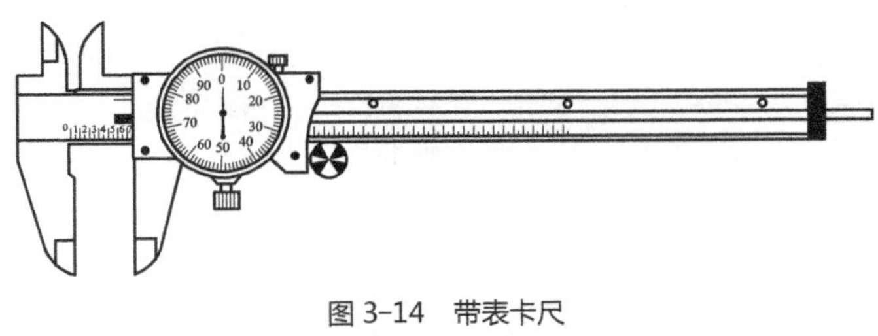

图 3-14　带表卡尺

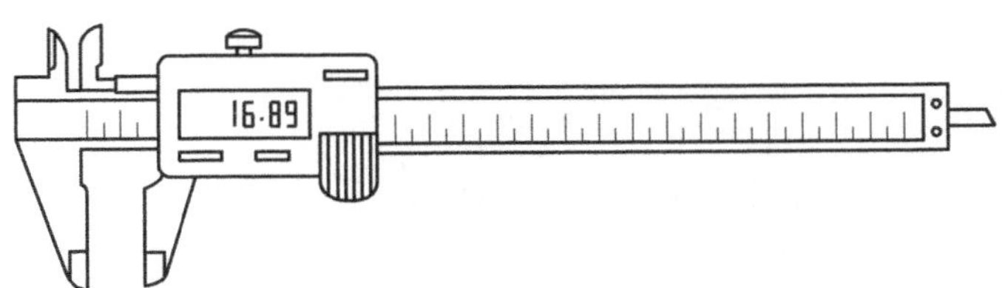

图 3-15　数字显示游标卡尺

带表卡尺的规格见表 3-1。数字显示游标卡尺的规格见表 3-2。

表 3-1 带表卡尺的规格 单位（mm）

测量范围	指示表读数值	指示表示值误差范围
0 ～ 150	0.01	1
0 ～ 200	0.02	1；2
0 ～ 300	0.05	5

表 3-2 数字显示游标卡尺的规格

名称	数显游标卡尺	数显高度尺	数显深度尺
测量范围 /mm	0 ～ 150；0 ～ 200 0 ～ 300；0 ～ 500	0 ～ 300；0 ～ 500	0 ～ 200
分辨率 /mm	0.01		
测量精度 /mm	（0 ～ 200）0.03；（200 ～ 300）0.04；（300 ～ 500）0.05		
测量移动速度 /（m/s）	1.5		
使用温度 /℃	0 ～ 40		

5．千分尺

千分尺是一种精密量具，它的测量精度比游标卡尺高，而且比较灵敏。因此，对于加工精度要求较高的工件尺寸，要用千分尺来测量。

（1）千分尺的结构

千分尺的结构如图 3-16 所示，是由尺架、砧座、测微螺杆、固定套筒、微分筒、棘轮和锁紧手柄等组成。

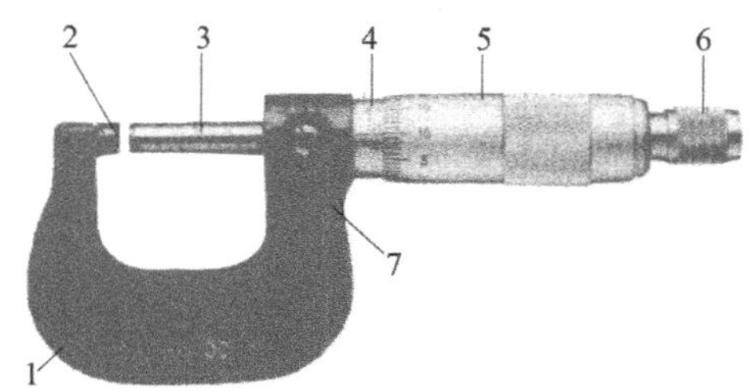

图 3-16 千分尺的结构

1—尺架；2—砧座；3—测微螺杆；4—固定套筒；5—微分筒；6—棘轮；7—锁紧手柄

（2）千分尺的读数方法

千分尺的读数机构是由固定套筒和微分筒组成的，固定套筒上的纵向刻度线是微分筒读数值的基准线，而微分筒锥面的端面是固定套筒读数值的指示线。固定套筒纵向刻度线的上下两侧各有一排均匀的刻度线，刻度线的间距都是 1 mm，且相互错开 0.5 mm，标出数字的一侧表示 mm 数，未标数字的一侧即为 0.5 mm 数。

用千分尺进行测量时，其读数也可分为以下 3 个步骤：

1）读整数。读出微分筒锥面端左边固定套筒露出来的刻线数值，即被测件的整数值。

2）读小数。找出与基准线对准的活动套筒上的刻线数值，如果此时整数部分的读数值为 mm 整数，那么该刻线数值就是被测件的小数值；如果此时整数部分的读数值为 0.5 mm 数，则该刻线数值还要加上 0.5 mm 才是被测件的小数值。

3）将上面两次读数值相加，就是被测件的整个读数值。

如图 3-17（a）所示，在固定套筒上读出的尺寸为 8 mm，微分筒上读出的尺寸为 27（格）×0.01 mm=0.27 mm，两数相加即得被测零件的尺寸为 8.27 mm；如图 3-17（b）所示，在固定套筒上读出的尺寸为 8.5 mm，在微分筒上读出的尺寸为 27（格）×0.01 mm=0.27 mm，两数相加即得被测零件的尺寸为 8.77 mm。

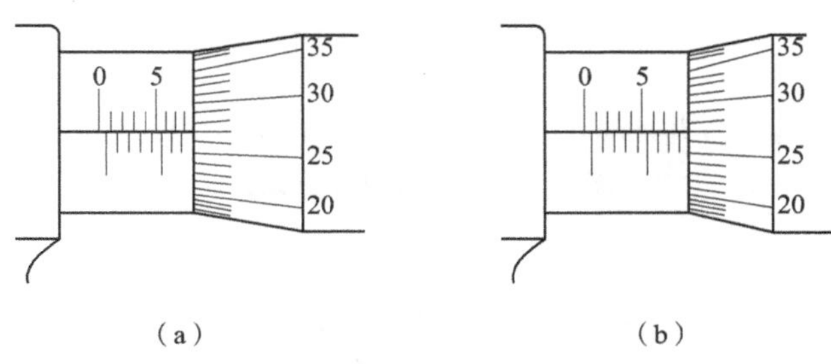

图 3-17　千分尺的读数方法

千分尺的制造精度分为 0 级和 1 级两种，0 级精度最高，1 级稍差。千分尺的制造精度主要由它的示值误差和两测量面平行度误差的大小来决定。

除了外径千分尺，还有内径千分尺（见图 3-18）、深度千分尺（见图 3-19）、公法线千分尺（用于测量齿轮公法线长度，见图 3-20）等，其刻线原理和读数方法与外径千分尺相同。

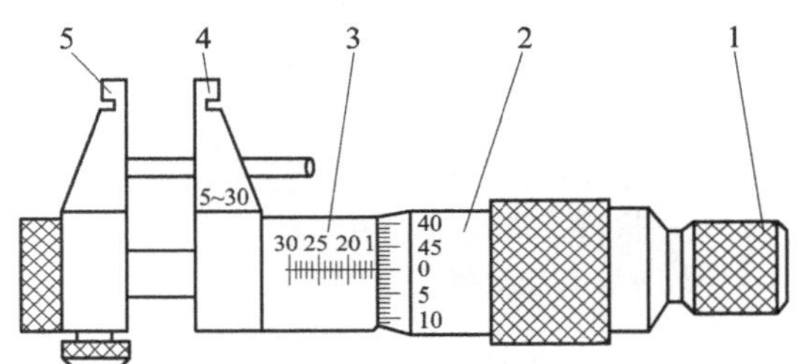

图 3-18　内径千分尺

1—测力装置；2—微分筒；3—尺身；4，5—测头

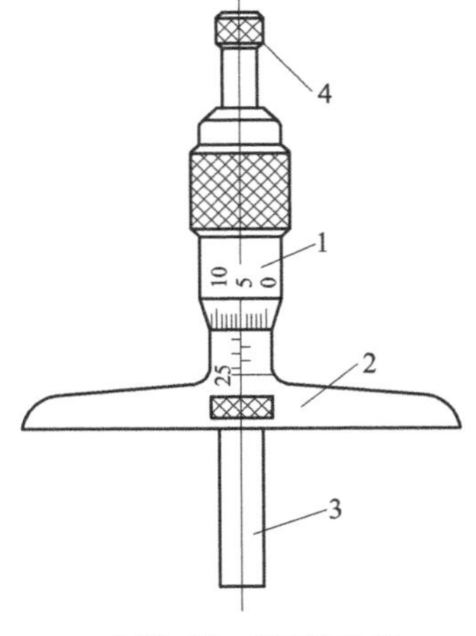

图 3-19　深度千分尺

1—微分筒；2—尺座；3—测杆；4—测力装置

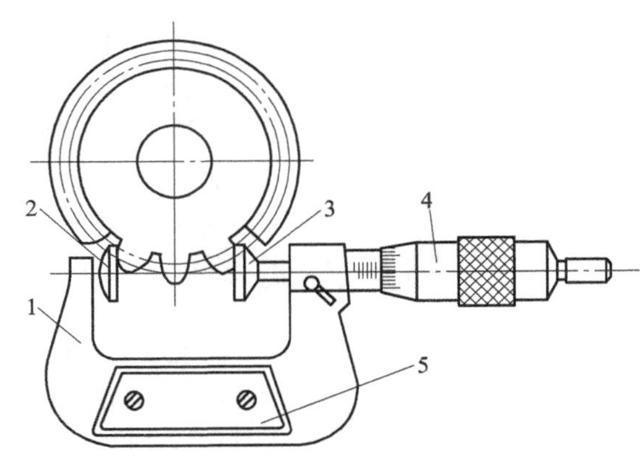

图 3-20　公法线千分尺

1—尺架；2，3—测头；4—微分筒；5—隔热板

（3）千分尺使用注意事项

1）使用外径千分尺时，一般用手握住隔热装置。如果用手直接握住尺架，就会使千分尺和工件温度不一致而增加测量误差。在一般情况下，应注意外径千分尺和被测工件具有相同的温度。

2）千分尺两测量面将与工件接触时，要使用棘轮，不要转动微分筒。

3）千分尺测量面与被测工件相接触时，要考虑工件表面的几何形状。

4）按被测尺寸调节外径千分尺时，要慢慢地转动微分筒或棘轮，不要握住微分筒挥动或摇转尺架，致使精密测微螺杆变形。

5）测量时，应使砧座测量面与被测表面接触，然后摆动测微头端找到正确位置后，使测微螺杆测量面与被测表面接触，在千分尺上读取被测值。当千分尺离开被测表面读数时，应先用锁紧手柄将测微螺杆锁紧再进行读数。

6）千分尺不能当卡规或卡钳使用，以防止划坏千分尺的测量面。

7）使用千分尺测同一长度时，一般应反复测量几次，取其平均值作为测量结果。

8）千分尺用完后，应用纱布擦干净，在砧座与测微螺杆之间留出一点空隙，放入盒中。如长期不用可抹上黄油或机油，放置在干燥的地方。注意不要让它接触具有腐蚀性的气体。

6. 百分表

百分表是一种精度较高的比较量具，可用来精确测量零件圆度、圆跳动、平面度、平行度和直线度等形位误差，也可用来找正工件、检验机床精度和测工件的尺寸。

（1）百分表的结构

百分表的结构如图 3–21 所示，百分表量杆上齿条的齿距为 0.625 mm，当量杆上升 16 齿时，上升的距离为 0.625 mm × 16=10 mm，此时与量杆啮合的 16 齿的小齿轮正好转动一周，而与该小齿轮同轴的大齿轮（100 齿）也必然转动一周，中间小齿轮（10 齿）在大齿轮带动下将转动 10 周，与中间小齿轮同轴的长指针也转动 10 周，即当量杆上升 1 mm 时，长指针转动一周。表盘上共等分 100 格，所以长指针每转动一格，量杆移动 0.01 mm，即百分表的测量精度为 0.01 mm。

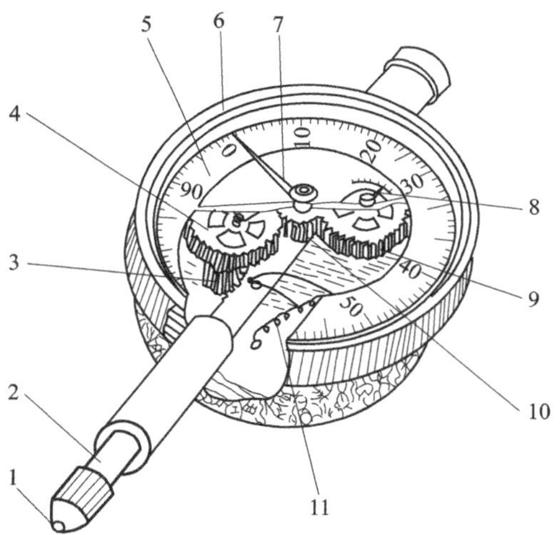

图 3–21　百分表的结构

1—触头；2—量杆；3—小齿轮；4、9—大齿轮；5—表盘；6—表圈；
7—长指针；8—短指针；10—中间小齿轮；11—拉簧

（2）百分表的读数方法

百分表测量时大小指针所示读数之和即为尺寸变化量，也就是说先读小指针转过的刻度值（即 mm 的整数部分），再读大指针转过的刻度数（即小数部分），并乘以 0.01，然后两者相加即可得到所测量的数值。

（3）百分表的安装

用百分表测量工件的尺寸、形状和位置误差时，可把百分表安装在表座上，如图 3–22 所示。

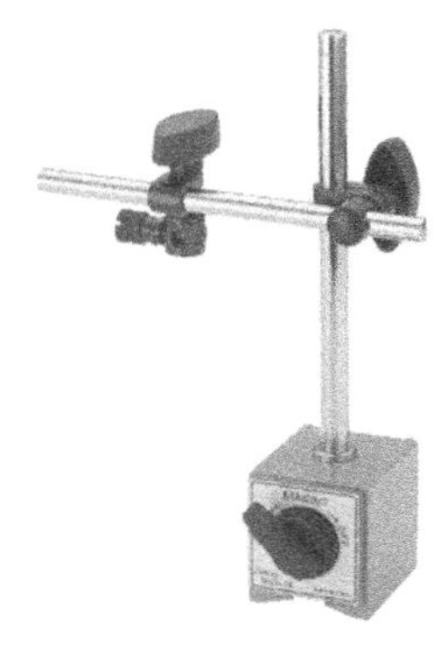

（a）安装在万能表架上

（b）安装在磁性表架上

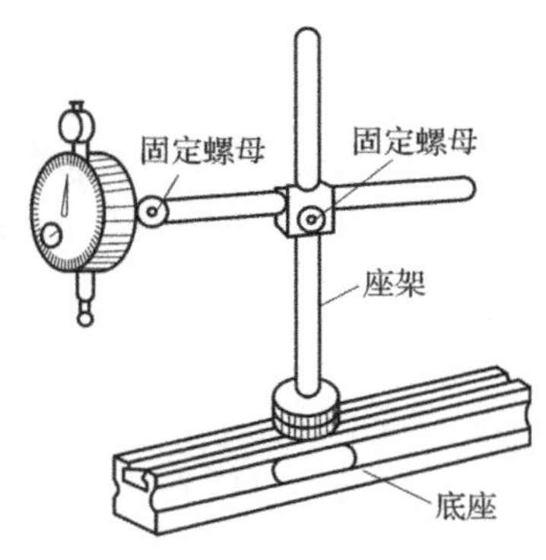

（c）安装在普通表架上

图 3-22　百分表的安装

（4）百分表的使用注意事项

测量时，为了读数方便，常把指针转到表盘的零位作为起始值。对零时先使测量头与基准表面接触，在测量范围允许的条件下，最好把测量头压缩，使指针转过 2 ～ 3 圈后再把表紧固住，然后对零。同时，百分表的测量要与被测工件表面保持垂直，而测量圆柱形工件时，测量杆的中心线则应垂直地通过被测工件的中心线，否则将增大测量误差。

1）按压测量杆的次数不要太多，距离不要过大，尤其应避免急剧地向极端位置按压测量杆，这将造成冲击，会损坏机构及加剧零件磨损。

2）测量时，测量杆的行程不要超出它的测量范围，以免损坏表内零件。

3）百分表要避免受到剧烈振动和碰撞，不要敲打表的任何部位，调整或测量时，不要使测量头突然撞落在被测件上。

4）不要拿测量杆，测量杆上也不能压放其他东西，以免测量杆弯曲变形。

5）百分表表座要放平稳，以免百分表落地摔坏。使用磁性表座时，一定要注意检查表座的按钮位置。

6）严防水、油和灰尘等进入表内。不准把百分表浸在冷却液或其他液体中；不要把百分表放在磨屑或灰尘飞扬的地方；不要随便拆卸表的后盖。

7）如果不是长期保管，测量杆不允许涂凡士林或其他油类，否则会使测量杆和轴套黏结，造成测量杆运动不灵活。而且，沾有灰尘的油污容易带进表内，影响表的精度。

8）百分表用完后，要擦净放回盒内，要让测量杆处于放松状态，避免表内弹簧失效。

7．万能角度尺

万能角度尺是用来测量精密零件内外角度或进行角度划线的角度量具。

（1）万能角度尺的结构

万能角度尺由游标、制动器、扇形板、主尺、直尺、基尺、角尺和卡块等组成，如图 3-23 所示。

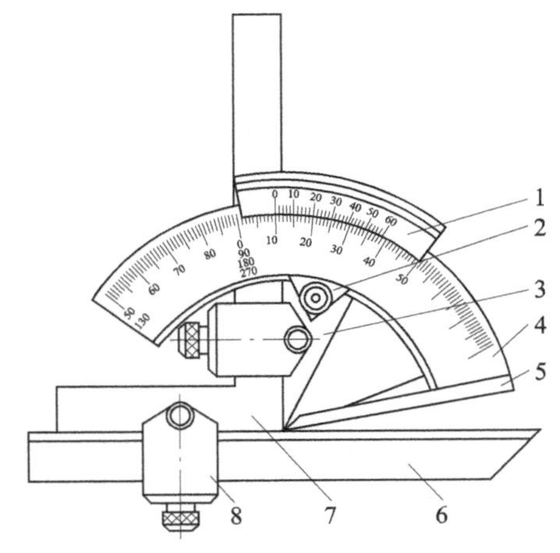

图 3-23　万能角度尺

1—游标；2—制动器；3—扇形板；4—主尺；5—基尺；6—直尺；7—角尺；8—卡块

（2）万能角度尺的读数方法

如图 3-23 所示，万能角度尺由刻有角度刻线的主尺 4 和固定在扇形板 3 上的游标 1 组成。扇形板 3、直尺 6 用卡块 8 固定在 90° 角尺 7 上，如果拆下 90° 角尺 7，也可将直尺 6 固定在扇形板上。万能角度尺的读数机构是根据游标原理制成的，以分度值为 2′ 的万能角度尺为例，其主尺刻度线每格为 1°，而游标刻线每格为 58′，即主尺 1 格与游标 1 格的差值为 2′，它的读数方法与游标卡尺完全相同。

（3）万能角度尺的使用方法

用万能角度尺测量工件时，由于 90° 角尺和直尺可以移动和拆换，万能角度尺的测量范围为 0° ~ 320° 的任何角度。

1）检测 0° ~ 50° 时，装直尺和 90° 角尺，如图 3-24（a）所示。

2）检测 50° ~ 140° 时，只装直尺，如图 3-24（b）所示。

3）检测 140° ~ 230° 时，装 90° 角尺，如图 3-24（c）所示。

4）检测 230° ~ 320° 时，直尺和 90° 角尺均不安装，如图 3-24（d）所示。

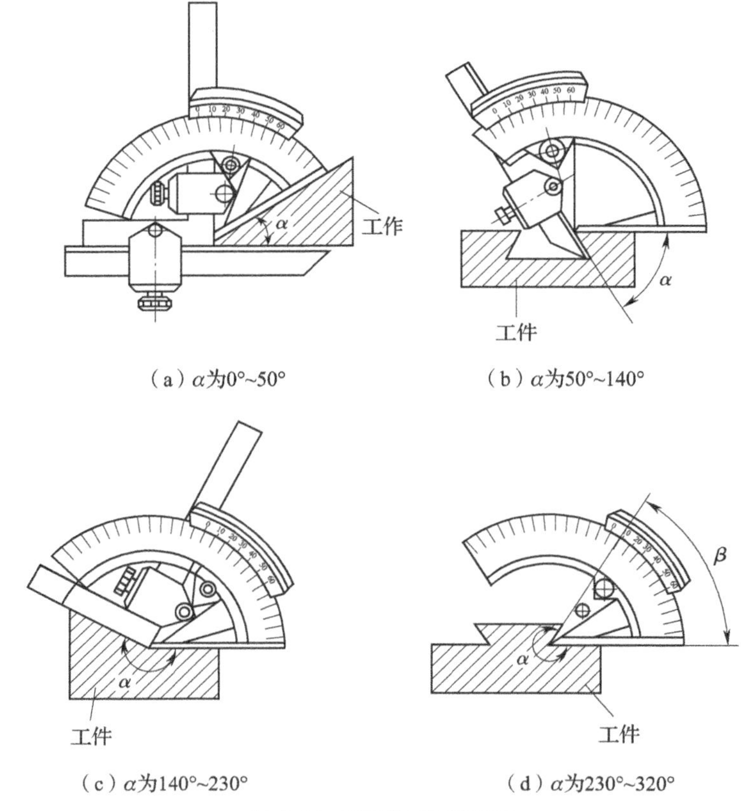

（a）α为0°~50°　（b）α为50°~140°

（c）α为140°~230°　（d）α为230°~320°

图 3-24　万能角度尺的使用

（4）万能角度尺的使用注意事项

1）测量前，用干净纱布将万能角度尺擦干，再检查各部件的相互作用是否移动平稳可靠、止动后的读数是否不动，然后对零位。

2）测量时应先校对零位，当角尺与直尺均安装好，且 90° 角尺的底边及基尺均与直尺无间隙接触，主尺与游标的“0”线对准时即调好零位，使用时通过改变基尺、角尺、直尺的相互位置，可测量任意角度。

3）测量完毕后，用干净纱布擦干万能角度尺，涂上防锈油放入盒内。

8. 量块

量块（又称块规）是机器制造业中控制尺寸的最基本的量具，是从标准长度到零件之间尺寸传递的媒介，是技术测量上长度计量的基准。

长度量块是用耐磨性好，硬度高而不易变形的轴承钢制成矩形截面的长方块，工作面如图 3-25 所示。它有上、下两个测量面和 4 个非测量面。两个测量面是经过精密研磨和抛光加工的很平、很光的平行平面。量块的矩形截面尺寸是：基本尺寸为 0.5 ～ 10 mm 的量块，其截面尺寸为 30 mm × 9 mm；基本尺寸为 10 ～ 1 000 mm 的量块，其截面尺寸为 35 mm × 9 mm。量块一般成套使用，装在特制的木盒中，如图 3-26 所示。成套量块的基本尺寸和块数见表 3-3。

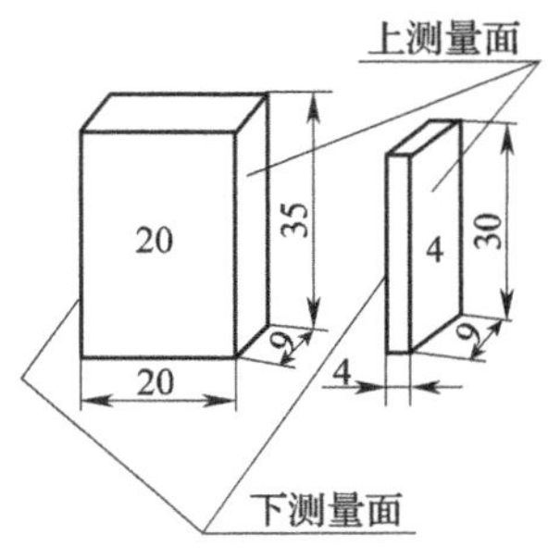

图 3-25　量块工作面

图 3-26　量块

表 3-3　量块成套表（ISO 3650）

编号	总块数	精度级别	公称尺寸系列 /mm	间隔 /mm	块数	质量
901-01	91	00，0，K，1，2	0.5，1.0 1.001，1.002，…，1.009 1.01，1.02，…，1.49 1.5，1.6，…，1.9 2.0，2.5，…，9.5 10，20，…，100	— 0.001 0.01 0.1 0.5 10	2 9 49 5 16 10	1.843
0.5	83	00，0，1，K，2	0.5，1，1.005 1.01，1.02，…，1.49 1.5，1.6，…，1.9 2.0，2.5，…，9.5 10，20，…，100	— 0.01 0.1 0.5 10	3 49 5 16 10	1.764
-03	46	0，1，K，2	1 1.001，1.002，…，1.009 1.01，1.02，…，1.09 1.1，1.2，…，1.9 2，3，…，9 10，20，…，100	— 0.001 0.01 0.1 1 10	1 9 9 9 8 10	1.580

续表

编号	总块数	精度级别	公称尺寸系列 /mm	间隔 /mm	块数	质量
-04	38	0，1，K，2（3）	1，1.005 1.01，1.02，…，1.09 1.1，1.2，…，1.9 2，3，…，9 10，20，…，100	— 0.01 0.1 1 10	2 9 9 8 10	1.563
-05	10⁻	0，1	0.991，0.992，…，1	0.001	10	0.021
-06	10⁺	0，1	1，1.001，…，1.009	0.001	10	0.021
-07	10⁻	0，1	1.991，1.992，…，2	0.001	10	0.04
-08	10⁺	0，1	2，2.001，…，2.009	0.001	10	0.042
-09	8	0，1，2	125，150，175，200，250，300，400，500	—	8	5.020
-10	5	0，1，2	600，700，800，900，1000	—	5	9.780

把不同基本尺寸的量块进行组合可得到所需要的尺寸。为了工作方便，减少累积误差，选用量块时，应尽可能选用最少的块数，一般情况下块数不超过 5 块。计算时应根据所需组合的尺寸，从最后一位数字开始选择，每选一块，应使尺寸数字的位数减少一位。以此类推，直至组合成完整的尺寸。例如，所需尺寸为 87.545 mm，从 83 块一套的盒中选择，方法如下：

量块组的尺寸	87.545 mm
选用的第 1 块量块尺寸	1.005 mm
剩下的尺寸	86.54 mm
选用的第 2 块量块尺寸	1.04 mm
剩下的尺寸	85.5 mm
选用的第 3 块量块尺寸	5.5 mm
剩下的即为第 4 块尺寸	80 mm

即选用 1.005 mm，1.31 mm，6 mm，80 mm 共 4 块量块。

（1）量块的用途

量块因具有结构简单、尺寸稳定、使用方便等特点，在实际检测工作中得到了非常广泛的应用。

1）作为长度尺寸标准的实物载体，将国家规定的长度基准按照一定的规范逐级传递到机械产品制造环节，实现量值统一。

2）作为标准长度标定量仪，检定量仪的示值误差。

3）相对测量时以量块为标准，用测量器具比较量块与被测尺寸的差值。

4）也可直接用于精密测量、精密划线和精密机床的调整。

（2）量块的使用注意事项

1）使用前，先在汽油中洗去防锈油，再用清洁的麂皮或软绸擦干净。不要用棉纱头去擦量块的工作面，以免损伤量块的测量面。

2）清洗后的量块，不要直接用手去拿，应当用软绸衬起来拿。若必须用手拿量块时，应当把手洗干净，并且要拿在量块的非工作面上。

3）轻拿、轻放量块，杜绝磕碰、跌落等情况的发生。

4）把量块放在工作台上时，应使量块的非工作面与台面接触。

5）不要使量块的工作面与非工作面进行推合，以免擦伤测量面。

6）量块使用完，应及时在汽油中清洗干净，用软绸擦干后，涂上防锈油，放在专用的盒子里。若经常需要使用，可在洗净后不涂防锈油，放在干燥缸内保存。绝对不允许将量块长时间黏合在一起，以免由于金属黏结而造成不必要的损伤。

9. 正弦规

正弦规是用于准确检验零件及量规角度和锥度的量具。它是利用三角函数的正弦关系来进行度量的，故称正弦规或正弦尺、正弦台。

由图 3-27 可见，正弦规主要由带有精密工作平面的主体和两个精密圆柱组成，四周可以装有挡板（使用时只装互相垂直的两块），测量时作为放置零件的定位板。国产正弦规有宽型的和窄型的两种，其规格见表 3-4。正弦规的两个精密圆柱的中心距的精度很高，窄型正弦规的中心距的误差不大于 0.003 mm；宽型的不大于 0.005 mm。同时，主体上工作平面的平直度，以及它与两个圆柱之间的相互位置精度都很高，因此可以用于精密测量，也可用作机床上加工带角度零件的精密定位。利用正弦规测量角度和锥度时，测量精度可达 ±3" ～ ±1"，但适宜测量小于 40° 的角度。

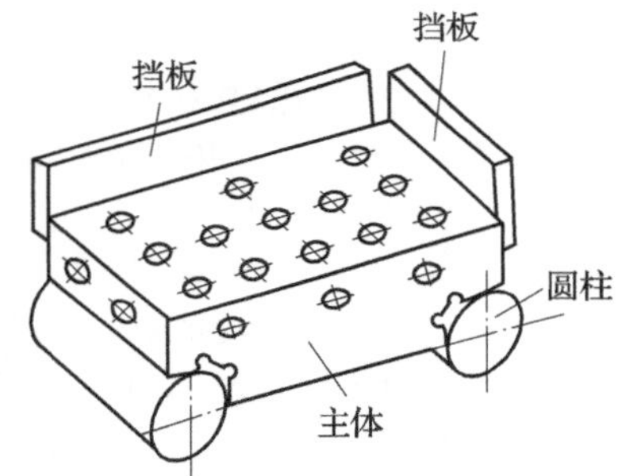

图 3-27　正弦规

表 3-4　正弦规的规格

两圆柱中心距 /mm	圆柱直径 /mm	工作台宽度 /mm		精度等级
		窄型	宽型	
100	20	25	80	0、1 级
200	30	40	80	

图 3-28 是应用正弦规测量圆锥塞规锥角的示意图。应用正弦规测量零件角度时，先把正弦规放在精密平台上，被测零件（如圆锥塞规）放在正弦规的工作平面上，被测零件的定位面平靠在正弦规的挡板上（如圆锥塞规的前端面靠在正弦规的前挡板上）。在正弦规的一个圆柱下面垫入量块，用百分表检查零件全长的高度，调整量块尺寸，使百分表在零件全长上的读数相同。此时，就可应用直角三角形的正弦公式，算出零件的角度。

正弦公式：$\sin 2\alpha=\dfrac{H}{L}$　　　$H=L\times\sin 2\alpha$

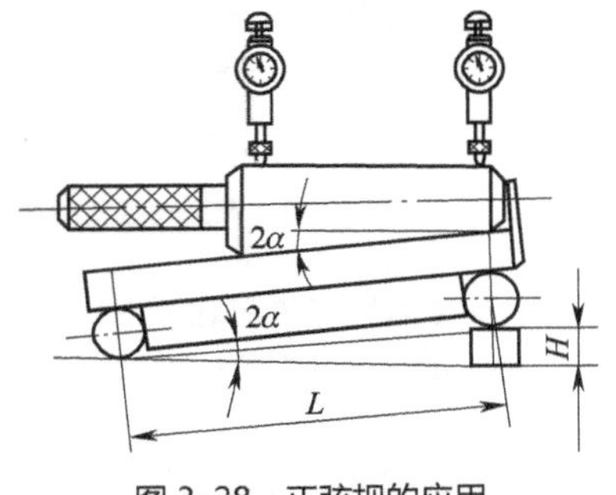

图 3-28　正弦规的应用

式中 sin——正弦函数符号；

2α——圆锥的锥角（°）；

H——量块的高度（mm）；

L——正弦规两圆柱的中心距（mm）。

例如，测量圆锥塞规的锥角时，使用的是窄型正弦规，中心距 L=200 mm，在一个圆柱下垫入的量块高度 H=10.06 mm 时，才使百分表在圆锥塞规的全长上读数相等。此时圆锥塞规的锥角计算如下：

$$\sin 2\alpha=\frac{H}{L}=\frac{10.06}{200}=0.0503$$

查正弦函数表得 $2\alpha=2°53'$。即圆锥塞规的实际锥角为 $2°53'$。

图 3-29 是锥齿轮的锥角检验。由于节锥是一个假想的圆锥，直接测量锥角有困难，通常以测量根锥角 δ_f 值来代替。测量方法是用全角样板测量根锥顶角，或用半角样板测量根锥角。此外，也可用正弦规测量，将锥齿轮套在心轴上，心轴置于正弦规上，将正弦规垫起一个根锥角 δ_f，然后用百分表测量齿轮大小端的齿根部即可。根据根锥角 δ_f 值计算应垫起的量块高度 H

$$H=L\sin\delta_f$$

式中 H——量块高度（mm）；

L——正弦规两圆柱的中心距（mm）；

δ_f——锥齿轮的根锥角（°）。

10. 塞尺

塞尺又称厚薄规或间隙片，主要用来检验两个结合面之间的间隙大小。塞尺是由许多层厚薄不一的薄钢片组成（见图 3-30），按照塞尺的组别制成一把一把的塞尺，每把塞尺中的每片具有两个平行的测量平面，且都有厚度标记，以供组合使用。测量时，根据结合面间隙的大小，用一片或数片重叠在一起塞进间隙内。例如用 0.03 mm 的一片能插入间隙，而 0.04 mm 的一片不能插入间隙，这说明间隙在 0.03 ~ 0.04 mm 之间，所以塞尺也是一种界限量规。塞尺的规格见表 3-5。

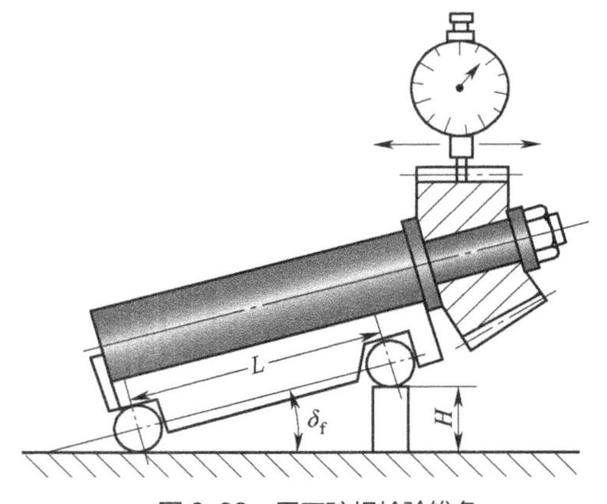

图 3-29 用正弦规检验锥角

图 3-30 塞尺

使用塞尺时必须注意下列几点：

（1）根据结合面的间隙情况选用塞尺片数，但片数越少越好。

（2）测量时不能用力太大，以免塞尺弯曲和折断。

（3）不能测量温度较高的工件。

表 3-5　塞尺的规格

<table>
<tr><td>A 型</td><td>B 型</td><td rowspan="2">塞尺片长度 /mm</td><td rowspan="2">片数</td><td rowspan="2">塞尺的厚度及组装顺序</td></tr>
<tr><td colspan="2">组别标记</td></tr>
<tr><td>75A13</td><td>75B13</td><td>75</td><td rowspan="5">13</td><td rowspan="5">0.02；0.02；0.03；0.03；0.04；0.04；0.05；0.05；0.06；0.07；0.08；0.09；0.10</td></tr>
<tr><td>100A13</td><td>100B13</td><td>100</td></tr>
<tr><td>150A13</td><td>150B13</td><td>150</td></tr>
<tr><td>200A13</td><td>200B13</td><td>200</td></tr>
<tr><td>300A13</td><td>300B13</td><td>300</td></tr>
<tr><td>75A14</td><td>75B14</td><td>75</td><td rowspan="5">14</td><td rowspan="5">1.00；0.05；0.06；0.07；0.08；0.09；0.19；0.15；0.20；0.25；0.30；0.40；0.50；0.75</td></tr>
<tr><td>100A14</td><td>100B14</td><td>100</td></tr>
<tr><td>150A14</td><td>150B14</td><td>150</td></tr>
<tr><td>200A14</td><td>200B14</td><td>200</td></tr>
<tr><td>300A14</td><td>300B14</td><td>300</td></tr>
<tr><td>75A17</td><td>75B17</td><td>75</td><td rowspan="5">17</td><td rowspan="5">0.50；0.02；0.03；0.04；0.05；0.06；0.07；0.08；0.09；0.10；0.15；0.20；0.25；0.30；0.35；0.40；0.45</td></tr>
<tr><td>100A17</td><td>100B17</td><td>100</td></tr>
<tr><td>150A17</td><td>150B17</td><td>150</td></tr>
<tr><td>200A17</td><td>200B17</td><td>200</td></tr>
<tr><td>300A17</td><td>300B17</td><td>300</td></tr>
</table>

11．表面粗糙度比较样块

表面粗糙度比较样块是以比较法来检查机械零件加工表面粗糙度的一种工作量具，如图 3-31 所示。通过目测或用放大镜与被测加工件进行比较，判断表面粗糙度的级别。表面粗糙度比较样块在机械工业生产中得到广泛的应用。

表面粗糙度比较样块使用维护注意事项如下：

在使用时应尽量和被检零件处于同等条件下（包括表面色泽，照明条件等），不得用手直接接触，避免划伤。表面粗糙度比较样块应严格进行防锈处理，以防锈蚀。

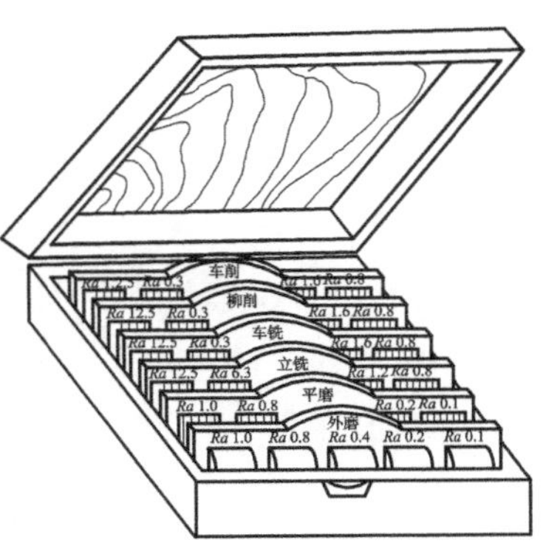

图 3-31　表面粗糙度比较样块

三、量具的使用维护保养

为了保持测量工具的精度，延长其使用寿命，不但使用方法要正确，还必须做好量具的维护与保养。我们从使用前、使用时和使用后 3 个方面进行描述。

（1）使用前的准备原则

1）使用前先确认量具是否在校验合格有效期内，如过期则暂停使用，并送至品质保证部进行校验。

2）量测产品 / 工件需选择适宜的量具。

3）测量前应将量具测量面和产品/工件的被测量面擦干净，以免因有脏物而影响测量精度。

4）使用前量具一定要处于归零状态方可进行测量。

5）产品/工件上表面有毛刺时，一定要先去净毛刺再进行测量，以免刮伤量具接触面。

6）将待使用的量具整齐排列于工作台面上，不可重叠放置。

（2）使用时的原则

1）严格按照各操作指导要求操作，禁止用量具测量运动着的工件，这样可避免磨损量爪、测砧、螺旋杆，防止槽刀片断裂等，又可避免发生安全事故。

2）测量时同工件表面的接触力度要适中，既不能太大，也不能太小，应刚好使测量面与工件接触，同时测量面还能沿着工件表面自由滑动。

3）测量时产品/工件应水平或垂直放置，不可倾斜，读数时视线与所读的刻线要垂直。

4）禁止用机台上的油冲洗量具，避免油污或切屑附于量具内，影响其精度。

5）量具在使用过程中，要轻拿轻放，切勿掉至地上，不要和刀具、钻头等堆放在一起，以防受压和磕碰造成损伤。

6）测量好后，不可将量具从产品上猛力抽取，避免磨损量具测量面精度。

（3）使用后的维护原则

1）使用后要及时清理量具表面的切屑、油污，用细布将其擦拭干净。

2）量具有毛刺、卷边时禁用锉刀磨，应送至品质保证部进行处理。

3）禁用砂纸或磨料擦除刻度尺表面及量爪测量面的锈迹和污物，非专业人员，严禁拆卸、改装、修理量具。

4）量具使用后喷上防锈油，平放在对应编号的盒内，保护好校正标签，存放时不可使两测量面接触。

第四章 钳工知识

一、钳工概述

钳工是机械制造中最古老的金属加工技术。19 世纪以后，各种机床的发展和普及，虽然逐步使大部分钳工作业实现了机械化和自动化，但在机械制造过程中钳工仍是广泛应用的基本技术。一些不适合采用机械方法或机械方法不能解决的工作仍需钳工来完成。如加工过程中的划线、高精密加工（精密的样板、模具、量具和配合表面刮削、研磨等）以及机器装配、调整、维修、改进和技术革新等。因此，钳工是机械制造业中不可缺少的工种。

1. 钳工工种

目前，我国《国家职业标准》将钳工划分为装配钳工、机修钳工和工具钳工三类。

（1）装配钳工：主要从事机器设备装配、调整以及零件加工。

（2）机修钳工：主要从事各种机械设备的安装、调试和维护修理。

（3）工具钳工：主要从事工具、夹具、量具、辅具、模具、刀具的设计制造和修理。

虽然分工不同，但是无论哪类钳工，都应掌握扎实的专业理论知识，具备精湛的操作技艺。如划线、錾削、锯削、锉削、钻孔、扩孔、锪孔、铰孔、攻螺纹、套螺纹、矫正和弯形、铆接、刮削、研磨、机器装配调试、设备维修、测量和简单的热处理等。

2. 钳工常用设备及安全文明生产

（1）钳工桌

钳工桌用来安装台虎钳、放置工具和工件等。为了方便操作，钳工桌的高度一般为 800 ~ 900 mm，钳口高度基本与肘齐平。钳工桌的长度和宽度随工作需要而定。

钳工桌上的工具摆放应按照要求进行布置，如图 4-1 所示。

图 4-1　钳工桌桌面布置

1）在钳工桌上工作时，为了取用方便，右手取用的工量具放在右边，左手取用的工量具放在左边，各自排列整齐，且不能让工量具伸出桌面边缘，以免其被碰落损坏或砸伤人脚。

2）量具不能与工具或工件混放在一起，应放在量具盒内或专用柜中。

3）常用的工量具，要放在工作位置附近。

4）工量具收藏时要整齐地放入工具箱里，不应任意堆放，以防损坏或取用不便。

（2）台虎钳

台虎钳是用来夹持工件的通用夹具，有固定式和回转式两种结构类型，如图 4-2 所示。台虎钳的规格以钳口的宽度表示，有 100 mm、125 mm、150 mm 等。

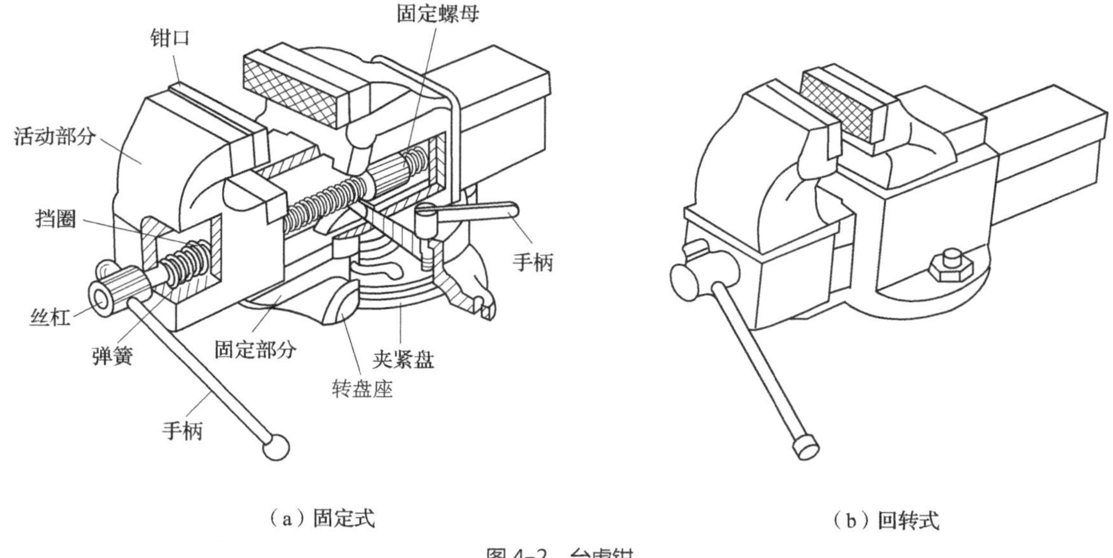

（a）固定式　　（b）回转式

图 4-2　台虎钳

台虎钳使用的安全要求如下：

1）夹紧工件时松紧要适当，只能用手扳紧手柄，不能借助其他工具加力。

2）强力作业时，应尽量使用朝向固定钳身。

3）对丝杠、螺母等活动表面应经常清洗、润滑，以防生锈。

4）在钳工桌上安装台虎钳时，钳口高度应以恰好与人的手肘平齐为宜。

（3）钻床

钳工常用的钻床有三种，分别为台式钻床（简称台钻）、立式钻床（简称立钻）、摇臂钻床，如图 4-3 所示。其中钳工实习中最常用的是台钻。台钻结构简单，操作方便，用于在小型零件上钻扩 ϕ 12 mm 以下的孔。

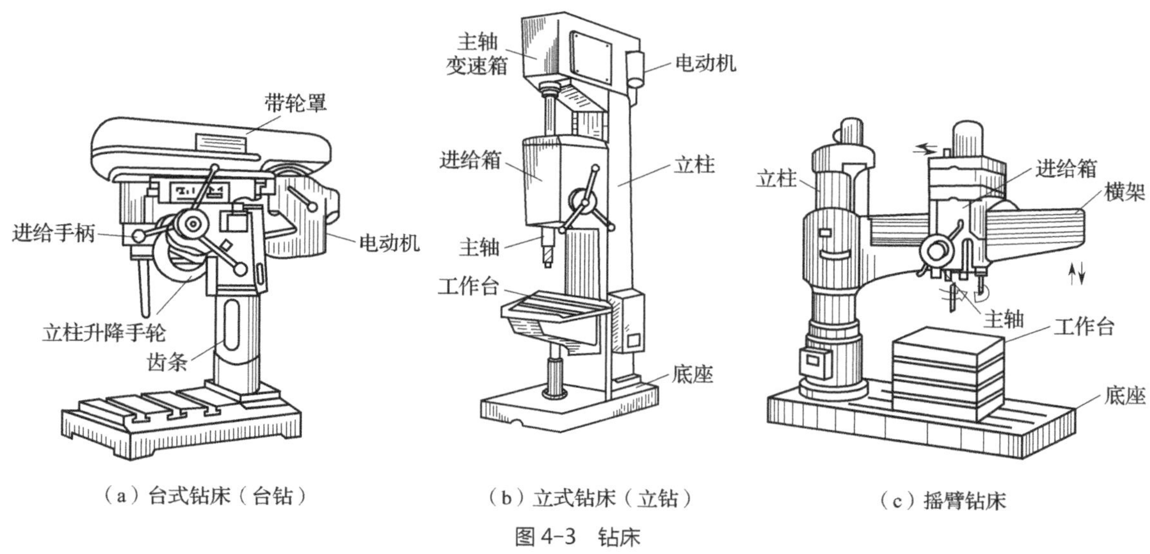

（a）台式钻床（台钻）　　（b）立式钻床（立钻）　　（c）摇臂钻床

图 4-3　钻床

使用钻床时要遵守如下安全技术操作规程：

1）工作前，对所用的钻床和工具、夹具、量具进行全面检查，确认无误方可操作。

2）工件装夹必须牢固可靠。钻小孔时，应用工具夹持，不允许用手拿，工作中严禁戴手套。

3）使用自动进给时，要选好进给速度，调整好限位块。手动切深时，一般按照逐渐增压和逐渐减压原则进行，以免用力过猛造成事故。

4）钻头上绕有长铁屑时，要停车清除，禁止用嘴吹、用手拉，要用刷子或铁钩清除。

5）精铰深孔时，拔取测量工具时不可用力过猛，以免手撞到刀具上。

6）不准在旋转的刀具下，翻转、卡压和测量工件。手不准触摸旋转的刀具。

7）摇臂钻的横臂的回转范围内不准有障碍物。工作前，横臂必须夹紧。

8）横臂和工作台不准有浮放物件。

9）工作结束后，将横臂降低到最低位置，主轴箱靠近立柱，并且都要夹紧。

（4）砂轮机

钳工中使用的砂轮机，如图 4-4 所示，主要作用是修磨刀具，也可对普通小零件进行磨削、去毛刺及清理。

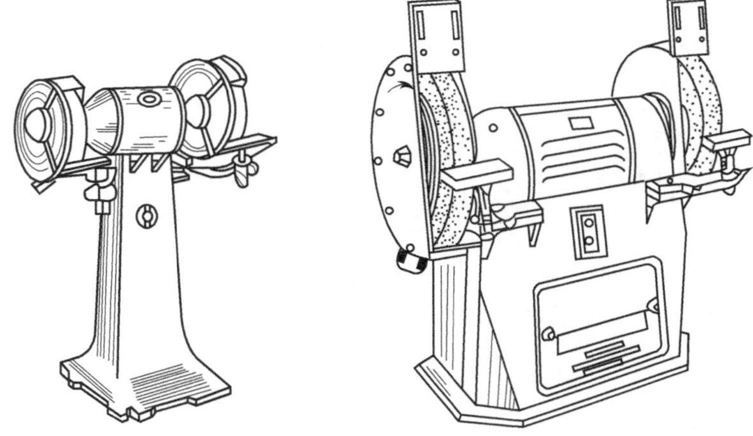

图 4-4　砂轮机

砂轮机在使用过程中，要注意如下安全要求：

1）砂轮机启动后应运转平稳，若跳动明显应及时停机修理。

2）砂轮机旋转方向要正确，磨屑只能向下飞离砂轮。

3）砂轮机托架和砂轮之间的距离应保持在 3 mm 以内，以防工件扎入造成事故。

4）使用砂轮刃磨工件时，应待空转正常后，由轻而重，拿稳、拿妥，均匀使力。但压力不能过大或猛力磕碰，以免砂轮破裂伤人。

5）刃磨工件时，操作者应站在砂轮机侧面，砂轮两侧不准站人，以免迸溅伤人。

6）禁止随便启动砂轮或用其他物件敲打砂轮。换砂轮时，要检查砂轮有无裂纹，要垫平夹牢，不准用不合格的砂轮。砂轮完全停转后才能用刷子清理。

二、划线

在机械制造业中，划线技术具有很重要的意义。在钳工作业中，加工工件的第一步是从划线开始的，划线精度是保障工件加工精度的前提，如果划线误差太大，会造成整个工件报废，那么划线就应该按照图样的要求，在零件的表面准确地划出加工界限。因此，划线是钳工作业中一项最基本的技术。

1. 划线简介

(1) 划线的概念

根据图样或技术文件要求，在毛坯或半成品上用划线工具划出加工图形、加工界线或作为找正检查依据的辅助线的操作，称为划线。

(2) 划线的要求

线条清晰均匀，定形、定位尺寸准确。

(3) 划线的种类

划线分为平面划线和立体划线两种。

1）平面划线。只需在工件的一个表面上划线就能明确表示工件加工界线的，称为平面划线，如图 4-5（a）所示。如在板料、条料表面上划线。平面划线又分几何划线法和样板划线法两种方法。

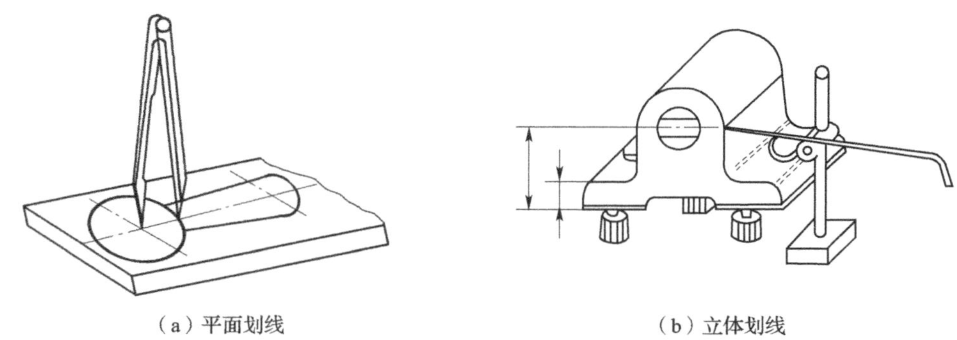

（a）平面划线　　（b）立体划线

图 4-5　划线

2）立体划线。需要在工件几个互成不同角度（通常是相互垂直）的表面划线才能明确表示加工界线的，称为立体划线，如图 4-5（b）所示。如划出矩形块各表面的加工线以及机床床身、箱体等表面的加工线都属于立体划线。

(4) 划线的精度

划线精度一般能达到 0.25 ~ 0.5 mm。

2. 划线工具

(1) 钢板尺

钢板尺是一种简单的尺寸量具，在尺面上刻有尺寸刻线，最小刻线距离为 0.5 mm，它的长度规格有 150 mm、300 mm、500 mm、1 000 mm 等多种。钢板尺主要用来量取尺寸、测量工件，也可以作划直线的导向工具，如图 4-6 所示。

(2) 直角尺

直角尺在划线时用作划垂直线或平行线的导向工具，也可用来找正工件表面在划线平板上的垂直位置，如图 4-7 所示。

(3) 划线平板

划线平板由铸铁制成，工作表面经过刮削加工，作为划线时的基准平面，如图 4-8 所示。

划线平板的使用注意事项如下：

1）划线平板放置时应使工作表面处于水平状态。

2）平板工作表面应保持清洁。

3）工件和工具在平板上应轻拿轻放，不可损伤平板工作表面。

4）不可在平板上进行敲击作业。

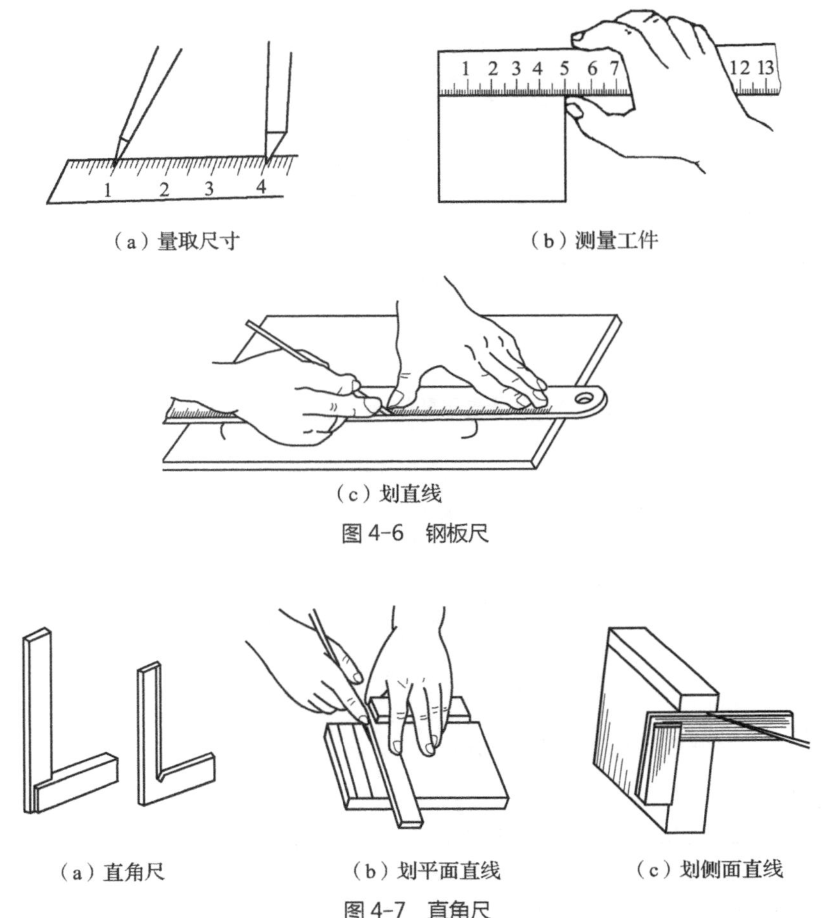

（a）量取尺寸　（b）测量工件

（c）划直线

图 4-6　钢板尺

（a）直角尺　（b）划平面直线　（c）划侧面直线

图 4-7　直角尺

5）用完后要擦拭干净，并涂上机油防锈。

（4）划针

划针用来在工件上划线条，由碳素工具钢制成，直径一般为 3 ~ 5 mm，尖端磨成 15° ~ 20° 的尖角，并经热处理淬火后使用，如图 4-9 所示。

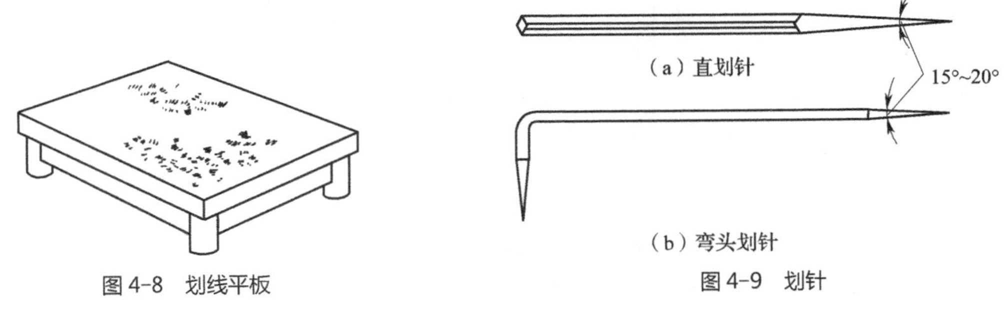

图 4-8　划线平板

（a）直划针

（b）弯头划针

图 4-9　划针

划针的使用注意事项如下：

1）划线时针尖要紧靠导向工具的边缘，并压紧导向工具。

2）划线时，划针向划线方向倾斜 45° ~ 75°，上部向外侧倾斜 15° ~ 20°，如图 4-10 所示。

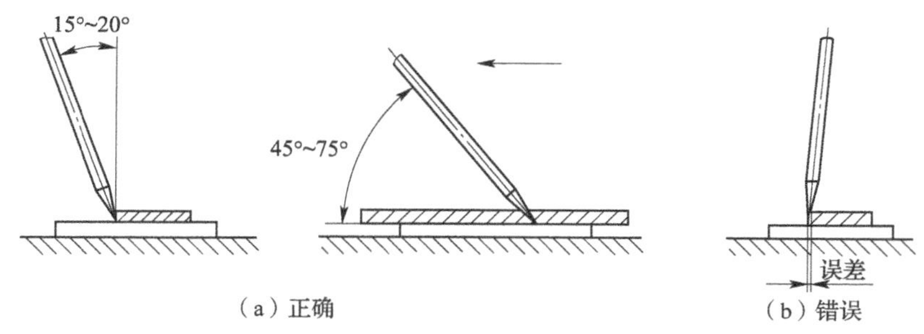

（a）正确
（b）错误

图 4-10　划针的用法

（5）划规

划规用来划圆或圆弧、等分线段、等分角度和量取尺寸等，如图 4-11 所示。

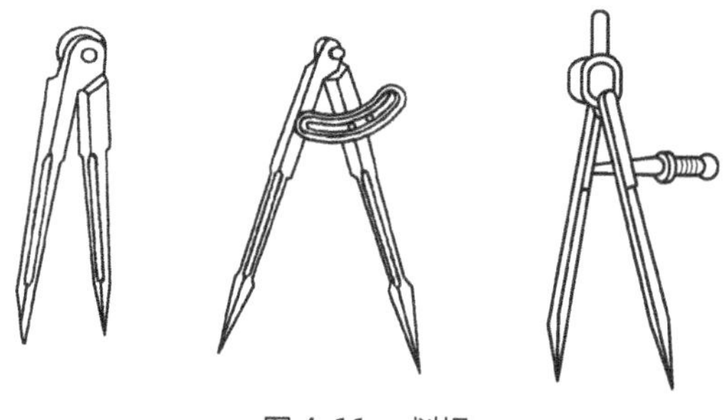

图 4-11　划规

划规的使用注意事项如下：

1）划规两脚的长短应磨得稍有不同，且两脚合拢时脚尖应能靠紧，这样才能划出较小的圆。

2）划规的脚尖应保持尖锐，以保证划出的线条清晰。

3）划规划圆时，作为旋转中心的一脚应施加较大的压力，避免中心滑动，而施加较轻的压力于另一脚在工件表面划出圆或圆弧。

（6）划线盘

划线盘是安装划针的工具，常用于立体划线和校正工件的位置，分固定式和可调式两种，如图 4-12 所示。划线盘上的划针用于划线，弯钩用于校正。划线时，调节紧固螺母使划针与工件表面成 45° 左右移动划线盘划线。

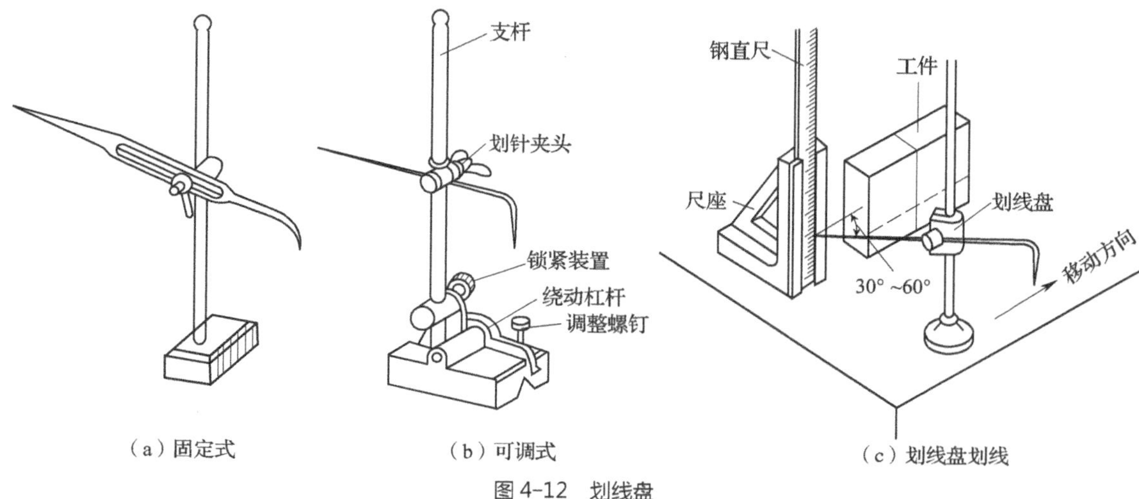

（a）固定式
（b）可调式
（c）划线盘划线

图 4-12　划线盘

3. 划线辅具

划线辅具就是支持划线工件的工具。

(1) V 形铁

V 形铁一般用铸铁或碳钢制成，主要用来支承轴、套筒、圆盘等圆形工件，便于找出工件中心和划出中心线。通常 V 形铁是两块为一副，其尺寸和形状完全相同，如图 4–13 所示。划长轴类工件的线时，工件应放置在等高的两个 V 形铁上，以保证工件轴心线与划线基面平行。

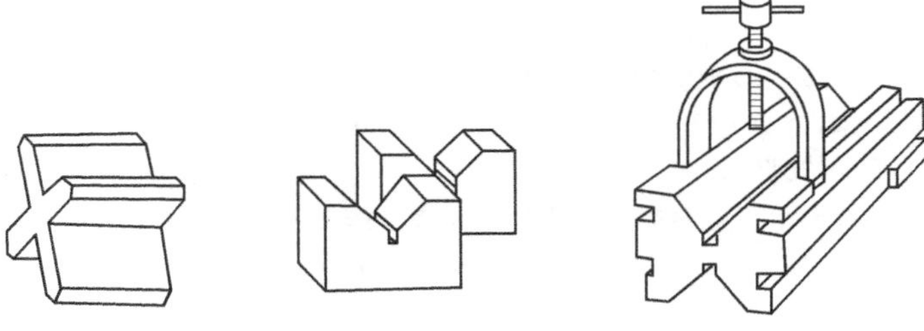

图 4–13 V 形铁

(2) 方箱

方箱是用铸铁制成的空心立方体，相邻各面相互垂直，上面有 V 形槽用来安装轴类、筒类等圆形工件，以便找正划出中心线。方箱用于尺寸较小而加工面较多的工件划线，如图 4–14 所示。

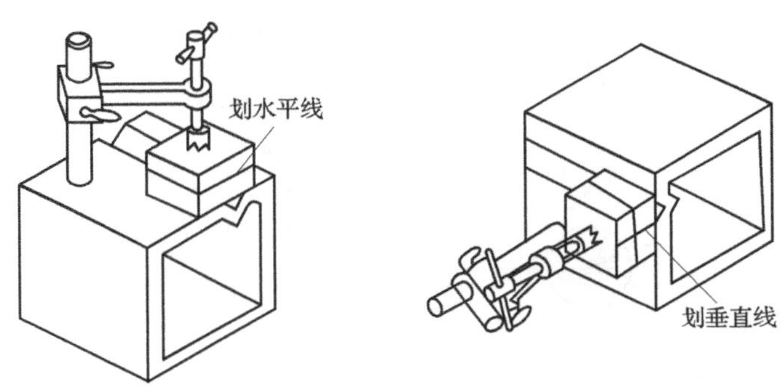

图 4–14 方箱划线

(3) 千斤顶

如图 4–15 所示，千斤顶是在平板上支承工件划线用的，其高度可通过转动螺杆来调整。通常同时用 3 个千斤顶来支承工件，如图 4–16 所示。

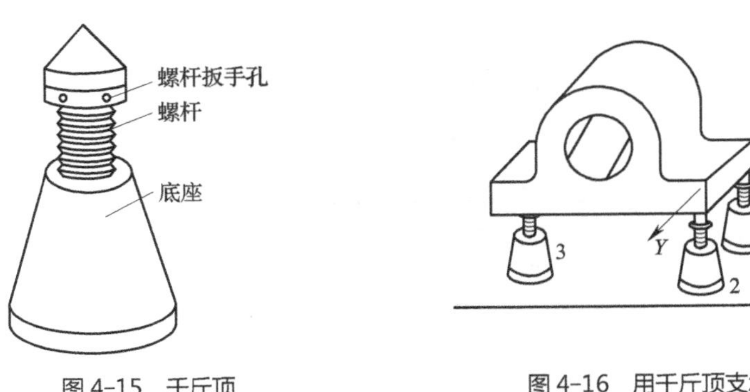

图 4–15 千斤顶

图 4–16 用千斤顶支承工件

4. 划线准备工作

(1) 技术准备

划线前，必须认真分析图样的技术要求和工件加工的工艺规程，合理选择划线基准，确定划线位置、划线步骤和划线方法。

(2) 工件清理

清理铸件的浇口、冒口，锻件的飞边和氧化皮，已加工工件的锐边、毛刺等；对有孔的工件可在毛坯孔中填塞木块或铅块，以便划规划圆。

(3) 工具的涂色

根据工件的不同，选择适当的涂色剂，在工件上需要划线的部位均匀地涂色。常用的涂色剂有：石灰水，用于表面粗糙的铸、锻件毛坯上的划线；酒精色溶液，用于已加工表面上的划线；硫酸铜溶液，用于形状复杂的零件或已加工面的划线。

无论用哪种涂色剂，都要尽可能涂得薄而均匀，这样才能保证划线清楚。

5. 划线基准

划线时，一般尺寸应从基准面开始计算。所谓基准就是用来确定零件上各几何要素间的尺寸大小和位置关系所依据的一些点、线、面。在工件图上用来确定其他点、线、面位置的基准，称为设计基准。

选用划线基准时，应尽可能使划线基准与设计基准一致（基准重合），以避免相应的尺寸换算，减少加工过程中的基准不重合误差。

划线基准一般有三种类型。

(1) 以两个相互垂直的平面或直线为划线基准，如图 4-17 (a) 所示。

(2) 以两个互相垂直的中心线为划线基准，如图 4-17 (b) 所示。

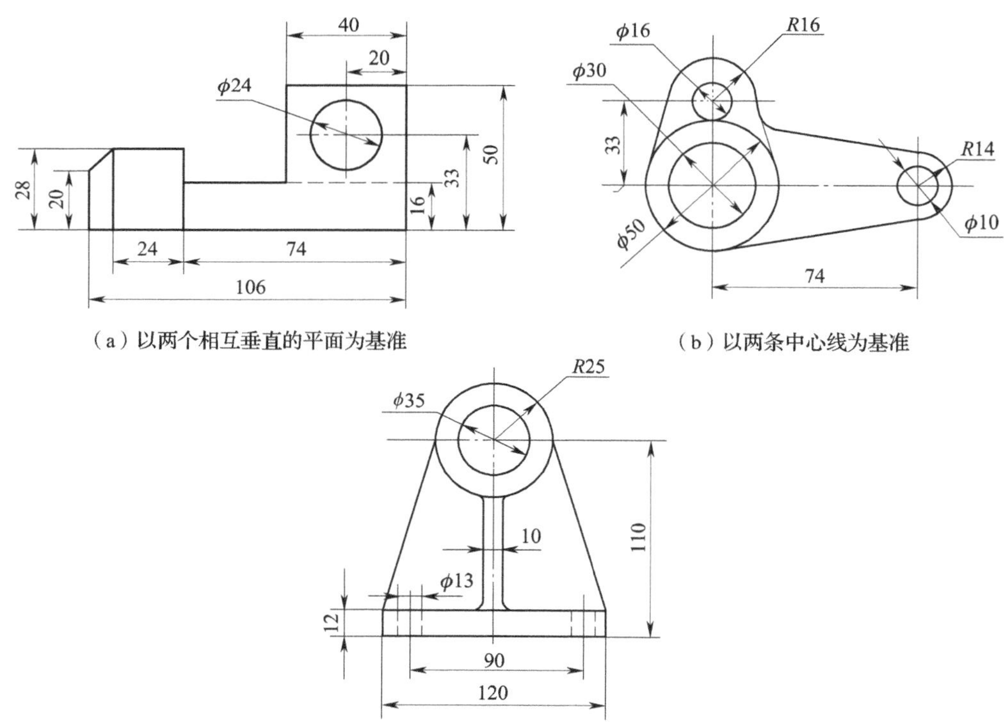

(a) 以两个相互垂直的平面为基准

(b) 以两条中心线为基准

(c) 以一个平面和一条中心线为基准

图 4-17 划线基准

(3) 以一个平面和一条中心线为划线基准，如图 4-17（c）所示。

6. 划线的找正和借料

(1) 找正

找正就是利用划线工具使工件或毛坯上有关表面与基准面之间调整到合适位置，如图 4-18 所示。

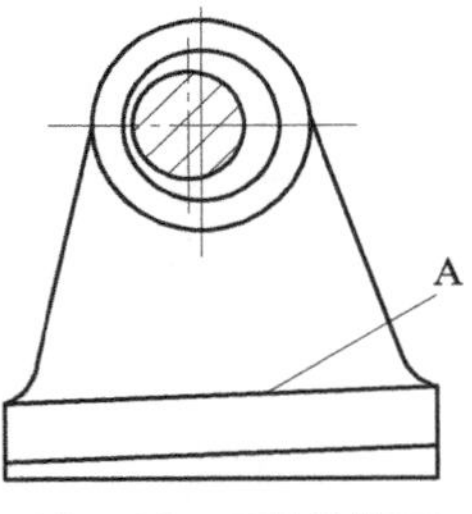

图 4-18 工件的找正

1）找正的作用

① 当毛坯上有不加工表面时，通过找正后再划线，可使加工表面与不加工表面之间保持尺寸均匀；

② 当毛坯上没有不加工表面时，将各个加工表面位置找正后再划线，可以使各加工表面的加工余量得到均匀分布。

2）找正的原则

当毛坯件上存在两个以上不加工表面时，其中面积较大、较重要的或表面质量要求较高的面应作为主要的找正依据，同时尽量兼顾其他的不加工表面。这样经划线加工后的加工表面和不加工表面才能够达到尺寸均匀、位置准确、符合图样要求，而把无法弥补的缺陷反映到次要的部位上去。

(2) 借料

借料就是通过试划和调整，将工件各部分的加工余量在允许的范围内重新分配，互相借用，以保证各个加工表面都有足够的加工余量，在加工后排除工件自身的误差和缺陷。

借料步骤如下：

1）测量工件各部分尺寸，找出偏移的位置和偏移量的大小。

2）合理分配各部位加工余量，然后根据工件的偏移方向和偏移量，确定借料方向和借料大小，划出基准线。

3）以基准线为依据，划出其余线条。

4）检查各加工表面的加工余量，如发现有余量不足的现象，应调整借料方向和借料大小，重新划线。

7. 冲眼

(1) 冲眼的概念

所谓冲眼，就是用锤子击打样冲，在工件上留下一个锥形的小凹坑。检验样冲眼可以使划线长久地保持在工件上以便于工作时检查。中心样冲眼是为划圆或圆弧、钻孔定中心。

(2) 冲眼工具

1）样冲。样冲是一个尖的楔形状的工具，尖角角度为 30° ~ 60°，一般用工具钢制成，尖端处热处理淬火，以提高其强度。用于强化划线标识时，样冲尖角度磨成 30° ~ 40°；而用于钻孔定心则磨成 60°，如图 4-19 所示。

2）手锤。手锤是钳工常用的敲击工具，由锤头、木柄和斜楔铁组成，如图 4-20 所示。手锤的规格以锤头的质量来表示，有 0.25 kg、0.5 kg、1 kg 等几种。木柄装入锤孔后用斜楔铁楔紧，以防工作时锤头脱落。

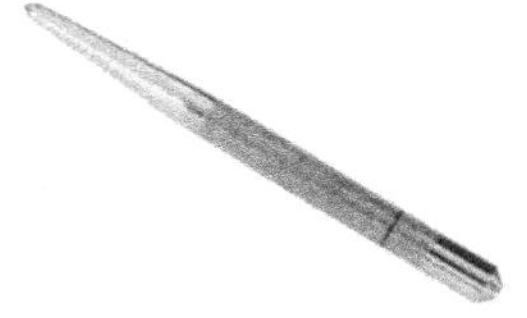
图 4-19 样冲

图 4-20 手锤

1—斜楔铁；2—锤头；3—木柄

(3) 冲眼操作技术

冲眼操作技术，如图 4-21 所示。

1）冲眼时工件放在支承上，不可在橡胶垫上冲眼。

2）先将样冲外倾，使尖端对准线的正中，手要搁稳，然后立直冲眼。

3）样冲尖对准冲的中心点，用手锤击打样冲即可。

4）冲眼时，眼睛要一直盯着冲尖。

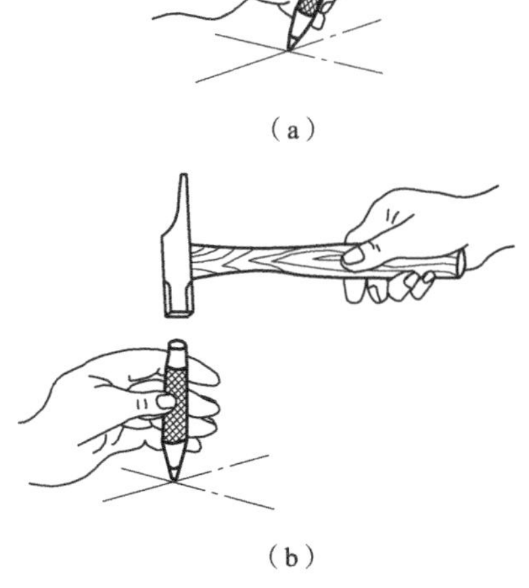

（a）

（b）

图 4-21　冲眼操作技术

8. 划线工具的维护与保养

划线工具的维护与保养事项如下：

(1) 划针、划规、划线盘、角尺和高度尺等划线工具要妥善保管、准确摆放。避免划针尖部受损，影响划线精度。

(2) 工件和划线工具在划线平台上应轻拿轻放，尽可能地减少摩擦，以免损伤划线平台，造成平台精度降低。

(3) 划线工具和设备使用完后，应及时进行清理，擦拭干净，并涂上机油防锈。

9. 基本线条的划法

划线就是把图样上的尺寸转标到工件上。当工件批量很大时可以使用夹具和样板。

(1) 直线的划法

直线的划法，如图 4-22 所示。

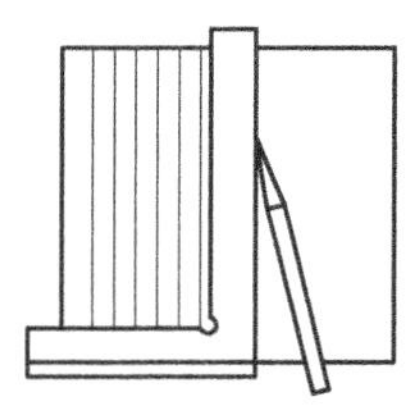

（a）用直角尺划

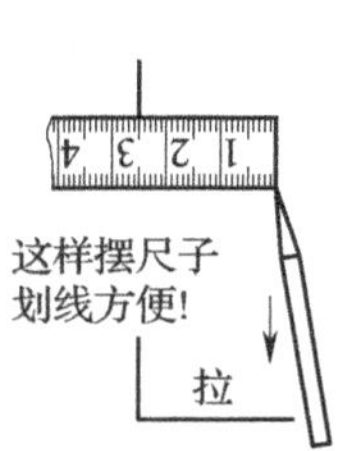

（b）用钢直尺划

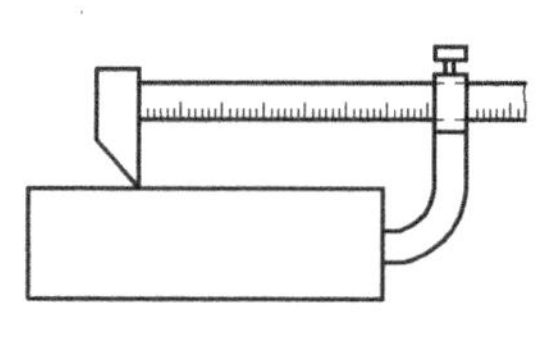

（c）用平行规划

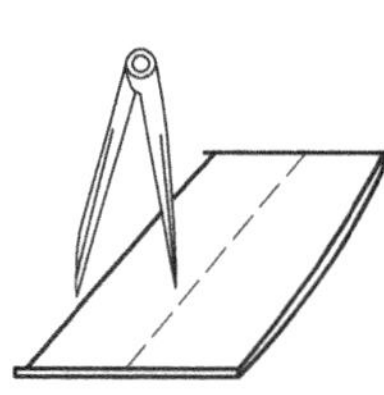

（d）用圆规划

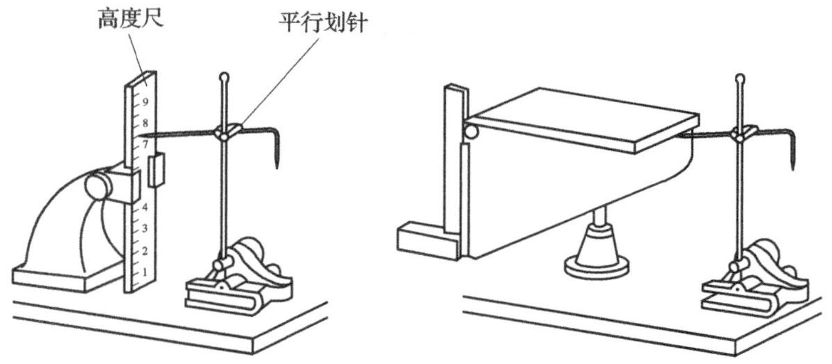

（e）用平台、划线盘划

图 4-22　直线的划法

(2) 垂直线的划法

垂直线的划法，如图 4-23 所示。

(3) 圆的划法

圆的划法，如图 4-24 所示。

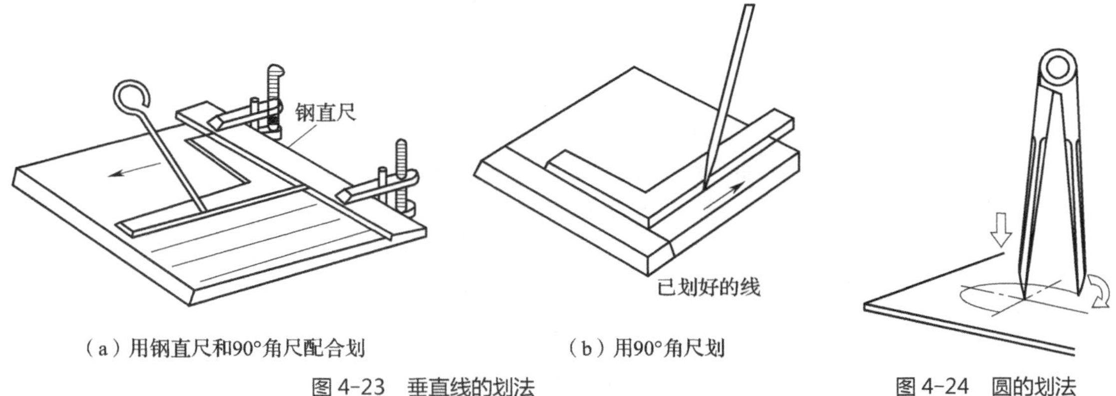

（a）用钢直尺和90°角尺配合划　（b）用90°角尺划

图 4-23　垂直线的划法

图 4-24　圆的划法

4) 圆柱工件中心的划法

圆柱工件中心的划法，如图 4-25 所示。当中心落在被划工件的孔内时，可在孔内嵌一木块，如图 4-25 (d) 所示。

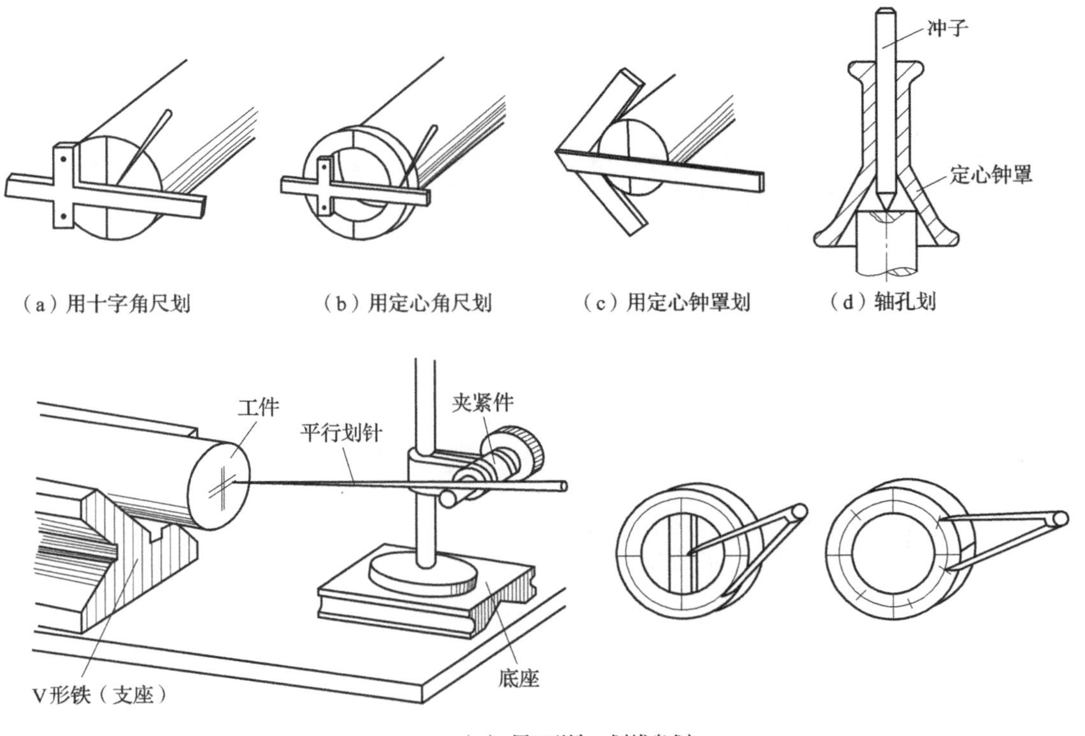

（a）用十字角尺划　（b）用定心角尺划　（c）用定心钟罩划　（d）轴孔划

（e）用V形铁、划线盘划

图 4-25　圆柱工件中心的划法

（5）样板划线

在大量生产中，或用普通工具加工复杂形状时，需在划线中使用样板或样件。划线时样板摆在工件上，划针沿样板移动，如图 4–26 所示。

（6）高度尺划线

高度尺作为精密划线工具，不得用于粗糙毛坯表面的划线。图 4–27 所示为高度游标卡尺的应用。

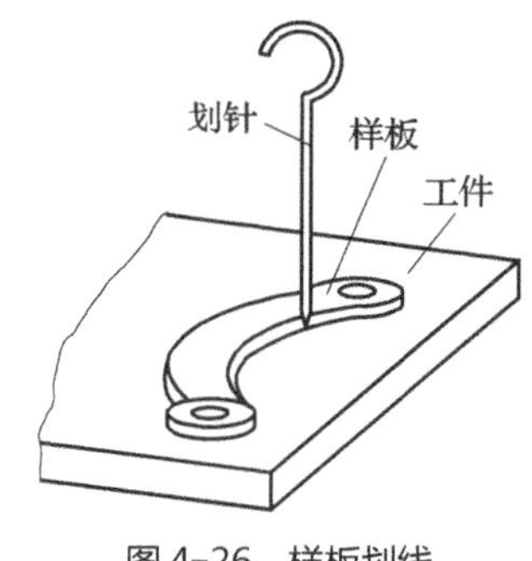

图 4–26　样板划线

10. 立体划线

立体划线是在工件的长、宽、高 3 个方向上划线。划线前要在划线平台上支承并找正工件。支承、找正工件要根据工件形状、大小确定。例如，圆柱形工件用 V 形铁支承；形状规则的小件用直角箱支承；形状不规则的工件及大件用千斤顶支承。用千斤顶支承时，各千斤顶之间的距离不能太小，并尽可能呈等边三角形排列。如图 4–28 所示，立体划线的方法与操作步骤如下：

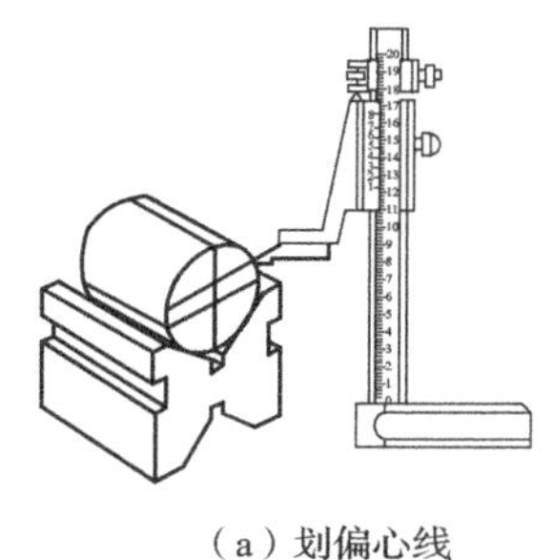

（a）划偏心线

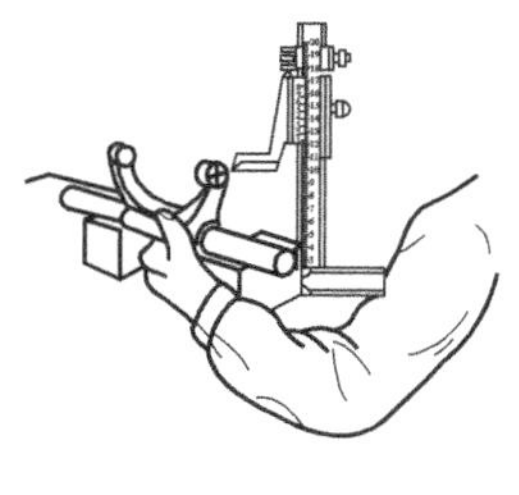

（b）划拨叉轴

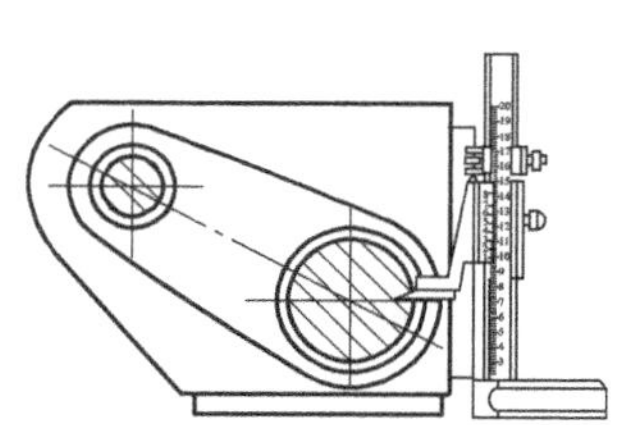

（c）划箱体

图 4–27　高度游标卡尺的应用

（1）划线前的准备

1）研究图样，确定划线基准。轴承座 ϕ50 mm 孔为重要孔，以 R50 mm 外圆中心线为划线基准，确保加工时孔壁均匀，如图 4–28（a）所示。

2）检查毛坯是否合格。确认合格后，清除毛坯上的毛刺和氧化皮等杂物。

3）在划线部位刷涂料，用木块堵上轴承座孔。

（2）支承、找正工件

用 3 个千斤顶支承工件底面，根据孔的中心及上平面调节千斤顶，使工件处于水平位置，如图 4–28（b）所示。

（3）划线

1）划出各水平线。划出高度基准线及轴承座底面四周的加工线（I 线及 20 mm 尺寸线），如图 4–28（c）所示。

2）将工件翻转 90°，并用 90° 角尺找正后划螺钉孔中心线，如图 4–28（d）所示。

3）将工件翻转 90°，并用 90° 角尺在两个方向上找正后，划出螺钉孔中心线及两大端面加工线，如图 4–28（e）所示。

4）检查划线是否正确，线条要清晰，无遗漏，无重复。

（4）打样冲眼

显示各部位尺寸及轮廓，如图 4–28（f）所示。

（5）注意事项

1）划线时，同一样面上的线条或平行线应在一次支承中划全，避免补划时因重新支承工件而产生误差。

2）应正确使用划针、划线盘、游标高度尺及 90° 角尺等划线工具，以减小误差。

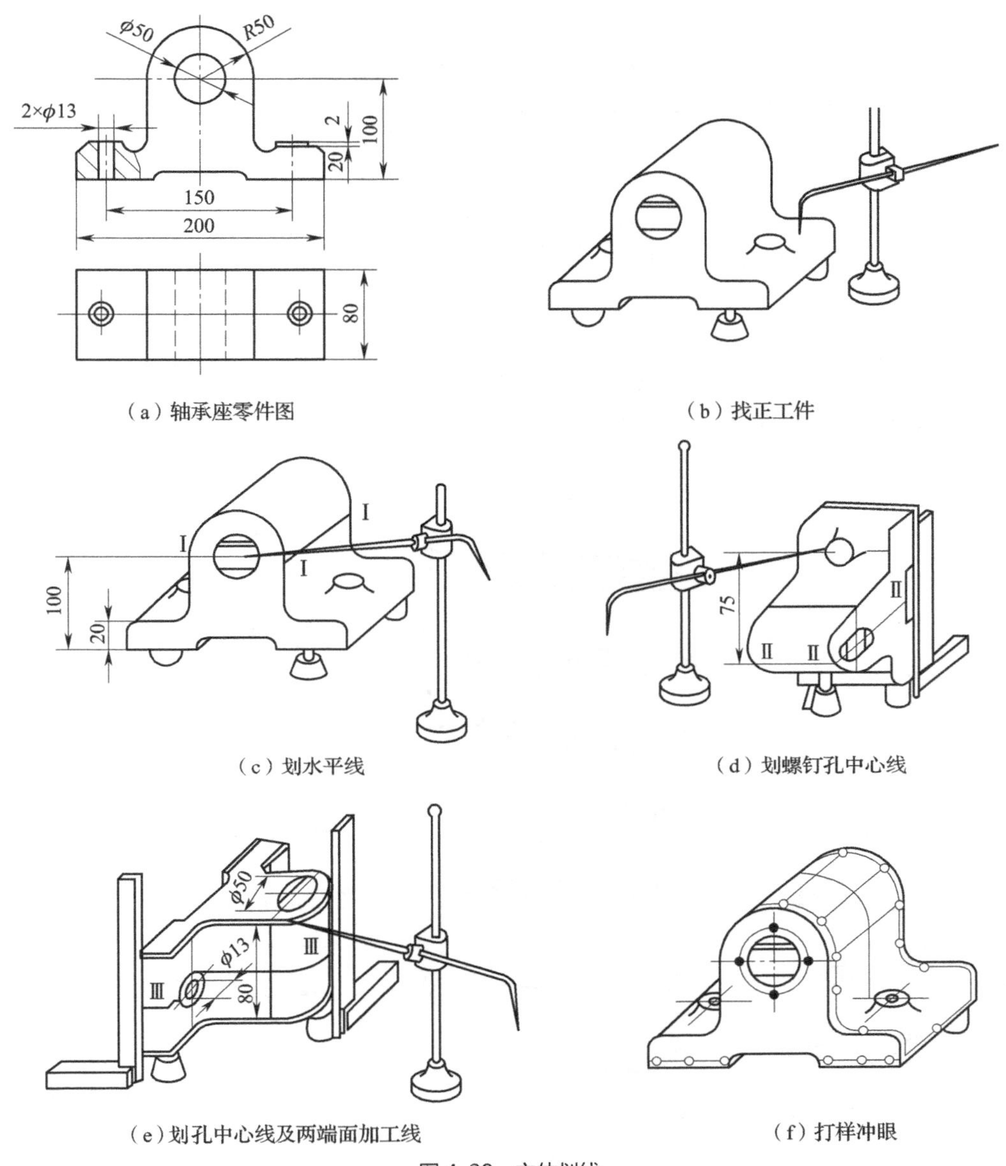

（a）轴承座零件图

（b）找正工件

（c）划水平线

（d）划螺钉孔中心线

（e）划孔中心线及两端面加工线

（f）打样冲眼

图 4–28　立体划线

三、锉削

用锉刀对工件表面进行切削加工，使工件达到所要求的尺寸、形状、位置和表面粗糙度，这种加工方法叫锉削。锉削可以加工工件的内外平面、内外曲面、内外角、沟槽以及各种复杂形状的表面和一些不易用机械加工的表面。锉削加工的精度可达到 0.01 mm，表面粗糙度值可达到 Ra0.8 μm。

1. 锉刀

锉刀是锉削的主要工具，锉刀用高碳工具钢 T13 或 T12 等材料制成，经加热处理后，工作部分的硬度可达到 62HRc 以上。目前锉刀已经标准化，其各部分名称如图 4–29 所示。锉刀的工作部分长度一般分为 100 mm、150 mm、200 mm、250 mm、300 mm、350 mm 及 400 mm 等多种。

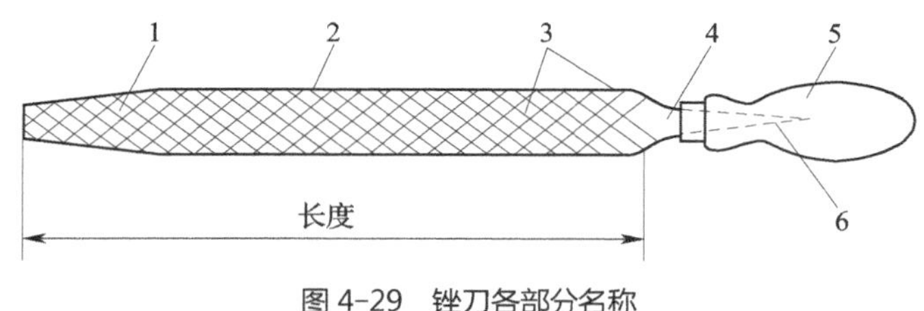

图 4-29 锉刀各部分名称

1—锉齿；2—锉刀面；3—锉刀边；4—锉刀尾；5—手柄；6—锉刀舌

（1）锉刀的种类

按锉刀的用途，锉刀可以分为钳工锉刀、异形锉刀和整形锉刀，如图 4-30 所示。异形锉刀适用于加工零件上的特殊表面；整形锉刀又称什锦锉刀或组锉刀，一般由若干断面形状不同的锉刀组成一套，适用于精细加工及修整工件上难以用机械加工的细小部位。

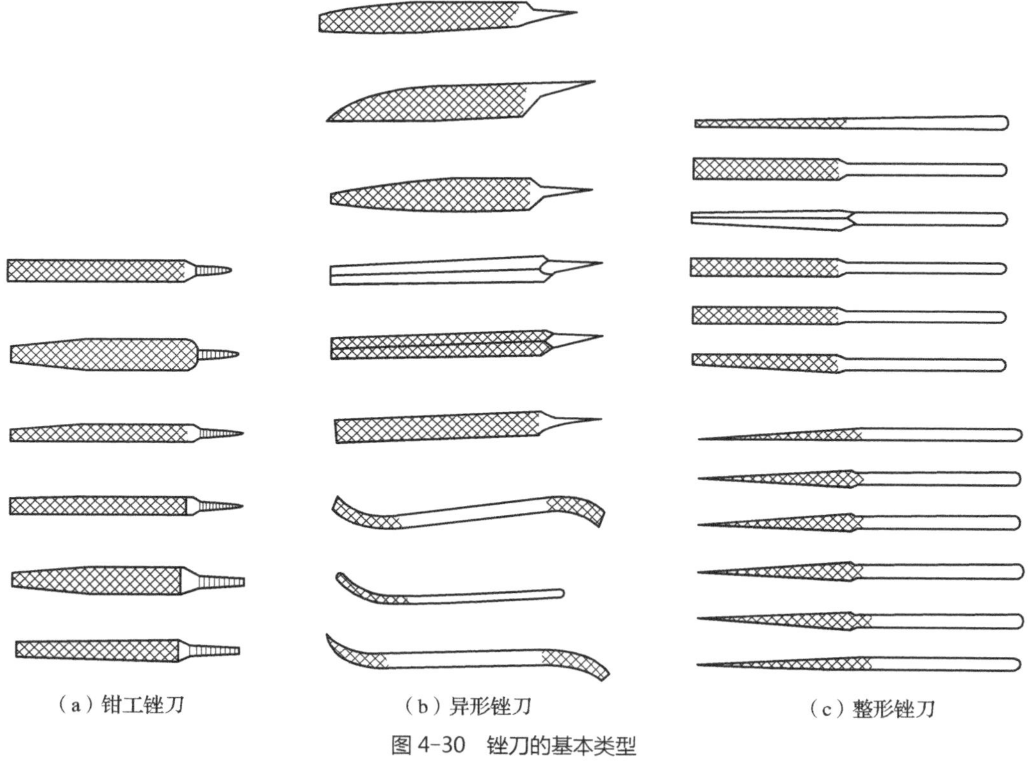

图 4-30 锉刀的基本类型

钳工锉刀根据锉刀截面形状不同，可分为平锉、方锉、三角锉、半圆锉、圆锉等，如图 4-31 所示。平锉适用于锉削平面、外圆弧面；半圆锉适用于锉削平面、内外圆弧面、圆孔；方锉适用于锉削小平面、方孔；三角锉适用于锉削平面、圆弧面、内角度；圆锉适用于锉削圆孔及凹圆弧面等。

（2）锉刀的规格

锉刀的粗细，以每 10 mm 长的锉刀面上的齿数来分，共分为 1 ～ 5 锉纹号，锉纹号越小，锉齿越粗。粗锉刀是指 4 ～ 12 齿，齿间隙大，不易堵塞，适用于粗加工，或锉铜和铝等软金属；中、细锉刀是指 13 ～ 24 齿，适用于锉钢和铸铁，或锉削量少的情况；油光锉刀是指 30 ～ 60 齿，只适用于最后修光表面。

根据工件的形状和所加工面的大小以及加工余量、精度和表面粗糙度的要求选择锉刀的齿纹。锉刀齿纹规格选用，如表 4-1 所示。

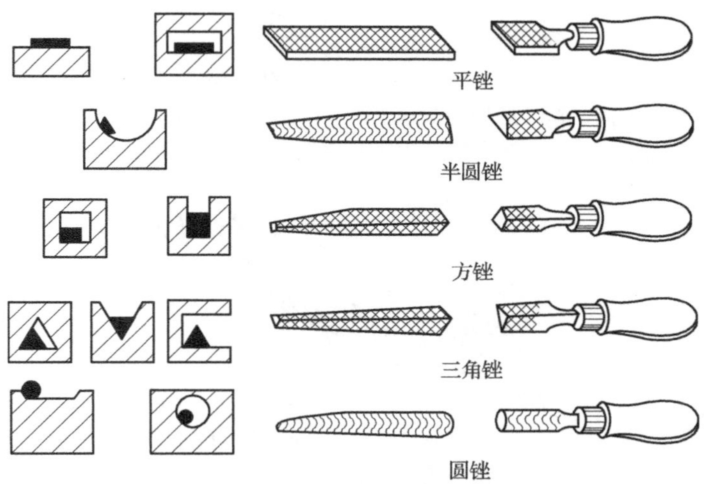

图 4-31　锉刀的截面和应用

表 4-1　锉刀齿纹规格选用

锉刀粗细	适用场合		
	锉削余量 /mm	尺寸精度 /mm	表面粗糙度 /μm
1 号（粗齿）	0.5 ～ 1	0.2 ～ 0.5	*Ra*100 ～ 25
2 号（中齿）	0.2 ～ 0.5	0.05 ～ 0.2	*Ra*25 ～ 6.3
3 号（细齿）	0.1 ～ 0.3	0.02 ～ 0.05	*Ra*12.5 ～ 3.2
4 号（双细齿）	0.1 ～ 0.2	0.01 ～ 0.02	*Ra*6.3 ～ 1.6
5 号（油光）	0.1 以下	0.01	*Ra*1.6 ～ 0.8

（3）刀柄的安装

锉刀的刀柄用硬木料或塑料制成。安装时用左手扶住柄，右手将锉刀舌插入锉刀柄孔内，再在台虎钳上或工作台上夯紧，其插入长度约为锉刀舌长度的 3/4，如图 4-32（a）所示。拆卸锉刀柄可在台虎钳上进行，也可在工作台边轻轻撞击取下，如图 4-32（b）所示。

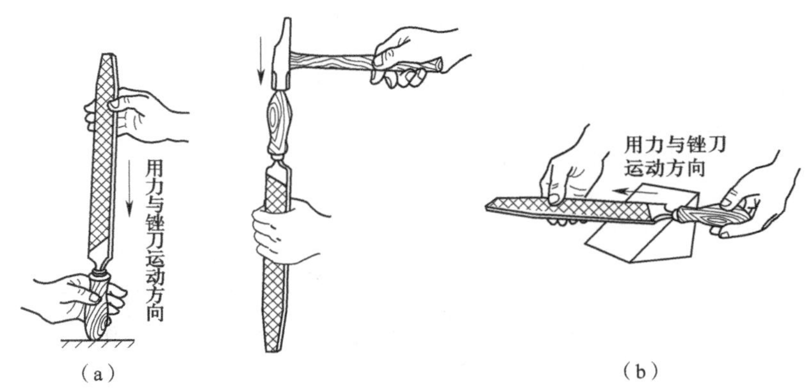

图 4-32　锉刀手柄的安装、拆卸

2. 锉刀的握法

锉刀握法的正确与否，对锉削质量、锉削力量的发挥及疲劳程度都有一定的影响。由于锉刀的形状和大小不同，锉刀的握法也不同。锉刀柄的圆头端顶在右手心，大拇指压在锉刀柄的上部位置，自然伸直，其余四指向手心弯曲紧握锉刀柄，左手放在锉刀的另一端，如图 4-33 所示。

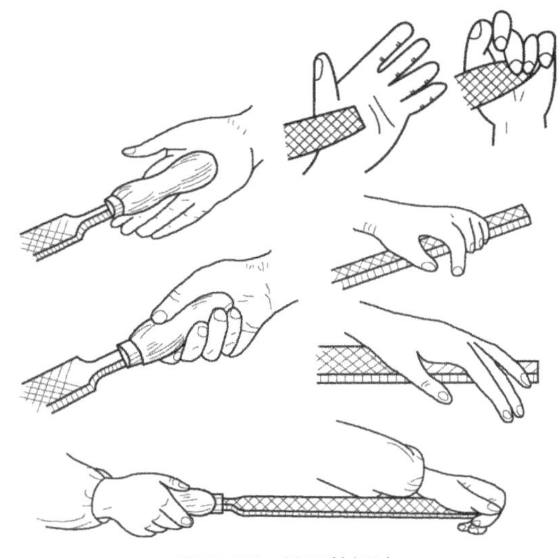

图 4-33 锉刀的握法

(1) 长锉刀

推力由右手肘控制，压力由两手控制，随着锉刀向前推进长度的变化，右手对锉刀的压力由小变大，左手则由大变小，从而保证锉刀的平稳运动，而不应上下摆动，否则锉削面将会中凸不平。当锉刀推到终点时，右手压力最大，左手压力最小；当锉刀回程时，右手轻抬锉刀柄部，左手用食指、中指和无名指指端勾起锉刀，平稳地将锉刀拖回，以减少锉齿的磨损，如图 4-34 所示。

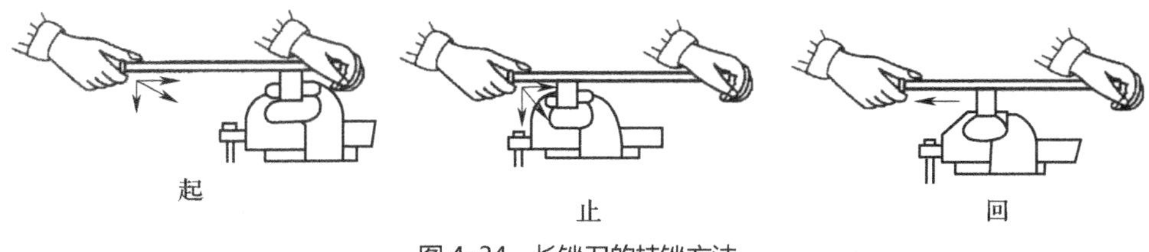

图 4-34 长锉刀的持锉方法

(2) 中小型锉刀

右手握锉刀柄，柄端顶在拇指根部，左手用拇指压锉，食指、中指和无名指扣住锉刀端部（或轻轻压住锉刀中部），两手对锉刀施加的压力和推力应小于对大锉刀施加的力，如图 4-35 所示。

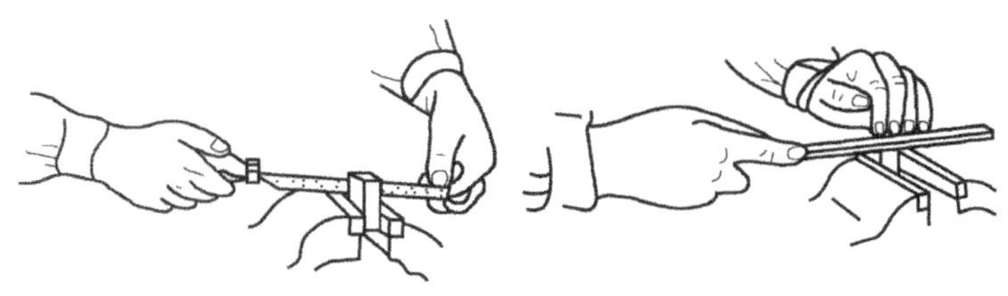

图 4-35 中小型锉刀的持锉方法

3. 锉削的基本方法

锉削的方法有多种，除了普通锉削法、交叉锉削法外，还有顺向锉削法、推锉法、滚锉法和推磨锉削法等。

(1) 普通锉削法

普通锉削法也称径向锉削法，如图 4-36 (a) 所示。锉削时向前推压，后拉时稍把锉刀提起并沿工件横向锉削。其锉刀的运动方向是单向的，锉削速度快，但不易锉平，要求操作者有较好的基本功。该方法适用于较大工作面的粗加工。

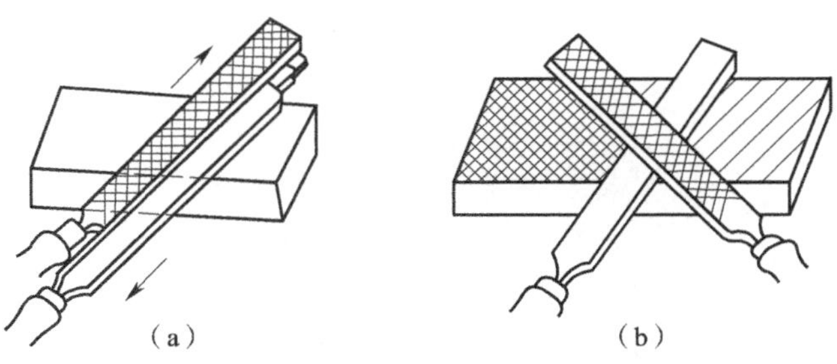

图 4-36 锉削的基本方法（一）

(2) 交叉锉削法

如图 4-36 (b) 所示，锉削时，锉刀与工件成 40° ~ 45°。锉削过程要交叉地进行，以便于观察锉痕，判断出锉削面的高低情况，若表面形成一条条阴影线，则表示表面不平。其锉刀的运动方向是交叉的，锉刀与工件接触面积大，锉削速度快。交叉锉一般选用中锉刀，用于锉削的中间阶段或要求有较高的平面度的平面。

(3) 顺向锉削法

顺向锉削法也称纵向锉削法，如图 4-37 (a) 所示。锉削时，锉刀的运动方向是沿工件的纵向锉削的，其锉纹顺直，光整美观，并起整形作用，但用力较大，锉削效率低。顺向锉削一般选用细锉刀，适用于锉削不大的平面和最后锉光阶段。

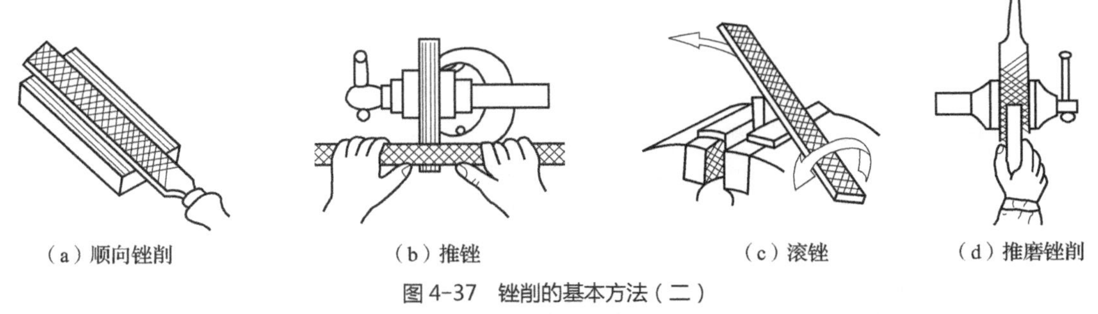

图 4-37 锉削的基本方法（二）

(4) 推锉法

如图 4-37 (b) 所示，锉削时，锉刀与工件成垂直状态，两手平行用力向前推。其锉纹顺直，光整，可改善表面质量，但锉削效率较低。推锉适用于锉削的最后锉光阶段和修正尺寸，或锉削余量极小的平面。

(5) 滚锉法

如图 4-37 (c) 所示，锉削时，锉刀做前进运动的同时，还绕圆弧面中心做摆动。摆动时，右手握锉刀柄部往下压，而左手握锉刀前端向上提，这样锉出的圆弧面不会出现带棱边的现象。滚锉锉削轻快，自如，容易掌握，适用于外圆弧曲面的锉削。

（6）推磨锉削法

如图 4-37（d）所示，将锉刀夹持在台虎钳上，锉削时，手握工件在锉刀面上来回推锉。其特点是锉刀不动，推磨小平面，工件平稳，可得到较好的平面。该方法适用于不易夹持的小平面工件的锉削，如截面为三角形、菱形等。

4．工件的装夹

工件尽量夹持在台虎钳钳口中间。锉削面靠近钳口，以防止锉削时工件产生振动；装夹工件要稳固，但用力不可太大，以防工件变形。加工好的表面用软材料保护夹板保护；长铁板可用夹轨夹紧在台虎钳中；轴销可夹在手动钳中垫着木块进行锉削；锉削工件斜边，可用台虎钳夹住加工，如图 4-38 所示。

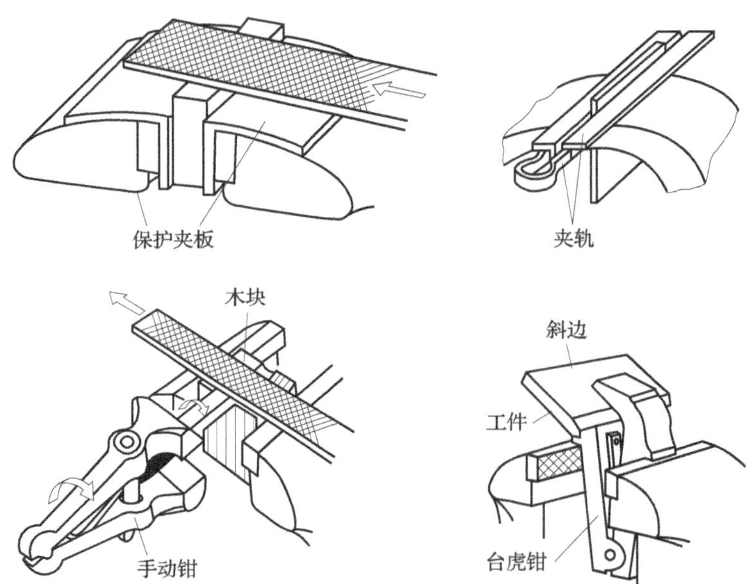

图 4-38　工件的装夹形式

5．锉削姿势及动作

（1）锉削姿势

锉削时的站立位置和姿势，如图 4-39 所示，进行锉削时，身体的重量放在左脚上，右脚伸直，脚始终站稳不移动，靠左膝的屈伸而做往复运动。

（2）锉削动作

锉削动作是由身体和手臂运动合成的。开始锉削时，身体要向前倾斜 10° 左右，右肘尽可能向后收缩，如图 4-40（a）所示。当锉刀锉至 1/3 行程时，身体向前倾斜 15° 左右，使左膝稍弯曲，如图 4-40（b）所示。当锉刀锉至 2/3 行程时，右肘继续向前推进，身体向前倾斜 18° 左右，如图 4-40（c）所示。当锉刀锉至最后 1/3 行程时，右肘继续向前推进，身体随着锉刀的反作用力退回至 15° 左右位置，如图 4-40（d）所示。锉削行程结束时，左脚自然伸直

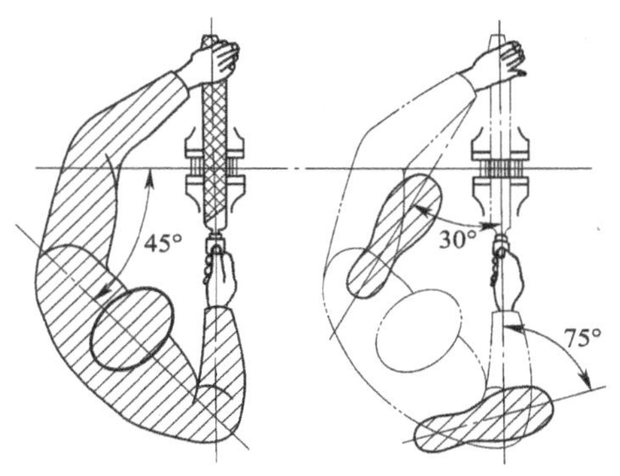

图 4-39　锉削时的站立位置和姿势

并随着锉削时的反作用力，将身体重心后移，使身体恢复原位，同时将锉刀略微提起收回。当锉刀收回将近结束时，身体开始先于锉刀前倾，做第二次锉削的向前运动。

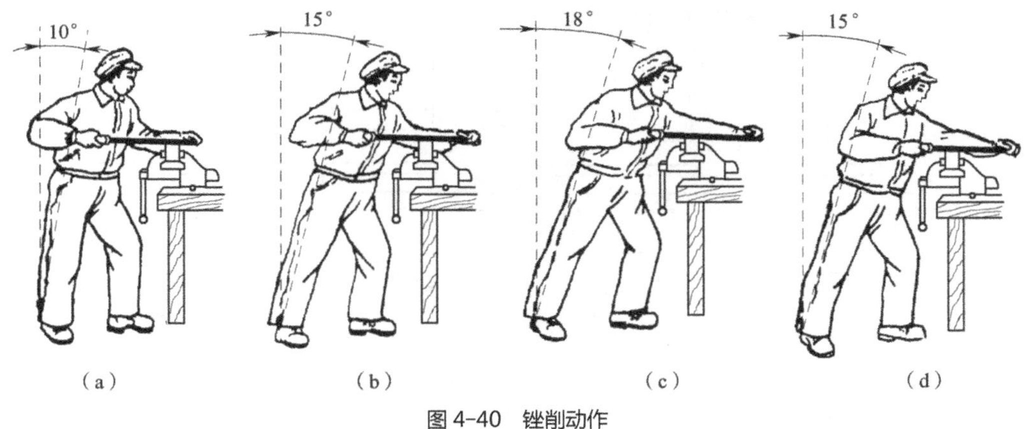

图 4-40　锉削动作

6. 锉削质量检验

对于锉削过的工件表面要检验其是否符合要求，例如可采用钢直尺、直角尺或用透光法来检验已锉削平面的直线度、垂直度，如图 4-41、图 4-42 所示，直角尺应沿工件加工面的纵向、横向和对角线方向进行多次检测。如果检查的部位在直角尺与平面间透过的光线微弱而均匀，则表示此处较平直；如果检查的部位透过来的光线强弱不一，则表示这一部位高低不平，光线强的地方比较凹。

还可用游标卡尺或千分尺检验锉削尺寸是否准确，用表面粗糙度样块对照检验表面粗糙度值。

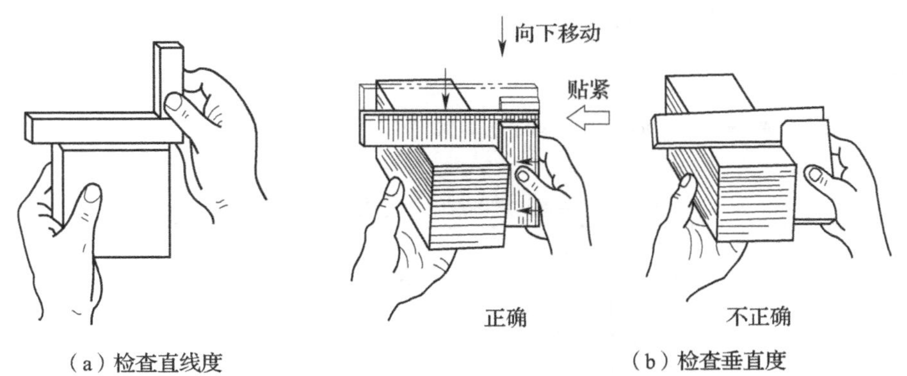

图 4-41　用直角尺检查直线度和垂直度

7. 锉刀的维护保养

合理使用和正确保养锉刀，能延长锉刀的使用寿命，提高工作效率，降低生产成本。因此，锉刀的维护保养应注意以下几个方面：

（1）新锉刀要先使用一面，用钝后再使用另一面。

（2）在粗锉时，应充分使用锉刀的有效全长，避免锉齿局部磨损。

（3）不可锉毛坯件的硬皮及经过淬硬的工件。

（4）锉刀上不可沾油和水，沾水后锉刀易生锈，沾油后锉刀锉削时易打滑。

（5）切屑嵌入齿缝内必须及时用铜丝刷沿着锉齿的纹路方向进行清除，以免切屑刮伤已加工面。

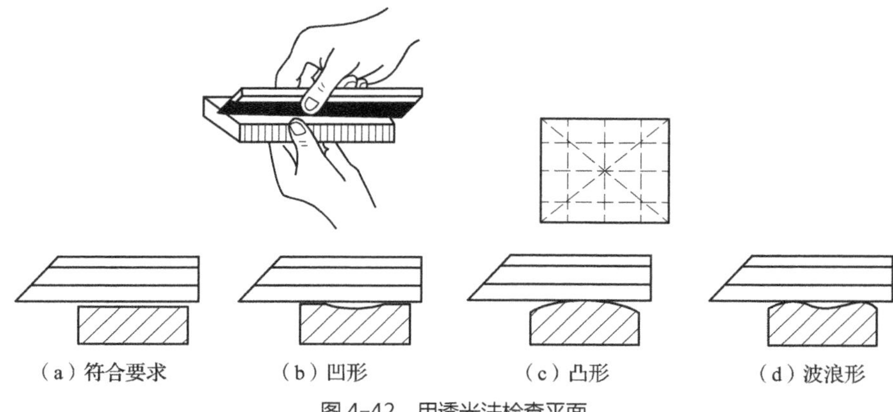

图 4-42　用透光法检查平面

（6）锉刀使用完毕锉屑必须清理干净，以免生锈。清理方法如图 4-43 所示。

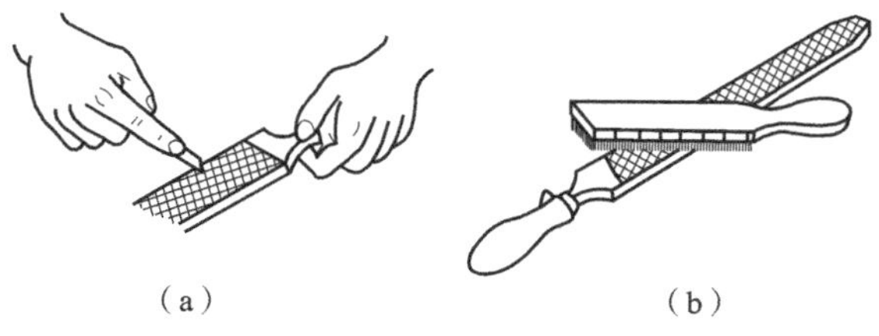

图 4-43　锉屑的清理

（7）放置锉刀时要避免锉刀与硬物接触，严禁将锉刀重叠堆放。

锉刀的维护保养要严格遵守现场 5S 和 TPM 全面生产维护管理要求。

8. 锉削常见问题分析

锉削过程中常见的问题及产生原因，如表 4-2 所示。

表 4-2　锉削过程中常见的问题及产生原因

质量问题	产生原因
零件表面夹伤或变形	1）台虎钳未装软钳口； 2）夹紧力过大
零件尺寸偏小超差	1）划线不准确； 2）未及时测量尺寸或测量不准确
零件平面度超差	1）选用锉刀不当或锉刀面中凹； 2）锉削时双手推力、压力应用不协调； 3）未及时检查平面度就改变锉削方法
零件表面粗糙度超差	1）锉刀齿纹选用不当； 2）锉纹中间嵌有锉屑未及时清除； 3）粗、精锉削加工余量选用不当； 4）直角边锉削时未选用光边锉刀

9. 锉削时的注意事项

(1) 锉削工件时应注意选择合理的加工顺序，一般选择工件上最大的平面作为基准面，先把该平面加工完毕，并达到相应的平面度要求。加工时还应注意先锉削大平面，后锉削小平面，先锉削平行面再锉削垂直面，以便快速、有效、准确地达到加工要求。

(2) 锉削钢件时，由于切屑容易嵌入锉刀齿纹中而拉伤加工表面，使表面粗糙度值增大，因此，锉削时必须经常用钢丝刷或铁片剔除切屑（剔除切屑时，应顺着锉刀的齿纹方向）。

(3) 为提高锉削面的表面质量，锉削时，可在锉刀的齿面涂上粉笔末，使每次锉削的切削量减少，同时切屑也不易嵌入锉刀的齿纹中。

四、锯削

锯削是用锯来分割工件或在工件上锯出沟槽的加工方法。如图 4–44 所示，每个锯条上的锯齿都是一个微形刀具，锯齿的角度分为后角 $\alpha=0^\circ\sim2^\circ$，楔角 $\beta=50^\circ$，前角 $\gamma=38^\circ\sim40^\circ$，如图 4–45 所示，通过锯齿上前后排列着的许多楔形刀尖前后连续工作来完成锯削工作。

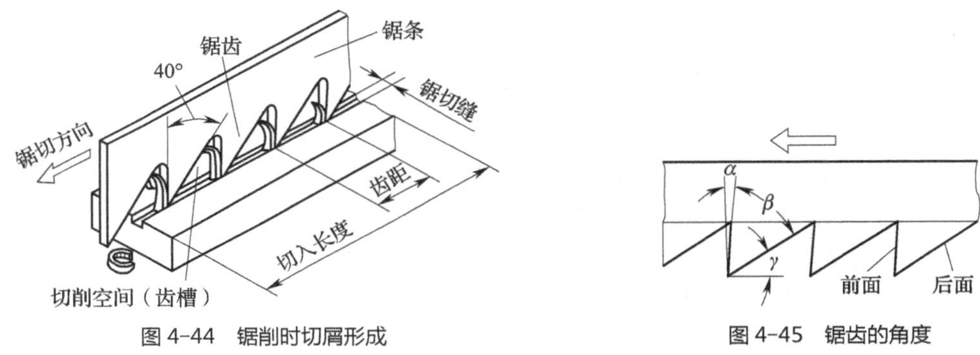

图 4–44　锯削时切屑形成　　图 4–45　锯齿的角度

在锯条上齿距的粗细是以 25.4 mm 长度内锯齿数来表示的，一般分为粗、中、细三种，齿数越多表示锯齿越细。为防止锯削时锯条被卡住，必须有越来越多的锯齿切入锯切缝内。故此，锯削薄壁工件或空心型材时，应使用齿距较小的锯条，如图 4–46 所示。

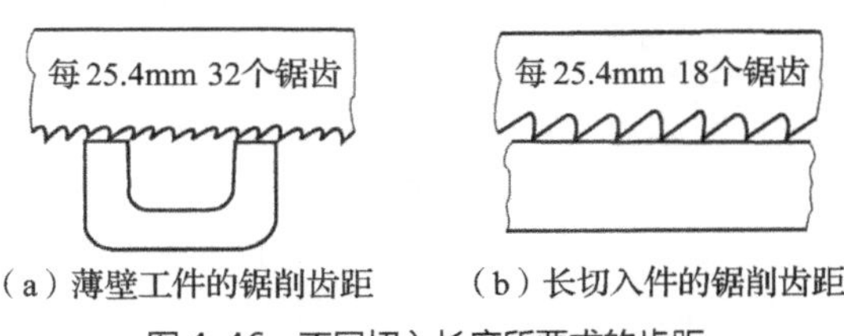

（a）薄壁工件的锯削齿距　（b）长切入件的锯削齿距

图 4–46　不同切入长度所要求的齿距

由于齿槽必须有足够的空间容纳锯削时产生的锯屑，因此锯削的切入长度较大时，必须使用齿距较大的锯条。此外，锯条齿距的选择还需参照所锯材料的强度，如表 4–3 所示。

表 4–3　锯齿的粗细选择

规格	齿距	应用
粗	14 ～ 18	铜、铝、铸铁、人造胶质材料
中	22 ～ 24	中等硬度钢、厚壁的钢管、铜管
细	32	薄金属、薄壁管、合金钢、铸钢件

为避免锯条卡在锯切缝内，锯条两侧必须能够自由进出。故锯齿要按一定规律左右错开，排列成一定的形状，称为锯路。锯路主要有交叉形（RL）和波浪形（WS）等，如图 4–47 所示。小齿距的锯条一般采用波浪形分齿。

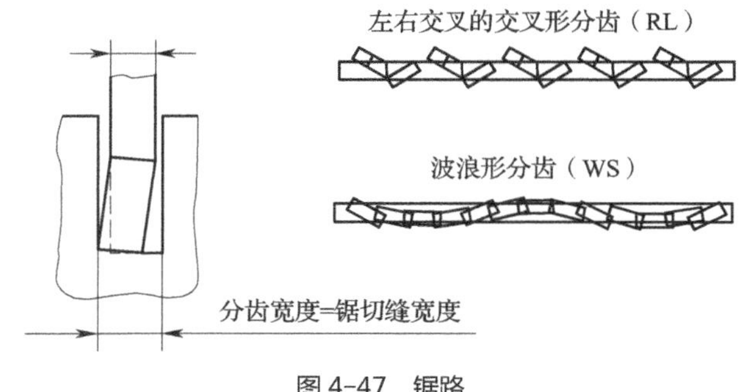

图 4–47　锯路

1．锯削工具

常用的锯削工具有手工锯、弓锯锯床、带锯锯床和圆锯锯床等。

(1) 手工锯

手工锯是由锯弓和锯条两部分组成的。锯弓的作用是张紧锯条，且便于双手操持。锯弓分固定式和可调节式两种，如图 4–48 所示。一般都选用可调节式的锯弓，因为固定式锯弓只能安装一种长度的锯条，而可调节式锯弓的锯条距离可以调节，能安装几种长度的锯条，且锯弓的锯柄形状便于用力。锯条是用来直接锯削材料或工件的工具。锯条一般由渗碳钢冷轧制成，也有用碳素钢或合金钢制成的，经热处理淬硬后才能使用。锯条的长度以两端安装孔中心距来表示，常用的锯条长度为 300 mm。

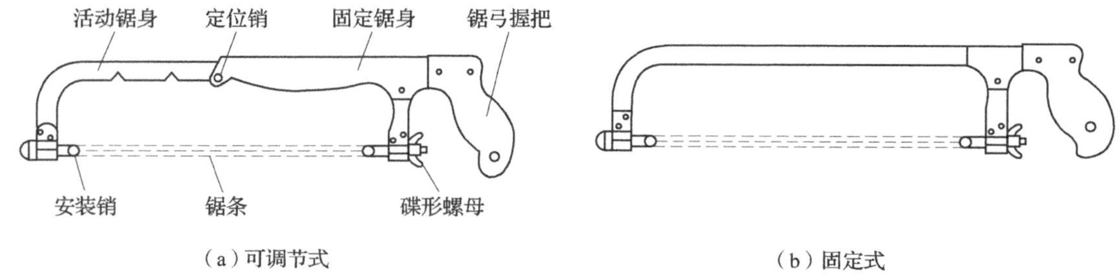

图 4–48　锯弓的形式

(2) 锯条的安装

手工锯只有向前推进时起锯削作用，因此安装锯条时，应使锯条的锯齿方向向前；锯条的松紧适当，位置正确，不能歪斜、扭曲，如图 4–49 所示。太紧，锯条受力大，稍有阻力就会崩断；太松，锯条容易扭曲而折断，且锯缝容易歪曲。

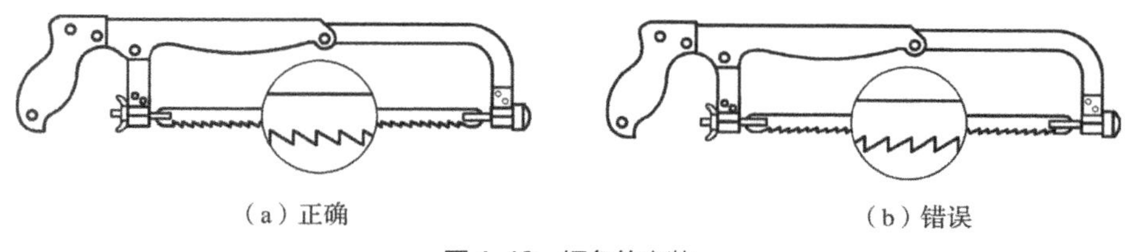

图 4–49　锯条的安装

(3) 工件装夹

工件一般应夹持在台虎钳的左面，以便操作。工件伸出钳口不应过长，以防止工件在锯削时产生振动，一般锯缝离开钳口侧面 20 mm 左右，且锯缝线保持与钳口侧面平行，以便于控制锯缝不偏离划线线条。夹紧要牢靠，避免锯削时工件移动或使锯条折断，同时要避免将工件夹变形和夹坏已加工面。

2. 锯削基本技能

(1) 锯削姿势

如图 4-50 所示，锯削时，以右手握柄，左手扶正锯弓，稍微加力下压；右手向前推锯时，握紧锯弓，当拉回锯弓时，则松开四指，避免右手过早疲劳。

(2) 锯削方法

1）起锯时，用左手拇指指甲靠住锯条侧面做引导，使锯条能够正确地锯在所需要的位置上，起锯行程要短，压力要小，速度要慢。起锯分远起锯和近起锯。远起锯是指从工件距离操作者远的一端起锯，操作简便，锯齿不容易被卡住，最为常用。近起锯是指从工件靠近操作者的一端起锯，这种方法若掌握不好，锯齿容易被工件的棱边卡住，造成锯条崩齿，如图 4-51 所示。

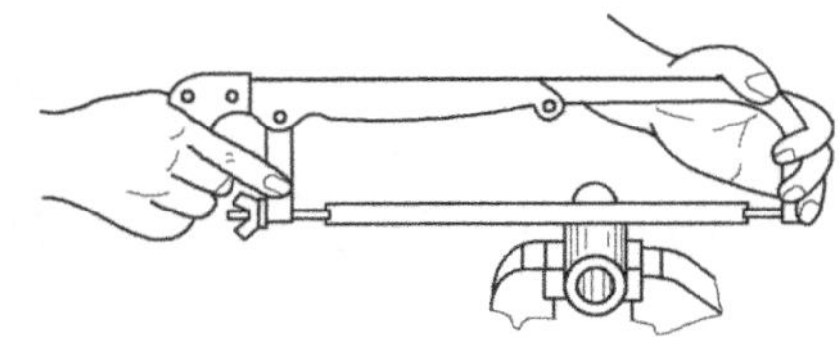

图 4-50　手工锯的握法

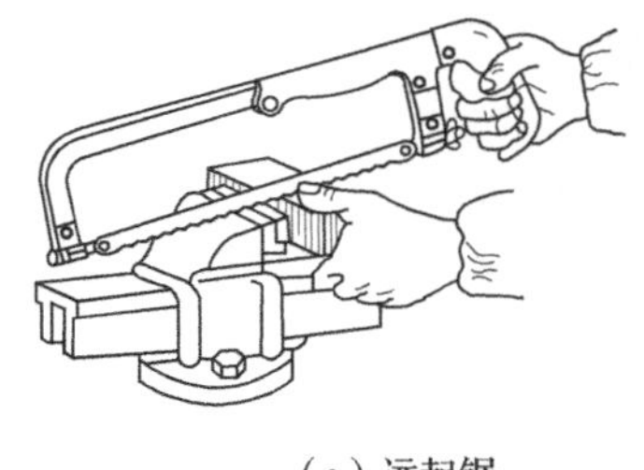

（a）远起锯

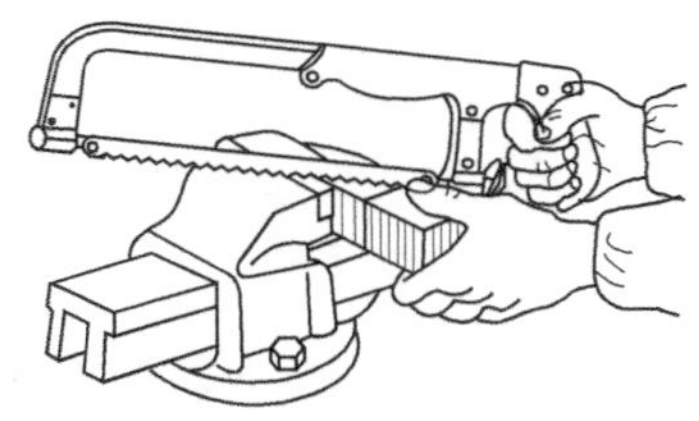

（b）近起锯

图 4-51　起锯方法

2）起锯角度一般控制在 15° 左右，如图 4-52 所示。

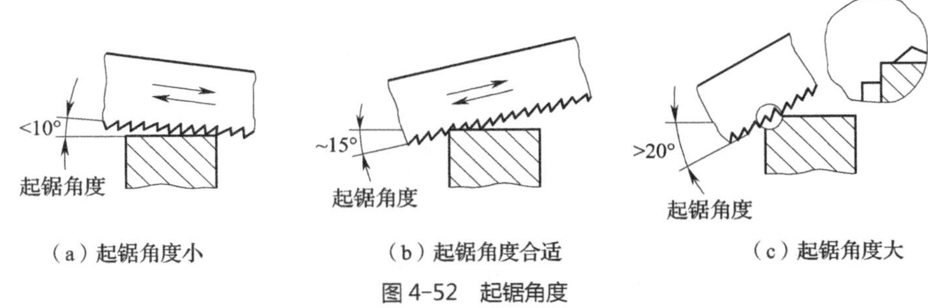

（a）起锯角度小　（b）起锯角度合适　（c）起锯角度大

图 4-52　起锯角度

3）锯削运动的速度以每分钟 30 ～ 60 次为宜。锯削软材料时可快些，锯削硬材料时应慢些；锯削硬材料的压力要比锯削软材料时大。

(3) 锯削姿势及要领

锯削时主要是手臂的运动再辅以相应的身体运动。站立姿势类似锉削时的姿势。锯削时要注意：锯削动作、锯削姿势和步位站法。

1）锯削动作。锯削运动一般采用小幅度的上下摆动式运动，即手工锯推进时，身体略向前倾，双手压向手工锯的同时，左手上翘、右手下压；回程时右手上抬，左手自然跟回。工件快锯断时，用力应轻，以免碰伤手臂和折断锯条。

2）锯削姿势。锯削时站位、身体摆动姿势与锉削基本相似，摆动要自然。

3）步位站法。如图 4–53 所示，锯削开始时，右腿站稳伸直，左腿略有弯曲，身体向前倾斜 10° 左右，保持自然，重心落在左脚上，双手握正手工锯，左臂略弯曲，右臂尽量向后放，与锯削的方向保持平行。向前锯削时，身体和手工锯一起向前运动，此时，左脚向前弯曲，右脚伸直向前倾，重心落在左脚上。当手锯继续向前推进时，身体倾斜角度也随之增大，左右手臂均向前伸出，当手锯推进至 3/4 行程时，身体停止前进，两臂继续推进手锯向前运动，身体随着锯削的反作用力，重心后移，退回到 15° 左右。锯削行程结束后，将手和身体恢复到原来的位置，再进行第二次锯削。

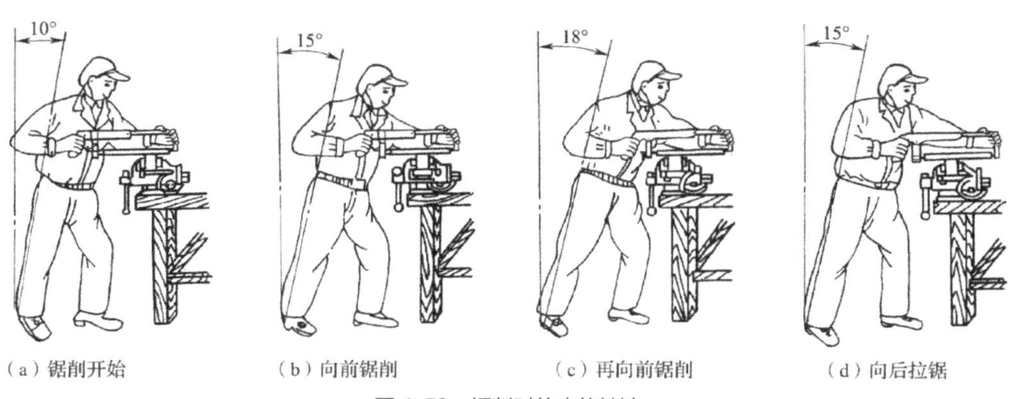

（a）锯削开始　（b）向前锯削　（c）再向前锯削　（d）向后拉锯

图 4–53　锯削时的步位站法

锯削过程中应注意以下几点：

① 刚开始起锯时，作用在锯弓上的力要小一点；

② 结束时，速度、压力要适当减小，小心废料落下伤脚；

③ 锯削不同长度时，所用压力应相应调整；

④ 防止断锯伤人。

3. 典型工件的锯削

（1）薄板锯削

锯削时一般用木板为衬垫夹在台虎钳上，然后连木板一起锯削。锯削方法如图 4–54 所示。

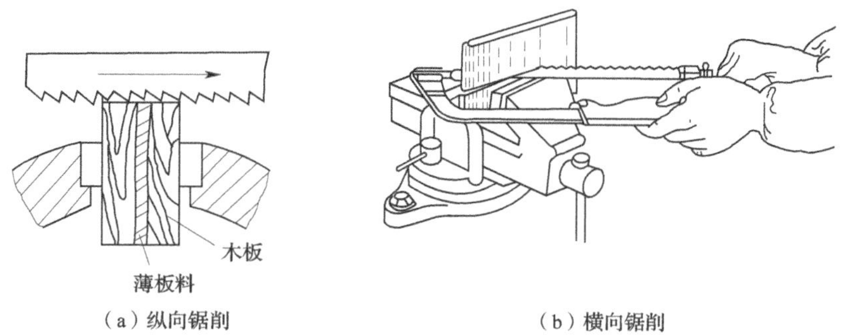

（a）纵向锯削　（b）横向锯削

图 4–54　薄板锯削

（2）圆管锯削

锯削圆管时不能从上到下一次锯断，应在管壁被锯透时，将圆管向推锯方向转过一定角度，再夹紧，锯至内壁，重复操作，直至锯断，如图 4–55 所示。

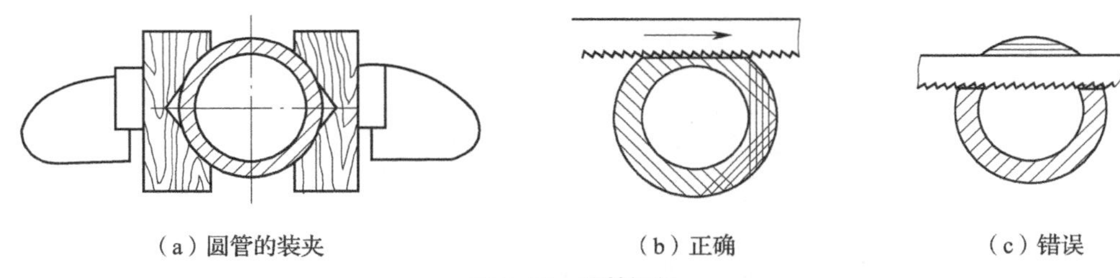

（a）圆管的装夹　（b）正确　（c）错误

图 4-55　圆管锯削

（3）深缝锯削

当锯缝深度超过锯弓高度时，先用正常方法锯至接近锯弓，如图 4-56（a）所示，然后，将锯条转 90°安装（见图 4-56（b）），锯弓放平锯削，直至锯断工件；或者将锯条倒装进行锯削，如图 4-56（c）所示。

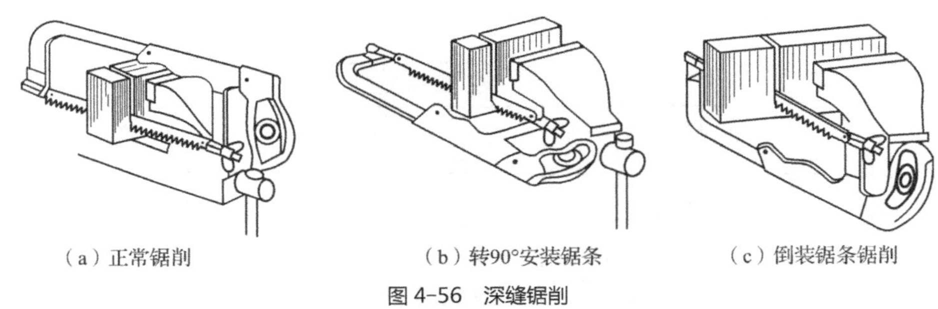

（a）正常锯削　（b）转90°安装锯条　（c）倒装锯条锯削

图 4-56　深缝锯削

（4）槽钢锯削

槽钢的锯削和锯削圆管类似，锯削时，应按三次锯削。具体锯削顺序，如图 4-57 所示。

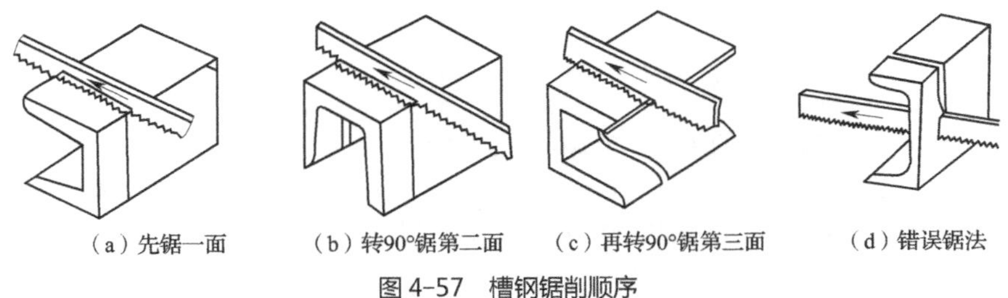

（a）先锯一面　（b）转90°锯第二面　（c）再转90°锯第三面　（d）错误锯法

图 4-57　槽钢锯削顺序

4. 锯削常见问题分析

锯削过程中常见的问题及产生原因，如表 4-4 所示。

表 4-4　锯削过程中常见的问题及产生原因

质量问题	产生原因
锯缝歪斜	1）工件未装正，使锯削后锯缝与工件表面不垂直； 2）锯条安装较松或与锯弓平面产生扭曲； 3）使用两面锯齿磨损不均匀的锯条；锯削时，压力过大，使锯条偏摆； 4）锯弓不正或用力后产生歪斜，使锯条斜靠在锯切断面的一侧

续表

质量问题	产生原因
锯条折断	1）锯条装得过松或过紧；压力过大或用力方向偏离锯缝方向； 2）工件夹紧时不稳，锯削受力后产生摆动；锯缝产生歪斜后强行纠正； 3）新换锯条在旧锯缝中被卡住而折断； 4）工件锯断时，使手工锯与台虎钳等相撞而折断锯条
锯条崩齿	1）选择的锯条与材料不配，如锯薄板、管子时用粗齿锯条； 2）起锯时角度太大或锯削速度过快，锯削时锯齿被卡住后仍用力推锯

五、钻削

孔加工可分为钻孔、扩孔、铰孔等，都是采用多刃刀具进行加工的，如图 4-58 所示。

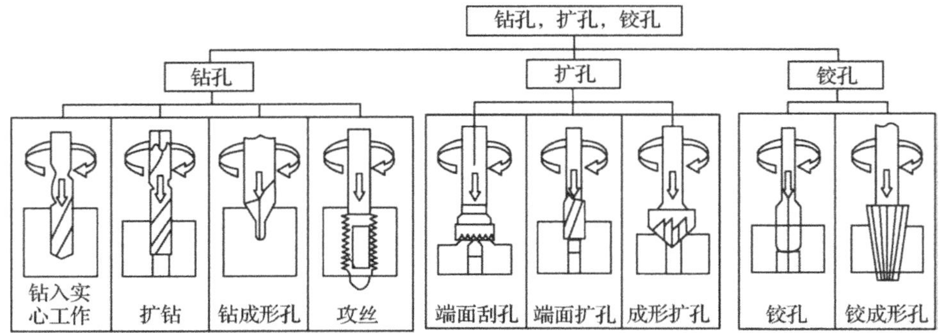

图 4-58　孔加工方法

1．钻孔

用钻头在工件材料上加工孔的方法，称为钻孔。钻孔的公差等级为 IT10 以下，表面粗糙度值为 Ra50 ~ 12.5 μm。钻孔时，刀具一般都做圆周切削运动，与此同时，刀具的进给却沿旋转轴线方向做直线运动，如图 4-59 所示。刀具的切削刃通过进给力进入工件材料，而圆周切削运动产生切削力。

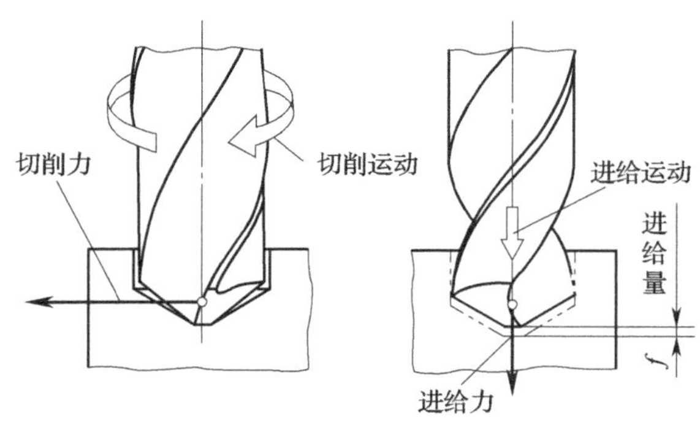

图 4-59　钻孔运动分析图

根据钻孔材料的不同和所钻孔的要求不同，钻头有麻花钻、扁钻、扩孔钻、群钻、薄板钻、不锈钢钻头等。麻花钻是钳工最常用的钻头之一。

（1）麻花钻的结构

麻花钻一般用高速钢（W18Cr4V）制成，淬火后硬度可达 HRC62 ～ 68。麻花钻由柄、颈部和工作部分组成，如图 4-60 所示。

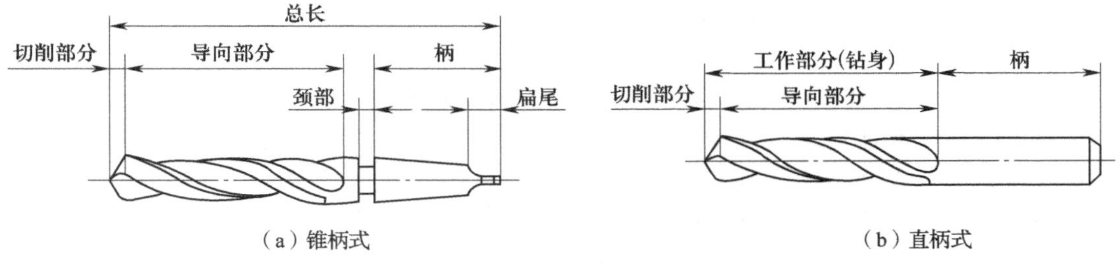

图 4-60　麻花钻

1）柄：柄是麻花钻的夹持部分，按形状可分为锥柄和直柄两种。一般直径小于 13 mm 的钻头做成直柄；直径大于 13 mm 的钻头做成锥柄。钻孔时柄安装在钻床主轴上，用来传递转矩和轴向力。

2）颈部：麻花钻的颈部在磨制钻头时供砂轮退刀用。钻头的规格、材料和商标都刻在颈部。

3）工作部分：钻头的工作部分由切削部分和导向部分组成。切削部分在钻孔时主要起切削作用，切削刃的基本形状是楔形。两个相对的、螺旋状的切削槽构成主切削刃和副切削刃以及导向刃带，如图 4-61 所示。主切削刃是由前面（前槽）和后面构成。经正确刃磨后每个主切削刃都是一直线。两个后面在钻头尖端相遇的线形成横刃，它是主切削刃突然转折的部分，起刮削作用。导向部分有两个刃带和螺旋槽，刃带的作用是引导钻头并修光孔壁，螺旋槽的作用是排屑和输进切削液。

（2）麻花钻头的几何角度

麻花钻头切削部分的几何角度，如图 4-62 所示。

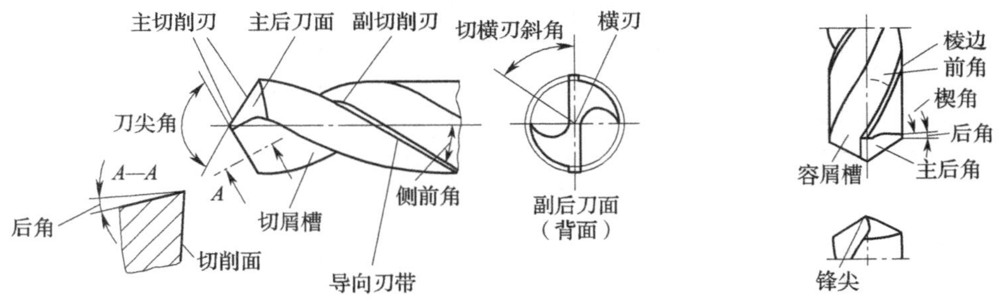

图 4-61　麻花钻的切削部分　　图 4-62　麻花钻头切削部分的几何角度

前角因是螺旋角，所以是固定的，越到钻心越小。前角大小决定着切除材料的难易程度和切屑在前刀面上摩擦阻力的大小。前角越大，切削越省力，与其他切削刀刃一样，加工软材料前角大，加工硬材料前角尽量小。

钻头后角在主切削刃的各点上是不相等的，从边缘到中心逐渐增大。后角主要影响副切削面与主切削后面的摩擦和主切削刃的强度。

顶角是两主切削刃在锋尖处的夹角。标准麻花钻的顶角为 118°±2°，顶角的大小影响主切削刃上轴向力的大小。顶角越小，则轴向力越小，有利于散热和提高钻头的耐用度。但顶角减小后，在相同条件下，钻头所受的扭矩增大，切屑变形加剧，排屑困难，会妨碍冷却液的进入。

横刃斜角是在刃磨钻头时自然形成的，其大小与后角、锋角大小有关。当后角磨的偏大时，横刃斜角就会减小，而横刃的长度会增大。

（3）钻头的选择

钻削时要根据孔径的大小和公差等级选择合适的钻头。钻削直径≤ 30 mm 的孔，低精度孔，选用与孔径相同直径的钻头一次钻出；高精度孔，可选用小于孔径的钻头钻孔，留出加工余量进行扩孔或铰孔。钻削 ϕ30 ~ 80 mm 的低精度孔，可用 0.6 ~ 0.8 倍孔径的钻头钻孔，然后扩孔；对于高精度孔，可先选用小于孔径的钻头钻孔，然后进行扩孔和铰孔。

（4）钻削用量

钻削用量的三要素包括切削速度（v）、进给量（f）和切削深度（α_p）。其选用原则是：在保证加工精度和表面粗糙度及保证刀具合理寿命的前提下，尽量先选较大的进给量 f，当 f 受到表面粗糙度和钻头刚度的限制时，再考虑较大的切削速度 v。

1）切削速度（v）：指钻削时钻头切削刃上最大直径处的线速度。可由下式计算：

$$v=\frac{\pi Dn}{1\,000}\ (\text{m/min})$$

式中　D——钻头直径（mm）；

　　n——钻床主轴转数（r/min）。

切削速度的决定因素是钻头类型、钻孔方法、材料和所要求的加工质量。麻花钻头在钻孔深度达 3×D 时的切削推荐值如表 4-5 所示。切削速度是对刀具耐用度的最大影响因素，由于钻头类型，切削刃材料和涂层等种类繁多，使用时务必查看刀具制造商标出的参考值。

表 4-5　麻花钻头在钻孔深度达 3×D 时的切削推荐值

工件材料	v/（m/min）	孔径为下列数值时的 f/mm			冷却方式
		2 ~ 5	5 ~ 10	10 ~ 16	
钢　σ_b < 700 N/mm^2	25 ~ 30	0.10	0.20	0.28	E
钢　σ_b=700 ~ 1 000 N/mm^2	15 ~ 20	0.07	0.12	0.20	E
钢　σ_b>1 000 N/mm^2	10 ~ 15	0.05	0.10	0.15	E，S
灰口铸铁　σ_b=120 ~ 260 N/mm^2	25 ~ 30	0.14	0.25	0.32	E，M，T
铝合金　短切屑	40 ~ 50	0.12	0.20	0.28	E，M
热塑性塑料　σ_b=40 ~ 70 N/mm^2	25 ~ 30	0.14	0.25	0.36	T

①有涂层的刀具可将切削速度提高 20% ~ 30%；

②E—乳浊液（10% ~ 20%），S—切削油，M—微量润滑，T—无冷却干加工或压缩空气

2）进给量（f）：钻头每转一转沿进给方向移动的距离，单位为 mm/r。它将影响切屑的形成和切削功耗。

3）切削深度（α_p）：指已加工表面和待加工表面之间的垂直距离。钻孔时切削深度等于钻头直径的 1/2，单位是 mm。小于 ϕ30 的孔通常一次钻出，切削深度就是钻头的半径；ϕ30 ~ 80 mm 的孔可分两次钻出，先用（0.5 ~ 0.7）D（D 为要求的孔径）的钻头钻底孔，然后用直径为 D 的钻头将孔扩大，切削深度分两次计算。

4）转速（n）：钻头的转速可直接从转速曲线表中读取，或根据切削速度 v 和钻头直径 D 计算出来：

$$n=v/D\pi \qquad (r/mm)$$

5）进给速度（v_f）：刀具上的基准点沿着刀具轨迹相对于工件移动时的速度。

$$v_f=nf \qquad (mm/min)$$

2. 钻头的刃磨

钻头用钝后或者根据不同的钻削要求而要改变钻头切削部分形状时，需要对钻头进行刃磨。钻头刃磨的正确与否，对钻削质量、生产效率以及钻头的耐用度都有显著影响。

（1）刃磨钻头的基本方法

手工刃磨钻头是在砂轮机上进行的。砂轮的粒度一般为 46 ～ 80 号，最好采用中软级硬度的砂轮。

首先，操作者应站在砂轮机的左面，右手握住钻头的头部，左手握住柄部，被刃磨部分的主切削刃处于水平位置，使钻头中心线与砂轮圆柱母线在水平面内的夹角等于钻头锋角的一半，同时钻尾向下倾斜，如图 4–63（a）所示。

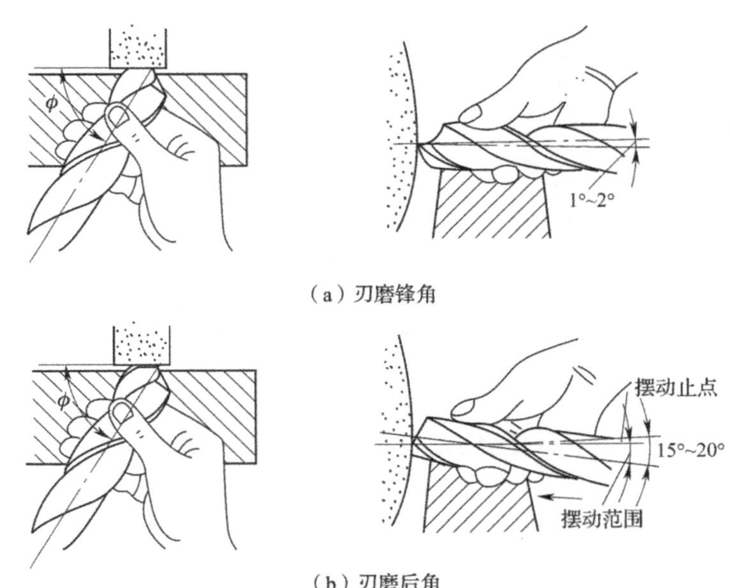

（a）刃磨锋角

（b）刃磨后角

图 4–63　刃磨锋角和后角

其次，将主切削刃在略高于砂轮水平中心平面处先接触砂轮。右手缓慢地使钻头绕自己的轴线由下向上转动，同时施加适当的刃磨压力，这样可使整个后刀面都磨到。左手配合右手做缓慢的同步下压运动，刃磨压力逐渐增大，这样就便于磨出后角，其下压的速度及其幅度随要求的后角大小而变。为保证钻头近中心处磨出较大后角，还应做适当的右移运动。刃磨时两手动作配合要协调、自然，如图 4–63（b）所示。

注意：刃磨时压力不要过大，应均匀地摆动，并经常蘸水冷却，防止温度过高而降低钻头硬度。当一个主后刀面磨好后，将钻头转 180° 刃磨另一个主后刀面时，人和手要保持原来的位置和姿势，这样才能使磨出的两个主切削刃对称。

（2）刃磨的检测

刃磨时可通过目测检验，也可用样板检验。

目测检验：刃磨过程中，把钻头切削部分向上竖起，两眼平视，观察两主切削刃的长短、高低和后角的大小。

反复观察两主切削刃，如有偏差，必须再进行修磨。按此不断反复，两后刀面经常轮换，使两主切削刃对称，直至达到刃磨要求。

样板检验：麻花钻刃磨后锋角和横刃斜角可利用样板检验，如图 4-64 所示，并要旋转 180° 后反复检验几次，不合格要进行修磨，直至各角度达到规定要求。

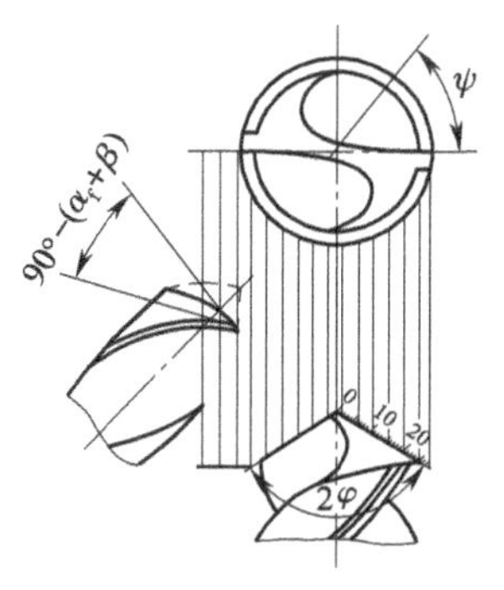

图 4-64　用样板检查钻头的锋角和横刃斜角

3. 钻削的装夹

(1) 钻头的装夹

如图 4-65 (a) 所示，直柄钻头用钻夹头装夹。钻夹头装在钻床主轴下端，用钻夹头钥匙转动小锥齿轮，直到钻头被夹紧或松开。如图 4-65 (b) 所示，锥柄钻头用柄部的莫氏锥体直接与钻床主轴连接。拆卸时，将楔铁插入钻床主轴的长孔中将钻头挤出。

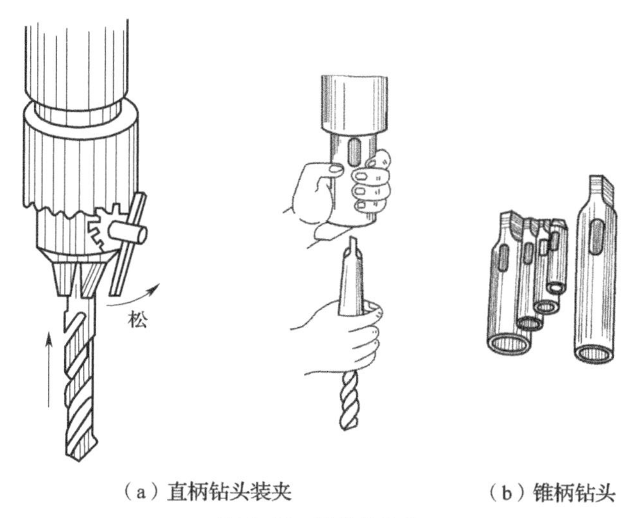

(a) 直柄钻头装夹　　(b) 锥柄钻头

图 4-65　钻头的装夹

(2) 工件的装夹

工件钻孔时应保证所钻孔的中心线与钻床工作台面垂直，为此可以根据工件大小、形状选择合适的装夹方法。小型工件或薄板工件可以用手虎钳装夹，如图 4-66 (a) 所示；对中、小型形状规则的工件，采用平口钳装夹，如图 4-66 (b) 所示；在圆柱面上钻孔时，用 V 形块装夹，如图 4-66 (c) 所示；较大的工件，用压板直接装夹在钻床工作台上，如图 4-66 (d) 所示。

4. 钻孔的冷却和润滑

钻孔一般属于粗加工。由于是半封闭状态加工，因而摩擦严重，散热困难。在钻孔过程中，加注切削液的主要目的是冷却。因为加工材料和加工要求不一样，所以钻孔时所用切削液的种类和作用也不一样。

(1) 在强度较高的材料上钻孔时，因钻头前刀面要承受较大的压力，要求润滑膜有足够的强度，以减少摩擦和钻削阻力。因此，可在切削液中增加硫、二硫化钼等成分，如硫化切削油。

(2) 在塑性、韧性较大的材料上钻孔时，应该加强润滑作用。在切削液中可加入适当的动物油和矿物油。

(3) 钻削精度要求较高和表面粗糙度值要求很小的孔时，应选用主要起润滑作用的切削液，如菜油、猪油等。

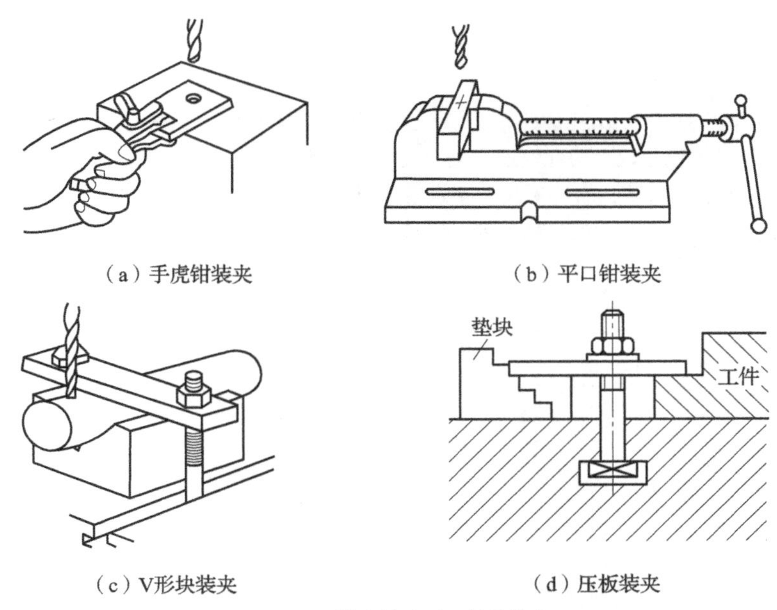

（a）手虎钳装夹　（b）平口钳装夹

（c）V形块装夹　（d）压板装夹

图 4-66　钻床钻孔时工件的装夹

5. 钻孔常见问题分析

钻孔过程中常见的问题及产生原因，如表 4-6 所示。

表 4-6　钻孔过程中常见的问题及产生原因

质量问题	产生原因
孔径钻小	钻头主切削刃磨损或钻出的孔不圆
孔径钻大	1）钻头的两个主切削刃不对称，摆差大；钻头横刃太长；钻头弯曲或钻头切削刃刃口崩缺、有积屑瘤； 2）钻削时进给量太大； 3）钻床主轴松动，摆差大
孔壁表面粗糙	1）钻头切削刃不锋利或后角过大； 2）进给量太大； 3）切削液供给量不足，润滑性差； 4）切屑堵塞在螺旋槽，擦伤孔壁
钻孔不圆、钻削时振动	1）钻头的两个主切削刃不对称，摆差大；钻头后角太大； 2）零件未夹紧； 3）钻床主轴轴承松动； 4）零件内部有缺口、交叉口等； 5）钻孔终了时，由于进给阻力下降，使进给量突然增加

6. 钻孔的基本操作

(1) 工件划线

按钻孔的位置尺寸要求，划出孔位的十字中心线，并打上样冲眼（冲眼要小，位置要准），按孔的大小划出孔的圆周线。对于直径较大的孔，还应划出几个大小不等的同心检查圆，用于检查和校正钻孔的位置，如图 4-67（a）所示。当钻孔的位置尺寸要求较高时，为避免打中心眼所产生的偏差，可直接划出以中心线为对称中心的几个大小不等的方格，作为钻孔时的检查线，然后将中心样冲眼敲大，以便准确落钻定心，如图 4-67（b）所示。

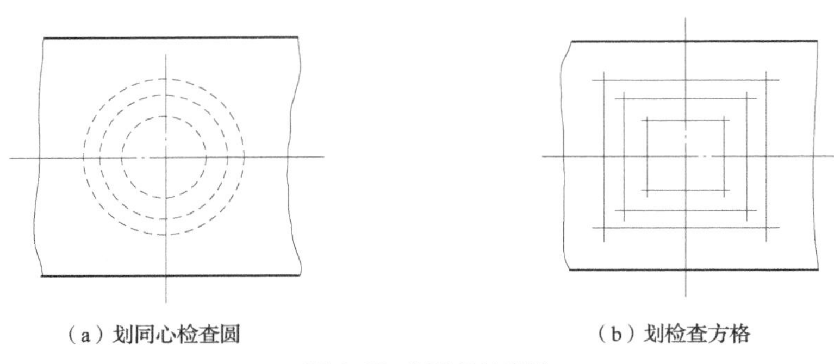

（a）划同心检查圆　　（b）划检查方格

图 4-67　划孔的检查线

(2) 工件的装夹

由于工件比较平整，可用机用平口钳装夹，如图 4-68（a）所示；然后用铜棒或木棍敲击，听声音检查工件是否放平夹紧，如图 4-68（b）所示。

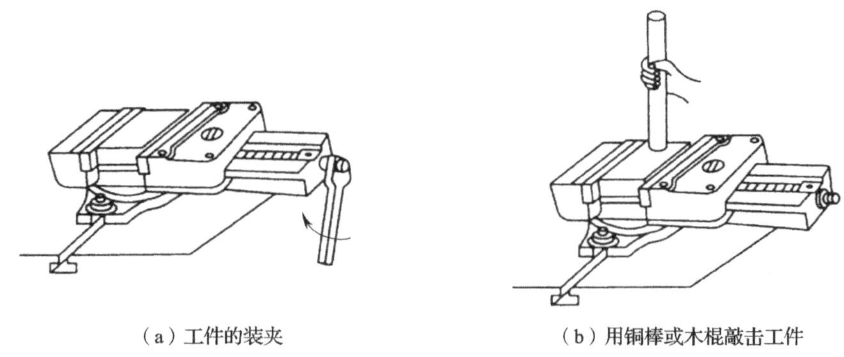

（a）工件的装夹　　（b）用铜棒或木棍敲击工件

图 4-68　用机用平口钳装夹工件

装夹时，工件表面应与钻头垂直，钻直径大于 ϕ8 mm 的孔时，必须将机用平口钳固定，固定前应用钻头找正，使钻头中心与被钻孔的样冲眼中心重合。

(3) 安装麻花钻

将直柄麻花钻用钻夹头夹持牢固。

(4) 钻床转速的选择

先要用 ϕ8.5 mm 高速钢麻花钻钻钢件，根据表 4-5，加工钢件时 v=15 ～ 20 m/min，取 v=19 m/min，则 n=1 000 $v/\pi d$=712 r/min，取 715 r/min，即主轴转速取 715 r/min，启动电动机。

因孔直径小于 30 mm，所以该孔一次钻出。

(5) 起钻

钻孔前，先打样冲眼。判断钻尖是否对准钻孔中心（要在两个相互垂直的方向上观察）。对准后，先试钻一浅坑，看钻出的锥坑与所划的线是否同心，如果同心，就可继续钻孔。否则要校正，使起钻浅坑与划线圆同轴。校正时，如偏位较少，可在起钻的同时用力将工件向偏位的相同方向推移，达到逐步校正。如偏位较多，可在校正方向打几个中心样冲眼或用油槽錾錾出几条槽，以减少此处的切削阻力，达到校正的目的。无论用何种方法校正，都必须在锥坑外圆小于钻头直径之前完成，如图 4-69 所示。

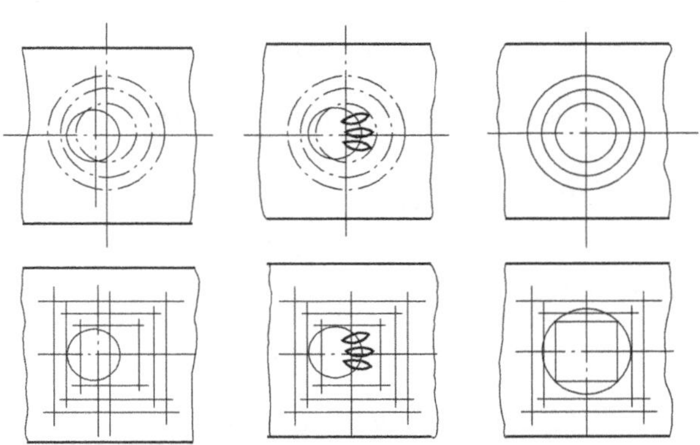

图 4-69　用油槽錾校正起钻偏位的孔

（6）手动进给钻孔

当起钻达到钻孔位置要求后，可夹紧工件完成钻孔，并用毛刷加注乳化液。手动进给操作钻孔时，进给力不宜过大，防止钻头发生弯曲，使孔歪斜。孔将钻穿时，进给力必须减小，以防止进给量突然过大，增大切削抗力，造成钻头折断，或使工件随钻头转动造成事故。

（7）钻孔完毕，退出钻头。

（8）关闭钻床电动机，卸下工件，按图样要求检查工件。

7. 钻孔注意事项

（1）严格遵守钻床操作规程，严禁戴手套操作。

（2）工件必须夹紧，特别在小工件上钻较大直径孔时装夹必须牢固，孔将钻穿时，要尽量减小进给力。

（3）钻孔前要清理工作台，如使用的刀具、量具等不应放在工作台面上，并检查是否有钻夹头钥匙或斜铁插在钻轴上。

（4）钻孔时不可用手和棉纱或用嘴吹来清除切屑，必须用手刷清除，钻出长条切屑时，要用钩子钩断后除去。

（5）操作者的头部不准与旋转着的主轴靠得太近，停车时应让主轴自然停止，不可用手刹住，也不能用反转制动。

（6）松紧钻夹头应在停车后进行，且要用“钥匙”来松紧而不能敲击。当钻头要从钻头套中退出时要用斜铁敲出。

（7）清洁钻床或加注润滑油时，必须切断电源。

8. 扩孔

扩孔是在现有孔上加工出成形面或锥形面的一种钻孔方法。扩孔公差等级可达 IT10 ～ IT9，表面粗糙度值可达 Ra12.5 ～ 3.2 μm。扩孔一般分为端面刮孔、端面扩孔和成形扩孔。

扩孔钻头除用麻花钻外，专用扩孔钻有整体式和插柄式两种，如图 4-70 所示。

扩孔的特点如下：

（1）导向性较好，它有较多的切削刃，切削较为平稳。所以扩孔质量比钻孔高，常作为半精加工或铰孔前的预加工。

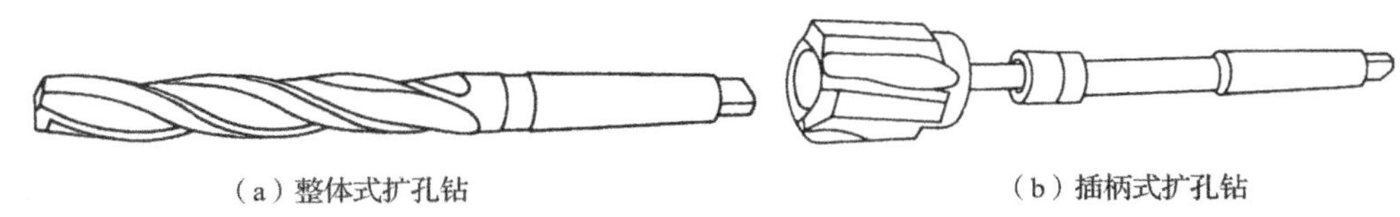

（a）整体式扩孔钻　　（b）插柄式扩孔钻

图 4-70　扩孔钻

(2) 可以增大进给量和改善加工质量，由于钻心较粗，具有较好的刚度，所以其进给量约为钻孔的 1.5 ～ 2 倍。

(3) 由于吃刀深度小，排屑容易，故加工表面质量较好。用扩孔钻扩孔，扩孔前的钻孔直径约为孔径的 0.9 倍，切削速度为钻孔的 1/2；用麻花钻扩孔，扩孔前的钻孔直径约为孔径的 0.5 ～ 0.7 倍，进给量约为钻孔的 1.5 ～ 2 倍，切削速度约为钻孔的 0.2 ～ 0.5 倍。

9. 锪孔

锪孔是用锪孔钻对端面或锥形沉孔进行加工的方法，其切削速度为钻孔的 0.3 ～ 0.5 倍。锪孔的作用主要是去毛刺、倒角以及安装埋头螺钉等。如图 4-71 所示，锪孔钻主要有以下几种：

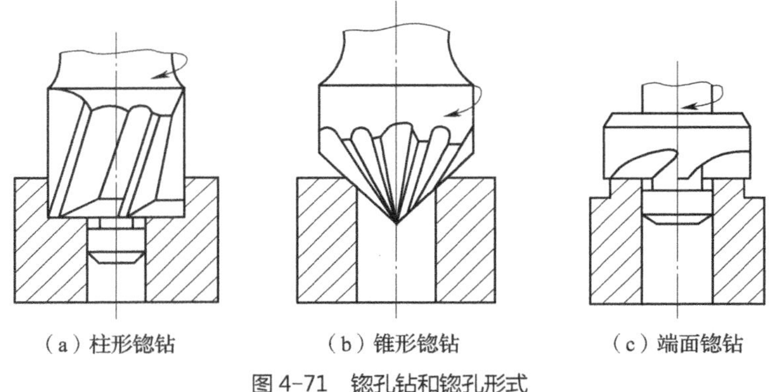

（a）柱形锪钻　　（b）锥形锪钻　　（c）端面锪钻

图 4-71　锪孔钻和锪孔形式

(1) 柱形锪钻（沉孔钻）

用于锪圆柱形沉孔，它的主切削刃是端面刀刃；副切削刃是外圆柱面上的刀刃，起修光孔壁的作用；前端有导柱，导柱与已有的孔采用间隙配合，使锪钻具有良好的定心作用和导向性。

(2) 锥形锪钻

锥形锪钻的锥角有 60°、75°、90°和 120°四种，其中以 90°最为常见。锥形锪钻也可由麻花钻改制而成，由于齿数少，故将后角磨得小些。

(3) 端面锪钻

专用于锪孔口端面的刀具，是由高速钢条制成并用螺钉紧固在刀杆上，锪钢时前角为 15° ～ 25°，锪铸铁时前角为 5°～ 10°，后角为 6°～ 8°。刀杆下端的导向圆柱与工件孔采用 H7/f 7 的间隙配合，以保证良好的引导作用。

六、錾削

1. 錾削工具

錾削是用锤子敲击錾子对工件进行切削加工的一种方法。錾削主要用于不便于机械加工的场合，它的工作内容包括去除凸缘、毛刺、分割材料、錾油槽等，有时也用于较小表面的粗加工。

（1）錾子

錾子用于切割和切削。如图 4-72 所示，錾子由切削部分（切削刃和斜面）、錾身及錾头三部分组成。

图 4-72　錾子结构

1—切削部分；2—錾身；3—錾头

錾头有一定的锥度，顶端略带球形，以便锤击时作用力容易通过錾子的中心线，使錾子保持平稳。

錾子一般用碳素工具钢（T7A）锻成。钳工常用的錾子主要有扁錾、窄錾、油槽錾、冲錾等，如图 4-73 所示。扁錾适用于錾切平面、分割薄金属板或切断小直径棒料及去毛刺等；窄錾适用于錾槽或沿曲线分割板料；油槽錾适用于錾切润滑油槽；冲錾适用于打通两孔间的间隔，如图 4-74 所示。

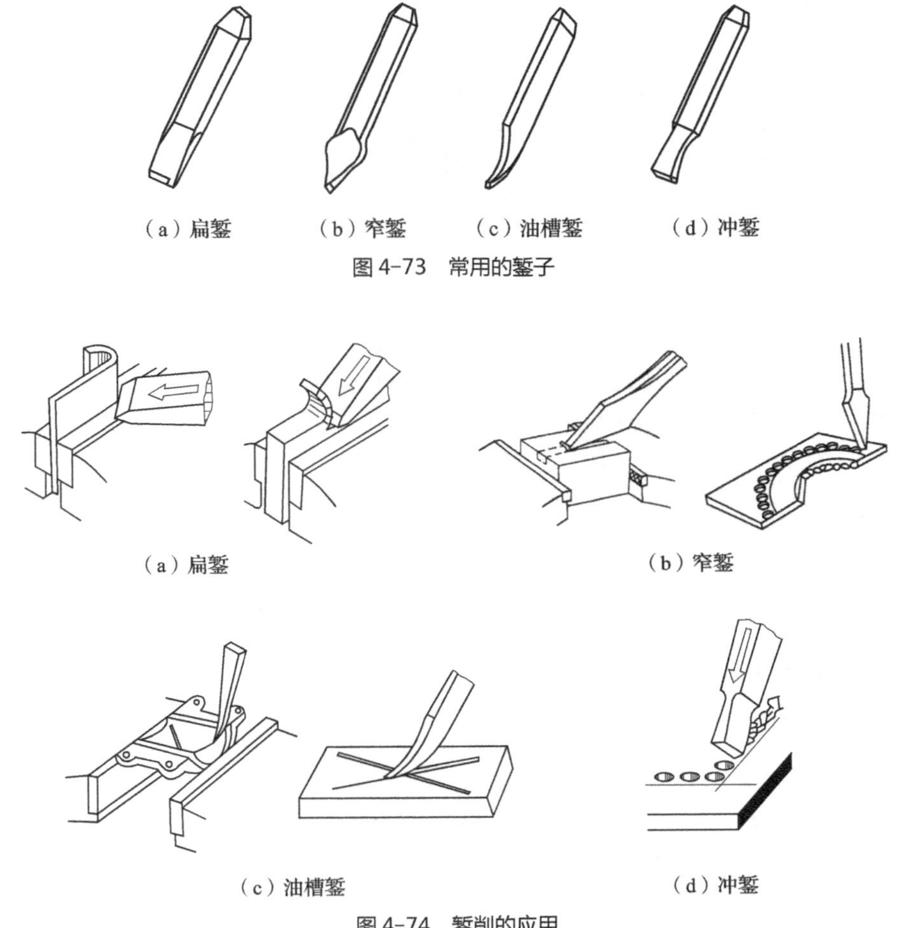

（a）扁錾　（b）窄錾　（c）油槽錾　（d）冲錾

图 4-73　常用的錾子

（a）扁錾　（b）窄錾

（c）油槽錾　（d）冲錾

图 4-74　錾削的应用

（2）手锤

手锤是钳工常用的敲击工具，由锤头、木柄和斜楔铁组成，如图 4-75 所示。手锤的规格以锤头的质量来表示，有 0.25 kg、0.5 kg、1 kg 等几种。木柄装入锤孔后用楔铁楔紧，以防工作时锤头脱落。

2．錾子的几何角度及刃磨

（1）錾子的几何角度

錾子的切削部分由前刀面、后刀面和它们的交线所形成的切削刃组成。錾削时錾子与工件形成的几何角度主要包括楔角 β_0、后角 α_0、前角 γ_0，如图 4-76 所示。

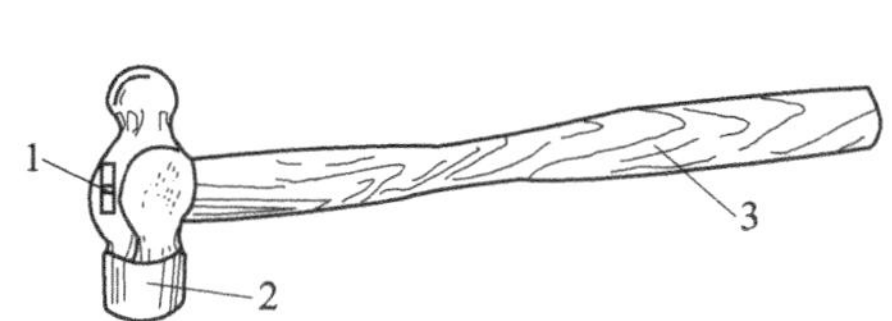

图 4-75　手锤

1—斜楔铁；2—锤头；3—木柄

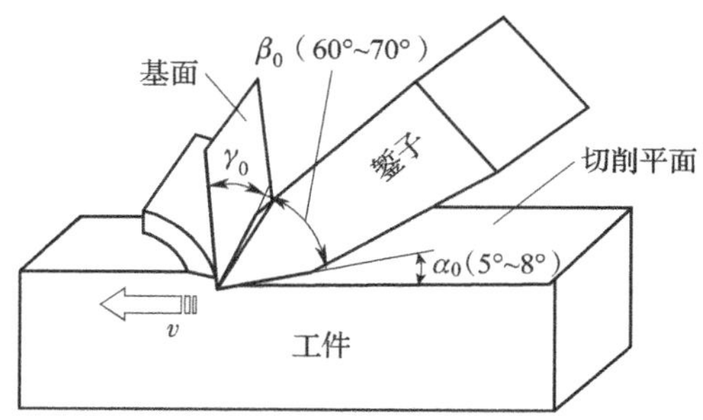

图 4-76　錾子的几何角度

1）楔角 β_0：錾削时，錾子前刀面与后刀面之间的夹角称为楔角。楔角的大小对錾削有直接影响，一般楔角越小，錾削时越省力。楔角如果过小，刃口会比较薄，加工时容易产生崩刃现象；楔角如果过大，錾削时比较费力，錾削的表面也不平整。通常根据工件材料的软硬程度选取楔角数值：錾削钢、铸铁等较硬的材料时，楔角取 60° ~ 70° ；錾削中等硬度的材料时，楔角取 50° ~ 60° ；錾削铜、铝等较软的材料时，楔角取 30° ~ 50° 。

2）后角 α_0：錾削时，錾子的后刀面与切削平面之间的夹角称为后角。后角的大小取决于錾子被握持的方向。后角的作用是减小錾子在切削过程中后刀面与切削平面之间的摩擦，引导錾子顺利錾削。錾削时，后角一般取 5° ~ 8°，后角如果太大，会使錾子切入工件表面过深；后角如果太小，錾子容易滑出工件表面，不能切入。

3）前角 γ_0：前刀面与基面之间的夹角称为前角。前角的作用是减小錾削时切屑的变形，减小切削阻力。前角越大，切削越省力。如图 4-76 所示，由于基面垂直于切削平面，即 $\alpha_0+\beta_0+\gamma_0=90°$。当后角 α_0 一定时，前角 γ_0 的数值由楔角 β_0 决定。楔角 β_0 大，则前角 γ_0 小；楔角 β_0 小，则前角 γ_0 大。因此，前角在选择楔角后就被确定了。

（2）錾子的刃磨

錾子切削部分的好坏直接影响錾削的质量和工作效率。故应正确地按要求的形状刃磨，并使切削刃十分锋利又不易磨损。

1）刃磨要求：錾子的几何形状及合理的角度值要根据用途及加工材料的性质而定。錾子楔角的大小，要根据被加工材料的硬软来决定，錾削较软的金属，可取 30° ~ 50° ；錾削较硬的金属，可取 60° ~ 70° ；一般硬度的钢件或铸铁，可取 50° ~ 60° 。錾子的前刀面和后刀面必须磨得光滑平整，必要时在砂轮机上刃磨后再在油石上精磨，这样可减小切削刃的单位负荷。

2）刃磨方法：如图 4-77 所示，双手握持錾子，在旋转着的砂轮缘上进行刃磨。刃磨时，必须使切削刃高于砂轮水平中心线，在砂轮全宽上左右移动，并要控制錾子的方向、位置，保证磨出所需的楔角值。刃磨时，加在錾子上的压力不宜过大，左右移动要平稳、均匀，并且刃口要经常蘸水冷却，以防退火，使錾子的硬度降低。

（3）錾子的热处理方法

錾子的热处理包括淬火和回火两个过程，其目的是保证錾子的切削部分具有较高的硬度和一定的韧性。

1）淬火：淬火时，可把錾子的切削部分切削刃一端（长度约为 20 mm）均匀加热到 750 ~ 780℃（呈樱红色）后迅速取出，并把錾子垂直放入冷水中冷却，浸入深度为 5 ~ 6 mm，如图 4-78 所示。錾子放入水中冷却时，应沿着水面缓慢地移动，以实现以下几点：

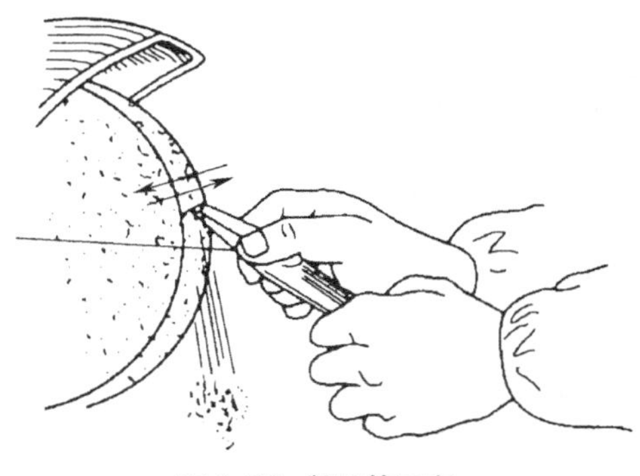
图 4-77 錾子的刃磨

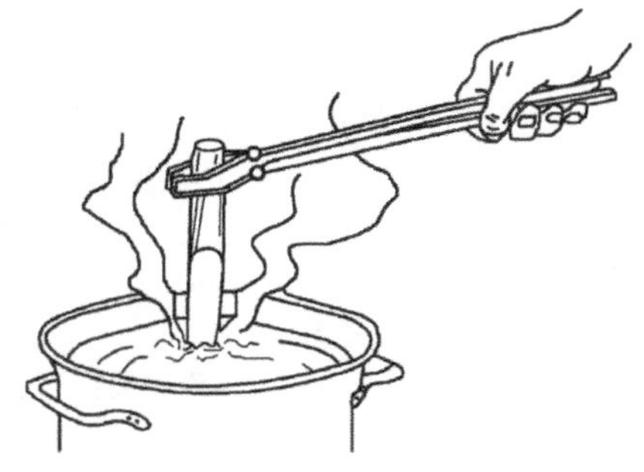
图 4-78 錾子淬火

① 加快冷却速度，提高淬火硬度；

② 使淬硬部分与未淬硬部分不致有明显的界线，避免錾子在此界线上断裂；

③ 驱除吸附在錾子表面上的气泡，避免出现淬火软点。

2）回火：錾子的回火是利用本身的余热进行的。淬火过程中，当錾子露出水面的部分呈黑色时，可将其由水中取出，擦去氧化皮，观察錾子刃部的颜色变化。对于一般的扁錾，切削刃呈紫红色与暗蓝色之间的颜色（紫色）时，要再次将錾子放入水中冷却；对于一般的窄錾，切削刃呈黄褐色与红色之间的颜色（褐红色）时，要再次将錾子放入水中冷却。

3. 錾削基本操作

（1）手锤的握法

1）紧握法：用右手紧握锤柄，大拇指合在食指上，虎口对准锤头圆木部分，木柄尾端伸出长度约 15 ～ 30 mm。在挥锤和敲击过程中，五指始终握紧，如图 4-79（a）所示。

2）松握法：用大拇指和食指紧握锤柄。在挥锤时，小指、无名指和中指依次放松；在敲击时，又以相反的顺序收拢握紧，如图 4-79（b）所示。

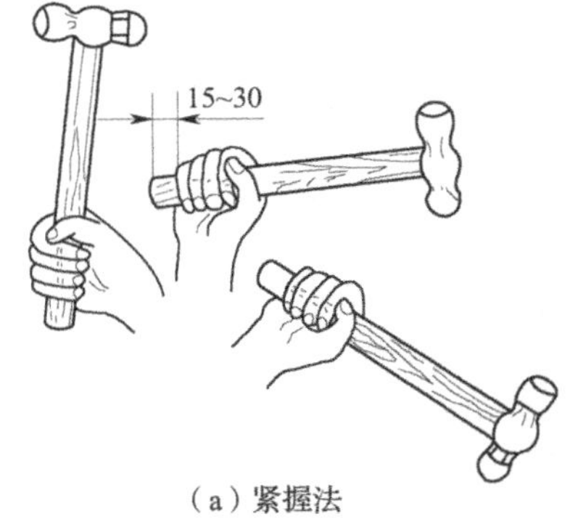

（a）紧握法

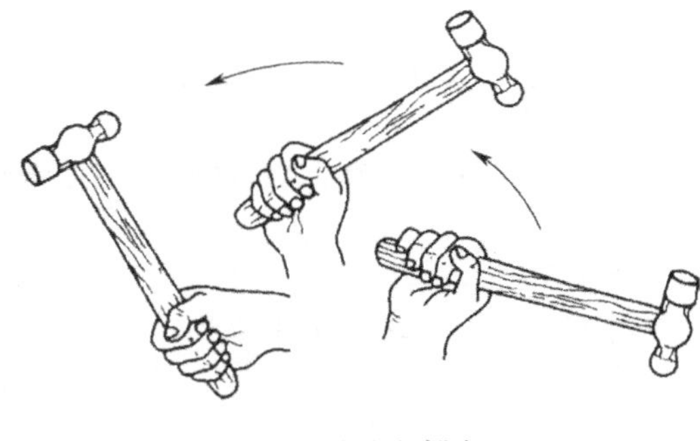
（b）松握法

图 4-79 手锤握法

（2）錾子的握法

1）正握法：如图 4-80（a）所示，手心向下，用左手的中指、无名指和小指握紧錾子，食指和大拇指自然放松，錾子头部伸出长度约 20 mm 左右。

2）反握法：如图 4-80（b）所示，手心向上，手指自然握住錾子，手掌不与錾子接触。

3）立握法：如图 4-80（c）所示，虎口向上，大拇指放在一侧，其余四指在另一侧握住錾子。

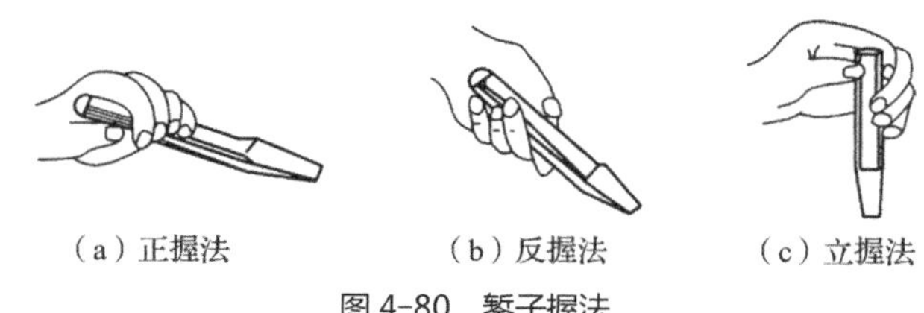

（a）正握法　　（b）反握法　　（c）立握法

图 4-80　錾子握法

（3）錾削时的站立姿势

錾削时劳动强度大，容易疲劳，要注意操作时的姿势。操作时的站立位置，如图 4-81 所示。身体与台虎钳轴线大致成 45° 并略向前倾斜，左脚向前跨半步与台虎钳轴线成 30°，膝盖稍微弯曲并保持自然；右脚与台虎钳轴线呈 75° 并站稳伸直，但不要过于用力，眼睛注视在刃口上。

（4）挥锤方法

挥锤有腕挥、肘挥和臂挥三种方法，如图 4-82 所示。

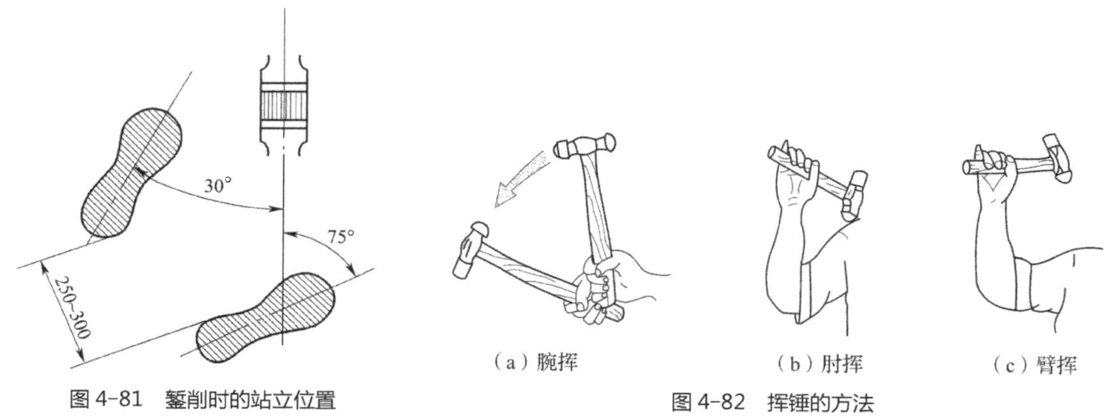

图 4-81　錾削时的站立位置

（a）腕挥　　（b）肘挥　　（c）臂挥

图 4-82　挥锤的方法

1）腕挥：是仅用手腕进行锤击操作，采用紧握法握锤，一般用于錾削余量较少的工件，也可用于錾削开始或结尾。

2）肘挥：是手腕与肘部一起挥动做锤击操作，采用松握法握锤，因挥动幅度较大，故锤击力也较大，这种方法应用最多。

3）臂挥：是用手腕、肘和全臂一起挥动做锤击操作，此方法的锤击力最大，用于需要大力錾削的工件。

（5）锤击频率

錾削时锤击要稳、准、狠，一下一下有节奏地进行。肘挥时，锤击频率为 40 次 / 分钟左右；腕挥时，锤击频率为 50 次 / 分钟左右。敲击过程中，向下敲击时应为加速运动，可增加锤击力量，因为锤子敲击时的能量 W 与其本身质量 m 和手（手臂）提供给它的速度 v 有关，即 $W=0.5\ mv^2$，由此式知，锤子的质量增加 1 倍，其能量也增加 1 倍，而锤击的速度增加 1 倍，其能量可增加到原来的 4 倍。

4. 錾削注意事项

（1）錾子要经常刃磨，保证切削刃锋利，以免錾削时打滑。

（2）及时磨去錾子头部的明显毛刺。

（3）在台虎钳上操作时，不可使切屑四处飞溅；在无防护网的工作台上操作时，切屑飞溅方向不得有人通过。

（4）在錾削切屑飞溅没有规律或切屑特别容易飞溅的材料时，应适当减小錾削锤击力，操作时需戴防护眼镜。

(5) 切屑要用刷子刷掉，不得用手擦或用嘴吹。

(6) 锤柄要装牢，如有松动现象或楔铁丢失，应立即停止使用。

(7) 疲劳时要适当休息，以免因过度疲劳导致击偏而出现事故。

(8) 錾子头部、锤子头部和锤柄都不应沾油和沾水，以防滑出。

5. 錾削技能

(1) 錾削平面

1) 起錾方法：有斜角起錾和正面起錾两种，如图 4-83 所示。斜角起錾是指先在工件的边缘尖角处，将錾子放成负角，錾出一个斜面，然后按正常的錾削角度 α 逐步向中间錾削。正面起錾是指起錾时全部刃口贴住工件錾削部位的端面，錾出一个斜面，然后按正常角度 $-\alpha$ 錾削。錾削平面时，应采用斜角起錾。

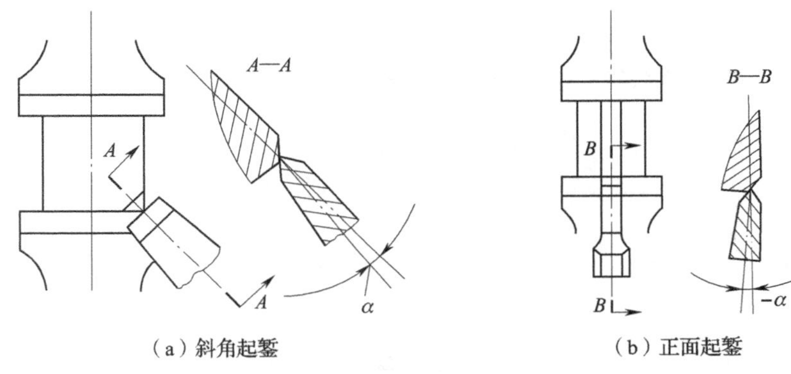

(a) 斜角起錾　(b) 正面起錾

图 4-83　起錾方法

2) 錾削动作：錾削时后角 α_0 一般为 5° ~ 8°，后角过大，錾子易向工件深处扎入；后角过小，錾子易在錾削部位滑出，如图 4-84 所示。

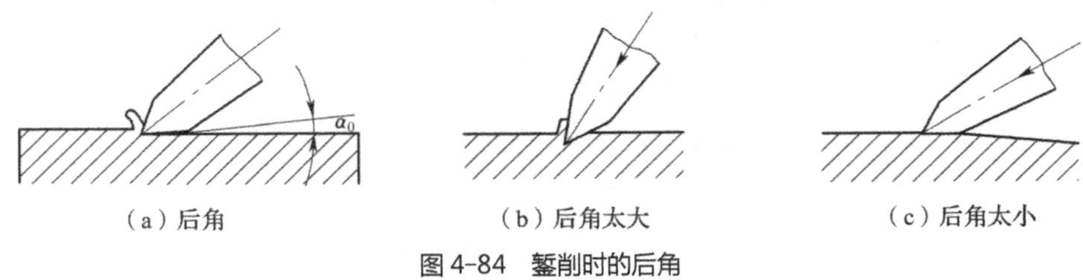

(a) 后角　(b) 后角太大　(c) 后角太小

图 4-84　錾削时的后角

在錾削过程中，每錾削两三次，可将錾子退回一些，做一次短暂的停顿，然后再将刃口顶住錾削处继续錾削。这样，既可随时观察錾削表面的平整情况，又可使手臂肌肉得到放松。

3) 尽头处的錾削方法：当錾削至距离工件尽头 10 ~ 15 mm 左右时，应调转工件，从另一端錾削，錾去剩余部分材料，以免损坏工件棱角，如图 4-85 所示。

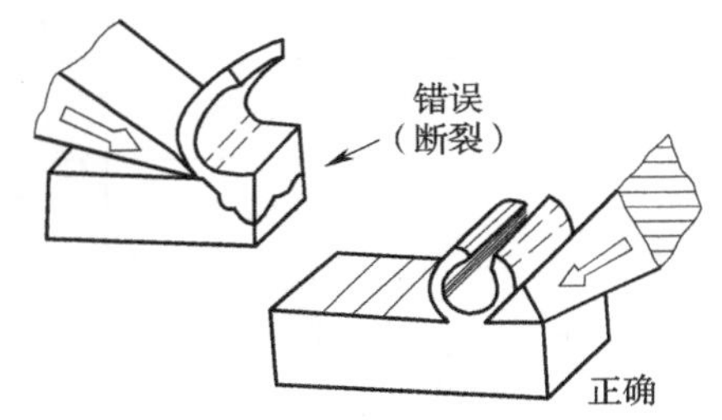

图 4-85　尽头部分的錾削方法

(2) 錾削直槽

1) 錾削方法

① 划线。根据图样要求划出加工线，划线方法如图 4-86 所示。

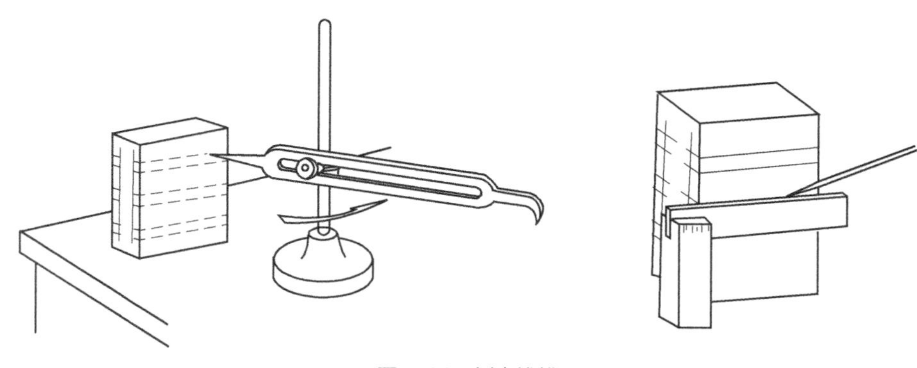

图 4-86　划直槽线

② 修磨錾削刃。根据直槽的宽度修磨錾削刃。

③ 起錾方法。采用正面起錾，用正面起錾方法錾削槽可避免錾子的弹跳和打滑，且便于掌握加工余量。

④ 錾削量的确定。第一遍錾削要根据划线（以一条线为依据）将槽的方向錾直，錾削量一般不超过 0.5 mm；以后的每次錾削量根据槽深的不同而定，一般为 1 mm 左右；最后一遍的修整量应在 0.5 mm 之内。

⑤ 锤击方法。錾削直槽时，应采用腕挥，用力大小要适当，防止錾子刃端崩裂，同时，用力大小应一致，以保证槽底平整。

2）錾削直槽常见的问题

錾削直槽时常见的质量问题，如图 4-87 所示，具体内容和产生原因如表 4-7 所示。

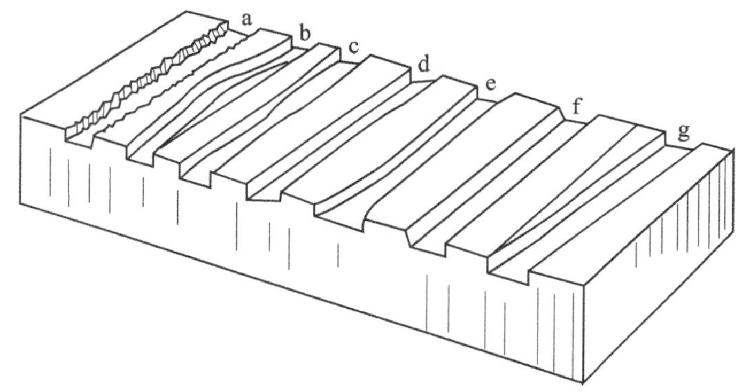

图 4-87　錾削直槽时常见的质量问题

表 4-7　錾削直槽时常见的质量问题及产生原因

图中序号	质量问题	产生原因
a	槽口爆裂	第一遍錾削量过多
b	槽不直	錾子未放正；没有按所划的线条进行錾削；掉头錾削时未在同一直线上
c	槽底高低不平	錾削时錾子后角不稳定或锤击力大小不一

续表

图中序号	质量问题	产生原因
d	槽底倾斜	尖錾刃口磨成倾斜或錾子斜放錾削槽
e	槽口喇叭口	尖錾的刃口两端已钝或碎裂； 在同一直槽上錾削，尖錾刃磨多次，而使刃口宽度缩小
f	槽向一面倾斜	每次的起錾位置向一面偏移
g	槽与基面不平行	每一遍錾削时方向未把稳，没按照划线进行錾削

（3）錾削板料

1）錾削薄板料

錾削小块薄板料（厚度小于 2 mm）时，可将板料夹在台虎钳上进行錾削。錾削时，板料按划线与钳口对齐后夹紧，用扁錾沿着钳口，切削刃与板料成 45°，自右向左錾削。不可将切削刃平放在板料上錾削，这样会使板料的切角不平整，易错位且费力、费时。一般用圆弧刃錾削时切口较平整，如图 4–88（a）所示；用平刃錾削时容易出现错位，如图 4–88（b）所示。

2）錾削较大板料

较大的板料一般放在铁砧上进行錾削，不能夹在台虎钳上。錾子的切削刃应磨成弧形，使前后錾痕便于连接整齐，开始时錾子稍微倾斜，如图 4–89（a）所示，然后逐步扶正，依次进行錾削，如图 4–89（b）所示。

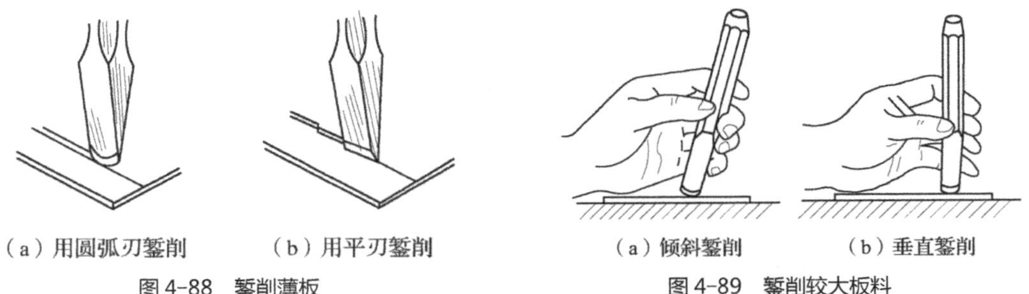

（a）用圆弧刃錾削　（b）用平刃錾削

图 4–88　錾削薄板

（a）倾斜錾削　（b）垂直錾削

图 4–89　錾削较大板料

3）錾削厚板料

板料厚度为 2 ～ 4 mm 时，可先钻出密集的排孔，再放在铁砧上进行錾削。錾削直线用扁錾，錾削曲线则用窄錾。

4）注意事项

① 在台虎钳上錾削板料时，錾削线要与钳口平齐，且夹持牢固。

② 在台虎钳上进行錾削时，錾子的后面要与钳口平面贴平，切削刃略向上翘以防錾坏钳口表面。

③ 在铁砧上进行錾削时，切削刃必须先与錾削线对齐并成一定斜度进行錾削，要防止后一錾与前一錾错开，造成錾削出来的边不整齐。同时，錾子不要錾到铁砧上。不用垫铁时，应该使錾子在板料上錾出全部錾痕后再敲断或扳断。

6. 錾削常见问题分析

錾削过程中常见的问题及产生原因，如表 4–8 所示。

表 4-8 錾削过程中常见的问题及产生原因

质量问题	产生原因
錾子刃口崩裂	1）錾子刃部淬火硬度过高，回火不好； 2）零件材料硬度过高或硬度不均匀； 3）锤击力太猛
錾子刃口卷边	1）錾子刃口淬火硬度偏低； 2）錾子楔角太小； 3）一次錾削量太大
錾削超越尺寸线	1）工件装夹不牢； 2）起錾超线； 3）錾子方向掌握不正，偏斜越线
零件棱边、棱角崩裂	1）錾子刃口后部宽于切削刃部； 2）錾削首尾未调头錾削； 3）錾削过程中，錾子方向掌握不稳，錾子左右摇晃
錾削表面凹凸不平	1）錾子刃口不锋利； 2）錾子掌握不正，左右、上下摆动； 3）錾削时后角过大或时大时小； 4）锤击力不均匀

七、铰孔

用铰刀从工件孔壁上切除微量的金属层，以提高孔的尺寸精度和降低表面粗糙度的加工方法称为铰孔。铰孔是对孔的精加工，一般铰孔的尺寸公差可达到 IT7 ~ IT6，表面粗糙度值 Ra 可达 0.8 μm，铰孔前工件应经过钻孔—扩孔（镗孔）加工。如图 4-90 所示，由于铰刀切削刃有刃口钝圆半径，有修光刃，而且后刀面还有 0.05 ~ 3 mm 的刃带，所以挤压作用大，因此铰削过程实际上有切削与挤刮两种作用。

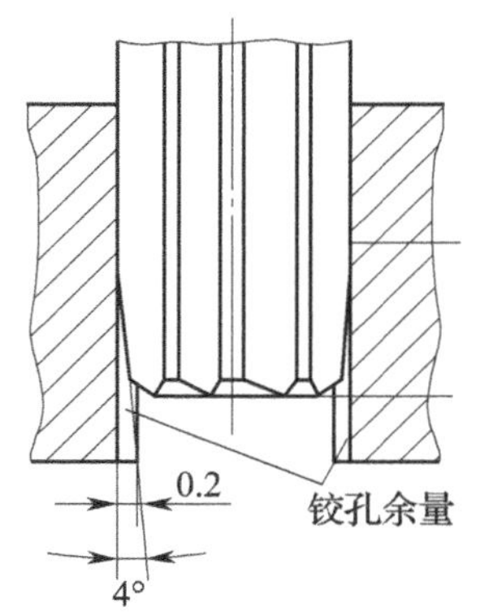

图 4-90 铰刀的切削部分

1. 铰刀的种类

铰刀按使用方式分为手用铰刀和机用铰刀。手用铰刀有直线型的，适用于通孔和不通孔加工。螺旋角为 7° 和 45° 的左旋铰刀适用于铆钉孔和带槽孔的加工，如图 4-91 所示。

机用铰刀切削锥部短，由机床的主轴导向，有固定式和可调式两种，如图 4-92 所示。还有一些特殊的机用铰刀，如圆柱形的螺旋铰刀、圆锥形的螺旋铰刀和带硬质合金刀片的铰刀，如图 4-93 所示。

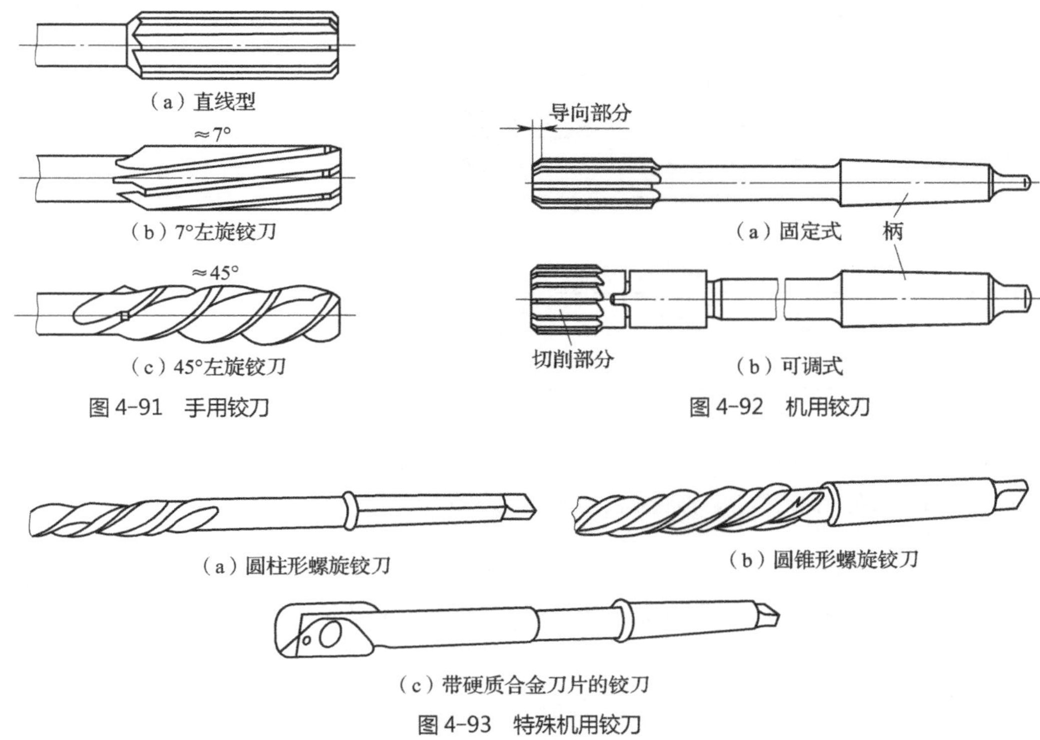

（a）直线型

（b）7°左旋铰刀

（c）45°左旋铰刀

图 4-91　手用铰刀

（a）固定式

（b）可调式

图 4-92　机用铰刀

（a）圆柱形螺旋铰刀

（b）圆锥形螺旋铰刀

（c）带硬质合金刀片的铰刀

图 4-93　特殊机用铰刀

2. 铰刀的结构

铰刀由工作部分、颈部和柄部 3 个部分组成。工作部分中锥体部分的切削刃完成主要切削工作，圆柱部分的切削刃则起修光孔壁和导向的作用，如图 4-94（a）所示。铰下的切屑断裂后，断裂处孔壁上可能产生轻微的凹痕，如果铰刀的齿距均匀分布，那么切屑总是在同一位置折断。刀齿可能钩住凹痕，形成颤振痕，影响表面质量，因此铰刀应该是偶数齿，齿距不等，如图 4-94（b）所示。铰刀一般由高速钢、整体硬质合金制成，但也有嵌入硬质合金刀片或聚晶金刚石刀片的铰刀。若干种铰刀类型中还配有内部冷却润滑剂供给通道。

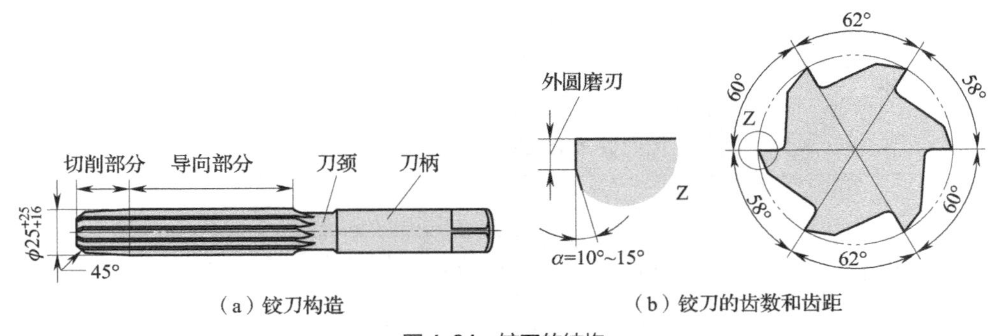

（a）铰刀构造

（b）铰刀的齿数和齿距

图 4-94　铰刀的结构

3. 铰削用量的选择

（1）铰削余量

铰削余量（直径余量）对铰出孔的表面粗糙度和精度影响很大。如果铰削余量太大，不但孔的表面质量差，而且铰刀容易磨损；如果铰削余量太小，则不能去掉上道工序留下的刀痕，也达不到表面粗糙度的要求。铰削余量的选择如表 4–9 所示。

表 4–9　铰削余量的选择

铰孔直径 /mm	铰削余量 /mm	铰孔直径 /mm	铰削余量 /mm
< 6	0.05 ～ 0.1	18 ～ 30	一次铰：0.2 ～ 0.3 二次铰（精铰）：0.1 ～ 0.15
6 ～ 18	一次铰：0.1 ～ 0.2 二次铰（精铰）：0.1 ～ 0.15	30 ～ 50	一次铰：0.3 ～ 0.4 二次铰（精铰）：0.15 ～ 0.25

注：二次铰时，粗铰余量应取一次铰余量的较小值。

一般情况下，IT9、IT8 级精度的孔可一次铰出；IT7 级精度的孔，应分为粗铰和精铰；孔径大于 20 mm 的孔，可先钻孔，然后扩孔，再进行铰孔。

（2）铰削速度

机铰时，为了获得较小的表面粗糙度值，必须避免产生积屑瘤，减少切削热及变形，因而应取较小的切削速度。用高速钢铰刀机铰钢件时，铰削速度 v=4 ～ 8 m/min；铰铸铁件时，铰削速度 v=6 ～ 8 m/min；铰铜件时，铰削速度 v=9 ～ 12 m/min。

（3）进给量

铰削钢件及铸铁件时，进给量可选择 0.5 ～ 1 mm/r；铰削铜、铝件时，进给量可选择 1 ～ 1.2 mm/r。

4．切削液的选择

铰削时，必须选用适当的切削液来减少摩擦并降低刀具和工件的温度，防止产生积屑瘤并减少黏附在铰刀切削刃上以及孔壁和铰刀的刃带之间的切屑，从而减小加工表面的表面粗糙度值和孔的扩大量。铰削时切削液的选用，如表 4–10 所示。

表 4–10　铰孔时切削液的选用

加工材料	切削液
钢	10% ～ 20% 乳化液
	铰孔要求高时，采用 30% 菜油加 70% 的肥皂水
	铰孔要求更高时，采用菜油、柴油等
铸铁	不用
	煤油。缺点：钻后孔径缩小 0.02 ～ 0.04 mm
	3% ～ 5% 低浓度乳化液
铝	煤油 5% ～ 8% 乳化液
铜	5% ～ 8% 乳化液

5．孔加工方案

要满足孔表面的设计要求，只用一种加工方法一般是达不到的，实际生产中往往由几种加工方法顺序组合，即选用合理的加工方案。

选择孔的加工方案时，一般应考虑工作材料、热处理要求、孔的加工精度和表面粗糙度以及生产条件等因素。孔加工方案如表 4-11 所示。

表 4-11　孔加工方案

序号	加工方案	精度等级	表面粗糙度值 *Ra*/μm	适用范围
1	钻	IT12 ~ IT11	12.5	加工未淬火钢、铸铁的实心毛坯及有色金属，孔径小于 20 mm
2	钻—铰	IT9 ~ IT8	3.2 ~ 1.6	
3	钻—粗铰—精铰	IT8 ~ IT7	1.6 ~ 0.8	
4	钻—扩	IT11 ~ IT10	12.5 ~ 6.3	加工未淬火钢、铸铁的实心毛坯及有色金属，孔径大于 20 mm
5	钻—扩—铰	IT9 ~ IT8	3.2 ~ 1.6	
6	钻—扩—粗铰—精铰	IT7	1.6 ~ 0.8	
7	钻—扩—机铰—手铰	IT7 ~ IT6	0.4 ~ 0.1	

6．铰孔基本操作

（1）铰孔加工流程

1）在钢板上按图样尺寸要求划出各孔位置加工线。

2）钻孔。考虑应有的铰孔余量，选定各孔铰孔前的钻头规格，刃磨，试钻，得到正确尺寸后按图钻孔，并对孔口进行倒角。

3）铰各圆孔，用相应的圆柱销配检。

（2）铰孔的方法

1）手铰起铰时，右手通过铰孔轴心线施加进刀压力，左手转动铰杠，如图 4-95（a）所示，双手用力应均匀、平稳，不得有侧向压力，同时适当加压，使铰刀均匀前进。

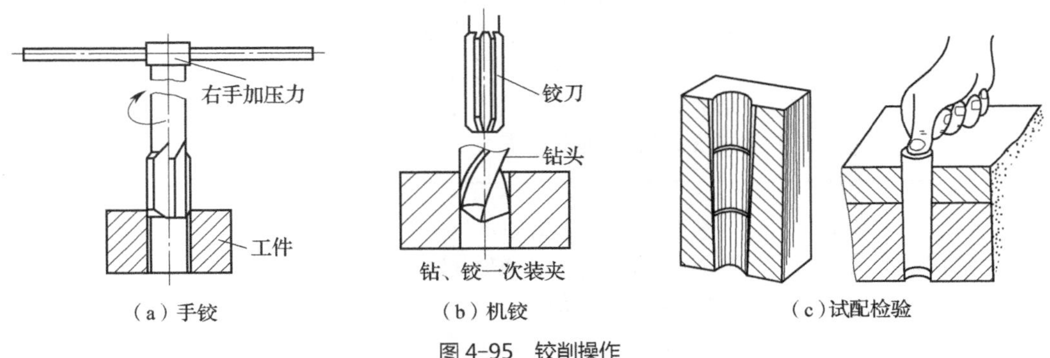

（a）手铰　（b）机铰　（c）试配检验

图 4-95　铰削操作

2）铰孔完毕时，铰刀不能反转退出，防止刃口磨钝，以及切屑嵌入刀具后刀面将孔壁划伤。

3）机铰时，应使工件在一次装夹中进行钻、铰工作，如图 4–95（b）所示，保证铰孔中心线与钻孔中心线一致。铰削结束，铰刀退出后再停机，防止孔壁拉伤。

4）铰锥销孔，先按小端直径钻孔（留出铰孔余量），再用锥度铰刀铰削即可；用锥销试配检验，如图 4–95（c）所示，达到正确的配合尺寸要求。

（3）铰孔过程中要注意的事项

1）工件要可靠夹紧。

2）手铰时，两手用力要平衡、均匀、稳定。

3）铰刀只能顺转，否则切屑扎在孔壁和刀齿后刀面之间，既会将孔壁拉毛，又易使铰刀磨损，甚至崩刃。

4）当铰刀被卡住时，不要猛力扳铰杠，而应及时取出铰刀，清除切屑，检查铰刀后再继续缓慢进给。

5）机铰退刀时，应先退出刀后再停车。

6）机铰时要注意机床主轴、铰刀、待铰孔三者间的同轴度是否符合要求，对高精度孔，必要时应采用浮动铰刀夹头装夹铰刀。

7）铰刀应防止与硬物碰撞以防损伤切削刃。

8）铰刀用完后应擦干净、涂油，保护好切削刃。

7. 铰孔常见的废品形式及产生原因

铰孔时，如果铰刀质量不好，铰削用量选择不当、切削液使用不当、操作疏忽等都会产生废品，其常见的形式及产生原因，如表 4–12 所示。

表 4–12　铰孔常见的废品形式及产生原因

废品形式	产生原因
表面粗糙度达不到要求	1）铰刀刃口不锋利或有崩刃处，铰刀切削部分和校准部分粗糙； 2）切削刃上粘有积屑瘤，或容屑槽内切屑粘结过多未清除； 3）铰削余量太大或太小； 4）铰刀退出时反转； 5）切削液不充足或选择不当； 6）手工铰孔时，铰刀旋转不平稳； 7）铰刀偏摆过大
孔径扩大	1）手工铰孔时，铰刀偏摆过大； 2）机铰时，铰刀轴线与工件孔的轴线不重合； 3）铰刀未研磨，直径不符合要求； 4）进给量和铰削余量太大； 5）切削速度太快，使铰刀温度上升，直径增大
孔径缩小	1）铰刀磨损后，尺寸变小仍继续使用； 2）铰削余量太大，引起孔弹性复原而使孔径缩小； 3）铰削铸铁时加了煤油

续表

废品形式	产生原因
孔呈多棱形	1）铰削余量太大且铰刀切削刃不锋利，使铰刀发生“啃切”现象，产生振动而引起多棱形； 2）孔钻得不圆，铰刀发生弹跳现象； 3）机铰时钻床主轴振摆太大
孔轴线不直	1）预钻孔孔壁不直，铰削时未能使原有弯曲度得以纠正； 2）铰刀主偏角太大，导向不良，使铰削方向发生偏斜； 3）手工铰孔时两手用力不均匀

八、螺纹加工

螺纹加工是金属切削中的重要内容之一。螺纹加工的方法多种多样，一般比较精密的螺纹都需要在车床上加工，而钳工加工螺纹的方法就是攻螺纹与套螺纹。

1．攻螺纹

用丝锥在工件孔中切削出内螺纹的加工方法称为攻螺纹。

(1) 丝锥

丝锥一般分为手用丝锥和机用丝锥两种。手用丝锥是由工具钢或轴承钢制成，切削部分长些；机用丝锥用高速钢制成，切削部分短些。

如图 4-96 所示，丝锥由工作部分和柄部组成，工作部分包括切削部分和校准部分。切削部分磨出锥角，有锋利的切削刃。校准部分有完整的牙形，用来校准、修光已切出的螺纹，并引导丝锥沿轴向前进。丝锥的柄部有方榫，用以夹持并传递切削转矩。

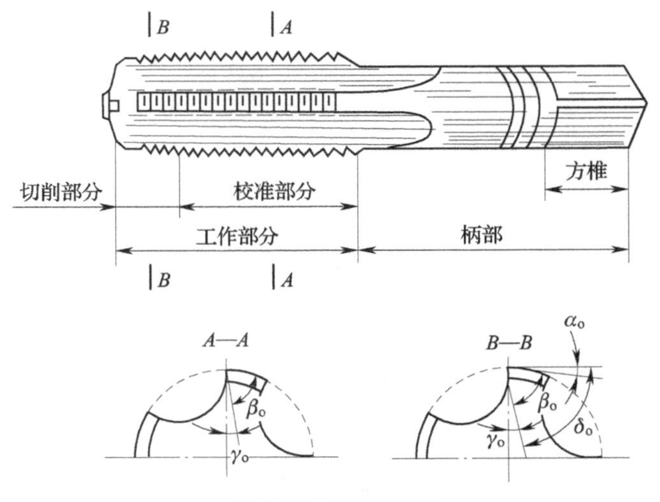

图 4-96　丝锥的构造

丝锥有 3 ～ 4 条容屑槽，并形成切削刃和前角。为了制造和刃磨方便，丝锥上容屑槽一般做成直槽。有些专用丝锥为了控制排屑，做成螺旋槽。螺旋槽丝锥有左旋和右旋之分。加工不通孔螺纹，为使切屑向上排出，容屑槽做成右旋槽；加工通孔螺纹，为使切屑向下排出，容屑槽做成左旋槽。

每种型号的丝锥一般由两支和三支组成一套，分别称为头锥、二锥和三锥。成套丝锥分次切削，依次分担切削量，以减少每支丝锥单齿切削负荷。通常 M6 ～ M24 丝锥每组有两支，称为头锥、二锥；M6 以下及 M24 以上的丝锥每组有 3 支，称为头锥、二锥、三锥，在攻螺纹时，依次使用；细牙螺纹丝锥为两支一组。

（2）铰杠

铰杠是用来夹持丝锥柄部的方椎、带动丝锥旋转切削的工具。铰杠分普通铰杠和丁字形铰杠两种，而这两种铰杠又分固定式铰杠和活络式铰杠两种，如图 4-97 和图 4-98 所示。

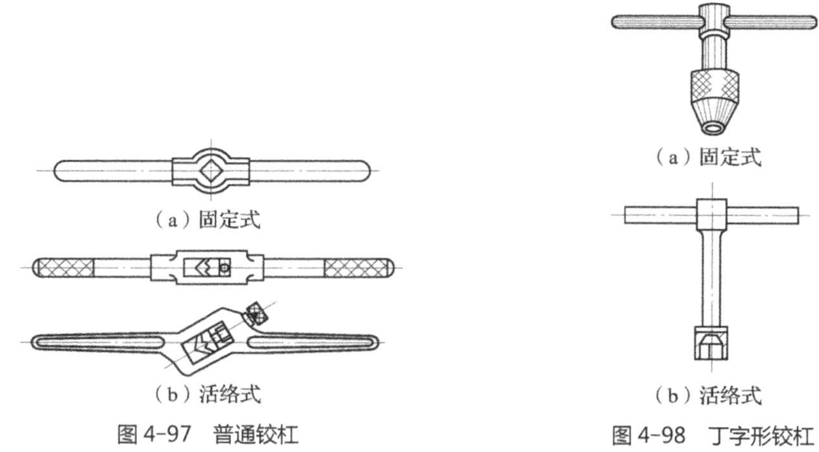
（a）固定式
（b）活络式
图 4-97 普通铰杠

（a）固定式
（b）活络式
图 4-98 丁字形铰杠

丁字形铰杠适于在高凸旁边或箱体内部攻螺纹，活络式丁字形铰杠用于 M6 以下的丝锥；固定式普通铰杠用于 M5 以下的丝锥。铰杠的方孔尺寸和柄的长度都有一定的规格，使用时按丝锥尺寸大小，从表 4-13 中合理选择。

表 4-13 活络式铰杠适用范围 单位（mm）

活络式铰杠规格	150	225	275	375	475	600
适用的丝锥范围	M5 ～ M8	＞ M8 ～ M12	＞ M12 ～ M14	＞ M14 ～ M16	＞ M16 ～ M22	M24 以上

（3）攻螺纹底孔直径的计算

攻螺纹时有较强的挤压作用，金属产生塑性变形而形成凸起挤向牙尖。因此，攻螺纹前的底孔直径应略大于螺纹小径。螺纹底孔直径的大小应考虑工件材质，可以按经验公式确定螺纹底孔直径：

1）加工钢件或塑性较大的材料：$D_1=D-P$；

2）加工铸铁或塑性较小的材料：$D_1=D-$（1.05 ～ 1.1）P；

式中：D_1—螺纹底孔用钻头直径；D—螺纹大径；P—螺距。

（4）攻螺纹的方法

1）攻螺纹前，孔口必须倒角，通孔螺纹两端都要倒角。

2）起攻时用头锥，可用手掌按住铰杠中部沿丝锥轴线用力加压，另一手配合做顺向旋进。或两手握住铰杠两端均匀施加压力，并将丝锥顺向旋进。应保证丝锥中心线与孔中心线重合，不能歪斜。在丝锥攻入 2 圈时，可用刀口角尺在前后、左右方向进行检查，并不断校正，如图 4-99 所示。当丝锥切入 3 ～ 4 圈时，不允许继续校正，否则容易折断丝锥。

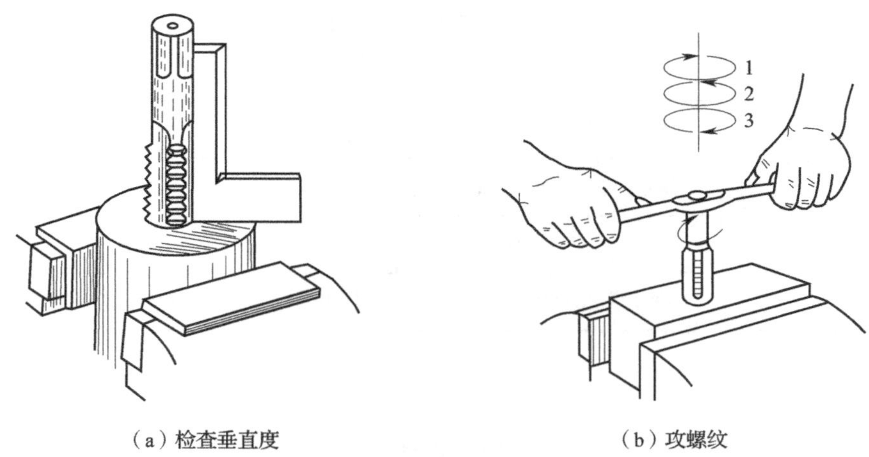

（a）检查垂直度　　（b）攻螺纹

图 4-99　攻螺纹操作

1、3—正转；2—反转

3）当丝锥的切削部分进入工件时，就不需要再施加压力，而靠丝锥做自然旋进切削。此时，两手用力要均匀，一般顺时针转 1 ～ 2 圈，就需倒转 1/4 ～ 1/2 圈，以利于排屑。

4）攻螺纹时必须按头锥、二锥、三锥的顺序攻削，以减少切削负荷，防止丝锥折断，如图 4-100 所示。

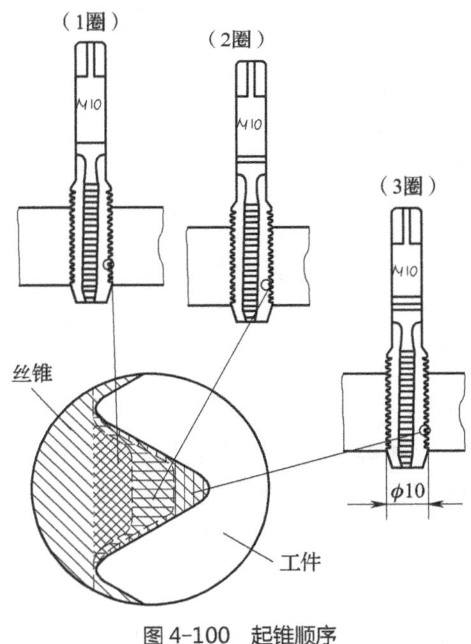

图 4-100　起锥顺序

5）对于钢质工件，攻螺纹时要加全损耗系统用油（机油）润滑；对于铸铁工件，要加煤油润滑。

（5）攻螺纹时切削液的选用

攻韧性材料的螺纹孔时，要加注切削液，以减小切削阻力和螺纹孔的表面粗糙度值，并可延长丝锥的使用寿命。攻钢件时用机油；螺纹质量要求高时，可用工业植物油；攻铸件可加煤油。攻螺纹时切削液的选用如表 4-14 所示。

表 4-14 攻螺纹时切削液的选用

零件材料	切削液
钢	乳化油
铸铁	煤油、75% 煤油 +25% 植物油
铜	机械油、硫化油、75% 煤油 +25% 矿物油
铝	50% 煤油 +50% 机械油、85% 煤油 +15% 亚麻油、煤油、松节油

2. 套螺纹

用圆扳牙在圆杆上切出外螺纹的加工方法称为套螺纹。

(1) 扳牙和扳牙架

1) 扳牙：是加工小直径外螺纹时所用的工具（一般 $D \leqslant 16$ mm）。它由切削部分和校准部分组成，形状像圆螺母，扳牙两端都有切削部分，待一端磨损后可换另一端使用，如图 4-101 所示。

2) 扳牙扳手：将扳牙放入扳手内用螺钉紧固，如图 4-102 所示。

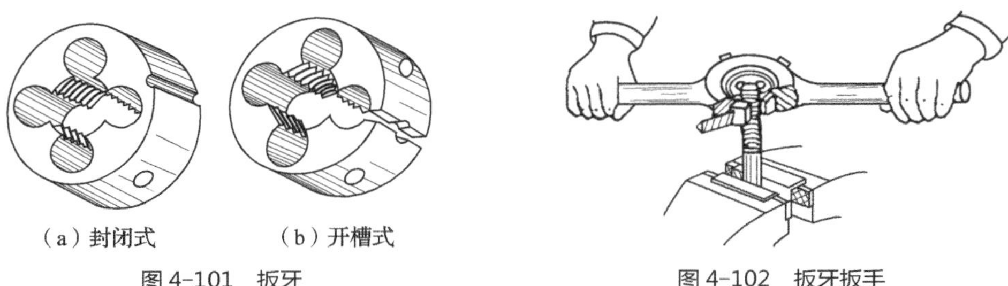

(a) 封闭式　(b) 开槽式

图 4-101 扳牙

图 4-102 扳牙扳手

(2) 套螺纹底径的计算

与丝锥攻螺纹一样，用扳牙在工件上套螺纹时，材料同样因受到挤压而变形，牙顶将被挤高一些，所以圆柱的直径要小于螺纹大径，即 $D_{杆}=d-0.13P$

式中：$D_{杆}$—套螺纹前圆杆直径（mm）；d—螺纹公称径（mm）；P—螺距（mm）。

(3) 套螺纹的方法

1) 套螺纹的工件必须事先倒角，便于扳牙顺利套入。

2) 工件伸出钳口的长度，在不影响螺纹长度要求的前提下尽量短些。

3) 套螺纹的操作过程与攻螺纹基本同，操作时要用力均匀，如图 4-103 所示。

4) 要始终保持扳牙端面与工件中心垂直，以防偏斜。

3. 攻（套）螺纹时的注意事项

(1) 攻螺纹、套螺纹前应正确选择丝锥、扳牙。起攻（或起套）时要从前后、左右不同方向观察与检查，及时进行垂直度的校正。

(2) 攻（套）螺纹感到费力时，不要强行转动，应将丝锥（扳牙）退出，清理切屑后再攻（套）。

(3) 攻不通孔的螺纹时，应注意丝锥是否已经接触到孔底。接触到孔底后如果继续硬攻，会折断丝锥。

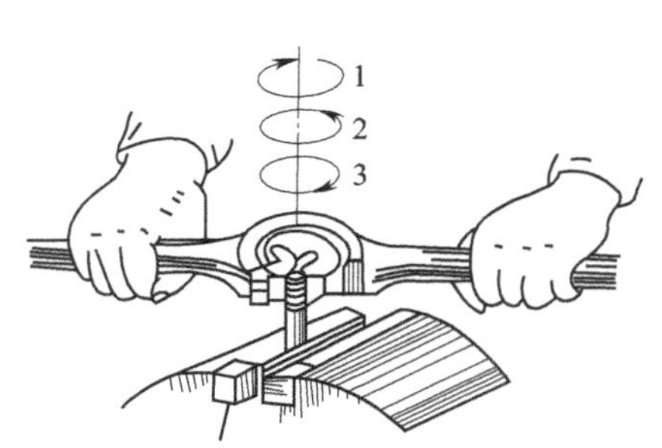

图 4-103 套螺纹操作

1、3—正转；2—反转

(4) 攻（套）螺纹时，不要用嘴直接吹切屑，以防碎屑刺伤眼睛。
(5) 攻（套）螺纹时，根据不同的工件材质应加不同的切削液。
(6) 使用成组丝锥时，要按头锥、二锥、三锥的顺序取用。

4. 攻（套）螺纹常出现的问题及其产生原因

攻（套）螺纹常出现的问题及其产生原因，如表 4-15 所示。

表 4-15　攻（套）螺纹常出现的问题及其产生原因

出现的问题	产生原因
螺纹乱牙	1）攻螺纹时底孔直径太小，起攻困难，左右摆动，孔口乱牙； 2）换用二、三锥时强行校正，或没旋合好就攻下； 3）圆杆直径过大，起套困难，左右摆动，杆端乱牙
铰杠作自由螺纹滑牙	1）攻不通孔的较小螺纹时，丝锥已到底仍继续转； 2）攻强度低或小孔径螺纹时，丝锥已切出螺纹仍继续加压，或攻完时快速转出； 3）未加适当切削液及一直攻（套）不倒转，切屑堵塞将螺纹啃坏
螺纹歪斜	1）攻（套）时位置不正，起攻（套）时未做垂直度检查； 2）孔口、杆端倒角不良，两手用力不均，切入时歪斜
螺纹形状不完整	1）攻螺纹底孔直径太大或套螺纹圆杆直径太小； 2）圆杆不直； 3）扳牙经常摆动
丝锥折断	1）底孔太小； 2）攻入时丝锥歪斜或歪斜后强行校正； 3）没有经常反转断屑和清屑，或不通孔攻到底还继续攻下； 4）使用铰杠不当； 5）丝锥牙齿爆裂或磨损过多而强行攻下； 6）工件材料过硬或夹有硬点； 7）两手用力不均或用力过猛

第五章 配合与装配

一、配合件锉削

1. 配合件知识

（1）配合件锉削

配合件锉削是钳工综合运用基本技能和测量技术，使工件达到规定的形状、尺寸和配合要求的一项重要技能，能比较客观地反映操作者掌握基本技能和测量技术的能力以及熟练程度，有利于检验操作者分析、判断、综合处理问题的能力。

（2）配合件的类型

1）锉削配合件按其配合形式可分为平面配合锉削、角度配合锉削、圆弧配合锉削以及前三种配合锉削形式组合在一起的混合式配合锉削等四种。

2）按照配合件形状可分为开口型、半封闭型、内镶型，混合型，如图 5-1 所示。

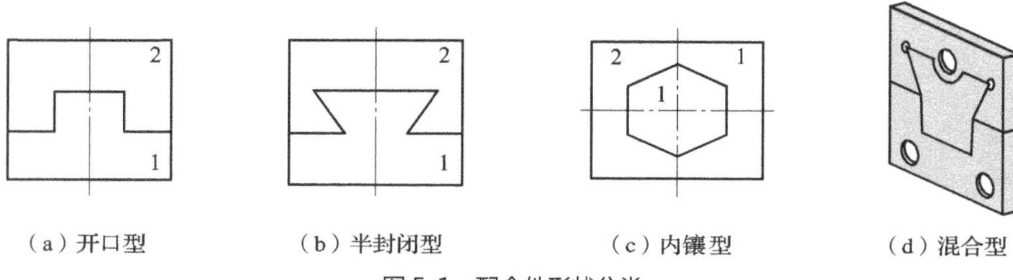

（a）开口型　（b）半封闭型　（c）内镶型　（d）混合型

图 5-1　配合件形状分类

3）按照配合件件数可分为两件、三件、多件等。

4）按照配合件对称性形式可分为非对称性和对称性配合。

（3）配合精度

任何一个机械或机器都是由若干零件组成，所以在零件加工中除考虑零件本身加工质量外，还需在加工中考虑零件间的配合精度，包括部件位置的准确程度、相互之间的间隙大小及均匀性等。

各个零件的质量用其尺寸公差及形状位置公差描述。配合件的精度也可以通过配合件的尺寸公差及形状位置公差反映。在配合件中，各配件之间的间隙可以通过其配合公差反映，间隙越大（公差越大），间隙的均匀程度越差，说明配合精度越低，配合件质量越差。

2. 配合精度的测量

（1）常用测量仪器

常用的测量精度的仪器包括标准平板、钢直尺、游标卡尺、千分尺、百分表、塞尺、直尺、90°角尺、万能角度尺、心轴、V形铁、量块、塞尺、半径样板、粗糙度比较样块、光切显微镜及粗糙度测量仪等。

（2）形位误差、粗糙度测量

根据零件技术要求，分析确定形位误差、粗糙度的测量方法，选择必要的测量仪器进行测量练习。

1）直线度误差的测量：间隙法、节距法测量。

2）平面度误差的测量：间隙法、研点法测量。

3）平行度误差的测量：使用百分表、标准平板及心轴等测量器具，进行面对面、线对面和线对线的平行度误差的测量。

4）垂直度误差的测量：使用标准平板、90°角尺、直尺、心轴及百分表等测量器具，进行面对面、线对面和线对线的垂直度误差的测量。

5）对称度误差的测量：使用标准平板、心轴、V形铁、百分表、量块及钢直尺等测量仪器。

6）同轴度误差的测量：使用标准平板、心轴、V形铁、百分表及钢直尺等测量仪器。

7）粗糙度的测量：比较法测量、粗糙度测量仪测量及光切显微镜测量等方法。

3. 形位公差测量

零件加工或装配后几何特征的点、线、面的实际形状或相互位置与理想几何体规定的形状和相互位置存在着误差。在形状上出现的误差，称为形状误差。实际位置相对于理想位置的变动量，称为位置误差。实际要素的形状所允许的变动全量就是形状公差。实际要素的位置对基准所允许的变动全量就是位置公差，简称为形位公差。

对零件或组合体中精度要求较高的部位，必须根据实际需要对加工或配合规定相应的形状误差和位置误差的允许范围，并在图样上标注形位公差。形位公差、表面粗糙度及配合公差是评价产品质量的重要技术指标。

国家标准规定了14个形位公差项目，每个项目用一个符号表示，如表5-1所示。

表5-1 形位公差项目符号及含义

分类	名称	符号	公差带与应用实例	含义
形状公差	直线度	—	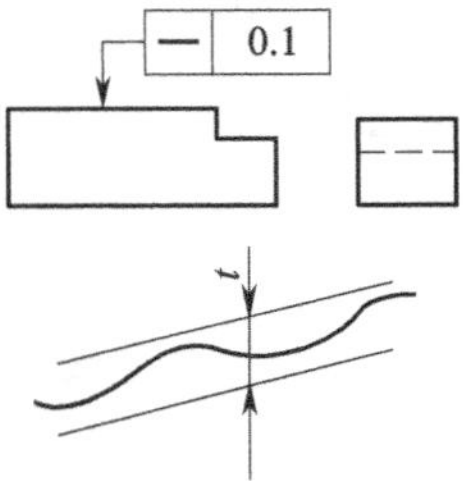 — 0.1	被测表面投影后为一接近直线的“波浪线”，该“波浪线”的变化范围应该在距离为公差值 t（t=0.1）的两平行直线之间
	平面度	▱	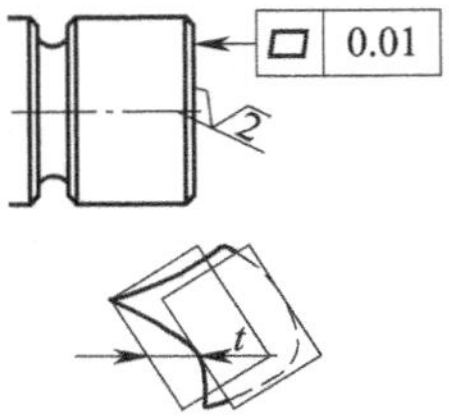 ▱ 0.01	被测加工表面必须位于距离为公差值 t（t=0.01）的两平行平面内
	圆度	○	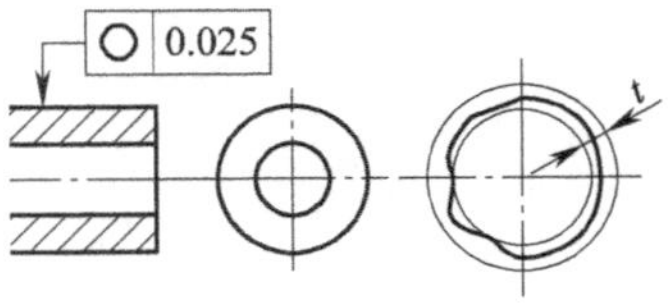 ○ 0.025	被测圆柱面的任意截面的圆周必须位于半径差为公差值 t（t=0.025）的两同心圆内
	圆柱度	⌭	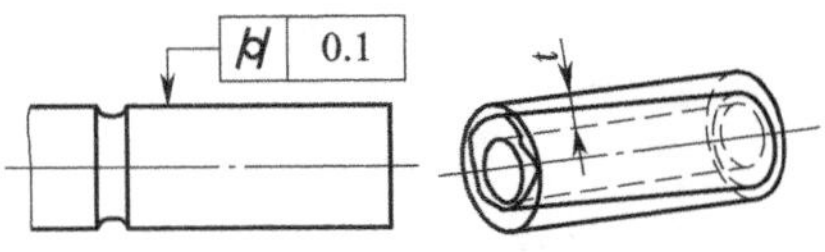 ⌭ 0.1	被测圆柱面必须位于半径差为公差值 t（t=0.1）的两同轴圆柱面之间

续表

分类		名称	符号	公差带与应用实例	含义
形状公差		线轮廓度	⌒	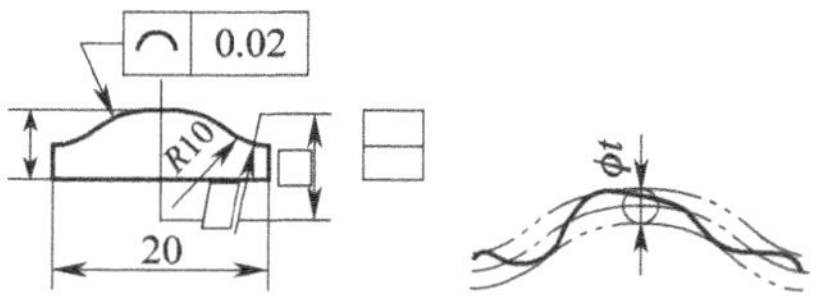 ⌒ 0.02；R10；20；ϕt	在平行于正投影面的任一截面上，实际轮廓必须位于包络一系列直径为公差值 0.02，且圆心在理想轮廓线上的圆的两包络线之间
		面轮廓度	⌓	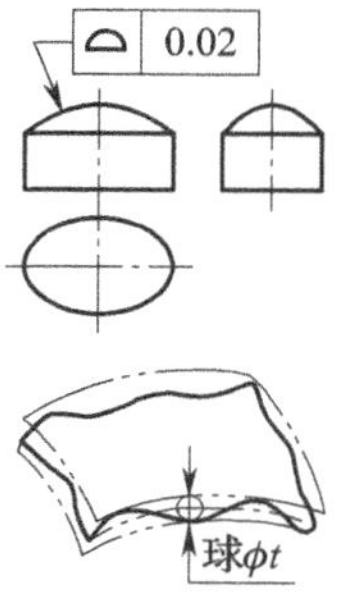 ⌓ 0.02；球ϕt	在平行于正投影面的任一截面上，实际轮廓必须位于包络一系列直径为公差值 0.02，且圆心在理想轮廓线上的圆的两包络线之间
位置公差	定向	平行度	//	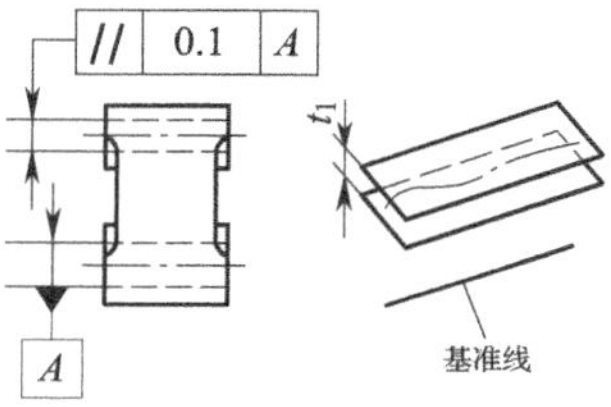 // 0.1 A；A；t；基准线	被测轴线必须位于距离为公差值 t（t=0.1），且在给定方向上平行于基准轴线的两平行平面之间
		垂直度	⊥	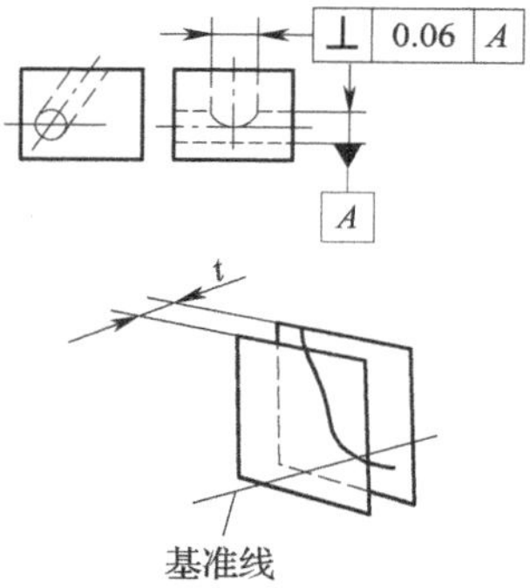 ⊥ 0.06 A；A；t；基准线	被测孔的轴线必须位于距离为公差值 t（t=0.06），且垂直于基准线 A（基准孔轴线）的两平行平面之间，其公差带是距离为公差值 t，且垂直于基准线的两平行平面之间的区域
		倾斜度	∠	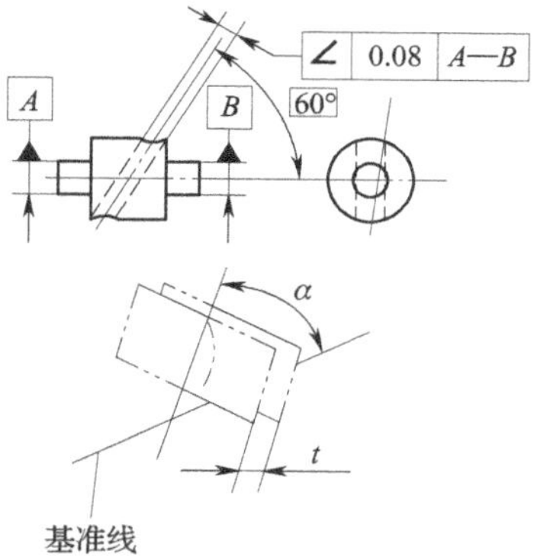 ∠ 0.08 A—B；A；B；60°；α；t；基准线	被测孔的轴线必须位于距离为公差值 t（t=0.08），且与 A–B 公共基准线成一理论正确角度 α（α=60°）的两平行平面之间，即如左图所示两平行平面之间的区域

续表

分类		名称	符号	公差带与应用实例	含义
位置公差	定位	圆轴度	◎	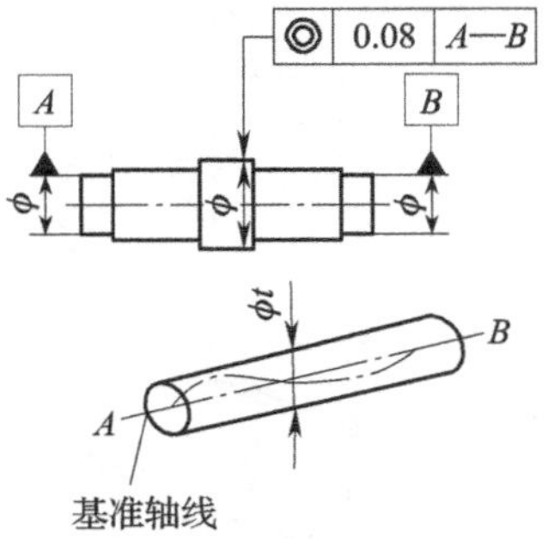	图中有同轴度要求的大圆的轴线必须位于以公共基准轴线 A-B 为轴线，以公差值 t（t=0.08）为直径的圆柱内，其公差带范围如图所示
		对称度	⌯	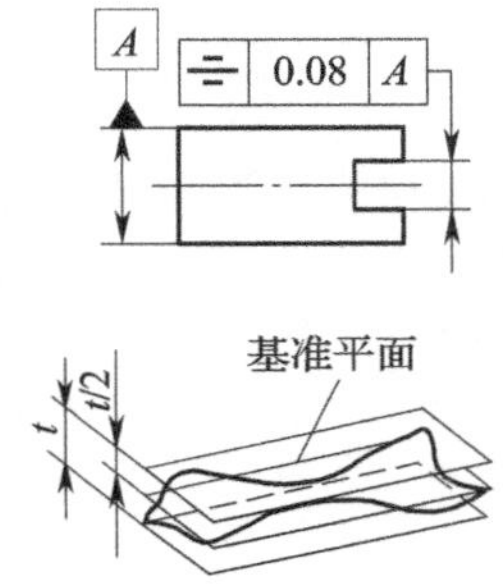	图中对称度图标所要表示的面为两加工面的中心平面，该中心平面必须位于距离为公差值 0.08，且相对于基准中心平面 A 对称分布的两平行平面之间
		位置度	⌖	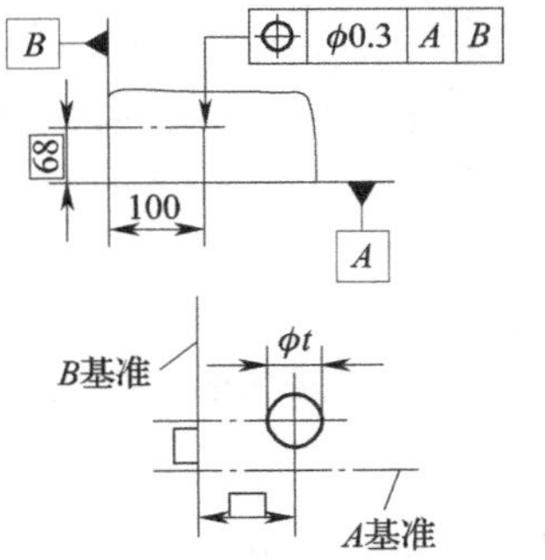	图中表示位置度的箭头所指点必须位于以公差值 0.3 为直径的圆内（ϕt=ϕ0.3），该圆的圆心位于相对基准 A 和 B（基准直线）所确定的点的理想位置上
	跳动	圆跳动	↗	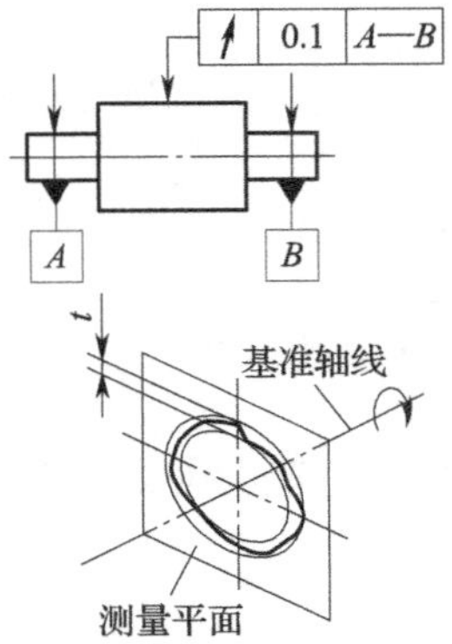	当被测圆柱表面绕基准线 A-B（公共基准轴线）旋转一周时，圆柱表面任一截面圆的径向跳动量均不得大于 t（t=0.1）

续表

分类		名称	符号	公差带与应用实例	含义
位置公差	跳动	全跳动	⌰		被测表面绕基准轴线做无轴向移动地连续回转，同时，指示表做平行于基准轴线的直线移动，在 ϕd 的整个表面上的跳动量不得大于公差值 0.02 mm

（1）形状误差的测量

1）直线度误差的测量

直线度误差是被测线相对理想直线的变动量，常用的测量方法有间隙法，测出的实际误差小于或等于公差为合格。使用间隙法测量简单、方便，不受环境影响。钳工中使用间隙法测量的常用工具有刀口形直尺、刀口角尺、万能角度尺等。以刀口形直尺为例，测量时将刀口形直尺与被测线接触做透光法检验，可用目测估计间隙的大小。在最大光隙处用塞尺测出间隙的数值，该数值即为工件的直线度误差值，如图 5–2 所示。

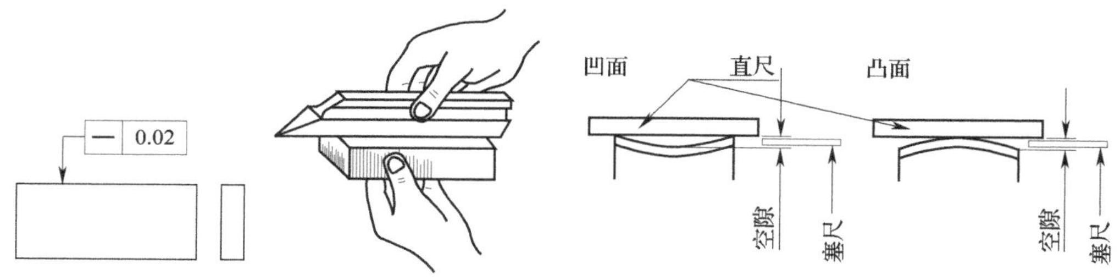

图 5–2　直线度标注及测量方法

2）平面度误差的测量

生产中常用的测量平面度误差的方法为间隙法和研点法。

① 间隙法

间隙法适合小工件的平面度误差测量。测量时，把刀口形直尺靠在测量平面上，用塞尺测量间隙。将整个平面分成网格状，分别在几个方向上测量，取最大间隙为该平面的平面度误差，如图 5–3 所示。

② 研点法

对于刮研表面，可用标准检验平板以研点法进行检测。在工件表面涂上少量红丹油，然后覆在标准检验平板上，平稳地前后左右移动。取下工件，根据工件上的亮点多少评定其精度高低，亮点越多、越细密均匀，表示平面度误差越小。

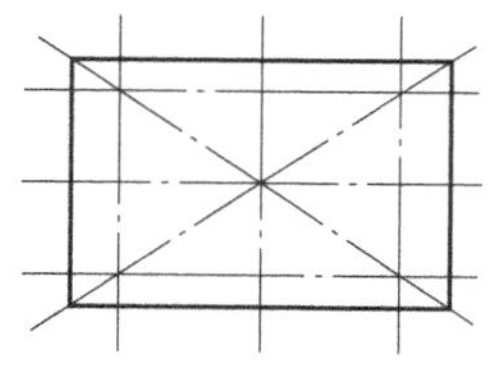

图 5–3　刀口形直尺分段测量平面

（2）位置误差的测量

位置误差中有基准要素和被测要素之分，确定测量基准是测量位置误差的关键。

1）平行度误差的测量

平行度误差指被测要素相对于基准平行方向所偏离的程度。

① 面对面平行度的标注和测量方法，如图 5-4 所示。测量步骤如下：

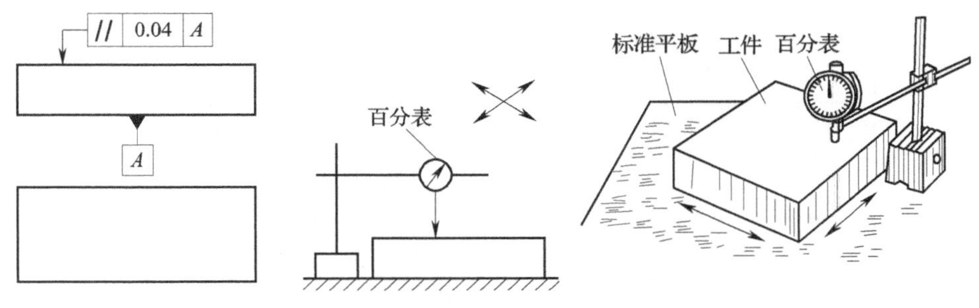

图 5-4　平行度标注及测量方法

用标准平板作为测量基准，把工件的基准平面 A 与标准平板接触，调整百分表的位置，在整个平面上测量，百分表的最大与最小读数值之差为工件的平行度误差。

② 轴线对平面平行度的标注及测量方法，如图 5-5 所示。

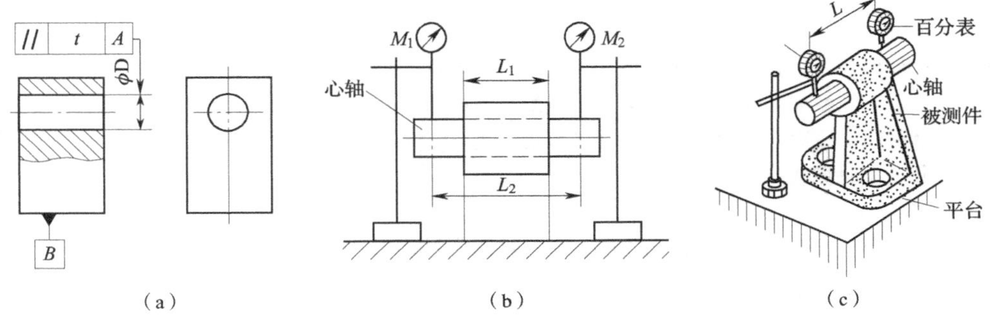

图 5-5　轴线对平面平行度的标注及测量方法

测量方法如下：

将工件放在标准平板上，使工件基准平面与标准平板接触；被测轴线由心轴模拟（选用可胀式心轴或与孔成无间隙配合心轴）。把心轴擦净并轻推入孔中，使心轴两端伸出量大致相等；调整百分表的位置，使测头与心轴的母线接触；在孔两侧分别测量，在图示两个位置上测得的读数分别为 M_1、M_2，L_1、L_2 方向上的平行度误差为 $|M_1-M_2|$，则被测孔的轴线相对基准面 A 的平行度误差为 $|M_1-M_2| \times (L_1/L_2)$。

2）垂直度误差的测量

垂直度误差指工件上被测要素相对基准在垂直方向上偏离的程度。

① 平面对平面垂直度误差的测量方法，如图 5-6 所示。

测量方法如下：先将工件的基准面与 90° 角尺的宽边相接触，被测表面与 90° 角尺的窄边接触。再用塞尺测出 90° 角尺的窄边与被测表面的间隙。在被测表面几个位置上测量，其最大间隙为被测表面与 A 面的垂直度误差。

② 线对面垂直度误差的测量方法，如图 5-7 所示。被测轴线由心轴模拟。

测量方法如下：先把工件端面靠在方箱上压紧，穿入心轴；再用百分表测心轴与标准平板在长度方向上的平行度误差 $|M_1-M_2|$，即孔的轴线相对基准面的垂直度误差。

③ 轴线对轴线垂直度误差的测量方法，如图 5-8 所示。被测轴线均由心轴模拟。

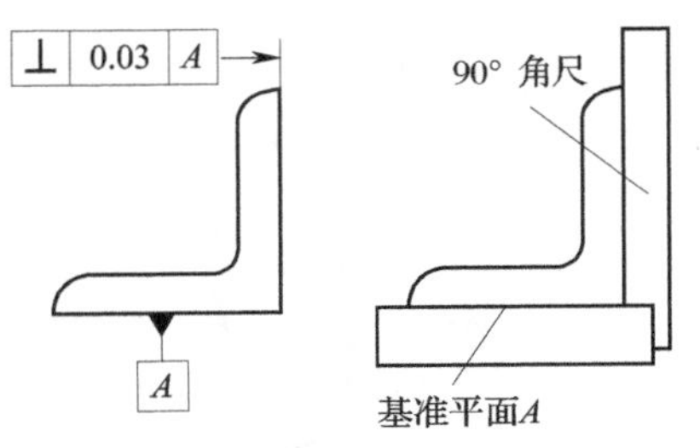

图 5-6　平面对平面垂直度误差的标注及测量方法

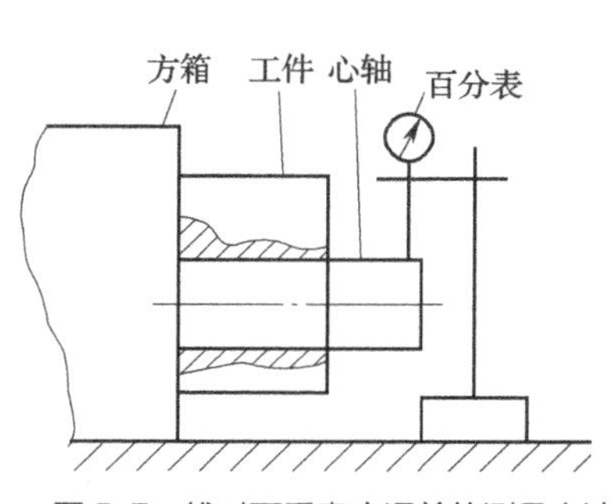

图 5-7　线对面垂直度误差的测量方法

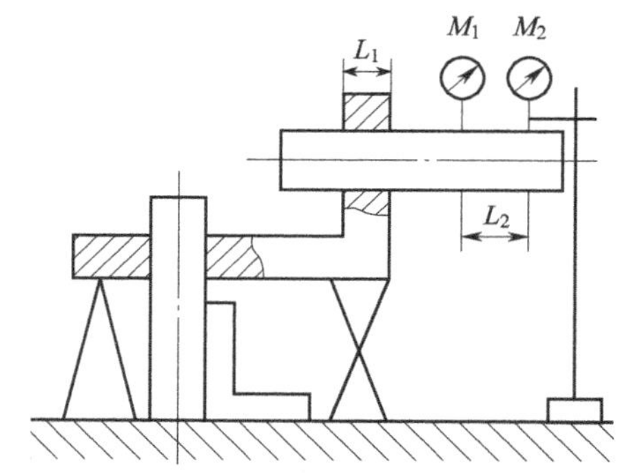

图 5-8　轴线对轴线垂直度误差的测量方法

测量方法如下：先将基准孔和被测孔均压入心轴，心轴与孔应成无间隙的接触或者采用可胀式心轴；再调整基准心轴，使其垂直于平板；在被测心轴上相距为 L_2 的两点处测量，测量值分别为 M_1、M_2；垂直度误差为 $f=|M_1-M_2|\times(L_1/L_2)$。

4. 对称性锉配件测量

对称性锉配件加工是钳工基本操作中典型的项目。对称性锉配件要求在检查配合间隙时，能正反翻边调换配合方向，有互换配合间隙要求，且在调换配合方向后，外围尺寸和形位公差均应符合要求。要满足配合要求，就必须保证对称平面两边的尺寸和形状一致，即满足对称度要求。

（1）对称度及对称度公差带

1）对称度

对称度是指被测表面的对称平面与基准表面的对称平面间的最大偏移距离 Δ，如图 5-9（a）所示。

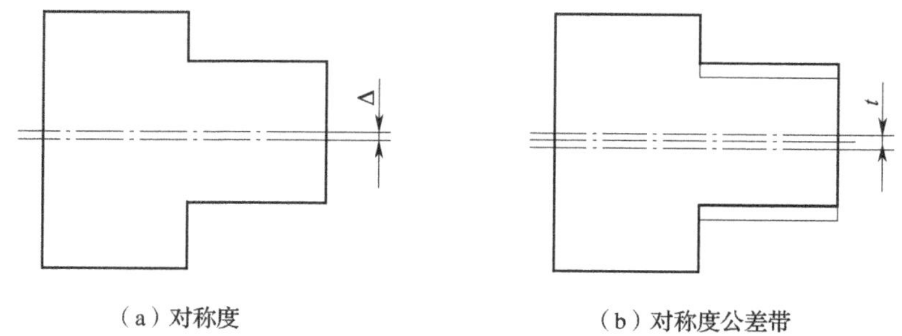

（a）对称度　　（b）对称度公差带

图 5-9　对称度及对称度公差带

2）对称度公差带

对称度公差带是指相对基准中心平面对称与之的两个平行平面之间的区域，两平行面间的距离即为其公差值 t，如图 5-9（b）所示。

（2）对称度的测量

测量被测表面与基准面的距离 A 和 B，其差值之半即为对称度测量值，如图 5-10 所示。

（3）对称度的检测方法

1）深度测量工具检测

由于无法直接测量零件中心线，所以对称度测量常常采用间接测量方法计算获得。通常情况下可以使用深度测量工具以零件两侧面为基准，测量凸台相对两侧面的距离，以间接测量出凸台相对零件中心线的偏移量，得出对称度的数值，如图 5-11 所示。

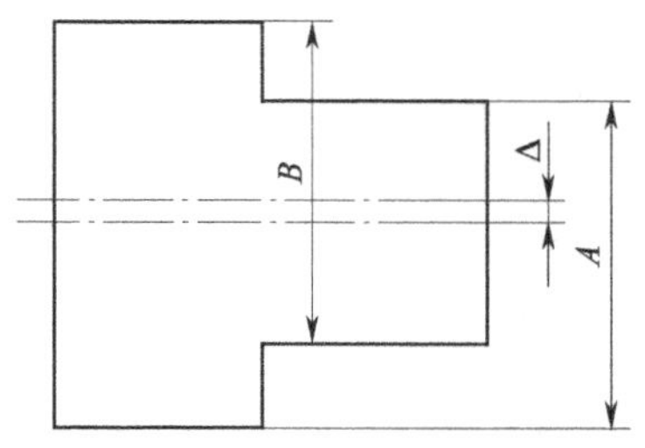

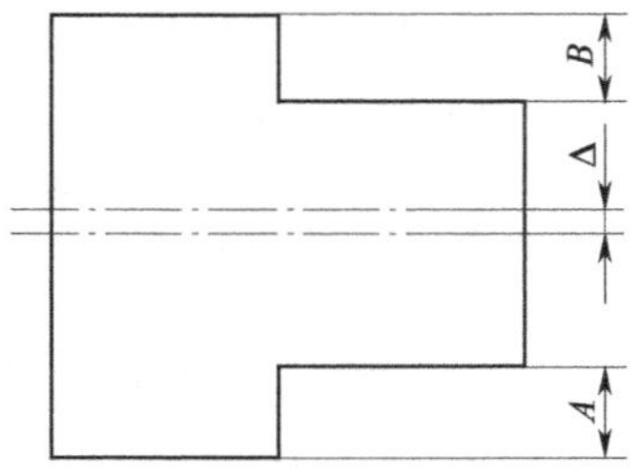

图 5-10　对称度值

常用深度测量工具有：游标卡尺、深度游标卡尺、深度千分尺等。

2）利用百分表测量对称度

工件有较高的对称度要求时，可以使用杠杆百分表或百分表进行测量，俗称打表，如图 5-12 所示。测量时先将百分表安装于表座上，连同工件一起放置于平板上，表座固定不动，将表调整到与需要打表工件表面平齐。测量时，将工件在平板表面平行滑动，先测量工件一侧面，记下表的指针转动值，然后将工件翻转 180° 测量工件另一侧面，对比两个测量面的测量值来确定工件的对称度的大小，两测量面的测量差值除以 2 即为对称度误差。即 = |*A*−*B*| /2。

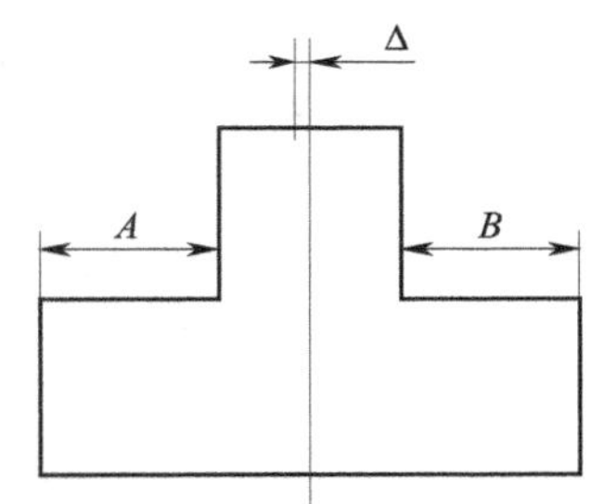

图 5-11　用深度测量工具测量对称度

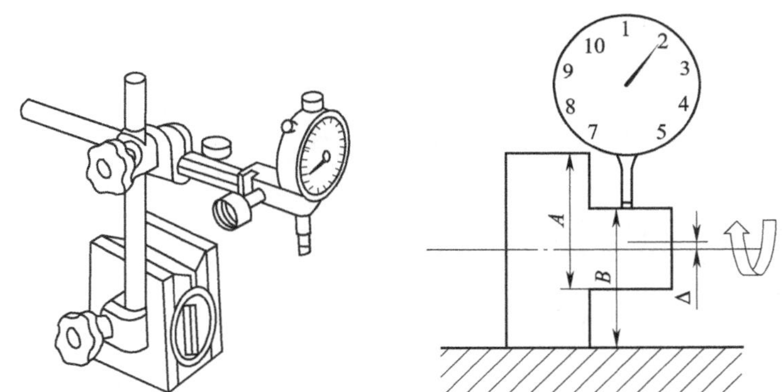

图 5-12　用百分表测量对称度

（4）对称度对工件互换的精度影响

如图 5-13 所示，如果凹凸件都有对称度要求（0.04 mm），并且在同方向位置上锉配达到要求的间隙后，可使两侧基准面对齐，而调换 180° 后配合时就会产生两侧面基准面偏位误差，其总对称度为 0.08 mm。

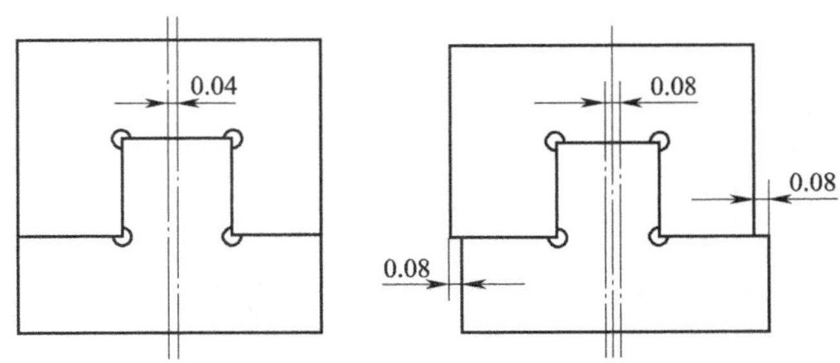

图 5-13　对称度对工件互换的精度影响

(5) 对称度误差配合调整

加工中对称度存在误差必将对工件的配合造成影响，特别是对转位互换精度造成严重影响，使其两侧出现位错，这就需要在配合后进行修整，消除误差提高转位互换精度。下面以凹凸件为例说明加工配合后对称度出现误差的几种情形，以及每种情形的修配方法。

1) 凸件有对称度误差

如图 5-14 所示配合后两侧出现 0.05 mm 的位错，说明对称度有误差。图 5-15 所示为凸件翻转 180° 后的配合情形，两侧出现 0.05 mm 的位错，并且位错凸出一侧随凸件翻转而翻转，说明凸件存在对称度误差，应修整凹、凸件两侧的基准面加以消除。修整时，凸件多的一侧要修去 0.1 mm，凹件每侧要修去 0.05 mm。

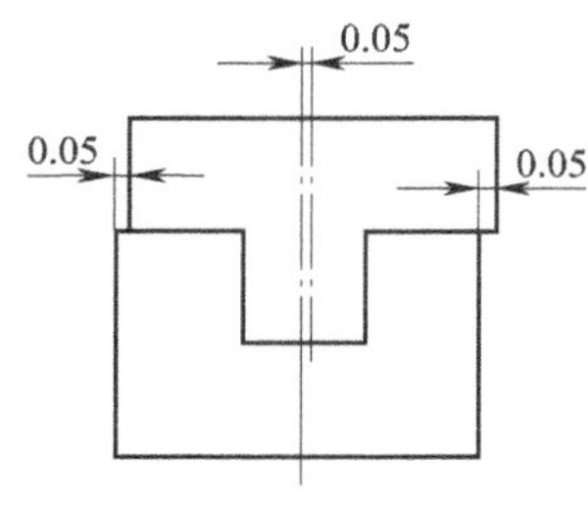

图 5-14　配合后的情形

图 5-15　凸件翻转 180° 后的配合情形

2) 凹件有对称度误差

如图 5-16 所示为配合后的情形，两侧出现 0.05 mm 的位错，说明对称度有误差。图 5-17 所示为凹件翻转 180° 后的配合情形，两侧出现 0.05 mm 的位错，并且位错凸出一侧随凹件翻转而翻转，说明凹件存在对称度误差，应修整凹、凸件两侧的基准面加以消除。修整时，凹件多的一侧要修去 0.1 mm，凸件每侧要修去 0.05 mm。

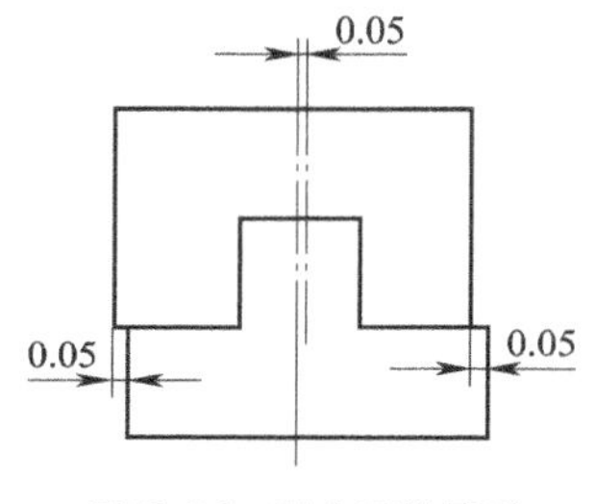

图 5-16　配合后的情形

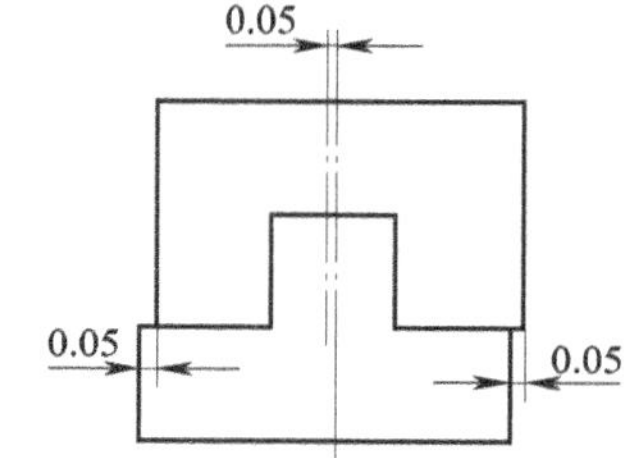

图 5-17　凹件翻转 180° 后的配合情形

3) 凹、凸件都有对称度误差且不相等

图 5-18 所示为配合后的情形，对称度误差在同一方向位置，故配合后两侧没有出现位错，但凹件或凹件翻转 180° 后两侧出现 0.1 mm 的位错，如图 5-19 所示。修整时，凹、凸件多出去的一侧都必须修去 0.1 mm 方可消除对称度误差，获得较高的转位互换精度。

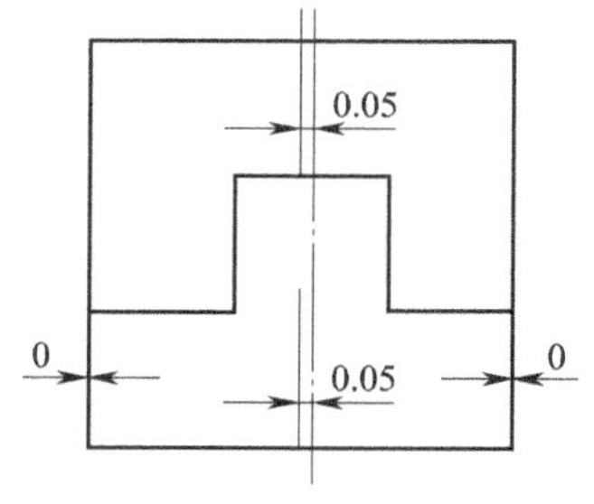

图 5-18　配合后的情形

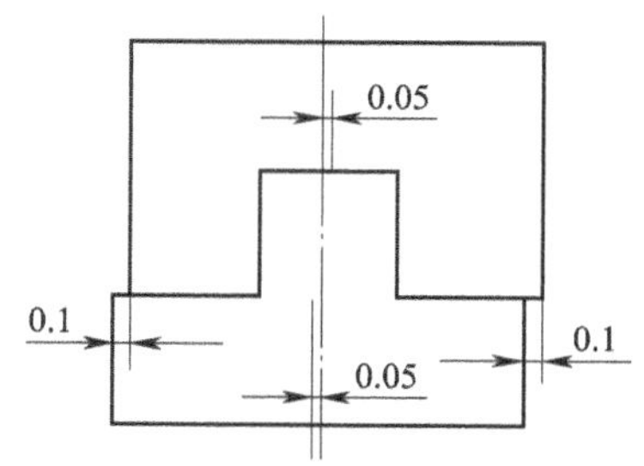

图 5-19　凹件或凸件翻转 180° 后的配合情形

4）凹、凸件都有对称度误差且相等

图 5-20 所示为配合后的情形，且对称度误差在同一方向位置，配合后两侧出现 $\Delta a-\Delta b$ 的位错，此时凹、凸件多出去的一侧都要修去 $\Delta a-\Delta b$，然后翻转 180° 配合。如图 5-21 所示，则两侧出现 $\Delta a+\Delta b$ 位错，修整时，凹、凸件多出去的一侧都修去 $\Delta a+\Delta b$ 以获得较高的转位互换精度。

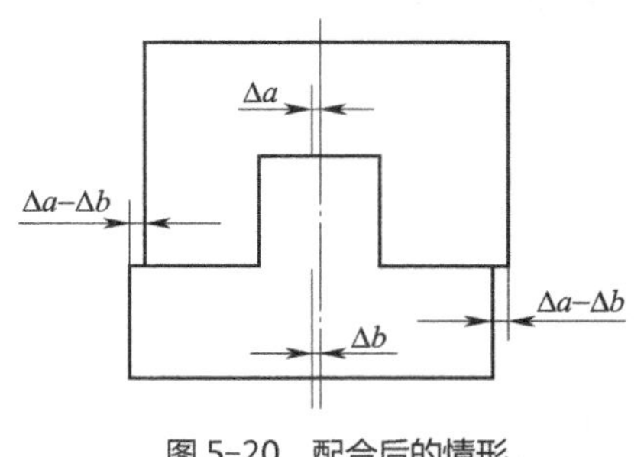

图 5-20　配合后的情形

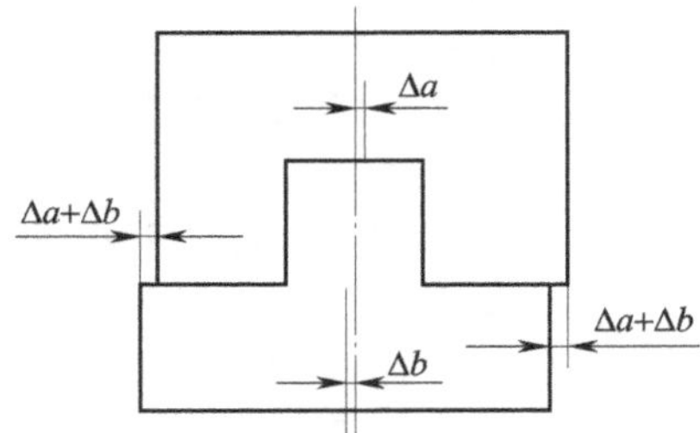

图 5-21　凹件或凸件翻转 180° 后的配合情形

5. 表面粗糙度的测量

（1）表面粗糙度的影响

表面粗糙度是指加工表面具有的较小间距和微小峰谷的不平度。其两波峰或两波谷之间的距离（波距）很小（在 1 mm 以下），它属于微观几何形状误差。表面粗糙度越小，则表面越光滑。表面粗糙度的大小，对机械零件的使用性能有很大的影响，主要表现在对零件的耐磨性、抗腐蚀性、疲劳强度、密封性、接触刚度、测量精度、配合精度及稳定性等。

（2）表面粗糙度的检测方法

常用的检测表面粗糙度的方法有目测法、比较法、光切法、干涉法、扫描法、印模法、激光测微仪检测法。

1）目测法

操作者或检验人员根据加工纹理和加工表面特征，通过视觉经验，结合手感（用指甲或手摸）或其他方法进行比较，对被测表面的粗糙度进行评定。此方法使用的器具简单，操作方便，是目前生产中最常用的方法。但这种方法检验准确度完全依赖操作者的经验与水平。

2）比较法

操作者将表面粗糙度比较样块（又称工艺样块）与被测表面靠在一起，用目测或借助放大镜、显微镜直接进行比较（或以样块为标准，凭手指触觉对比），相同或相近的样块即为被测表面粗糙度值。还可以用油滴在被测表面和表面粗糙度样块上，用油的流动速度（此时要求样块与工件倾斜角度与温度相同）来判断表面粗糙度。流速快的表面粗糙度值小。

3）光切法

光切法是利用“光切原理”来测量表面粗糙度的一种方法。光切法使用的仪器叫光切显微镜（又称为双管显微镜），一般适于测量用车、铣、刨等加工方法完成的金属平面或外圆表面。光切法主要用于测量表面粗糙度值 *Rz*。

4）干涉法

干涉法是利用光波干涉原理来测量表面粗糙度的一种方法。干涉法使用的仪器叫干涉显微镜，主要用于测量表面粗糙度的 *Rz* 值，一般用于测量表面粗糙度要求高的表面。目前，干涉法常用的检测仪器有双光束干涉显微镜、多光束干涉显微镜（也可用于测平面度）。

5）扫描法

扫描法是一种接触式测量方法，又称感触法，即利用金刚石触针在被测表面滑行而测出表面粗糙度 *Ra* 值的一种方法。目前较常用的仪器是电动轮廓仪，可直接显示表面粗糙度 *Ra* 值，测量范围为 *Ra*0.025 ~

6.3 μm。其原理是利用触针在被测表面划动，使触针上下移动，引起传感器内电量变化，将电量变化量经微机处理可直接读出表面粗糙度 *Ra* 值。该仪器还可以通过记录器获得轮廓放大图从而可测表面粗糙度 *Ra* 值。

6）印模法

印模法是一种非接触式间接测量表面粗糙度的方法。其原理是利用某些塑性材料做成块状印模贴在零件表面，将零件表面轮廓印制在印模上，然后对印模进行测量，得出表面粗糙度值。印模法适用于测量大型笨重零件和难以用仪器直接测量或用样板比较的表面（如深孔、不通孔、凹槽、内螺纹等）的粗糙度值。由于印模材料不能完全充满被测表面微小不平的谷底，所以测得印模的表面粗糙度值比零件实际值要小。因此，对用印模法测得的表面粗糙度结果需要进行修正（修正时也只能凭经验）。

7）激光测微仪检测法

激光测微仪检测法是用激光测微仪测量表面粗糙度的一种比较测量方法，该方法利用光电转换原理将激光中心反射光和散射光能转为电能。一定表面粗糙度值的表面其激光中心反射光与散射光的能量比值是一定的，当光能转为电能转入比较电路，通过电表显示、比较结果，其比值越大表面粗糙度值越低。

6. 尺寸链

(1) 尺寸链与尺寸链简图

尺寸链就是在零件加工或机器装配过程中，有相互联系且按一定顺序连接的封闭尺寸组合。按应用范围的不同可将尺寸链分为设计尺寸链和工艺尺寸链，工艺尺寸链又可分为装配尺寸链与零件尺寸链，其基本计算方法相同，只是应用范围有所差别。如图 5–22 所示为零件尺寸链。

绘尺寸链简图时，不必绘出装配部分的具体结构，也勿需按严格的比例，而是由有装配技术要求的尺寸首先画起，然后依次绘出与该项要求有关的尺寸，排列成封闭的外形即可。如图 5–23 所示的尺寸链简图。

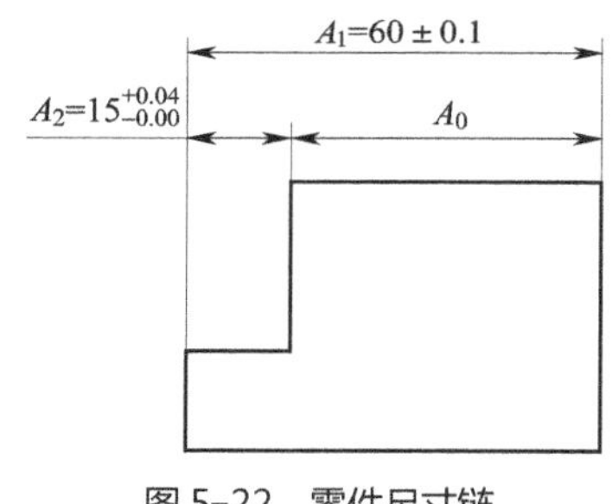

图 5–22　零件尺寸链

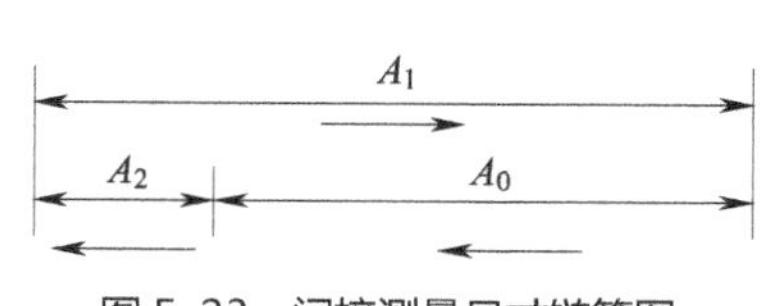

图 5–23　间接测量尺寸链简图

(2) 尺寸链的组成

构成尺寸链的每一个尺寸，都称为尺寸链的环，每个尺寸链至少应有 3 个环。

1）封闭环。是指在零件加工和机器装配中，最后形成（间接获得）的尺寸。一个尺寸链中只有一个封闭环，如图 5–23 中的 A_0。

2）增环。在其他组成环不变的条件下，当某一组成环的尺寸增大时，封闭环也随之增大，则该组成环称为增环，如图 5–23 中 的 A_1。

3）减环。在其他组成环不变的条件下，当某一组成环增大时，封闭环随之减小，则该组成环称为减环，如图 5–23 中的 A_2。

增环和减环统称为组成环。如图 5–23 中 A_1、A_2 都是组成环。

增环、减环的判别，可按旋转方向给每一个环标出箭头，凡箭头方向与封闭环箭头方向相反的为增环；与封闭环箭头方向相同的为减环。

(3) 封闭环的极限尺寸及公差

1) 封闭环的基本尺寸

由尺寸链简图可以看出，封闭环尺寸等于所有增环基本尺寸之和减去所有减环基本尺寸之和，即：

$$A_{1基}-A_{2基}=A_{0基}$$

则 $A_{0基}=60-15=45$ mm

2) 封闭环的最大极限尺寸

当所有增环都为最大极限尺寸，而所有减环都为最小极限尺寸时，封闭环为最大极限尺寸，即：

$$A_{1max}-A_{2min}=A_{0max}$$

则 $A_{0max}=60.10-15=45.10$ mm

3) 封闭环的最小极限尺寸

当所有增环都为最小极限尺寸，而所有减环都为最大极限尺寸时，则封闭环即为最小极限尺寸，即：

$$A_{1min}-A_{2max}=A_{0min}$$

则 $A_{0min}=59.9-15.04=44.86$ mm

所以 $A_0=45^{+0.1}_{-0.14}$ mm

7. 去除型腔余料的方法

(1) 采用先排孔后锯再錾削方法去除余料

如图 5-24 所示。利用钻床的钻削加工，在工件无法直接锉锯削的部位钻削去除余料。在钻排孔结束后，锯削两侧面，然后锉削合格即可。此种方法应用广泛，因使用了钻床进行加工，所以较省时省力。但使用此种方法对钻排孔技能有一定的要求。

(a) 钻排孔

(b) 锯削两侧面后錾削

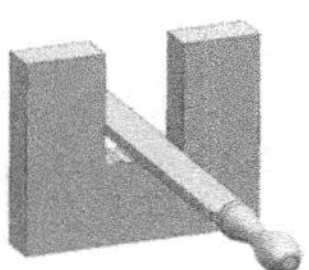

(c) 锉削凹槽

图 5-24 先排孔后锯再錾削去除余料

(2) 采用先钻孔后锯削方法去除余料

如图 5-25 所示。利用钻床的钻削加工，在工件无法直接锉锯削的部位钻出工艺孔，使用锯条或是修磨过的锯条进行锯削去除余料。此种方法应用于内型腔尺寸较大，能钻较大工艺孔的场合。因使用了钻削与锯削，所以后期锉削余量较小。但使用此种方法可能需要修磨锯条，并且对锯削技能有一定的要求。

(a) 钻孔

(b) 锯条修磨

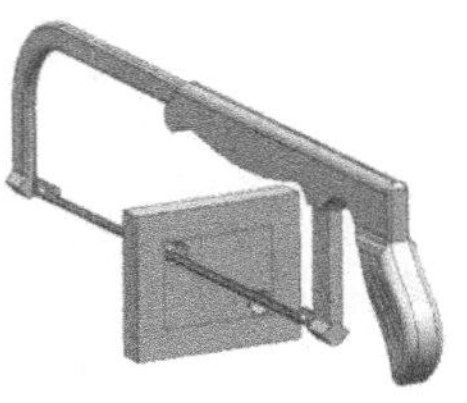

(c) 锯削型腔余料

图 5-25 先钻孔后锯削去除余料

（3）采用先锯削后錾削方法去除余料

如图 5-26 所示。先利用锯削在工件表面均匀锯削出多个片体，然后利用錾削去除工件余料。在錾削前可先利用錾子使片体弯折，以利于錾削。此种方法适用于无钻床或去余料较浅的场合。由于都是手动加工，较费时费力。

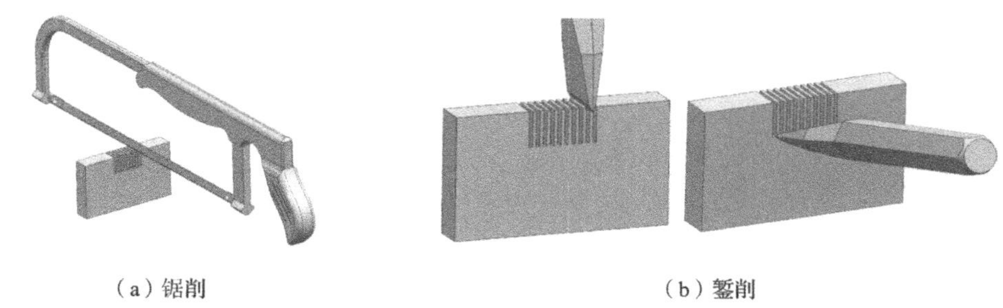

（a）锯削　　（b）錾削

图 5-26　先锯削后錾削去除余料

8. 零件加工工艺

使毛坯成为零件的过程称为零件加工工艺流程。比如一个普通零件的加工工艺流程是粗加工 - 精加工 - 检验 - 包装，这就是加工的笼统流程。准确的加工工艺应写明零件从毛坯到成品的每一步加工的过程。

在钳工技能实训中，钳工加工工艺的编排原则是：根据实际出发，充分利用现有的设备，以最低的生产成本在规定的时间内，高效保质地加工出符合图样要求的工件。

通过对图 5-27 所示的单斜式配合件的加工工艺分析，主要从以下几个方面考虑。

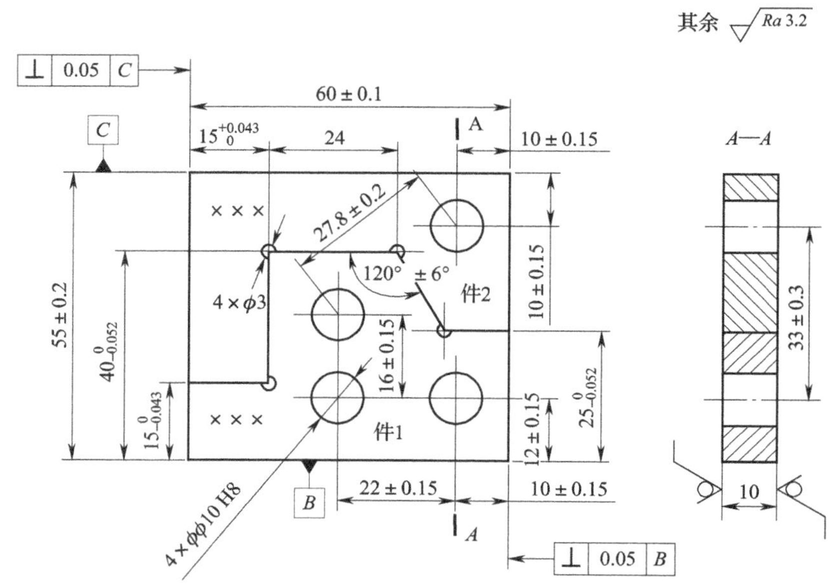

图 5-27　单斜式配合件

（1）确定零件毛坯尺寸

毛坯件的选择应从图样出发，符合图样加工要求并能够最大限度地减少零件材料损耗与零件加工时间，提高零件加工效率与质量。

按图 5–27 的要求可选用两块 60 mm × 40 mm × 10 mm 的已切割扁钢。

（2）零件工艺基准的选择

零件工艺基准是零件在加工过程中划线、测量及加工的参照标准，合理的工艺基准能够缩短加工时间，减少加工步骤，提高零件加工质量，并且能提供更准确的测量与检测值。加工基准的选择尽量与设计基准相重合，这样可减少相应的基准不重合误差。

按图 5–27 的要求凸件可选择底面与右侧面作为零件加工基准，其余尺寸可按这两个基准面进行尺寸链换算测量。

（3）确定相应的加工方法

零件最终加工所得的表面精度与尺寸精度应符合图样要求，选择合理的加工方法能节约相应的加工成本及加工时间，提高加工效率。不同的加工方法可达到的表面粗糙度，如表 5–2 所示。

表 5–2　不同的加工方法可达到的表面粗糙度

加工方法	表面粗糙度 /μm
钳工锉削	12.50 ～ 0.8
钳工锯削	25 ～ 12.5
刮削	3.2 ～ 0.05
抛光	1.6 ～ 0.012
研磨	0.8 ～ 0.05
铰削	6.3 ～ 0.2
钻削	25 ～ 3.2

按图 5–27 要求除两孔需要通过铰削获得外，其余部分最后可通过锉削获得。

（4）选择相应的测量方法

测量是非常重要的加工生产环节，正确的测量方法及测量工具可以有效的减少误差，增加零件加工制造的精确性。

按图 5–27 的尺寸要求精加工，外形尺寸测量应选用千分尺、0 级刀口尺等测量工具。

（5）零件加工顺序的安排

好的零件加工顺序安排能够避免不必要的重复加工，提高零件加工的准确性，改进零件加工质量。

按图 5–27 所示分析可安排如下加工顺序：加工两毛坯零件两基准面。

A．两零件划线

B．加工凸件

a）加工零件左边肩角

b）加工右边斜面

c）钻孔，铰孔

C．加工凹件

a）半封闭面钻排孔，锯削去余料

b）加工凹腔，斜面预留锉配余量

D．锉配，两零件凹凸配合处，锉配修整

通过上述描述，可见工艺编制非常重要，它是零件加工、检测的指导性文件。

二、装配知识

按照规定的技术要求，将若干个零件组成部件或将若干零件、部件组合成机构或机器的过程称为装配，如图 5-28 和图 5-29 所示。

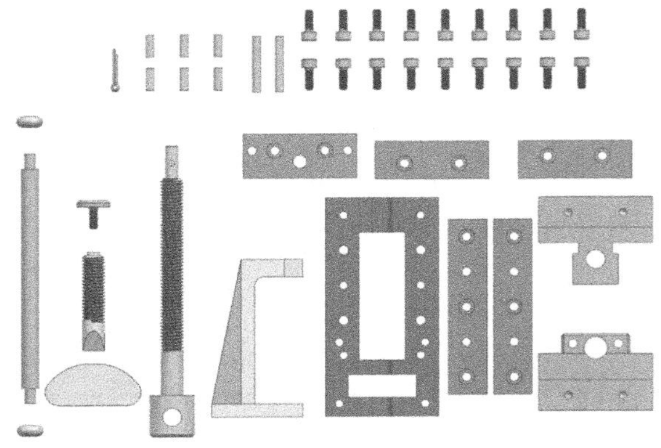

图 5-28　装配前的虎钳零件

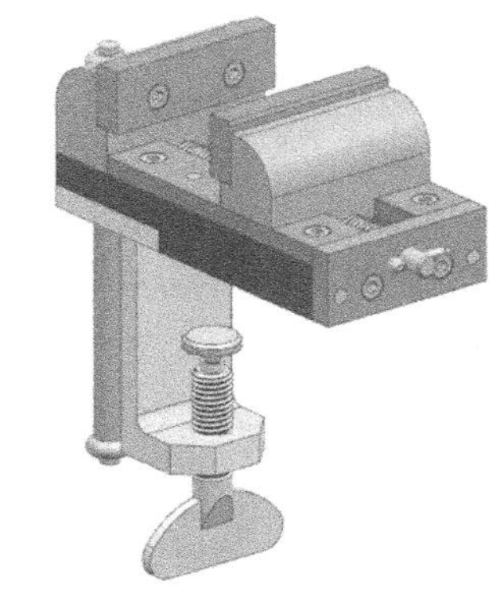

图 5-29　装配后的微型虎钳成品

装配是生产过程中最后一道工序，产品质量除了取决于零件本身的质量以外，还取决于装配质量。即使零件加工精度再高，装配不符合技术要求，零部件之间的相对位置不正确，配合零件过紧或过松，都会影响产品的工作性能甚至无法工作。

在装配过程中，不重视清洁工作，不按工艺要求装配，也不可能装配出好的产品。装配质量差的产品，其精度低、性能差，寿命短、相反，虽然有些零件精度并不高，但经过仔细装配，仍有可能装配出性能良好的产品。可见装配工作是非常重要的工作，对整个产品的质量起着决定性的作用。

1. 装配工艺步骤

装配工艺过程一般按以下 4 个步骤进行操作。

（1）准备

装配前的准备工作如下：

1）研究装配图及工艺文件、技术资料，了解产品结构、各部分零部件的作用、相互关系及联接方法；

2）确定各个零件及部件间的装配方法，装配顺序；

3）准备装配过程中所需要的工具及材料；

4）对装配零件进行清理、清洗、去毛刺和除锈等操作。特别是轴承、孔、沟、槽等部位。

（2）装配

按拟定的装配顺序及装配方法进行装配。对比较复杂的产品，装配工作分为部件装配和总装配两个步骤。

1）部件装配。将两个以上零件组合在一起或将零件与几个组件结合在一起，成为一个单元的装配工作，称为部件装配，如图 5-30 所示。

2）总装配。将零件、部件结合成一个完整的产品的装配工作，称为总装配。

（3）调试

调试的目的如下：

1）调整零件或机构的相互位置、配合间隙、结合面松紧等，使机构或机器各部件工作协调。

2）检验机构或机器的几何精度和工作精度。

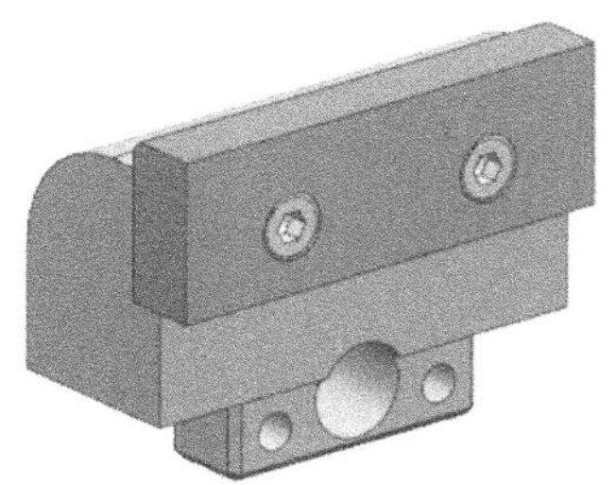

图 5-30　固定钳身与钳口的装配

3）检验机械或机器运转的灵活性，检测振动、噪声、功率等相关的性能参数是否达到要求。

（4）防锈

防锈的目的如下：

1）涂油防锈，防止零件或部件已加工表面或工作部分表面生锈。

2）喷漆可以有效防止非加工表面生锈，并使产品外表美观。

2．装配工具

常用的装配工具如图 5-31 所示。

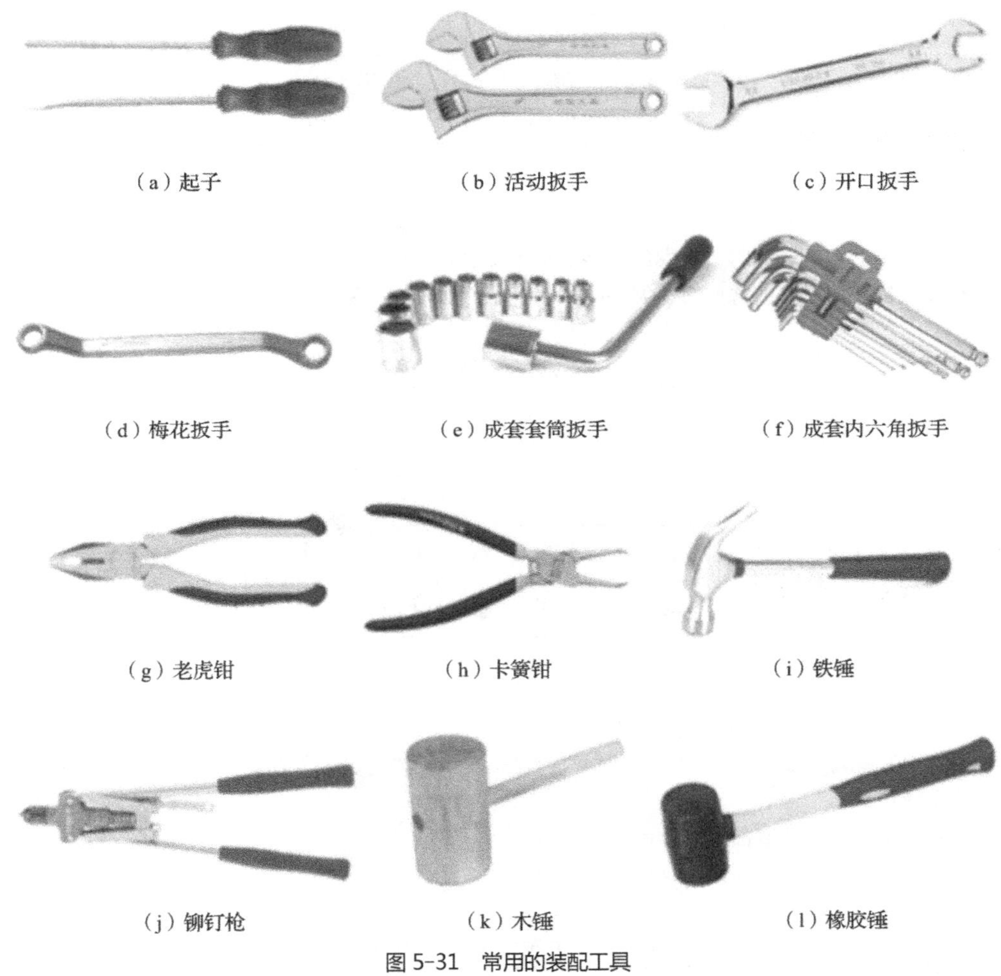

（a）起子　（b）活动扳手　（c）开口扳手

（d）梅花扳手　（e）成套套筒扳手　（f）成套内六角扳手

（g）老虎钳　（h）卡簧钳　（i）铁锤

（j）铆钉枪　（k）木锤　（l）橡胶锤

图 5-31　常用的装配工具

3．连接件装配

（1）螺纹联接

螺纹联接是一种可拆卸的固定连接，它具有结构简单、连接可靠、装拆方便、成本低廉等优点，因此在机械设计制造中应用广泛。

1）常见螺纹联接形式，如表 5-3 所示（不限于图中所表示的螺钉形式）

表 5-3　常见螺纹联接形式

类型	螺栓联接	双头螺柱联接	螺钉联接	紧定螺钉联接
结构	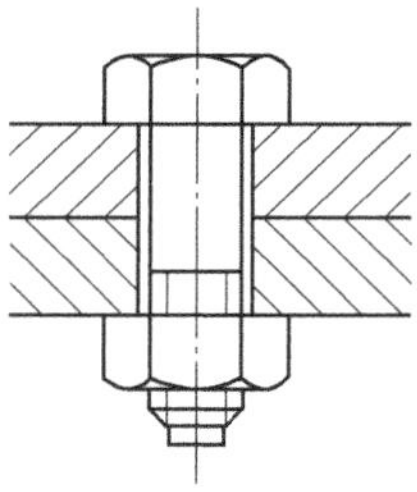	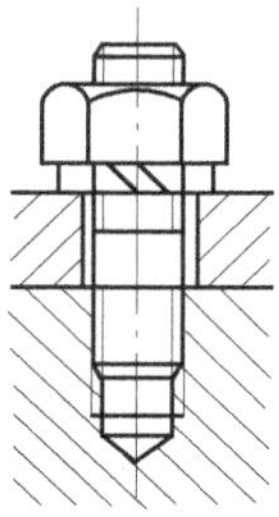	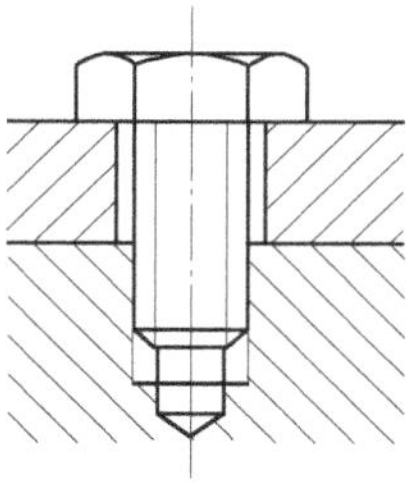	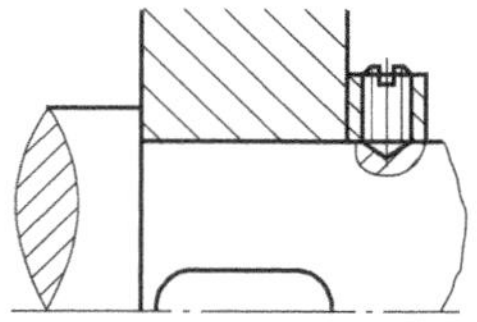
应用	用于通孔，易于更换	多用于盲孔，常拆卸	多用于盲孔，很少拆卸	用于定位或传递较小的力矩

2）螺纹联接技术要求

紧固时，严禁打击或使用不合适的旋具与扳手，不得损伤螺钉槽、螺母和螺钉、螺栓头部。

同一工件用多个螺纹紧固时，各螺纹应按对称平衡原则，按顺序逐个拧紧，如有定位销，应从靠近定位销的螺栓或螺钉开始紧固。常见的螺纹联接拧紧顺序，如表 5-4 所示。

表 5-4　常见的螺纹联接拧紧顺序

分布	一字形	平行	方形	圆形
简图	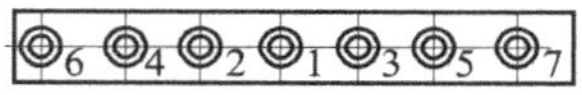 6 4 2 1 3 5 7	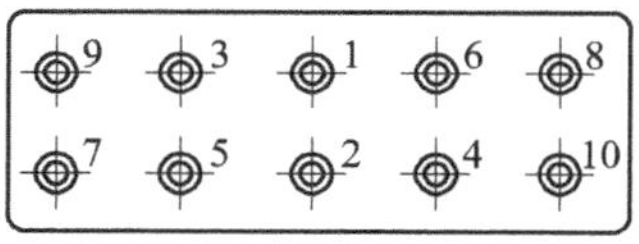 9 3 1 6 8 7 5 2 4 10	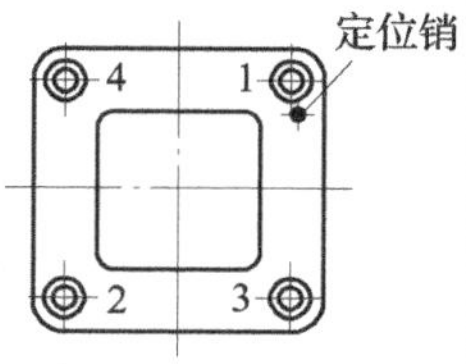 定位销 4 1 2 3	 定位销 1 3 6 5 4 2

用双头螺母时，应先装薄螺母，后装厚螺母。

螺栓、螺钉和螺母拧紧后，不能发生偏斜或弯曲，支承面应与紧固零件贴合，一般螺栓、螺钉应露出螺母 1 ～ 2 个螺距。

沉头螺钉不得高出沉孔端面。

对于有振动或冲击的螺纹联接，需要有可靠的防松装置。常用的螺纹防松办法，如表 5-5 所示。

表 5-5　常用的螺纹防松办法

防松办法	简图	说明
双螺母防松	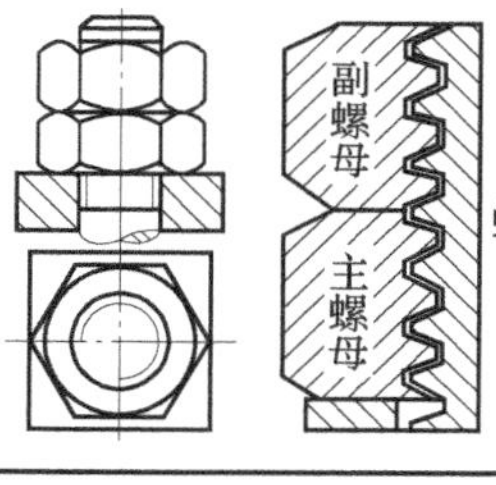 副螺母　螺栓　主螺母	使用主、副两个螺母，主螺母拧紧至预定位置，然后拧紧副螺母，由于主、副螺母之间的摩擦力及对螺栓的拉力可达到防松。 此防松办法结构简单，使用方便，但受振动易松动。 一般用于平稳、低速和重载的场合

续表

防松办法	简图	说明
弹簧垫圈防松	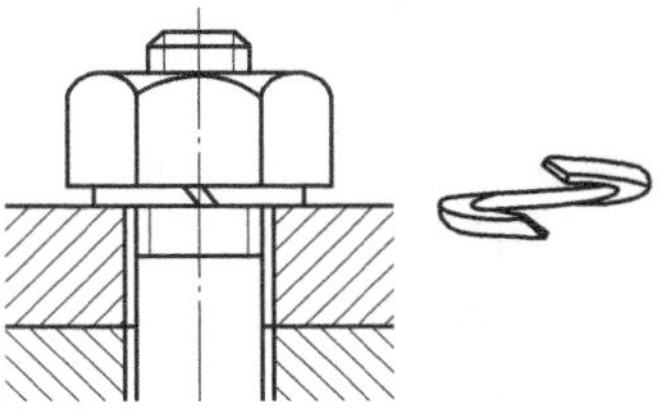	拧紧螺母时，螺母下的弹簧垫圈受压，由于垫圈的弹力和斜口的楔角顶住螺母和支承面可达到防松。 此防松办法结构简单，使用方便，但容易刮伤螺母及工件，弹力分布不均匀。 一般用于不经常拆卸及不重要的连接场合
锁紧垫圈防松	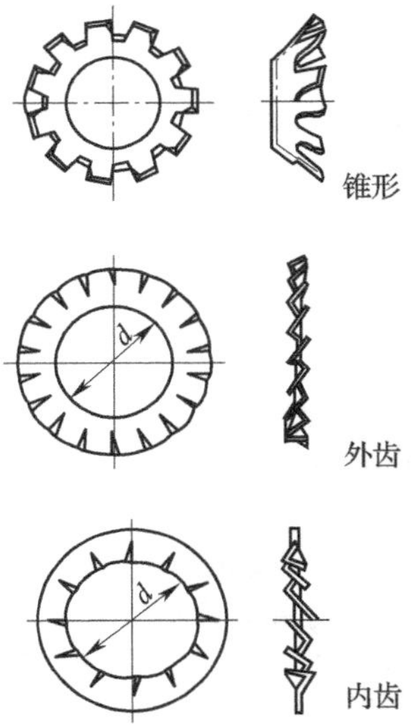 锥形 外齿 内齿	拧紧螺母或螺钉时，垫圈翘齿被压平，增大了螺纹和支承面的摩擦阻力，为螺纹连接提供锁紧作用。 此防松办法简单，弹力均匀可靠，防松效果好。但由于翘齿嵌入螺钉头（或螺母）和被连接件的表面，会造成表面损伤，更会增加腐蚀的敏感性。 一般适用于轻载连接、材料较硬或经常拆卸处。
止动垫圈防松	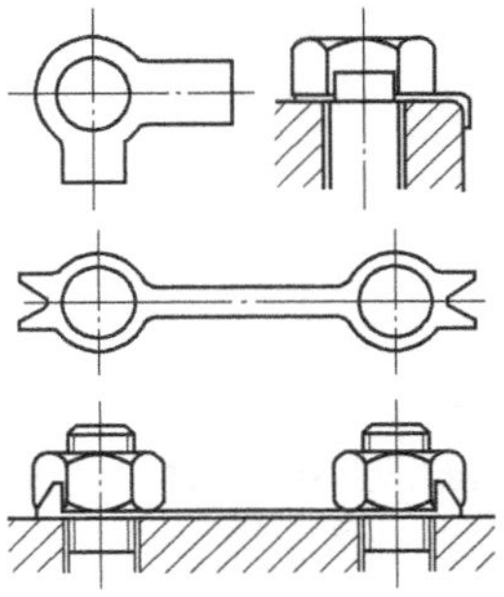	先将止动垫圈一耳弯曲，使之与固定部位贴紧，拧紧螺母后，再反向弯曲止动垫圈另一耳伸入螺母槽中或与螺母贴紧。 此防松办法防松可靠，但操作复杂，要求有径向操作空间。 一般用于有变载荷和振动，必须保证规定预紧力，不允许螺母松动的场合
自锁螺母防松	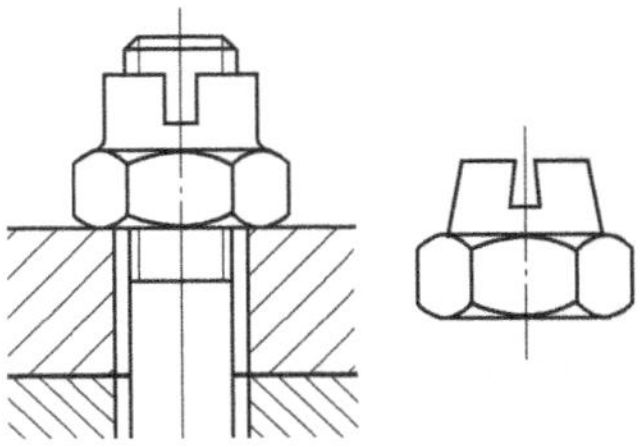	螺母一端制成圆形收口或开缝后径向收口。当螺母拧紧时，收口胀开，利用收口的弹力使旋合螺纹间压紧。 此防松办法结构简单，可靠。 一般用于需要多次拆装，较重要的连接

续表

防松办法	简图	说明
开口销与槽形螺母防松	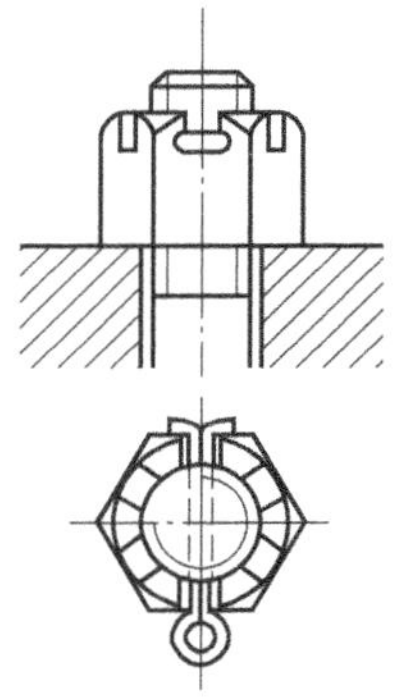	将开口销插入螺栓小孔及螺母槽内，再将尾部张开与螺母贴紧，将螺母直接固定在螺栓上。 此防松办法能可靠地限制螺母的松动范围，但螺杆上的销孔不易与螺母最佳锁紧位置的槽口吻合，螺母可能有少量松动。 一般用于有变载荷和振动，允许螺母有少量松动的场合
串联钢丝防松	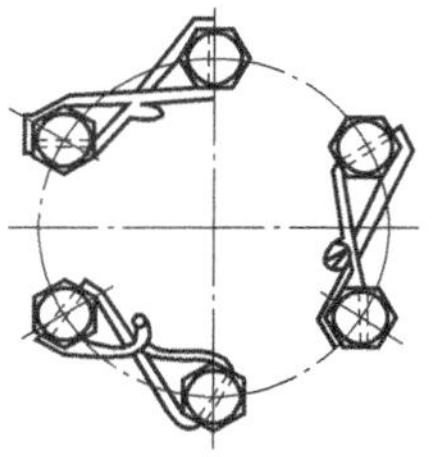 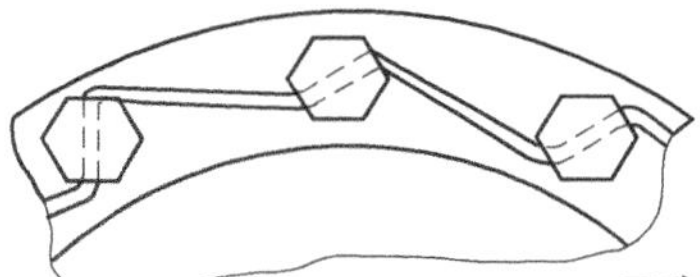 正确 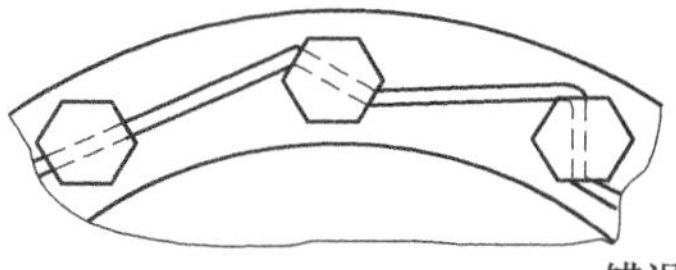 错误	用钢丝连续穿过一组螺栓或螺母头部的径向小孔，利用拉紧钢丝的牵制作用来防松。 此防松办法结构紧凑，但操作较复杂。 一般用于结构较紧凑的成组螺纹连接。 装配时应注意钢丝的穿线方向，图中虚线方向为错误的钢丝穿绕方向，此时螺栓还有回松余地
点铆防松	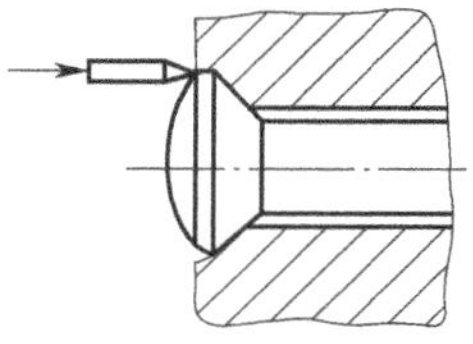 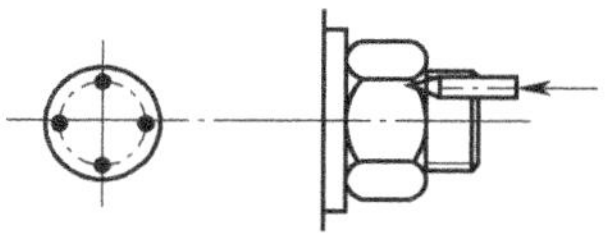	当螺栓或螺母拧紧后，在螺钉与连接件或螺母与螺栓结合部位用样冲在端面、侧面点铆防松。 此防松办法防松可靠，操作空间要求小，但拆卸后连接件不能再使用。 一般用于有特殊需要的场合

（2）铆接

1）铆接形式

用铆钉把工件连接起来的方法称为铆接，铆接特别适合于板类件的连接。铆接按使用情况，可分为活动铆接和固定铆接，具体形式分类如表 5-6 所示。

表 5-6　铆接形式分类

形式	图示	说明
搭接	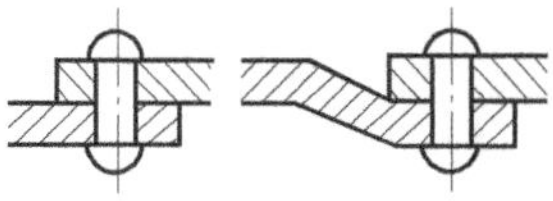	搭接就是将一块板搭在另一块板上进行铆接
对接	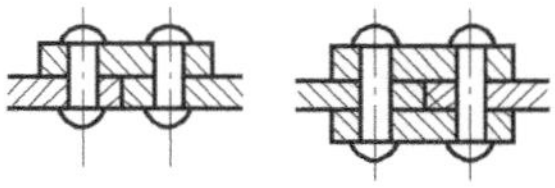	对接就是将两块板置于同一平面，利用盖板铆接。 有单盖板和双盖板两种形式
角接	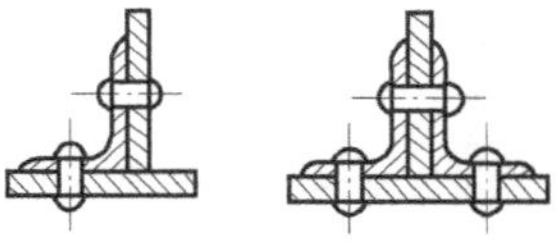	角接是两块钢板成一定角度的铆接。直角时可采用角钢做盖板，以保证连接具有足够的强度
相互铆接	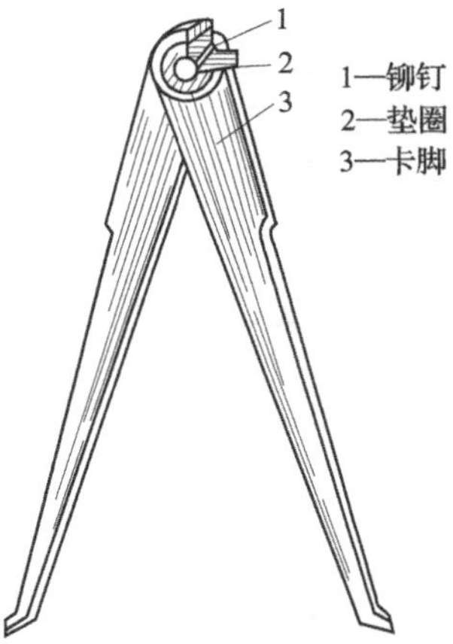 1—铆钉 2—垫圈 3—卡脚	两件或两件以上的构件，形状相同或类似形状相互重叠或结合在一起的铆接称为相互铆接。例如划规、卡钳、钢丝钳等

2）铆钉

铆钉有实心铆钉、空心铆钉、半空心铆钉之分，其制造材料有铝合金、纯铜、黄铜、低碳钢、钛合金等。实心铆钉用于受剪切力大的连接处，半空心铆钉用于金属薄板及非金属材料，空心铆钉用于受剪切力较小的场合。常用铆钉的种类及应用范围，如表 5-7 所示。

表 5-7　常用铆钉的种类及应用范围

名称		形状	应用范围
实心铆钉	半圆头铆钉	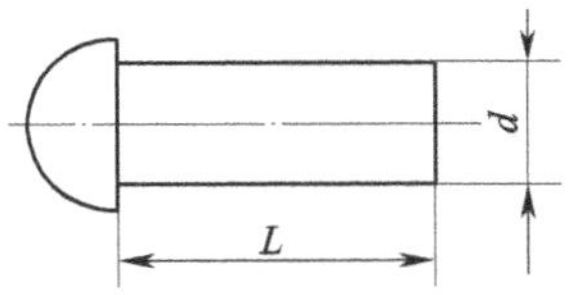 d　L	用于承受较大的剪切力的场合，如钢结构的房架、桥梁、起重机等
	沉头铆钉	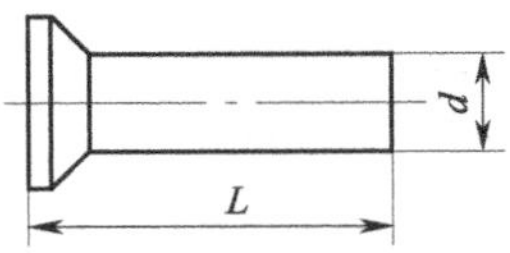 d　L	用于工件表面要求平整、受载不大的场合，如门窗、活页、天窗等

续表

名称		形状	应用范围
实心铆钉	半沉头铆钉		用于铆接表面粗糙、铆接后需防滑的场合，如脚踏板、楼梯等
	平头铆钉		用于受剪切力不大的场合
	半锥头铆钉		用于承受较大横向载荷，并有腐蚀性介质的场合
半空心铆钉	扁平头铆钉		用于受载荷比较小的场合
	扁圆头铆钉		
空心铆钉	空心铆钉		用于受载荷小的薄板、电器部件、皮带等的连接
	抽心铆钉		这类铆钉特别适用于不便采用普通铆钉（需从两面进行铆接）的铆接场合，故广泛用于建筑、汽车、船舶、飞机、机器、电器、家具等产品上

3）铆接工具

铆接常用的工具有锤子、压紧冲头、罩模、顶模及铆空心铆钉用冲头或抽芯用铆钉枪等，如图 5-32、图 5-33、图 5-34 所示。

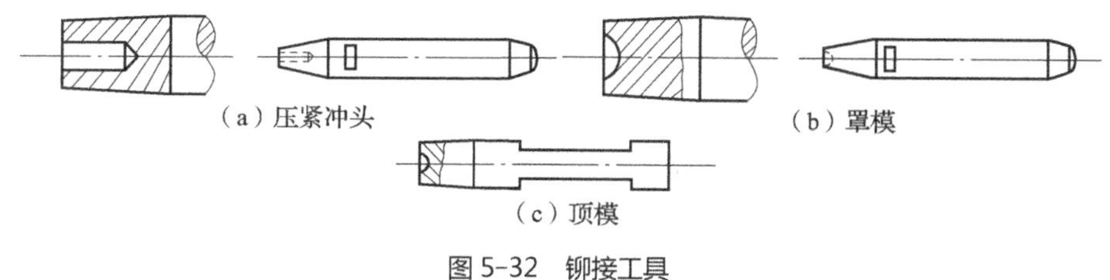

图 5-32　铆接工具

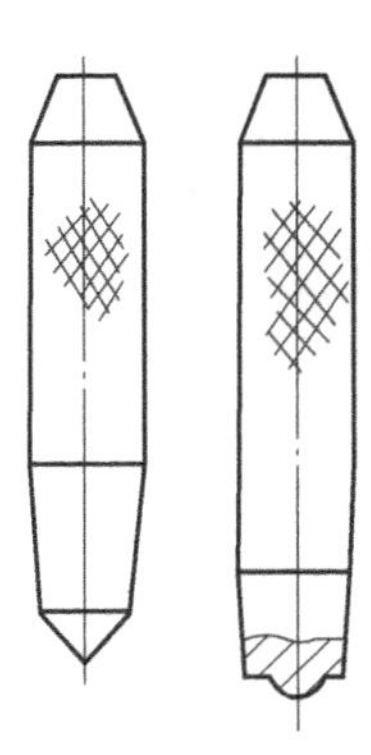

图 5-33　铆空心铆钉用冲头

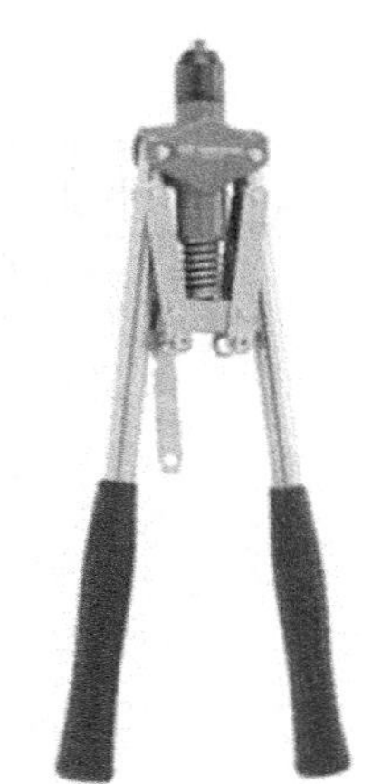

图 5-34　抽芯用铆钉枪

4）铆接方法

机械装配中常用的铆接方法有锤铆和压铆。锤铆和压铆操作简单、速度快，成本低。铆接方法中以半圆头铆钉的铆接与沉头铆钉的铆接最为典型，如图 5-35、图 5-36 所示。

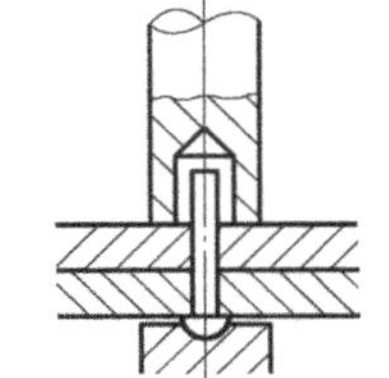

（a）用压紧冲头使铆接件压紧贴合

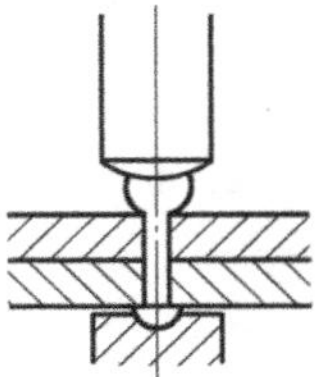

（b）用锤子粗锤

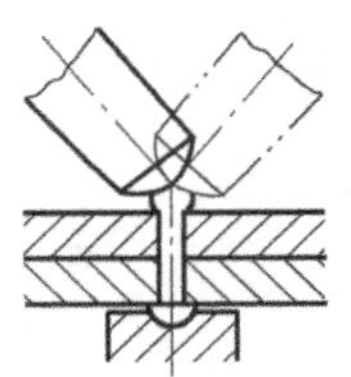

（c）锤击周边

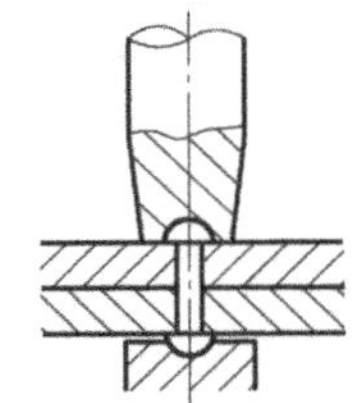

（d）使用罩模和顶模使铆钉成型

图 5-35　半圆头铆钉的铆接

对于沉头铆钉的铆接应就双向进行分步镦粗。

空心铆钉铆接时先应用样冲，使铆钉孔张开，然后使用特制的冲头使铆钉翻开，紧贴工件，如图 5-37 所示。

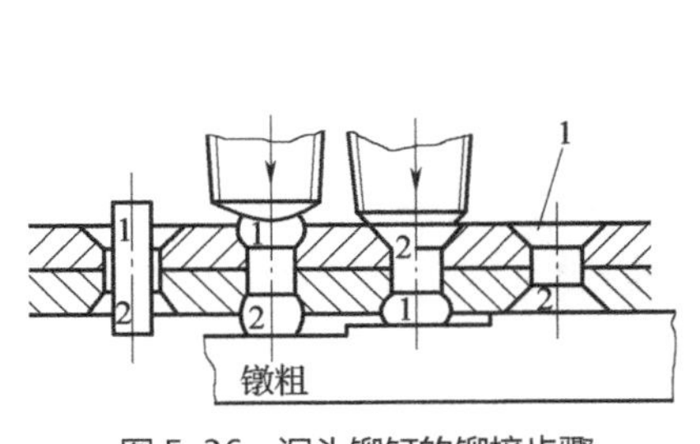

图 5-36　沉头铆钉的铆接步骤

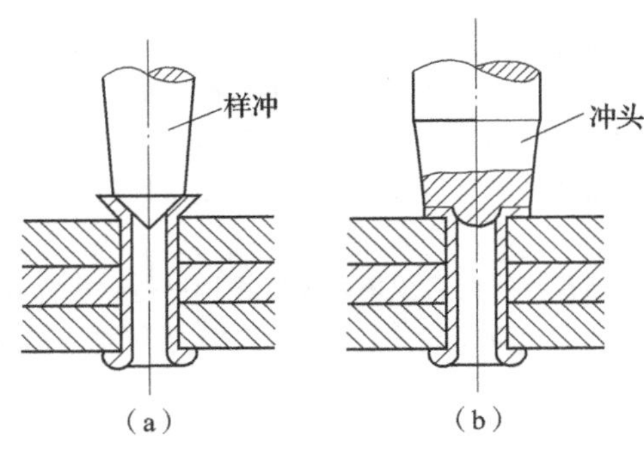

图 5-37　空心铆钉铆接

抽芯铆钉在使用时需要使用铆钉枪。将抽芯铆钉的芯杆插入工件孔内，使用铆钉枪将芯杆逐渐抽出，直至芯杆被抽出，如图 5-38 所示。

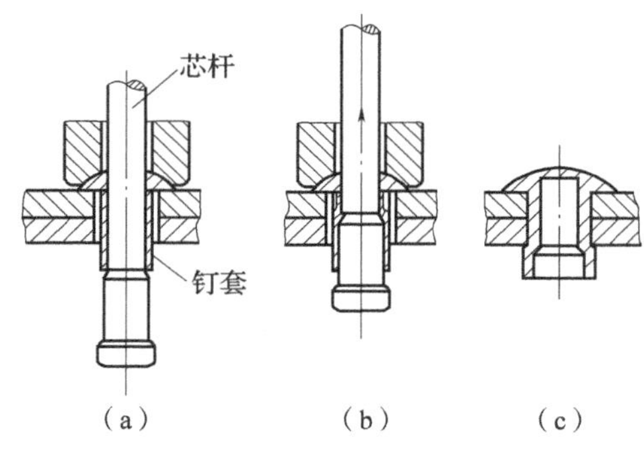

图 5-38　抽芯铆钉铆接

（3）销连接

销连接可起定位、连接和保险作用，如图 5-39 所示。销连接可靠，定位方便，拆装容易，再加上销子本身制造简便，故销连接应用广泛。

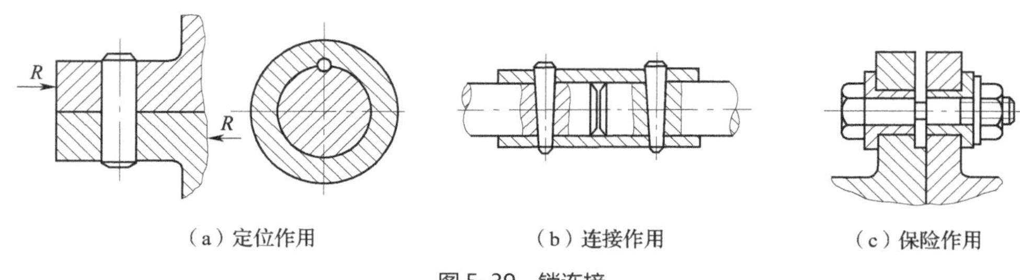

图 5-39　销连接

常见销连接装配如下：

1）圆柱销装配

圆柱销起定位、连接和传递转矩的作用。

圆柱销连接装配应注意以下要点：

① 圆柱销与销孔的配合全靠少量的过盈，因此，一经拆卸失去过盈就必须调换。

② 圆柱销装配时，为保证两销孔的中心重合，一般都将两销孔同时进行钻、铰。

③ 装配时在销钉上涂油，用铜棒把销钉打入。

2）圆锥销装配

圆锥销具有 1∶50 的锥度，它定位准确，可多次拆装。

圆锥销连接装配应注意以下要点：

① 圆锥装配时，被连接的两孔也应同时钻、铰出来。孔径大小以销子自由插入孔中长度约 80% 左右为宜。

② 锥孔铰好后必须用所配圆锥销进行涂色检查，圆锥销与锥孔的接触斑点不得少于 85%。

③ 销钉用铜棒打入，圆锥销的大端可稍露出或平于被连接件表面，圆锥销的小端应平于或缩进被连接件表面。

3）异形销装配

常见异形销主要有开口销，如图 5-40 所示。装入后将尾端扳开，用于防止脱出。异形销装配主要用于锁定其他紧固件。

（4）过盈连接

过盈连接一般属于不可拆卸的固定连接。连接表面应清洁，适当涂上润滑油，装配时应连续装配，常采用压入法和温差法进行装配。

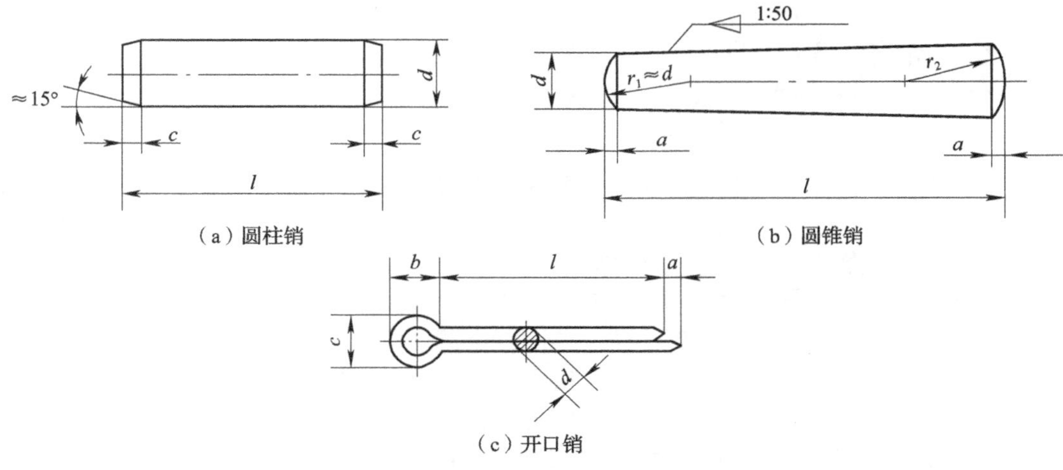

（a）圆柱销　　（b）圆锥销

（c）开口销

图 5-40　常见销形式

压入法利用外力强行压入，适用于过盈量较小的过盈配合装配，一般有锤击压入和压力机压入两种方法，如图 5-41 所示。

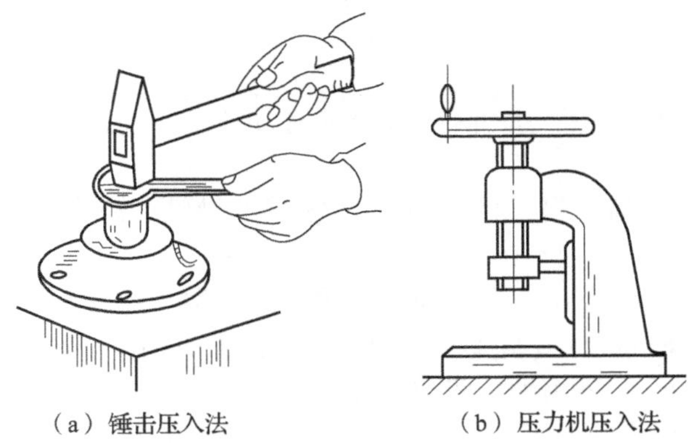

（a）锤击压入法　　（b）压力机压入法

图 5-41　压入法

温差法是利用材料热胀冷缩特性，加热孔类零件以暂时扩大尺寸或低温冷却轴类零件以暂时减小尺寸，然后进行对应装配的方法。一般分热胀法和冷缩法两种。

参考文献

[1] 李家林，江雨蓉．图说工厂 7S 管理：实战升级版 [M]．北京：人民邮电出版社，2014．

[2] 杨吉华．图说工厂安全管理：实战升级版 [M]．北京：人民邮电出版社，2014．

[3]（日）JIPM-S．精益制造 011：TPM 推进实法 [M]．刘波　译．北京：东方出版社，2013．

[4]（美）杰弗瑞・莱克（Jeffrey K Liker），（美）詹姆斯・弗兰兹（James K Franz）．持续改善 [M]．曹嬿恒　译．北京：中国电力出版社，2013．

[5]（日）柿内幸夫，佐藤正树．精益制造 007：现场改善 [M]．许寅玲　译．北京：东方出版社，2011．

[6] 马凤岚，杨淑珍．机械产品精度测量 [M]．北京：人民邮电出版社，2012．

[7] 陈强，等．机械综合实训教程——机械手模型加工 [M]．浙江：浙江大学出版社，2012．

[8] 吴泊良．机床机械零部件装配与检测调整 [M]．北京：中国劳动社会保障出版社，2009．

[9]（德）乌尔里希・菲舍尔．简明机械手册 [M]．云忠，杨放琼译．长沙：湖南科学技术出版社，2010．

[10]（德）约瑟夫・迪林格．机械制造工程基础 [M]．杨祖群译．长沙：湖南科学技术出版社，2010．

[11]（美）查理德・R・基比（Richiard R Kibbe），（美）约翰・E・尼利（John E Neely），（美）罗兰・O・迈耶（Roland O Meyer），（美）沃伦・T・怀特（Warren T White）．机械制造基础（第 7 版）（上）[M]．孔繁明，张旭东译．北京：中国劳动社会保障出版社，2005．

[12] 焦小明．机械零件手工制作与实训 [M]．北京：机械工业出版社，2011．

[13] 杜永亮．手工工具零件加工 [M]．北京：北京邮电大学出版社，2012．

零件手动加工

主　编　郑爱权

工　作　页

班级：______________

姓名：______________

学号：______________

目录

项目4 配合件手动加工

项目5 组合件手动加工

绪论 培训规范和5S、TPM管理

一、培训规范

1．培训注意事项

（1）培训前的注意事项

1）应穿着工作服（含工作裤）、防护鞋（长发女生须佩戴安全帽），佩戴防护眼镜，携带常备的学习材料和工具，如工作页、量具、绘图工具、纸张、手册等。

2）上课前，应完成教师安排的课前任务，提前做好理论知识的预习，做好课前准备工作。

3）初次参加培训前，应签署并熟读《培训环境管理规定》《警告条例》《日常行为评价细则》等文件，熟知文件中的相关条例，坚决杜绝违规违纪行为，熟知违规违纪的后果。

（2）培训中的注意事项

1）培训过程中严格服从培训教师的指导与安排。认真学习，配合教师，积极参与课堂教学活动，在技能操作中应严格按规范操作，按规定完成教学项目与任务，不违规操作，不扰乱课堂秩序。实训过程中应遵守 5S 管理规范，不断提升职业素养。

2）熟知《培训环境管理规定》，不将食物等带入培训区，不在培训过程中使用手机，不在培训过程中嬉戏打闹。废弃物应按要求分类丢弃，不将非金属类垃圾丢入金属车内，饮料及水杯等应放置于饮水区水杯架上。

3）熟知《警告条例》，违反规定后，应主动承认错误，积极改正错误，服从培训教师的处理决定。

4）熟知《日常行为评价细则》，知悉日常表现的影响，培养良好的素质素养。

5）熟知《动态 5S 管理规范》《静态 5S 管理规范》《TPM 管理规范》，不熟悉之处可查看该区域看板，学习 5S 管理与 TPM 管理相关内容，并在实践中践行学习内容。

6）实训操作过程中严格遵守《动态 5S 管理规范》。动态 5S 管理体现了良好的职业素养，应在平时操作过程中养成良好的职业习惯。

（3）培训后的注意事项

1）实训类课程结束后，认真、如实填写《设备使用登记表》，真实记录设备使用情况，及时向现场培训教师报告设备故障及问题。

2）完成《5S管理点检表》《TPM管理点检表》的填写，班级每一名成员应有机会接触点检表，认真完成点检操作，对于点检过程中存在的问题应及时反馈给现场培训教师。

3）实训类课程培训结束后，认真完成《学徒培训证明》的填写，做好一天的实训总结，交由培训教师批阅后应认真保存，以待毕业考试时检查；听从培训教师安排，如实完成实训报告，字迹工整，作图清晰，做好实训总结，完成后交由培训教师评阅。如有考核评价学徒的内容，应配合培训教师完成项目的考核。

4）完成教师布置的课后任务。

2. 培训环境管理规定

（1）食品、饮品管理规定

1）培训区不得带入食物。培训期间不得吃东西。

2）饮水后应将水杯放置于固定的水杯架上。对于不明液体应在容器上做相应标识，防止产生不良后果。

（2）消防安全管理规定

1）培训区内消防器材前不得堆放杂物，不得阻挡消防通道。各个培训区域应保证安全出口畅通，张贴消防安全疏散指示标志，应急照明、消防广播等设施处于正常状态。

2）培训区不得使用明火，不随意堆放易燃易爆物品。机械设备常用化学物品类（尤其是油品）应集中存放于符合标准的化学品库内。培训区内不得存放超量化学物品。

（3）培训区域5S管理规定

1）培训区内应保持通道畅通；地面无积尘，无渗水、积水，防滑，无烟蒂、纸屑等杂物。

2）使用的工器具、推车、原辅材料、半成品应遵循摆放整齐、存取方便的原则，分类放置于指定地点。

3）废弃物、残次品按要求在指定地点整齐存放。

4）切削液不可洒到机床区域外的地面上。铁屑用容器装好，倒在指定地点。电气用品及工具用完应及时归位。

3. 培训安全标志

根据国家标准《安全标志及其使用导则》（GB 2894—2008），安全标志由图形符号、安全色、几何形状（边框）或文字构成，用以表达特定安全信息。安全标志分为禁止标志、警告标志、指令标志、提示标志四类。

（1）禁止标志。禁止标志是禁止人们不安全行为的图形标志。其基本形式是带斜杠的圆边框，其中圆边框与斜杠相连，用红色；图形符号用黑色；背景用白色。部分禁止标志如下表所示。

序号	图形标志	名称	序号	图形标志	名称
1		禁止吸烟	2		禁止烟火

续表

序号	图形标志	名称	序号	图形标志	名称
3		禁止用水灭火	9		禁止堆放
4		禁止饮用	10		禁止放置易燃物
5		禁止叉车和厂内机动车辆通行	11		禁止启动
6		禁止开启无线移动通信设备	12		禁止转动
7		禁止通行	13		禁止伸入
8		禁止攀登	14		禁止戴手套

（2）警告标志。警告标志是提醒人们对周围环境引起注意，以避免可能发生危险的图形标志。其基本形式是黑色的正三角形、黑色符号和黄色背景。部分警告标志如下表所示。

序号	图形标志	名称	序号	图形标志	名称
1		当心火灾	8		当心吊物
2		当心激光	9		当心挤压
3		注意安全	10		当心伤手
4		当心爆炸	11		当心障碍物
5		当心中毒	12		当心坠落
6		当心腐蚀	13		当心夹手
7		当心电离辐射	14		当心扎脚

续表

序号	图形标志	名称	序号	图形标志	名称
15		当心叉车	17		当心机械伤人
16		当心触电	18		当心碰头

（3）指令标志。指令标志是强制人们必须做出某种动作或采取防范措施的图形标志。其基本形式是圆形边框，蓝色背景，白色图形符号。部分指令标志如下表所示。

序号	图形标志	名称	序号	图形标志	名称
1		必须持证上岗	5		必须戴护耳器
2		必须穿工作服	6		必须戴防尘口罩
3		必须佩防护眼镜	7		必须戴防毒面具
4		必须佩戴遮光护目镜	8		必须戴安全帽

续表

序号	图形标志	名称	序号	图形标志	名称
9		必须戴防护帽	11		必须戴防护手套
10		必须穿防护鞋	12		必须洗手

注："必须持证上岗"和"必须穿工作服"标志在国家标准《安全标志及其使用导则》(GB 2894—2008)中未列出。

（4）提示标志。提示标志是向人们提供某种信息（如标明安全设施或场所等）的图形标志。其基本形式是正方形边框，绿色背景，白色图形符号及文字。部分提示标志如下表所示。

序号	图形标志	名称	序号	图形标志	名称
1		紧急出口	3		应急电话
			4		避险处
2		急救点	5		应急避难场所

4．培训过程规范

（1）出勤规范

1）必须提前5分钟进入培训区，列队等候指导教师的指示，未按时进入培训区则视为迟到。

2）迟到早退10分钟以上按旷课一节处理；迟到、早退满3次视为旷课1天；缺课（包括病假、事假、旷课等）课时累计超过实训总课时三分之一者，取消考试资格，实训成绩不及格，无补考机会。

3）有事需请假，得到指导教师同意后方可离开工作岗位。请病假（一律凭医生证明请假）、事假等，均需事先办理请假手续，事假 4 小时以内须经指导教师同意，4 小时以上须经培训中心培训经理同意，否则以旷课论处。

4）培训期间，按照企业规范实行统一的作息时间。

（2）安全规范

1）进入培训中心，必须穿着工作服（含工作裤）、防护鞋、安全帽，否则不得进入培训中心；操作或围观旋转类机床时，必须佩戴防护眼镜。

2）严禁佩戴手套及手表、手链、戒指、项链等饰品和胸卡，以免物品缠绕或卷入机器中发生危险。

3）必须学习并熟记机床安全操作规程、机床使用说明书和机床操作作业指导书。未经培训，严禁擅自使用机床。

4）在无指导教师的情况下，严禁使用机床。加班时必须有 2 人以上方可操作机床。严禁多人同时操作一台机床。

5）不准独自攀爬设备、工作台、材料架等；严禁倚靠机床、桥架等；严禁将压缩空气枪枪口对人。

6）操作设备过程中，如设备有报警或异常现象等，必须立即停机并报告指导教师。

（3）行为规范

1）严禁将食物带入车间，水杯必须放到指定位置，违者不得进入培训车间。

2）培训车间内（办公室除外），未经允许不拿出、不使用手机，违反者在培训当天须将手机交由指导教师代为保管。

3）保持环境整洁和物品归位，严禁随地吐痰、乱扔垃圾。

4）培训车间内（包括卫生间）严禁吸烟，吸烟必须到车间外指定区域。

5）严禁在培训车间大声喧哗或嬉戏打闹，以免影响他人。

6）培训中，工量刃具必须摆放在规定位置，禁止乱摆乱放；个人物品必须统一放置在衣柜中，或在规定区域内摆放整齐。

7）设备使用前，必须进行点检，合格后方能使用。

8）每次培训结束后，必须按照 5S 规范整理到位，按照设备保养要求做好设备维护、保养工作，并做好相应记录。

9）培训中，对所用仪器、设备、工量刃具等应注意维护保养和妥善保管，若有损坏或丢失，要酌情按价赔偿。

10）按要求填写实训手册或培训日志。

（4）其他

1）除遵守本规范外，还须遵守各车间制定的其他规章制度和各工种的安全操作规程。

2）如果违反本规范，所造成的一切后果，由当事人负全责。

5. 警告条例

本警告条例适用于所有学生，如有违反者，视情节轻重，将分别给予口头警告、书面警告以及禁止进入培训中心的处分。

（1）口头警告

凡有下列行为之一的，每发生 1 次记口头警告 1 次，口头警告满 3 次者记书面警告 1 次。

1）进入培训区域不穿工作服（含工作裤）。

2）多人同时操作一台机床时，每人记口头警告 1 次。

3）培训后，不按照规定摆放工量刃具及工件。

4）将食物带入培训场所或水杯不按规定位置摆放。

5）上课时间打瞌睡或睡觉。

6）在培训区域喧哗、嬉戏、追逐、打闹或有其他可能造成安全隐患的行为。

7）不按标准和要求进行 5S 管理和设备维护保养。

8）不能保持培训区域环境整洁，物品摆放杂乱，随地吐痰，乱扔垃圾。

9）其他违反《培训中心培训规范》的行为。

（2）书面警告

凡有下列行为之一的，每发生 1 次记书面警告 1 次并在区域看板上通报批评，书面警告满 3 次者，本培训课程期间禁止进入培训中心。

1）被记 3 次口头警告。

2）进入培训场所不穿防护鞋。

3）操作机床时，佩戴耳坠、戒指、手链、项链、手表、胸卡等。

4）操作和围观机床时，不佩戴安全眼镜，长发未置于安全帽内。

5）在培训期间使用手机等进行非学习活动（如有紧急事情，需联系培训中心相关负责人）。

6）未经批准，中途无故擅自离开培训中心，或办理私事等。

7）无故旷课、迟到、早退。

8）无故损坏卫生间、更衣室、宿舍、教室等公共区域设施或财物。

9）在公共场所乱涂乱画。

10）私自更换更衣柜锁。

11）未经允许，在车间范围内拍照、摄像、录音。

12）在培训区域内（包括卫生间）吸烟。

（3）禁止进入培训中心

凡有下列行为之一的，本培训课程期间禁止进入培训中心。

1）被记 3 次书面警告。

2）偷拿毛坯料、零件及其他工量刃具。

3）作弊或代为加工零件者（涉及多人的，均给予处分）。

4）违反培训中心操作规程或安全规定，造成安全事故，给设备带来严重损坏。

5）伪造假条或其他证明材料，提供虚假信息。

二、5S 管理

1. 5S 管理简介

20 世纪 80 年代，一种起源于日本的管理模式风靡全球，它就是 5S 管理，即整理（seiri）、整顿（seiton）、清扫（seiso）、清洁（seiketsu）和素养（shitsuke）。5S 管理能使员工节省寻找物品的时间，提高工作效率和产品质量，保障生产安全。

2. 5S 管理的含义

（1）整理

整理就是区分需要用和不需要用的物品，将不需要用的物品处理掉。整理的意义在于合理调配物品和空间，只留下需要的物品和需要的数量，最大限度地利用物品和空间、节约时间、提高工作效率。

（2）整顿

整理就是合理安排物品放置的位置和方法，并进行必要标示。对生产现场需要留下的物品进行科学合理的布置和摆放，以便能够以最快的速度取得所需物品，达到在 30 s 内找到所需物品的目标。

（3）清扫

清扫就是清除生产现场的污垢，清除作业区域的物料垃圾。清扫的目的在于清除污垢，保持现场干净、明亮。清扫的意义是清理生产现场的污垢，使异常情况很容易被发现，这是实施自主保养的第一步，能提高设备效率。

（4）清洁

清洁就是将整理、整顿、清扫实施的做法制度化、规范化，维持其成果。清洁的目的在于认真维护并坚持整理、整顿、清扫的效果，使生产现场保持最佳状态。通过对整理、整顿、清扫活动的坚持与深入，消除发生安全事故的根源，创造一个良好的工作环境，使员工能够愉快地工作。

（5）素养

素养就是人人按章操作、依规行事，养成良好的习惯。提高素养的目的在于提升“人的品质”，培养对任何工作都认真负责的意识。提高素养的意义在于努力提高员工的素质，使员工养成严格遵守规章制度的习惯和作风，这是 5S 管理的核心。

3. 5S 管理的意义

（1）确保安全。通过推行 5S 管理，企业往往可以避免因疏忽而引起的火灾，因不遵守安全规则导致的各类事故、故障，因灰尘或油污等所引起的公害，因而能使生产安全得到落实。

（2）提升业绩。5S 管理是一名很好的“业务员”，拥有一个清洁、整齐、安全、舒适的环境，拥有一支具有良好素养的员工队伍的企业，常常更能博得客户的信赖，实现业绩的提升。

（3）提高工作效率和设备使用率。通过实施 5S 管理，一方面减少了生产的辅助时间，提升了工作效率；另一方面因降低了设备的故障率，提高了设备使用效率，从而可降低一定的生产成本。所以 5S 管理可谓是一位“节约者”。

（4）提高员工素养。素养是 5S 管理活动的核心内容之一，员工通过参与其他 4S 管理，除了可以营造整洁的工作环境外，还可以培养自身良好的工作习惯、遵规守纪的意识和凡事认真负责的态度，从而提高了素养。

（5）提升企业形象。通过实施 5S 管理，可以全面提升现场管理水平，提高效率，降低废品率，提高操作安全性，有效改善工作环境，提高员工品质修养，改善企业精神面貌，形成良好企业文化，从而更有利于塑造卓越企业形象，使企业在竞争中更具竞争力。

4. 5S 管理的实施

（1）制定 5S 管理标准。利用图片、表格等可视化方式制作出《5S 管理标准》，在工作过程中，可分别制定《动态 5S 管理标准》和《静态 5S 管理标准》。

制定原则：图文结合，操作要点清晰，可操作性强，展示于培训区域内，以供学生在培训过程中自我校对。

（2）制定5S管理检查表。5S管理作为一种现场管理方法，在实施过程中，需要配合《5S管理检查表》实施。通过使用《5S管理点检表》，可对整体实施效果进行检查，也可对某一5S管理标准进行检查。选择一种方案，制定出5S管理实施后的检查表，可指导学生进行自检、互检，及时发现问题、改正问题，使学生保持良好的行为习惯，提升自身的职业素养。

制定原则：点检内容应符合5S管理要求，应有每次点检的时间记录，点检人员记录。

三、TPM管理

1. TPM管理概述

TPM（Total Productive Maintenance）意为“全员生产维护”。其中，全员是指全体人员。TPM管理是企业领导、生产现场工人以及办公室人员参加的生产维修、保养体制。TPM管理的目的是达到设备的最高效益，它以小组活动为基础，涉及设备全系统。

2. TPM管理的含义

（1）预防哲学。防止问题发生是TPM管理的基本方针，这是预防哲学，也是消除灾害、事故、故障的理论基础。为防止问题的发生，应当消除产生问题的因素，并为防止问题的再次发生进行逐一的检查。

（2）“零”目标。TPM管理以实现4个零为目标，即灾害为零、不良为零、故障为零、浪费为零。为了实现4个零，TPM管理以预防保全手法为基础开展活动。

（3）全员参与和小集团活动。做好预防工作是TPM管理活动成功的关键。如果操作者不关注，相关人员不关注，领导不关注，不可能做到全方位的预防。企业规模比较大，光靠几十个工作人员维护，就算是一天8个小时不停地巡查，也很难防止一些显在或潜在的问题发生。

3. TPM管理的意义

（1）做好TPM管理就是做好自主保全，减少设备故障。

（2）做好TPM管理就是形成管理的氛围，防止事故的发生。

（3）做好TPM管理就是培养解决主要矛盾或问题的能力，把影响生产的内外因素消除到最少。

4. TPM管理的实施

制定出TPM管理标准内容，通过图文结合的标准文件指导学生做好每一步的TPM管理工作。

5. TPM管理点检表

TPM管理后，应对管理内容进行TPM管理点检。对于TPM管理过程中仍存在的问题，应向教师、培训教师或上一级管理人员反映。TPM管理点检内容应与TPM管理规范内容相对应。

中德培训中心设备 TPM 点检表（每日）

AHK-SCIT TPM MACHINE DAILY CHECKING RECORD

所属区域：　　　　设备名称：工具铣床　　设备编号：　　　　设备型号：X8130A　　　　年　　　月

序号	保养及点检内容	日期																														
		1	2	3	4	5	6	7	8	9	10	11	12	13	14	15	16	17	18	19	20	21	22	23	24	25	26	27	28	29	30	31
1	各操作手柄坚固且无松动情况																															
2	开关及急停按钮能正常启动、停止																															
3	各注油点已注油																															
4	保持机器、机床清洁卫生																															
	点检者签名																															
	异常情况描述																															

注：1. 点检记录：√——正常；×——异常，并在异常情况描述栏内说明异常现象并通知培训教师。

2. 只要使用机床，必须在培训教师指导下进行，并每天点检。

3. 如果整周不使用机床，可以只进行每周点检。

4. 每月底由场室负责人收集此表后，交培训部主管复核并保存。

四、必要的告知书

岗位工作过程描述	使用手动操作的工具加工零件（简称手动加工零件）是金属加工基本能力之一，工人在接收加工任务书后，能够拟定工作计划，认真阅读和分析零件图或装配图，在查阅相关书籍和手册的基础上，对零件进行工艺规划；合理选择设备、工具、量具、刃具和辅具；拟定手动加工步骤后，在遵守车间现场 5S 和 TMP 管理，并注意相关的劳动、环境等保护的情况下完成加工、检测、装配等任务。任务完成后，能对工作任务的完成进度、产品质量进行评价和总结，并制定持续改进的相关措施。
学习目标	（1）知晓现场 5S 和 TPM 管理要求，了解劳动保护、环境安全等方面的国家标准； （2）充分理解机械制图、公差与配合、金属加工材料、金属加工原理、车间管理、生产计划以及生产时间的相关理论知识； （3）能正确使用常用工具（锉刀、手锯、铰杠和丝锥）、量具、夹具、辅具完成零件手动制作或简单零件装配任务； （4）掌握完成一项任务需要的“信息、计划、决策、实施、检查、评价”6 步法； （5）遵守车间安全规范和职业安全要求，养成规范的安全操作习惯，建立较强的环保意识，形成良好的职业素养； （6）明确工匠精神在手动加工中的重要性。
学习过程	信息：接受工作任务（简称任务），根据任务描述、提示，获取零件加工的相关信息，列出需要准备的材料，回答与任务相关的关键问题； 计划：根据零件图样、材料和提供清单及咨询信息，与小组成员、培训教师讨论，制订合理的工作计划、工艺方案； 决策：经过小组讨论，与培训教师交流后，确定工作步骤，并查看检查要求和评价标准； 实施：根据确定好的工作流程进行零件手动加工、检测；加工过程中遇到问题小组讨论，或请教培训教师后，可调整加工步骤，并做相应记录；如遇到无法解决的问题，请培训教师帮助解决； 检查：（1）独立检查和评价零件手动加工质量； （2）检查现场 5S 和 TPM 管理情况，并填写相应表格； 评价：（1）评价零件的加工质量、工作页完成质量并进行自我检查； （2）对整个学习过程做总结，与小组同学、培训教师进行关于评价方面的讨论，及操作过程中存在的问题、理论知识方面的专业讨论，并勇于提出改进措施；对还需要学习的内容做备注，养成持续改进的好习惯。
行动化学习任务	根据各任务具体要求，分别完成学生工作页上的理论知识学习、工作方法学习，完成每一项目技能训练任务，并在每个项目训练完毕后认真执行现场 5S 和 TPM 管理。
工作学习成果	学生工作页、简单零件、组合件

项目 1 培训中心现场管理体系基本认识

工作任务书

岗位工作过程描述	每个企业都在努力创造一个整齐、清洁、方便、安全的工作环境，努力追求低成本、高利润、高质量的产品并提供优质的服务，不希望在企业竞争中被淘汰，因此，HSE、5S、TPM 等先进管理方法在企业中被广泛应用。本项目是通过 HSE、5S、TPM 管理方法与钳工工作岗位相结合，并植入了 PDCA 理念，在完成工作任务的同时，做好自我安全防护工作，使学生逐步养成良好的职业素养以便未来能够适应企业管理。
学习目标	（1）能区别车间内各种安全标志，做好自我安全防护工作； （2）会按照 5S 管理要求，完成钳工区域日常 5S 管理； （3）会根据 TPM 管理要求，完成 TPM 全面生产维护的工作； （4）能将 PDCA 循环理念在 HSE、5S、TPM 管理中应用； （5）会对台虎钳进行拆装和保养。
学习过程	信息：接受任务，并通过“学习目标”提前收集关于 HSE、5S、TPM 和 PDCA 的相关资料；对传统钳工工作岗位相关的操作规范进行了解；搜集台虎钳拆装和保养的相关资料信息。 计划：根据实训车间 TPM 管理的要求，结合收集资料，进行整理，并进行学习安排。 决策：确定好整个任务的学习计划，明确整个任务的学习目标及学习结束后需要完成的任务。 实施：参与整个 TPM 学习任务，逐步掌握 TPM 管理理念，根据钳工区域 TPM 管理要求，一步一步地做好相关工作。 检查：对照 TPM 各个管理表格，根据表格中反映的问题，制订持续改进的计划实施表。 评价：利用好项目检查表，如实做好本次任务学习的评价，并能在每个执行环节做自我评价。

续表

行动化学习任务	任务 1：学习 HSE 内容，认识各种安全标志及做好自我人身安全防护工作； 任务 2：学习 5S 管理，做好钳工区域 5S 管理工作； 任务 3：学习 TPM 内容，计算机器综合设备效率（OEE）； 任务 4：学习手动加工区域 TPM，填写各种 TPM 表格； 任务 5：学习 PDCA 整个过程，运用 PDCA 循环在 TPM 中填写持续改进计划实施表。
工作学习成果	（1）做好个人 HSE，完成手动加工区域的现场 5S 及 TPM 管理工作； （2）完成台虎钳的拆装和保养。

项目 1 培训中心现场管理体系基本认识 任务 1 5S 管理规范和 TPM 全面生产维护认识	姓名：	班级：
	日期：	页码：

任务 1 5S 管理规范和 TPM 全面生产维护认识

任务描述

一、任务背景

从事机械加工工作首先要了解安全、健康和环境的重要性，在保证个人的安全、健康以及保护环境的前提下进行工作。根据手动加工区域 5S 和 TPM 管理要求，完成手动加工区域 5S 和 TPM 管理，并会填写 HSE、5S、TPM 持续改进的计划实施表。

本任务学习时间：8 小时。

二、学习目标

1. 知识目标

(1) 掌握 HSE、5S、TPM 管理的含义；
(2) 熟悉员工的 HSE 权利和责任；
(3) 掌握个人安全防护用品知识及熟悉安全标志；
(4) 了解 TPM 三大管理思想及 TPM 的重要指标；
(5) 了解 PDCA 所代表的 4 个阶段；
(6) 熟悉手动加工区 5S 及 TPM 管理。

2. 能力目标

(1) 能正确使用个人安全防护用品和识别安全标志；
(2) 能预防机械伤害事故的发生；
(3) 能够分析实施 5S 管理的各个步骤；
(4) 能够分析综合设备效率所代表的意义及影响它的相关因素；
(5) 能够做好 5S 及 TPM 管理；
(6) 会运用 PDCA 循环的思想做好 HSE、5S、TPM 管理。

3. 素质目标

(1) 具有良好的职业行为；
(2) 能与他人合作，相互帮助、共同学习、共同达到目标；
(3) 能与他人有效沟通；
(4) 能通过书籍或网络获取相关信息；
(5) 具有安全、规范、健康、文明的生产意识。

三、手动加工区现场图

手动加工区 5S 现场规范图，如图 1-1 所示。

（a）个人着装与站姿

（b）教师与培训学员集合

（c）实训前和实训后钳工桌面图

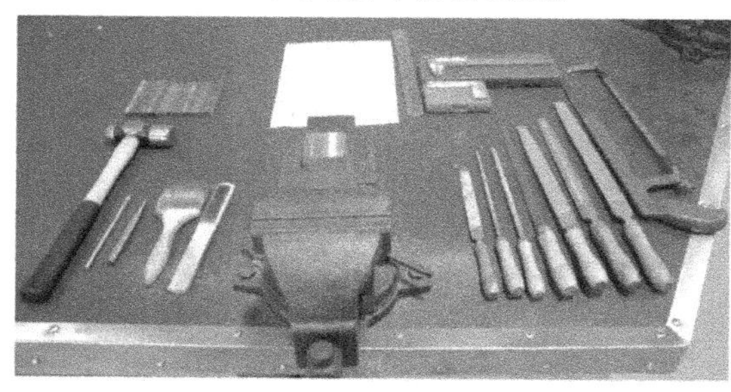

（d）实训过程中钳工桌面图

（e）工具柜第一层

（f）工具柜第二层

（g）工具柜第三层

（h）划线平台

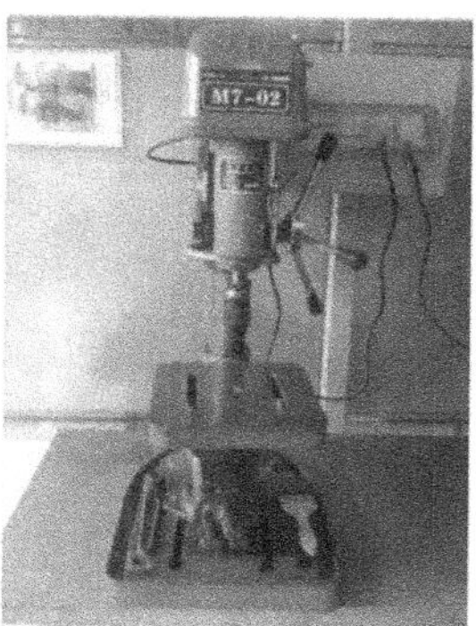

（i）实训前和实训结束钻床现场图

图 1-1　手动加工区 5S 现场规范图

可以使用以下资源：

（1）手动加工区域现场（含钻床、划线平台）5S 管理规范和检查表；
（2）手动加工区域钻床（台钻、攻丝机）TPM 现场管理以及日、周、学期点检表；
（3）培训中心管理规范及学员培训须知；
（4）设备操作规范指导书；
（5）网络教学资源；
（6）手动加工工具、量具、刃具、辅具等。

任务提示

一、工作方法

- 看图后回答引导问题，可以使用的材料有 5S 和 TPM 现场管理规范文件、培训中心管理规范文件、操作指导说明书、5S 和 TPM 相关表格、工具手册、法律法规文件、课程资源网等
- 以小组讨论的形式完成工作计划
- 按照工作计划，做好培训期间个人 HSE、5S 和 TPM 管理工作，编写培训期间个人 HSE、现场 5S 和 TPM 管理操作流程表。对于不清楚的问题，请先尽量自行解决或向小组成员请教，如无法解决再与培训教师进行讨论
- 根据指导文件完成现场 5S 和 TPM 管理
- 填写 5S 和 TPM 管理相应表格
- 对照规范文件，评价个人完成手动加工区域 5S 和 TPM 管理的情况，并运用 PDCA 工具改善手动加工区域现场管理现状
- 与培训教师讨论，进行工作总结

二、工作内容

- 收集 HSE、5S、TPM、PDCA 的必要信息
- 分析现场图，完成工作计划
- 个人坐站姿势以及着装穿戴
- 培训期间教师及学生集合
- 完成现场 5S 和 TPM 管理
- 填写 5S 和 TPM 管理相应表格
- 完成持续改善表格
- 遵循培训中心培训安全规范

三、工、量、辅具及相关资料

- 5S 管理规范文件
- TPM 管理文件
- PDCA 记录卡
- 5S 和 TPM 管理表格
- 看板
- 各种规格的锉刀
- 样冲、锤子
- 中心钻
- 麻花钻
- 铰刀
- 锯弓及锯条

四、知识储备

- HSE、5S、TPM 的相关知识
- PDCA 知识
- 车间管理知识
- 职业素养知识
- 钳工专业知识

五、注意事项与工作提示

- 个人劳保用品穿戴要遵守 5S 管理要求
- 读懂并遵照车间的安全标志行事
- 要按照手动加工区域 5S 管理规范做好现场 5S 管理
- 要按照手动加工区域 TPM 管理规范做好 TPM 管理
- 合理划分小组

六、劳动安全

- 参照车间的安全标志的内容
- 遵守培训中心管理规定

七、环境保护

- 参照《简明机械手册》相应章节的内容

工作过程

一、信息

A1 得分：　　/ 100

（中间成绩 A1 满分 100 分，10 分 / 题）

（1）描述你亲眼见过的事故（或从媒体中得知的）场景，并和小组其他成员一起讨论。

1）该事故是如何发生的？

2）有多少人在事故中受到伤害？

3）受伤或遇难人员的亲属在日后生活中会受到哪些影响？

4）如何避免该事故发生？

5）假如你在培训中或工作中出了事故，你个人及家庭的生活将会受到怎样的影响？

（2）仔细查阅事故预防、危险源的辨识与防范两个方面的相关资料，并和小组其他成员一起讨论。

1）事故预防对策应达到什么要求？

2）预防事故有哪些方法？

3）在机械切削加工培训学习过程中存在哪些危险源？如何排除危险源？

4）你见过哪些安全色和安全标志，如图 1-2 所示，它们分别代表什么意思？

（a）　（b）　（c）　（d）　（e）　（f）

图 1-2　安全标志

（3）去图书馆借阅室或在网上查找《中华人民共和国安全生产法》及相关学习指南，并和小组其他成员一起讨论。

1）该法是什么时候开始实施的？新旧版有哪些区别？

2）该法确定的七项基本法律制度是什么？

3）安全生产方针是什么？

4）有关的劳动防护用品有哪些？

（4）去图书馆借阅室或在网上查找《中华人民共和国消防法》及相关学习指南，并和小组其他成员一起讨论。

1）该消防工作由谁领导？由谁负责？

2）消防管理原则是什么？

3）消防工作中的“三会”是指哪些？

4）灭火的基本方法有哪几种？

5）发生火灾时，现场无灭火器材，可用哪些物质灭火？

(5) 去图书馆借阅室或在网上查找《生产经营单位安全培训规定》及相关学习指南，并和小组其他成员一起讨论。

1）本规定由国务院哪个部门制定并颁布实施？

2）从业人员在上岗前必须经过哪三级安全培训教育？

3）厂级岗前安全培训应当包括哪些内容？

4）车间（工段、区、队）级岗前安全培训应当包括哪些内容？

5）班组级岗前安全培训应当包括哪些内容？

(6) 去图书馆借阅室或在网上查找《职业健康安全管理体系》及相关学习指南，并和小组其他成员一起讨论。

1）该标准体系由哪个机构颁布实施？

2）标准体系结构包括哪两个方面？

3）试讨论职业健康安全管理体系模式，如图 1-3 所示。

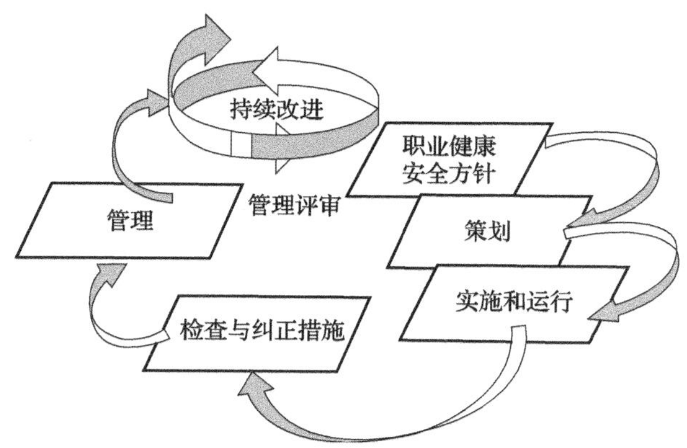

图 1-3 职业健康安全管理体系模式

4）试讨论职业健康安全方针，如图 1-4 所示。

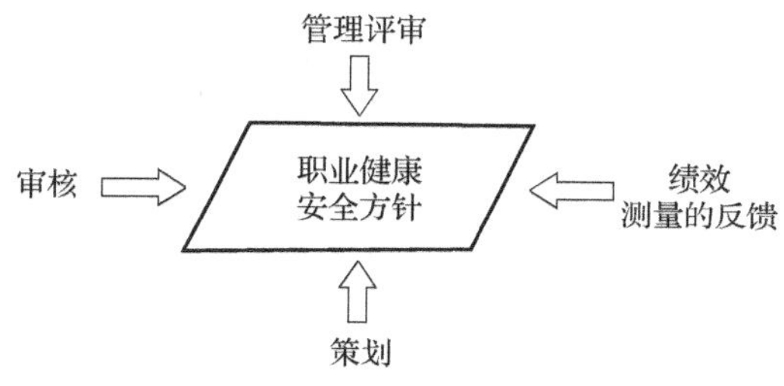

图 1-4 职业健康安全方针

（7）仔细查阅钳工操作规范和安全保障相关资料，并和小组其他成员一起讨论实训中的钳工操作规范。

1）钳工操作规范

台钻：

工具：

刃磨：

砂轮：

2）在跨企业培训中心培训的过程中如何保障人身和设备安全？

(8）仔细查阅 5S 管理方面的相关资料，并和小组其他成员一起讨论。

1）什么是 5S 管理？

2）5S 管理包括哪些具体实施内容？

3）实施 5S 管理的意义是什么？

4）5S 管理带来了什么影响？

(9) 仔细查阅 TPM 全面生产维护方面的相关资料，并和小组其他成员一起讨论。

1) TPM 的含义是什么?

2) TPM 的目标有哪些?

3) TPM 的三大管理思想是什么?

4) 实施 TPM 的意义是什么?

(10) 仔细查阅持续改善（PDCA）方面的相关资料，并和小组其他成员一起讨论。

1) PDCA 循环的 4 个阶段是什么?

2) 简述 PDCA 循环的八大步骤。

3) PDCA 循环的特点有哪些?

说明：以上引导问题可根据实际情况来完成。

二、计划

A2 得分：　　/ 100

（中间成绩 A2 满分 100 分，50 分 / 题）

1. 小组讨论后，完成工作计划流程表

工作计划流程表				
工作区域名称：		工位号：		
序号	工作步骤 / 事故预防措施	材料表（机器、工具、刃具、辅具）	安全环保	工作时间 / 小时
1				
2				
3				
4				
5				
6				
7				
8				
9				
10				
11				
12				

2. 工、量、刃、辅具及材料表

序号	种类	名称	规格	精度	数量	单位	备注

三、决策

A3 得分：　　/ 100

（中间成绩 A3 满分 100 分，每少一步扣 5 分，扣完为止）

小组讨论（或培训教师点评）后，最终确定工作计划，形成决策。

学生培训学习过程与行为流程表					
实施步骤	地点	学习过程	个人及小组行为	培训教师行为	时间 / 分钟

评分：10–9–7–5–3–0 得分：　　　得分：　　　得分：

四、实施

A4 得分：　　/ 100

（中间成绩 A4 满分 100 分，10 分 / 题）

（1）根据跨企业培训中心培训学生进入车间的具体要求，检查个人仪表、着装、站姿，如图 1–1（a）所示。

（2）根据培训期间学员集合时的要求，做好个人职业形象，如图 1–1（b）所示。

（3）领取个人和小组的工量刃辅具，并将它们按照 5S 管理要求摆放在钳工桌上，如图 1–1（d）所示。

（4）按 5S 管理规范要求将工量刃辅具摆放到工具柜里，如图 1–1（e）、(f)、(g) 所示。

（5）完成划线平台 5S 管理，如图 1–1（h）所示。

（6）完成钻床 5S 管理，如图 1–1（i）所示。

（7）完成手动加工区域地面、钳工桌面 5S 管理，如图 1–1（c）所示。

（8）在培训教师指导下填写钻床 TPM 每日点检表，如表 1–1 所示。

（9）在培训教师指导下填写手动加工区域 5S 检查表，如表 1–2 所示。

（10）完成实施过程中与决策结果不一致和出现异常的情况记录。

原	计	划	：								实	际	实	施	：					
(1)											(1)									

表 1-1　钻床 TPM 每日点检表

中德培训中心设备 TPM 点检表（每天）

AHK-SCIT TPM MACHINE DAILY CHECKING RECORD

所属区域：B2- 手动加工区　　设备名称：台钻　　设备编号：　　设备型号：Z516A　　年 /YEAR　　月 /MONTH

NO.	保养及点检内容	日期																														
		1	2	3	4	5	6	7	8	9	10	11	12	13	14	15	16	17	18	19	20	21	22	23	24	25	26	27	28	29	30	31
1	检查控制开关工作是否正常																															
2	检查电动机、主轴运转是否正常																															
3	检查工作台升降是否灵活																															
4	检查各部位紧固螺钉是否有松脱，并锁紧松动的螺钉																															
5	清扫机器，保持机床清洁卫生																															
点检人签名																																
异常情况描述																																
备注：（1）点检记录：√——正常；×——异常，并在异常情况描述栏内注明异常现象及通知带队培训教师处理；（2）只需使用机床，必须在带队培训教师指导下进行每天点检；（3）如果整周不使用，可以只进行每周点检；（4）每月底由场室负责人负责收集此表后，交培训部主管复核后保存																																

表 1-2 手动加工区域 5S 检查表

B-2 手动加工区域 5S 检查表

责任区域 / 责任人：

受检查部门			20 ～ 21 学年 第 学期 月																														
名称	序号	检查内容	1	2	3	4	5	6	7	8	9	10	11	12	13	14	15	16	17	18	19	20	21	22	23	24	25	26	27	28	29	30	31
（一）整理 Seiri	1	钳工台的工具柜里和台面上没有摆放无关物品																															
	2	台钻上、窗台上、地面上无应清理出去的杂物																															
	3	评分台和教学区域保持整齐，没有摆放无关物品																															
（二）整顿 Seiton	4	台钻的操作指导书、台钻和钳工的操作规程完善，放置在适当位置																															
	5	手动实训时，各工具摆放位置正确																															
	6	工具柜里的工具和台钻的钻头摆放整齐、且按要求分类摆放																															
（三）清扫 Seiso	7	作业区域地面每天下班前打扫后无边角余料和杂物废物																															
	8	台钻每天清扫后无铝屑和杂物																															
	9	台钻床身、台虎钳和窗台上无可见杂物，保持干净																															

续表

受检查部门			20 ~ 21　学年　第　学期　月																														
名称	序号	检查内容	1	2	3	4	5	6	7	8	9	10	11	12	13	14	15	16	17	18	19	20	21	22	23	24	25	26	27	28	29	30	31
（四）清洁 Seiketsu	10	以上 3S 是否规范化																															
	11	培训区域整体是否保持整洁，美观																															
（五）素养 Shitsuke	12	培训教师和学生是否按要求着装																															
	13	不随地吐痰，不随便乱丢垃圾																															
	14	培训区域内不进食，如早餐、零食等																															
	15	培训区域内保持正常教学秩序，无大声喧哗和无故走动现象																															
	16	下课后学生主动开展 5S 管理，培训教师锁好门窗，关闭电器设备																															
检查人员签名																																	
月度评价																			评价人员						评价日期			月　日					

五、检查

A5 得分：　　/ 100

用 5S 和 TPM 管理以及培训中心日常培训规范等要求来检查你已经做过的事情，评价是否达到要求的质量特征值并把其填入表中。

重要说明

- 当“学生自评”和“教师评价”一致时得 10 分，否则得 0 分；
- 不考虑学生自己测得的实际尺寸是否符合尺寸要求；
- “学生自评”的意义是评价学生对自己所做事情是否能够做出正确的评价，而与所做具体事情是否正确无关；
- 灰底处由培训教师填写。

检查记录表

序号	检查项目	学生自评	教师评价	评分记录
1	严格按规范标准来实施整个项目			
2	懂得企业员工所拥有的 HSE 责任和权利			
3	防护眼镜，安全操作，自身防护			
4	认识安全标志，包括禁止标志、警告标志、指令标志、提示标志			
5	项目执行过程中持续执行 5S 和 TPM 管理			
6	清晰理解 5S 所代表的含义			
7	清晰了解 TPM 的目标及三大管理思想			
8	了解 PDCA 循环的 4 个阶段，8 个步骤			
9	钳工区域 5S 管理			
10	钳工区域 TPM 管理			
			中间成绩：	
			（A5 满分 100 分，10 分 / 题）	A5

评分等级：10 分或 0 分

六、评价

B1 得分： /0	B2 得分： /110

重要说明：灰底处无须填写。

1．功能和目测检查

序号	组号 / 工位号	项目	功能检查	目测检查
1		独立识别环境是否符合 HSE 规范		
2		运用 HSE 责任与权利		
3		个人安全防护		
4		识别标志并提醒他人		
5		在钳工操作中，钳工桌面的 5S 管理		
6		钳工桌抽屉 5S 管理		
7		量具 5S 管理		
8		钻床 5S 管理		
9		钳工场室地面、桌面等区域 5S 管理		
10		正确填写钻床 TPM 点检表		
11		正确填写手动加工区域 5S 检查表		
		中间成绩：（B1 满分 0 分，B2 满分 110 分，10 分 / 项）		
			B1	B2

评分等级：10-9-7-5-3-0 分

2．计算工作页评价成绩和技能操作成绩

（各项“百分制成绩”=“中间成绩 1”÷“除数”；“中间成绩 2”=“百分制成绩”×“权重”；“工作页评价成绩”和“技能操作成绩”分别为各项的中间成绩 2 之和）

序号	工作页评价	中间成绩 1		除数	百分制成绩	权重	中间成绩 2
1	信息	A1		1		0.3	
2	计划	A2		1		0.2	
3	决策	A3		1		0.1	
4	实施	A4		1		0.3	
5	检查	A5		1		0.1	
						工作页评价成绩：（满分 100 分）	
							Feld 1

Feld 1 得分： / 100

序号	技能操作	中间成绩 1		除数	百分制成绩	权重	中间成绩 2
1	功能检查	B1					
2	目测检查	B2		1.1		1	
						技能操作成绩： （满分 100 分）	Feld 2

Feld 2 得分：　　/ 100

3. 项目总成绩

（各项“中间成绩”=“中间成绩 2”×“权重”；“总成绩”为各项“中间成绩”之和）

序号	成绩类型	中间成绩 2		权重	中间成绩
1	工作页评价	Feld 1		0.4	
2	技能操作	Feld 2		0.6	
				项目总成绩： （满分 100 分）	总成绩

项目总成绩：　　/ 100

总结与提高

一、汇总分析并绘制雷达图

序号	工作页评价	百分制成绩	雷达图
1	信息 A1		信息、计划、决策、实施、检查、功能检查、目测检查 0、20、40、60、80、100
2	计划 A2		
3	决策 A3		
4	实施 A4		
5	检查 A5		
6	功能检查 B1		
7	目测检查 B2		

二、自我评价与总结

（1）根据雷达图显示，说明其存在的问题，分析原因并提出改进措施。

存在问题	原因分析	改进措施

（2）本次任务中新接触的内容有哪些？你是如何学习并掌握的？

（3）本次任务中，你最大的收获是什么？

三、思考与练习题

（1）根据本任务所学的知识，对钻床操作场景进行危险性分析。如图 1-5 所示，分析其可能发生的危险。

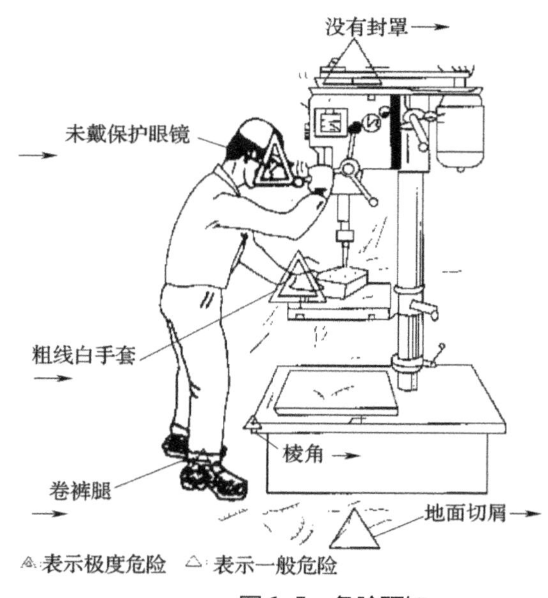

图 1-5　危险预知

钻床危险性分析练习：在图 1-6 上用极度危险和一般危险符号标出存在的危险，并分析可能导致的严重后果。

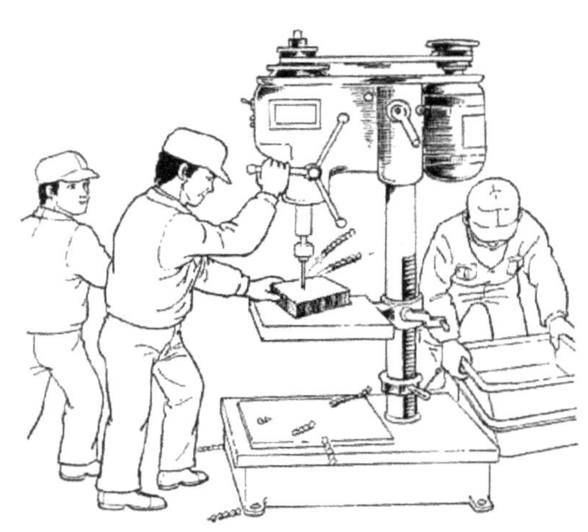

图 1-6　危险预知练习

（2）自行车维护与保养典型案例练习

自行车的所有部件中，其基本部件缺一不可。其中，车架是自行车的骨架，它所承受的重量（人和货物的）最大。按照各部件的工作特点，大致可将其分为导向系统、驱动系统、制动系统及其他附件和工具等部分，如图 1-7 所示。

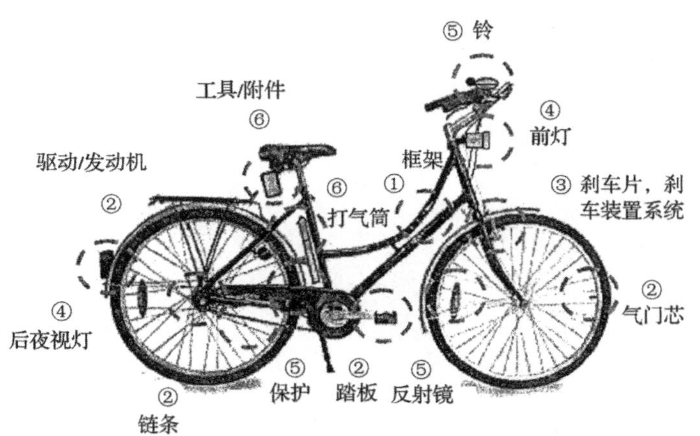

图 1-7　自行车结构图

从图 1-7 可以看出，一辆合格的自行车需要具备哪些功能？根据上图，再仔细观察图 1-8，找出图示自行车存在的问题。

1）

2）

3）

4）

5）

6）

7）

8）

9）

10）

11）

图 1-8　待维修的自行车

根据上述找出的问题，我们应该为该待维修的自行车做哪些保养和维修？

保养：	维修：
1）	1）
2）	2）
3）	3）
4）	4）
5）	5）

（3）设备综合效率案例练习

Y 公司主营业务是生产摩托车，员工约 2 000 人，有 6 个主力部门，其中 K 部门主要负责引擎盖的成型，以供应 M 部门加工使用。

K 部门有员工 30 人，除正常班外，常需要通过小夜班及节假日加班方式来完成 M 部门的需求量，但时间久了，使员工不堪重负，因而人员的流动性相对增加。如果不有效解决这个问题，势必影响该部门的运行。

K 部门的领导听说 TPM 管理对于设备效率化帮助颇大，因此打算在 K 部门实施 TPM 管理，以便改善这种局面。

K 部门领导发现本部门生产的瓶颈在于一号机，以目前 M 部门的需求，每周除须加 4 天的小夜班外，还要节假日加班，才能按时交货。K 部门上班时间每天是 505 分钟，其中包括用餐及休息时间 1 小时，而在实际出勤时间 445 分钟内，还包括早会及检查、清扫等 20 分钟，因此生产线实际开动的负荷时间为 425 分钟。且一号机的理论加工时间为 0.8 分钟，因此在正常开动时间内，每天应该有 531 个产品产出，但实际上却只有 310 个，经测得实际加工时间为 1.1 分钟，而每天品种切换及故障停机时间平均约为 70 分钟，还有各种短时间的设备停止动作，每天约 10 次以上。

根据以上资料，请回答下列问题：

1）K 部门一号机的设备综合效率是多少？

2）为了提高设备综合效率，应改善哪些方面最有效果？

3）如果 M 部门每天需求量为 490 个，设备综合效率至少应提升至多少，才不必加班？

（4）砂轮机的 5S 与 TPM 管理制定训练

通过以下六步，制定砂轮机的 5S 与 TPM 管理，展开本次拓展训练。

步骤	操作训练内容	备注
信息	• 收集 5S 及 TPM 管理相关资料和参考信息； • 收集砂轮机及所处环境需要做的 5S 管理的相关资料与照片（要求资料全，照片清晰）； • 收集砂轮机需要做的 TPM 管理的相关资料与照片（要求资料全，有依据，照片清晰）	
计划	• 分析砂轮机及其所处环境需要做 5S 管理的内容有哪些； • 做出砂轮机及其所处环境的 5S 管理计划； • 展示 5S 管理形式； • 分析砂轮机需要做 TPM 管理的内容有哪些； • 做出砂轮机的 TPM 管理计划； • 展示 TPM 管理形式	
决策	• 统一讨论，确定砂轮机及其所处环境的 5S 执行点，展示 5S 管理形式； • 统一讨论，确定砂轮机的 TPM 点检内容，展示 TPM 管理形式	
实施	• 制订 5S 管理实施步骤，5S 管理实施样板，5S 管理点检表，并按制订标准进行实施； • 制订 TPM 管理实施计划表，TPM 管理点检表，TPM 管理检查记录表，并按制订标准进行实施	
检查	• 检查 5S 管理实施的有效性，发现 5S 管理实施过程与 5S 管理实施计划的偏差、5S 管理实施计划的缺陷； • 检查 TPM 管理实施的有效性，检查 TPM 管理实施后反馈的砂轮机综合使用效率，发现 TPM 点检内容的缺陷	
评价	• 对整个项目做最后的综合评价	

四、任务小结

通过本任务的学习，学生应了解 HSE、5S、TPM、PDCA 等的含义、作用、意义以及方法；能熟知职业健康安全与规范相应的法律与法规；会运用 5S、TPM、PDCA 等工具管理手动加工区域；会填写 5S、TPM、PDCA 相应表格。

本任务所涉及的理论知识可参阅“知识库”。

知识提示：

（1）HSE 的含义；
（2）职业健康安全环境范围；
（3）车间的安全生产与防护；
（4）机械伤害事故的预防；
（5）安全标志；
（6）5S 的基本含义；
（7）5S 的意义；
（8）TPM 的含义；
（9）TPM 的三大管理思想；
（10）TPM 的重要指标；
（11）PDCA 循环的 4 个阶段；
（12）PDCA 循环的八大步骤；
（13）钳工；
（14）手动加工区域常用设备及安全文明生产。

项目 1　培训中心现场管理体系基本认识 任务 2　台虎钳的拆装及结构分析	姓名：	班级：
	日期：	页码：

任务 2 台虎钳的拆装及结构分析

任务描述

一、任务背景

台虎钳是一种利用螺杆或其他机构使两钳口做相对移动而夹持工件的夹具。台虎钳一般由底座、钳身、固定钳口、活动钳口以及使活动钳口移动的传动机构组成。按使用的场合不同，有钳工虎钳和机用虎钳等类型。

台虎钳安装在钳工工作台上，供钳工夹持工件以便进行锯、锉等加工。台虎钳一般钳口较高，呈拱形，钳身可在底座上 360° 任意转动并紧固，如图 1-9 所示。有些转式台虎钳还可在垂直或水平方向做任意旋转，如图 1-10 所示。

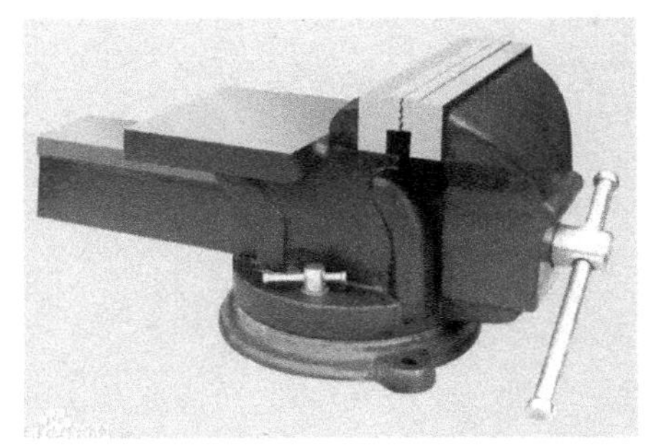

图 1-9　台虎钳

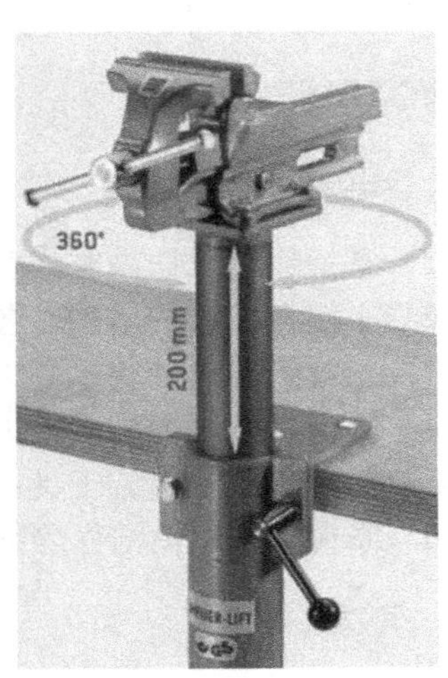

图 1-10　升降式台虎钳

机用虎钳又叫平口钳，一般安装在铣床、钻床等的工作台上使用。与普通台虎钳相比，机用虎钳钳口宽而低，夹紧力大，精度要求高。机用虎钳种类繁多，按精度可分为普通型和精密型两种。精密型用于平面磨床、数控铣床等精加工机床。机用虎钳按结构还可分为带底座的回转式（见图 1-11）、不带底座的固定式（见图 1-12）和可倾斜式（见图 1-13）等。机用虎钳的活动钳口也有采用气动（见图 1-14）或液压（见图 1-15）方式来驱动快速夹紧的。通常情况下是根据使用场合需要来确定选用哪种机用虎钳。

图 1-11　带底座回转式机用虎钳

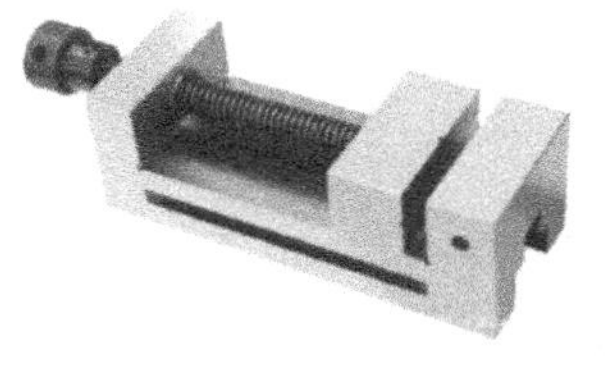

（a）手用精密平口钳

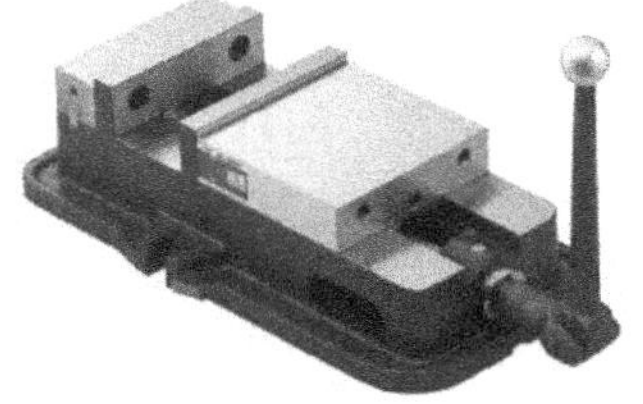

（b）机用精密平口钳

图 1-12　不带底座固定式机用虎钳

图 1-13　可倾斜式机用精密平口钳

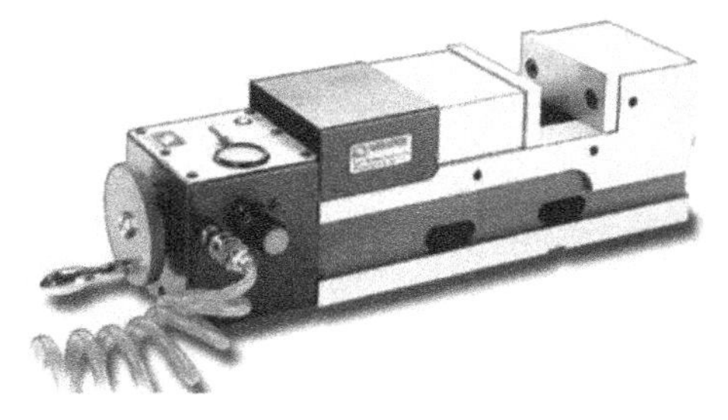

图 1-14　气动式精密机用虎钳

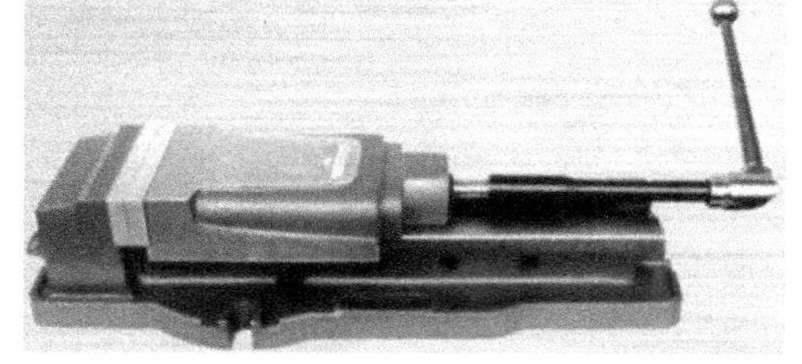

图 1-15　液压式精密机用虎钳

本任务要求完成图 1-9 所示台虎钳的拆装，并分析台虎钳的结构及工作原理。
本任务学习时间：4 小时。

二、学习目标

1. 知识目标

（1）掌握钳工工作内容相关知识；
（2）了解台虎钳的结构、各零件的作用及装配关系；
（3）了解机械传动基本知识；
（4）掌握机械制图相关知识；
（5）熟悉常用的拆装工具；
（6）掌握台虎钳清洁保养的相关知识。

2. 能力目标

（1）能做好作业前的准备工作；
（2）会正确使用常用的拆卸工具；
（3）能够分析台虎钳的结构并说明其工作原理；
（4）能绘制台虎钳的主要结构示意图；
（5）能对台虎钳进行拆装；
（6）能够做好现场 5S 及 TPM 管理工作。

3. 素质目标

（1）具有自我管理、自我约束的能力；
（2）具有良好的环保意识、安全意识和质量意识。
（3）具有良好的沟通能力和团队协作精神。

三、台虎钳现场图

手动加工区域的台虎钳实物图，如图 1-16 所示。

（a）实物图

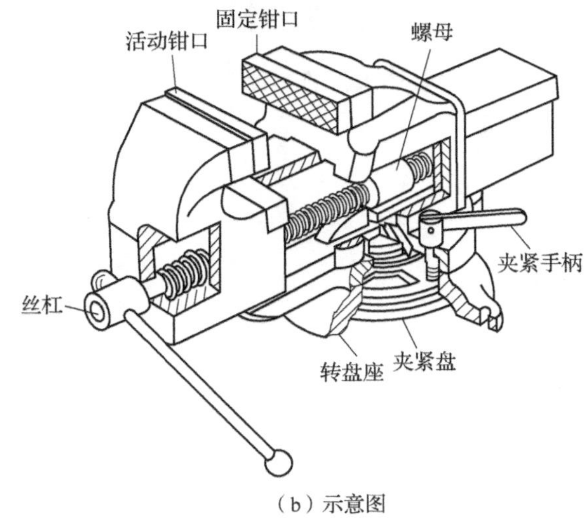

（b）示意图

图 1-16　回转式台虎钳

可以使用以下资源：

（1）拆卸常用工具；

（2）网络教学资源；

（3）操作指南。

任务提示

一、工作方法

- 看图后回答引导问题，可以使用的材料有 5S 和 TPM 现场管理规范文件、台虎钳拆卸指导说明书、工具手册、课程资源网等
- 以小组讨论的形式完成工作计划
- 按照工作计划，完成拆卸工具及材料计划表，编写台虎钳拆卸装配工艺卡。对于预料外的问题，请先尽量自行解决，如无法解决再与培训教师进行讨论
- 用手工拆卸工具拆卸和装配台虎钳
- 运用 Word 绘制拆卸和装配工艺流程图
- 根据拆卸和装配检测的评分要求完成自我评价
- 与培训教师讨论，进行工作总结

二、工作内容

- 收集台虎钳拆卸和装配的必要信息
- 分析台虎钳结构图，完成工作计划
- 编写台虎钳拆卸（装配）工艺卡
- 绘制拆卸和装配工艺流程图
- 分析台虎钳的结构
- 绘制台虎钳各个零件的结构示意图
- 绘制台虎钳装配示意图
- 使用拆卸设备和工具拆卸台虎钳
- 清洁保养台虎钳各零件
- 使用工具装配台虎钳

- 完成自检、自评
- 进行现场 5S 和 TPM 管理，并遵循岗位安全规范操作

三、工、量、辅具及相关资料

- 5S 和 TPM 管理相关文件和表格
- 十字螺钉旋具
- 钢直尺
- 橡皮锤
- 活动扳手
- 呆扳手
- 毛刷
- 油壶
- 抹布

四、知识储备

- 零件图和装配图
- 常用金属材料
- 机械传动
- 机械拆卸与装配
- 清洁保养
- 拆装工艺流程图

五、注意事项与工作提示

- 拆卸前的准备工作，准备拆卸工具，小组讨论拆卸顺序及方法
- 按预定的顺序和方法进行拆卸，且将零件编号，并按顺序或分类等方式摆放
- 对不可拆卸的连接、过盈配合的零件尽量不拆，以免影响或损坏装配精度
- 合理准确地使用清洗油、防锈油、润滑油
- 拆卸活动钳身时，要注意防止其突然掉落
- 对拆卸后的部件应做检查，有损伤部件应及时修复或更换。
- 操作过程严格执行 5S 管理标准，工具摆放、使用符合标准
- 安装时，按与拆卸时相反的顺序安装，后拆的部件先装
- 维护时，应针对各移动、转动、滑动部件做清洁和润滑处理
- 参照车间的安全标志行事
- 做好现场 5S 管理

六、劳动安全

- 劳保用品穿戴要遵守 5S 管理要求
- 读懂并遵照车间的安全标志行事
- 拆卸和装配台虎钳时，要注意操作安全

七、环境保护

- 参照《简明机械手册》相应章节的内容
- 碎屑和废弃物应放置在指定废弃处

八、成本估算

- 根据拆装工时、人工等费用，简单估算成本，进行简单经济核算

工作过程

一、信息

A1 得分：　　/ 130

（中间成绩 A1 满分 130 分，10 分 / 题）

（1）仔细查阅《国家职业标准》相关资料，列出与钳工相关的职业资格有哪几种。

（2）与小组其他成员一起讨论，从使用手工操作的工具加工工件课程中能学习到哪些内容？

（3）常用台虎钳有哪些结构类型？规格有哪些？安装高度有什么要求？

（4）查阅《简明机械手册》和《机械设计手册：机械传动》等相关资料，列出常用机械传动和螺旋传动的种类。

（5）查阅《机械制图手册》《简明机械手册》等相关资料，并与小组其他成员一起讨论，绘制丝杠螺母零件图（尺寸提供）。

（6）与小组其他成员讨论后，在图 1-17 中标注台虎钳的装配尺寸。

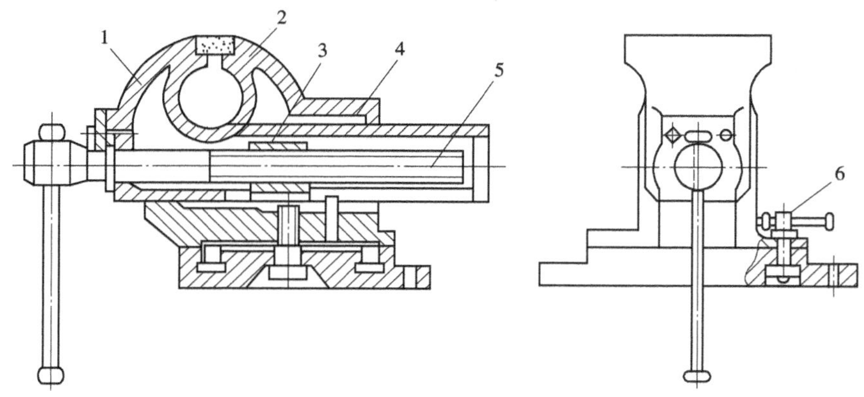

图 1-17　台虎钳结构图

（7）查阅机械拆卸相关资料，并与小组其他成员一起讨论：

1）机械设备常见的拆卸方法有哪些？

2）你曾经拆卸过哪些设备？你是如何进行拆卸的？

（8）查阅机械装配相关资料，并与小组其他成员一起讨论：

1）机械设备常见的装配方法有哪些？

2）你曾经装配过哪些设备？你是如何装配的？

（9）简述机械设备装配工艺步骤有哪些。

（10）查阅清洁保养相关资料，与小组其他成员讨论并描述如何对机械设备进行清洁保养。

（11）仔细查看新员工培训管理流程图，如图 1-18 所示，与小组其他成员讨论并描述流程图作用。

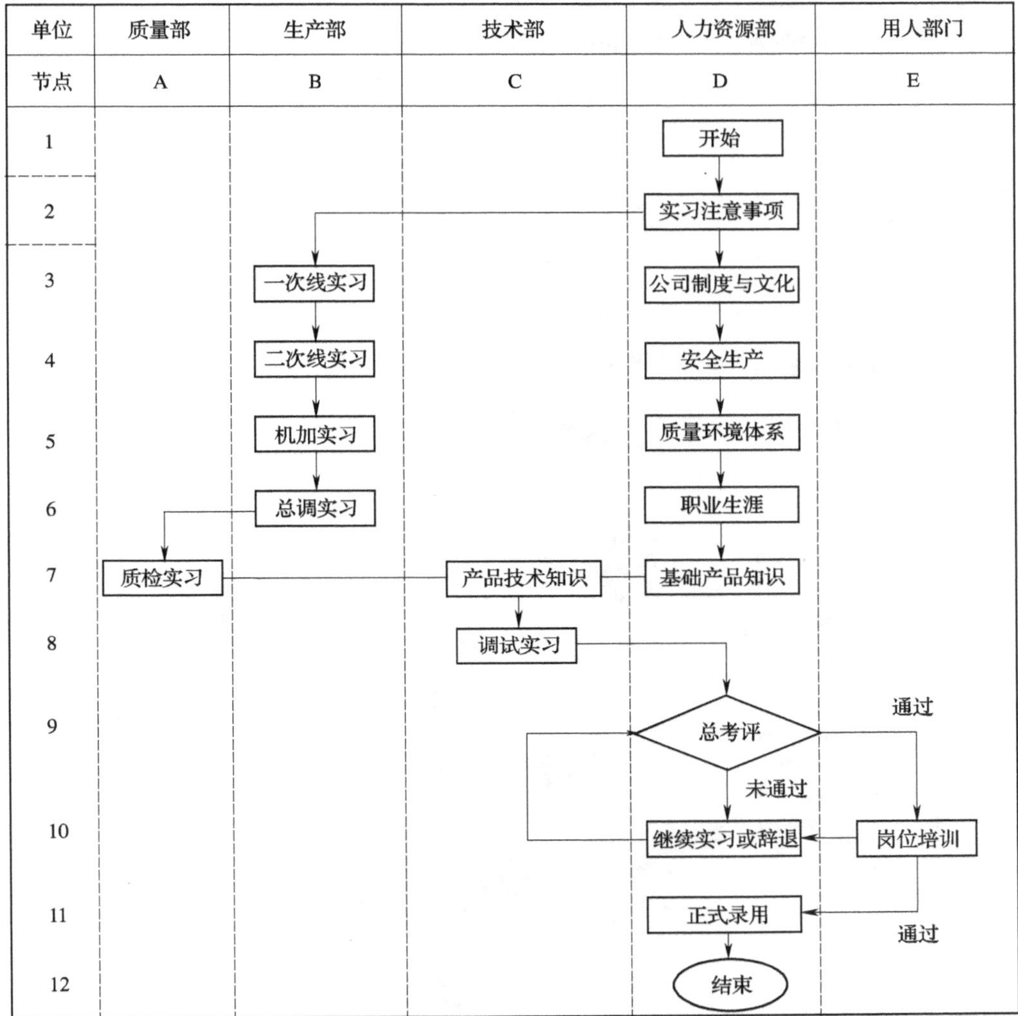

图 1-18　新员工培训管理流程图

（12）什么是工艺流程图和装配流程图？与小组其他成员讨论并描述某一产品装配流程，并绘制出产品装配流程图。

（13）填写下列常用拆卸装配工具的名称，如图 1-19 所示。

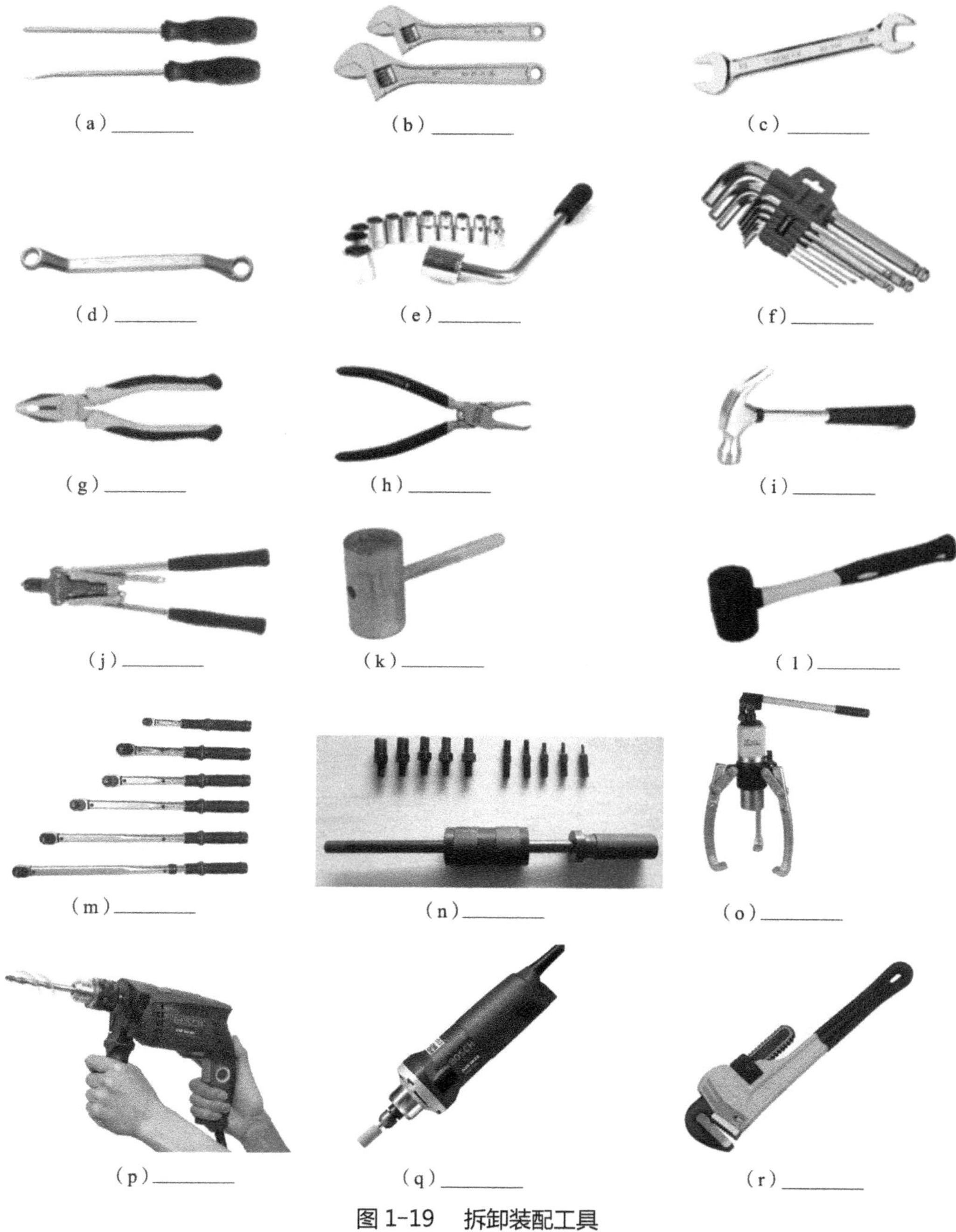

图 1-19　拆卸装配工具

二、计划

A2 得分：　　/ 100

（中间成绩 A2 满分 100 分，50 分 / 题）

1. 小组讨论后，完成工作计划流程表

工作计划流程表				
工件名称：		工件号：		
序号	工作步骤 / 事故预防措施	材料表（机器、工具、刃具、辅具）	安全环保	工作时间 / 小时
1				
2				
3				
4				
5				
6				
7				
8				
9				
10				
11				
12				
13				
14				

2. 工、量、刃、辅具及材料表

序号	种类	名称	规格	精度	数量	单位	备注

三、决策

A3 得分：　　/ 100

（中间成绩 A3 满分 100 分，每少一步扣 5 分，扣完为止）

经过小组成员讨论及培训教师对步骤二的点评，填写可实施的工艺流程工作页。

工艺流程工作页

序号	工序名称	工序内容 请使用直尺自行分割以下区域	设备	夹具	工具	量具	辅具	劳动保护及环保	工作时间/小时

说明：小组成员为两名同学，一名同学填写拆卸台虎钳的工艺流程工作页，一名同学填写装配台虎钳的工艺流程工作页。

四、实施

A4 得分：　　/ 90

（中间成绩 A4 满分 90 分，10 分 / 题）

（1）根据跨企业培训中心培训学员进入车间的具体要求，检查个人仪表、着装、站姿。

（2）领取拆装工具及辅具，并说明其名称、品牌和市场购买价格。

（3）描述台虎钳的工作原理，并说明各零件间的装配关系和零件的结构形状。

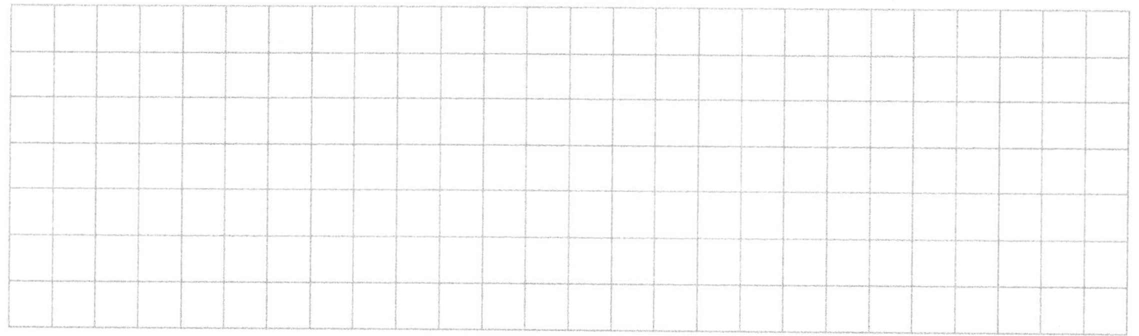

（4）拆卸台虎钳的过程中要注意哪些地方？

（5）绘制台虎钳装配示意图，并写出各零件的基本信息（零件名称、数量、材质）。

序号	零件名称	数量	材质

（6）手工绘制台虎钳拆装工艺流程图（计算机绘制拆装工艺流程图粘贴附后）。

（7）清洁保养台虎钳，具体要做哪些事情？有哪些要求？

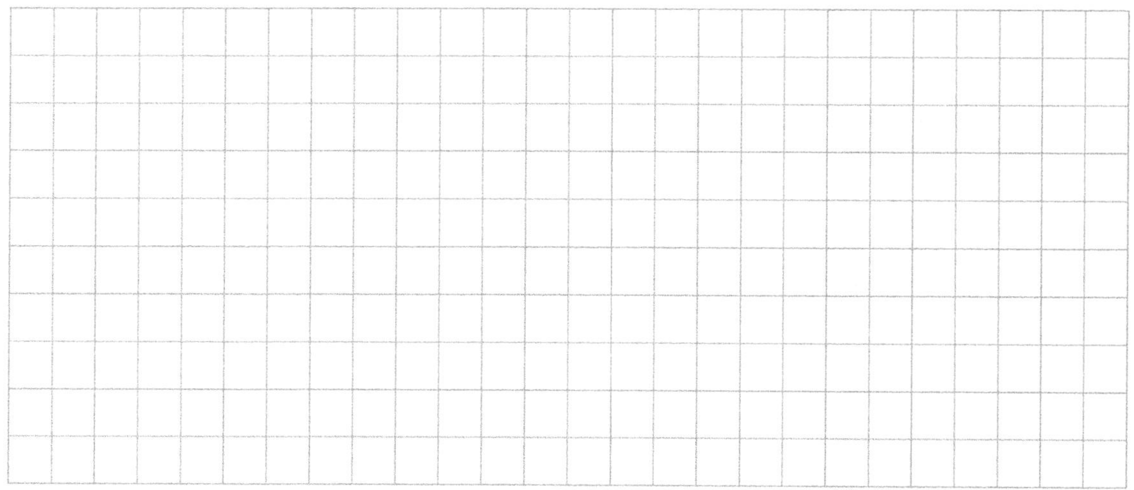

（8）在装配台虎钳的过程中，要做哪些事情？有哪些要求？

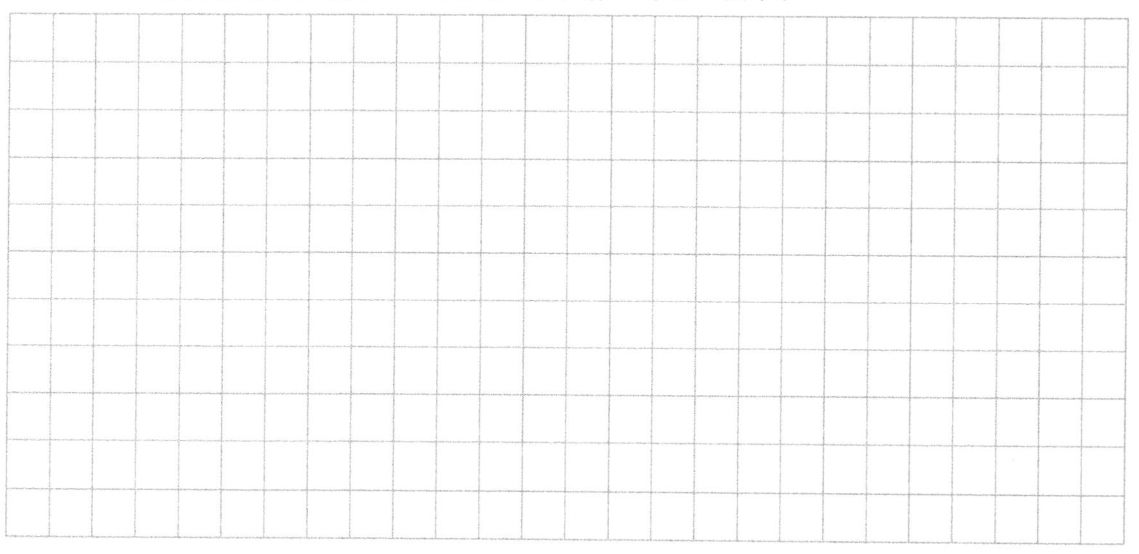

（9）完成实施过程中与决策结果不一致和出现异常的情况记录。

原计划：	实际实施：
(1)	(1)

五、检查

A5 得分：　　/ 80

用 5S 和 TPM 管理以及台虎钳拆装和保养等要求检查你已经做过的事情，评价是否达到要求的质量特征值并把其填入表中。

重要说明

- 当“学生自评”和“教师评价”一致时得 10 分，否则得 0 分；
- 不考虑学生自己测得的实际尺寸是否符合尺寸要求；
- “学生自评”的意义是评价学生对自己所做事情是否能够做出正确的评价，而与所做具体事情是否正确无关；
- 灰底处由培训教师填写。

检查记录表

序号	检查项目	学生自评	教师评价	评分记录
1	严格按规范标准来实施整个项目			
2	个人着装、站姿			
3	拆卸前的准备工作			
4	拆卸过程中正确使用工具			
5	装配过程中正确使用工具			
6	清洁保养台虎钳			
7	钳工区域 5S 管理			
8	钳工区域 TPM 管理			
			中间成绩：	
	评分等级：10 分或 0 分		（A5 满分 80 分，10 分 / 题）	A5

六、评价

B1 得分： /20	B2 得分： /60

1．功能和目测检查

序号	组号 / 工位号	项目	功能检查	目测检查
1		个人安全防护		
2		在拆装操作过程中，钳工桌面的 5S 管理		
3		拆装台虎钳的顺序正确		
4		台虎钳丝杠旋转自如，无阻塞现象		
5		台虎钳夹紧工件时，台虎钳应无松动		
6		台虎钳清洁保养按照 5s 管理规范操作		
7		钳工场室地面、桌面等区域进行 5S 管理		
8		正确填写手动加工区域 5S 检查表		
		中间成绩：		
		评分等级：10-9-7-5-3-0 分 （B1 满分 20 分，B2 满分 60 分，10 分 / 项）	B1	B2

2．计算工作页评价成绩和技能操作成绩

（各项“百分制成绩”=“中间成绩 1”÷“除数”；“中间成绩 2”=“百分制成绩”×“权重”；“工作页评价成绩”和“技能操作成绩”分别为各项的中间成绩 2 之和）

序号	工作页评价	中间成绩 1		除数	百分制成绩	权重	中间成绩 2
1	信息	A1		1.3		0.3	
2	计划	A2		1		0.2	
3	决策	A3		1		0.2	
4	实施	A4		0.9		0.2	
5	检查	A5		0.8		0.1	
						工作页评价成绩：（满分 100 分）	Feld 1

Feld 1 得分： / 100

序号	技能操作	中间成绩 1		除数	百分制成绩	权重	中间成绩 2
1	功能检查	B1		0.2		0.4	
2	目测检查	B2		0.6		0.6	
						技能操作成绩：（满分 100 分）	Feld 2

Feld 2 得分： / 100

3. 项目总成绩

（各项“中间成绩”=“中间成绩 2”×“权重”；“总成绩”为各项“中间成绩”之和）

序号	成绩类型	中间成绩 2		权重	中间成绩
1	工作页评价	Feld 1		0.4	
2	技能操作	Feld 2		0.6	
				项目总成绩：（满分 100 分）	
					总成绩

项目总成绩：　　/ 100

总结与提高

一、汇总分析并绘制雷达图

序号	工作页评价	百分制成绩	雷达图
1	信息 A1		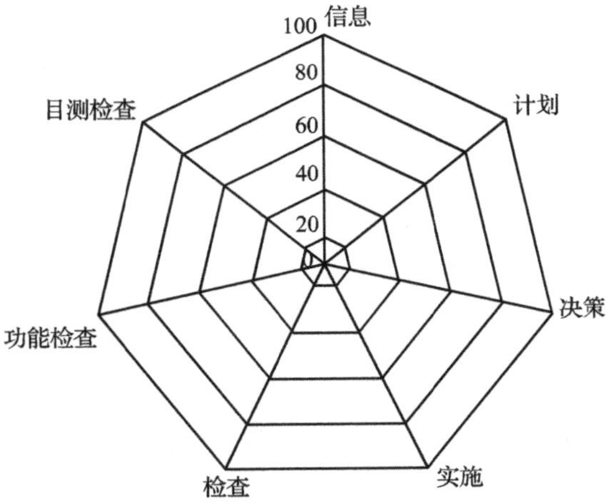
2	计划 A2		
3	决策 A3		
4	实施 A4		
5	检查 A5		
6	功能检查 B1		
7	目测检查 B2		

二、自我评价与总结

（1）根据雷达图显示，说明其存在的问题，分析原因并提出改进措施。

存在问题	原因分析	改进措施

（2）本次任务中新接触的内容有哪些？你是如何学习并掌握的？

（3）本次任务中，你有哪些收获？

三、思考与练习题

（1）查阅机械制图相关资料，并与小组其他成员讨论，绘制台虎钳各个零件的结构示意图。

（2）查阅台式钻床相关资料，并回答以下问题。

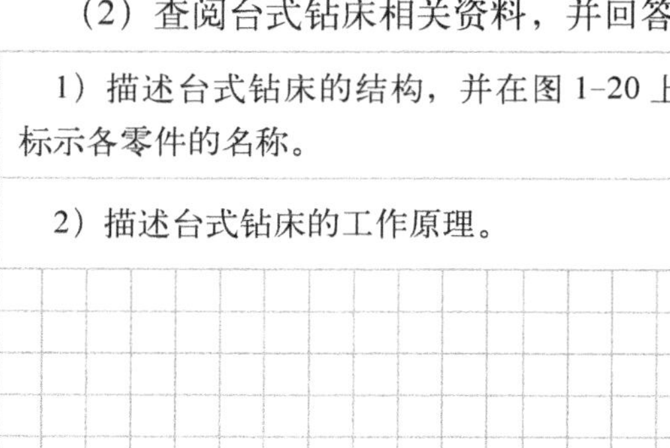

1）描述台式钻床的结构，并在图 1-20 上标示各零件的名称。

2）描述台式钻床的工作原理。

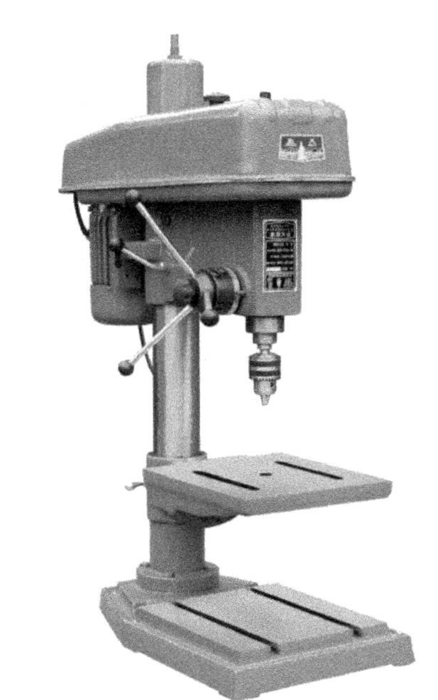

图 1-20　台式钻床

3）绘制台式钻床机械传动部分拆装流程图。

升降丝杠的拆装：

电动机的拆装：	电动机带轮的拆卸：	主轴带轮的拆卸：

（3）参照手动加工区域台式钻床 5S 和 TPM 管理和指导文件，描述台式钻床清洁保养的具体操作流程。

四、任务小结

通过本任务的学习，学生应了解和掌握台虎钳的结构及各零件的作用；熟悉机械传动相关知识；会绘制装配示意图、工艺流程图；能正确地使用常用的拆卸工具；会对台虎钳进行日常清洁保养；能够运用雷达图来综合分析和评价本任务的学习情况。

知识提示：

（1）机械拆装；

（2）零件图；

（3）装配图；

（4）工艺流程图；

（5）装配示意图；

（6）清洁保养；

（7）流程图；

（8）雷达图。

项目 2 零件测量

工作任务书

岗位工作过程描述	面对机械加工制造中不同的加工精度要求，针对各种测量精度及测量环境，应选择不同的测量工具。而在手动加工技能操作过程中除了使用工具和刃具外，量具也是必不可少的，合理地选用以及正确地使用量具将决定产品或零件检验质量的好坏。通过本项目，我们将会对手动加工（钳工）岗位中常用的基础量具进行学习，学会如何选择与使用量具，以及做好量具的 5S 和 TPM 管理
学习目标	（1）根据被测零件测量要求，合理选择和使用量具； （2）熟练掌握游标卡尺类量具的测量方法并准确读数； （3）掌握千分尺类量具的使用及读数方法； （4）会根据测量角度调整万能角度尺； （5）能结合百分表、正弦规与量块进行角度、平面的测量； （6）会根据粗糙度样板，检测零件的表面粗糙度； （7）会对钳工常用量具进行 5S 和 TPM 管理
学习过程	信息：接受任务，提前了解零件测量相关知识，收集相关资料。 计划：根据零件检测的学习目标以及零件检测要求，拟定零件检测工艺步骤，与小组成员讨论，以便更好地完成工作任务。 决策：经过小组讨论，与培训教师交流后，确定检测步骤。 实施：根据确定好的检测步骤，正确使用各种量具进行零件检测。检测过程中有问题小组讨论，或请教培训教师。使用完量具，应按 5S 和 TPM 管理要求完成量具的维护和保养，并填写各种表格。 检查：（1）使用每一种量具进行测量，看是否还有未掌握的地方； （2）针对某一典型零件，讨论测量时量具该如何选用。 评价：对整个学习过程进行总结，对自己使用量具的情况进行评价，并对还需要学习的内容做备注，养成持续改进的好习惯

续表

行动化学习任务	任务 1：选择合适的测量工具，完成零件各尺寸的测量； 任务 2：完成零件各角度的测量； 任务 3：完成零件形状、位置公差的测量； 任务 4：完成零件表面粗糙度的测量； 任务 5：完成工、量具及钳工现场的 5S 和 TPM 管理
工作学习成果	完成零件的测量工作，并做好记录

任务描述

一、任务背景

为了满足机械产品的功能要求，在正确合理地完成了可靠性、使用寿命、运动精度等方面的设计以后，还须进行加工和装配过程的制造工艺设计，即确定加工方法、加工设备、工艺参数、生产流程及检测手段。其中，特别重要的环节就是质量保证措施中的精度检测。

在机械制造中，技术检测主要是对零件几何参数（长度、角度、表面粗糙度、几何形状和相对位置误差等）进行测量和检验，以确定机器或仪器的零部件加工后是否符合设计图样上的技术要求。几何量检测是组织互换性生产必不可少的重要内容，应按照公差标准和检测技术要求对零部件的几何量进行检测。而在手动加工零件过程中，零件测量是保证产品合格的重要环节。

本任务要求完成 L-Z 型配合件测量，如图 2-1 所示。

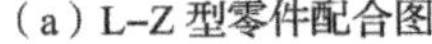

（a）L-Z 型零件配合图

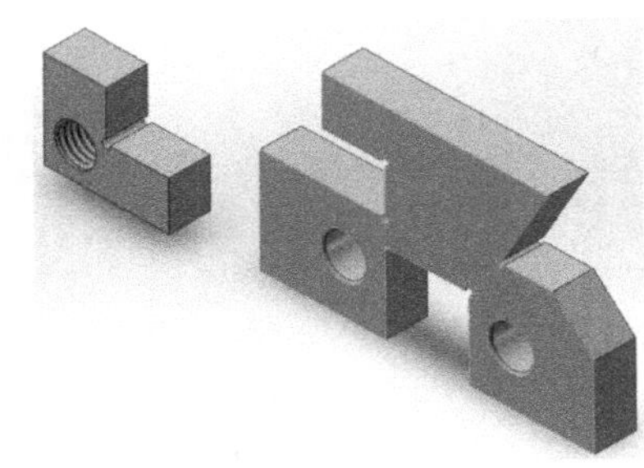

（b）L-Z型零件图

图 2-1　L-Z 型配合件三维图

本任务学习时间：8 小时。

二、学习目标

1. 知识目标

(1) 了解钳工常用量具（游标卡尺类、千分尺类、角度尺类）的基本结构并掌握读数方法；

(2) 掌握零件尺寸公差与配合、形状及位置精度的基本知识和检测方法；
(3) 熟悉表面粗糙度的检测方法；
(4) 掌握钳工常用量具的使用方法及注意事项。

2. 能力目标

(1) 能根据被测零件测量要求，选择合适的量具；
(2) 会正确使用游标卡尺类、千分尺类量具测量零件尺寸误差并能准确读数；
(3) 会根据测量角度调整万能角度尺并能准确读数；
(4) 能结合百分表、正弦规与量块进行角度、平面的测量；
(5) 会根据粗糙度样板判断零件表面粗糙度；
(6) 会对钳工常用量具进行 5S 及 TPM 管理。

3. 素质目标

(1) 能与他人合作，相互帮助、共同学习、共同达到目标；
(2) 能通过书籍或网络获取相关信息；
(3) 具有自我管理、自我约束的能力；
(4) 具有良好的环保、安全和质量等意识。

三、零件图样

根据 L–Z 型配合件检测要求，如图 2–2 所示，完成图 2–3 所示的测量工作。

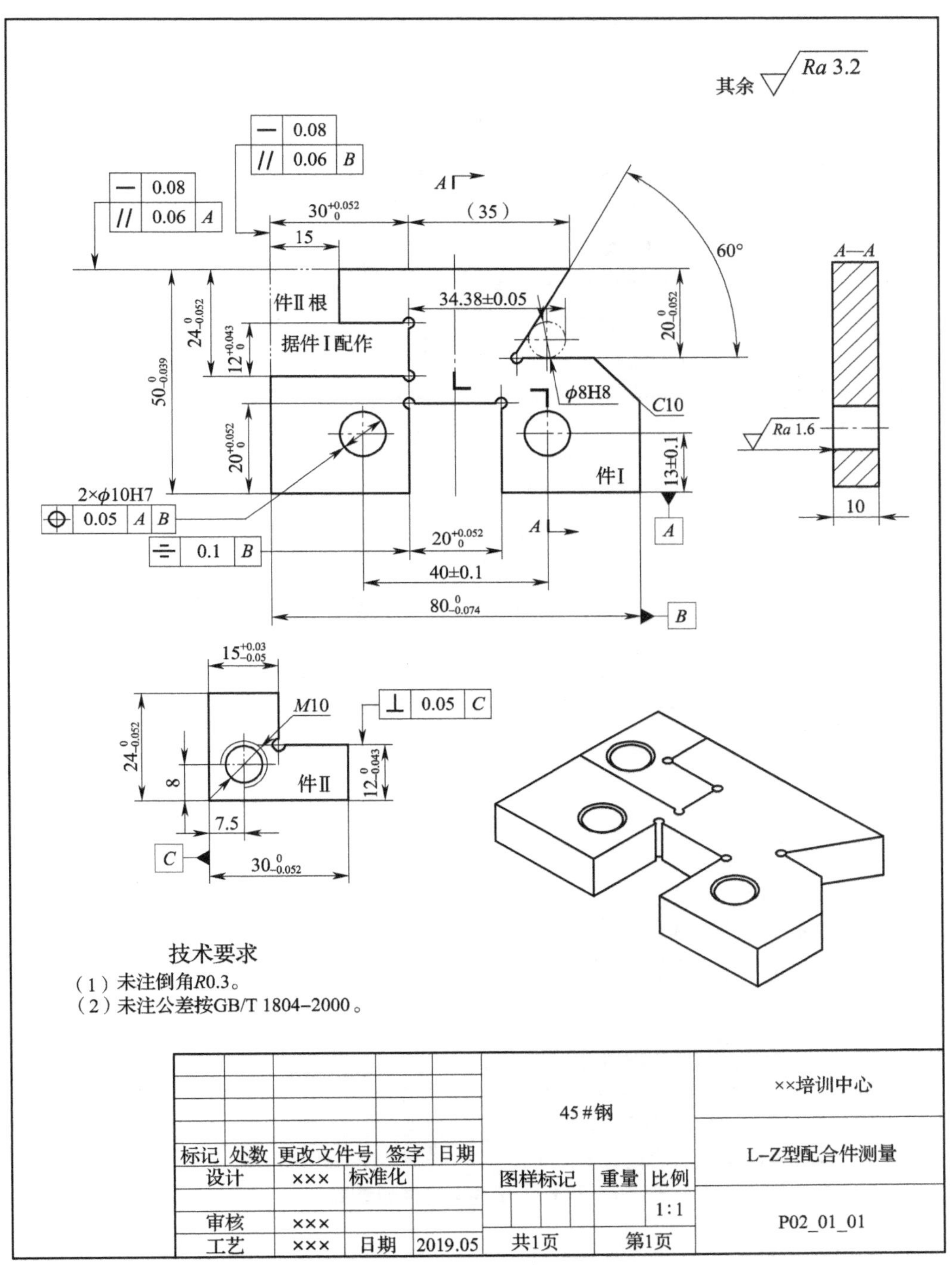

图 2-2　L-Z 型配合件图样

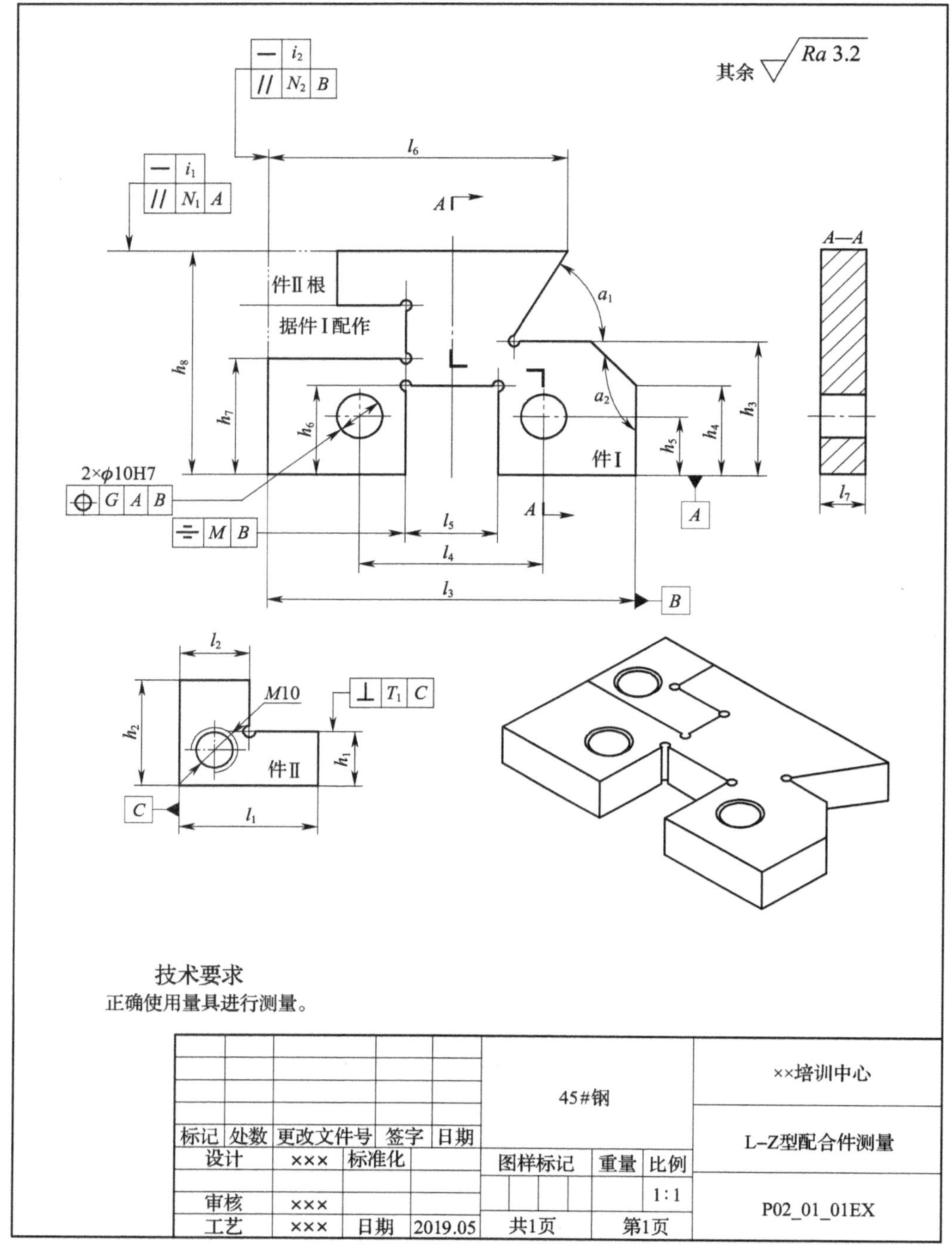

图 2-3 L-Z 型配合件测量图

可以使用以下资源：

（1）手动加工区域现场（量具）5S 管理规范和检查表、TPM 管理规范和点检表；

（2）培训中心管理规范及学员培训须知；

（3）量具使用指导书；

（4）被测量零件图；
（5）网络教学资源；
（6）测量工具及被测零件。

位置	数量	单位	名称	标准	材料	零件	备注
2	1	个	L 型零件		45#钢		已加工
1	1	个	Z 型零件		45#钢		已加工

任务提示

一、工作方法

- 阅读工作任务书及被测零件图后，回答引导问题，可以使用的材料有 5S 和 TPM 管理规范文件、培训中心管理规范文件、量具使用操作指导书、5S 和 TPM 相关表格、工具手册、法律法规文件、课程资源网等
- 以小组讨论的形式完成工作计划
- 按照工作计划，完成被测零件测量工具及材料计划表，编写 L-Z 型配合件测量工作流程表，对于不清楚的问题，请先尽量自行解决或向小组成员请教，如无法解决再与培训教师进行讨论
- 根据量具指导文件完成 L-Z 型配合件的测量工作
- 填写 5S 和 TPM 相应表格
- 对照规范文件，评价个人完成手动加工区域 5S 和 TPM 现场管理的情况，并运用雷达图分析存在的问题，利用 PDCA 工具改善自身存在的不足
- 与培训教师讨论，进行工作总结

二、工作内容

- 查阅尺寸公差与配合相关内容
- 收集游标卡尺类、千分尺类、角度尺类等常用量具的必要信息
- 查找表面粗糙度检测方法的相关信息
- 阅读量具使用指导书
- 分析 L-Z 型配合件图样以及被测要素，结合提供的检测工具，完成工作计划
- 使用各种量具测量零件并记录测量值
- 做好量具、工具以及现场的 5S 和 TPM 管理
- 填写 5S 和 TPM 相应表格
- 完成自检和自评
- 遵循培训中心培训安全规范

三、工、量、辅具及相关资料

- 5S 管理规范文件
- TPM 管理文件
- 5S 和 TPM 表格
- 量具使用指导书
- 游标卡尺
- 千分尺
- 百分表和千分表
- 万能角度尺
- 量块
- 正弦规
- 塞尺
- 表面粗糙度样板
- 划线平板

四、知识储备

- 公差与配合的相关知识
- 游标卡尺类量具的相关知识

- 千分尺类量具的相关知识
- 万能角度尺的相关知识
- 百分表、千分表的相关知识
- 正弦规的相关知识
- 表面粗糙度样板的相关知识
- 量具清洁保养知识

五、注意事项与工作提示

- 个人劳保用品穿戴要遵守 5S 管理要求
- 使用量具时要遵守使用指导书要求
- 量具使用时应该轻拿轻放
- 量具使用时不得与其他物品相堆叠
- 对零件的检测要素进行整理，合理安排检测顺序
- 做好现场 5S 管理

六、劳动安全

- 劳保用品穿戴要遵守 5S 管理要求
- 读懂并遵照车间的安全标志行事
- 零件先去毛刺后再测量，以免毛刺刺手

七、环境保护

- 参照《简明机械手册》相应章节的内容
- 碎屑和废弃物应放置在指定废弃处

八、成本估算

- 根据测量工时、人工等费用，简单估算成本，进行简单经济核算

工作过程

一、信息

A1 得分：　　/ 200

（中间成绩 A1 满分 200 分，10 分 / 题）

（1）完成 L 型零件图绘制（绘图比例 2∶1）。

（2）如图 2-4 所示，完成 Z 型零件图尺寸标注。

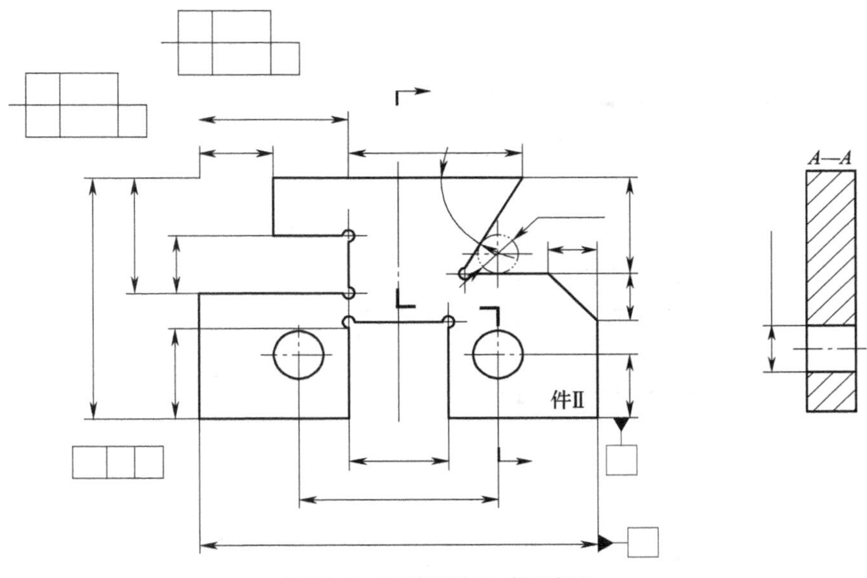

图 2-4　Z 型零件尺寸标注图

（3）根据图 2-5 所示 L 型块中尺寸标注，完成各尺寸计算。

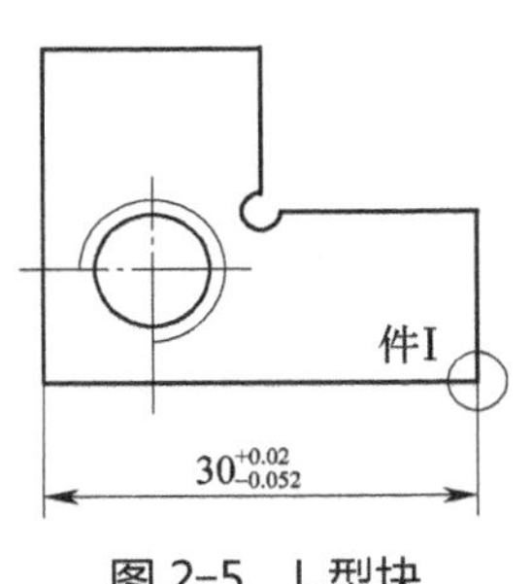

图 2-5　L 型块

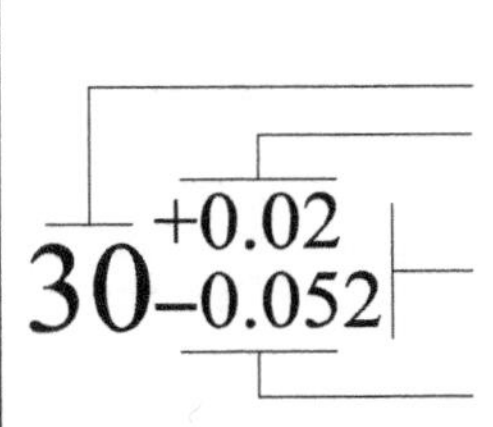

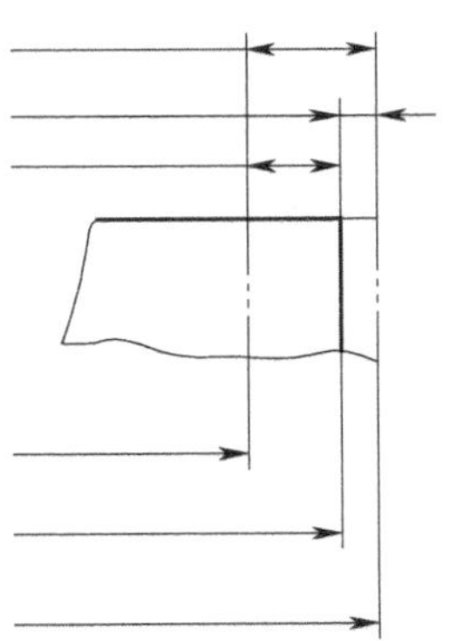

名称	公式计算
T	

（4）根据图 2-2 所示 L-Z 型配合件图样尺寸标注值，完成表 2-1 中各公差尺寸的计算。

表 2-1　公差尺寸数值计算表

公差尺寸	公称尺寸（N）	最大极限尺寸	最小极限尺寸	上极限偏差	下极限偏差	公差（T）
7.5						

（5）如图 2-6 所示，查标准公差数值表，完成下列公差值计算后，在图上进行标注，并将数值填入表 2-2 中。

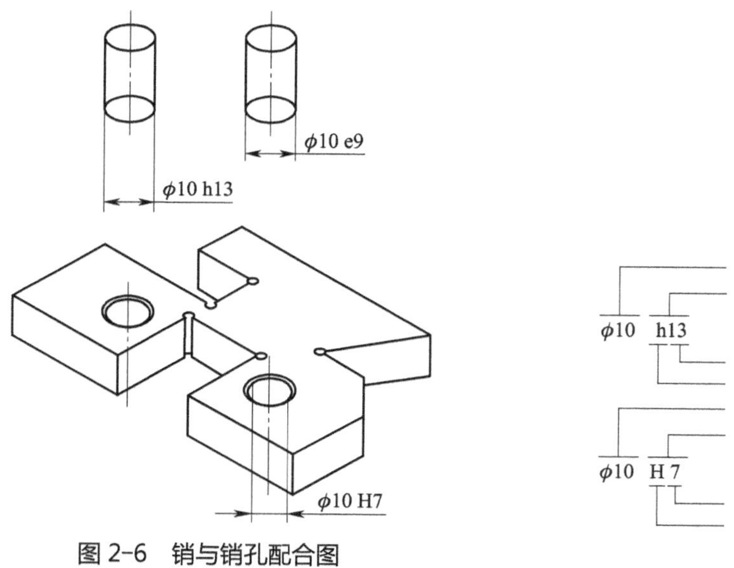

φ10　h13

φ10　H 7

图 2-6　销与销孔配合图

表 2-2　数值表

	轴	孔	轴
公差尺寸			
公称尺寸（N）			
上极限偏差			
下极限偏差			
最大极限尺寸			
最小极限尺寸			
公差			
最大配合			
最小配合			
配合公差			
配合类型			

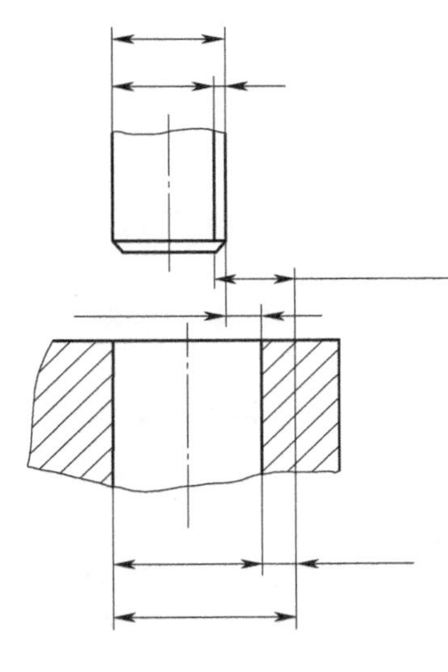

（6）根据孔、轴的极限偏差，直接判断其配合类型；在表 2-3 中，画出其公差带图（孔画剖面线，轴涂黑，长度相等）；列式计算出最大、最小间隙或过盈（括号内不要的字打叉）

表 2-3　公差配合表

<table>
<tr><th>孔或轴极限偏差</th><th>配合类型</th><th>孔公差带、轴公差带</th><th>值</th></tr>
<tr><td>孔：</td><td rowspan="2">（　）配合</td><td rowspan="2">+
0
−</td><td rowspan="2">最大（间隙、过盈）
=
最小（间隙、过盈）
=</td></tr>
<tr><td>轴：</td></tr>
<tr><td>孔：</td><td rowspan="2">（　）配合</td><td rowspan="2">+
0
−</td><td rowspan="2">最大（间隙、过盈）
=
最小（间隙、过盈）
=</td></tr>
<tr><td>轴：</td></tr>
<tr><td>孔：</td><td rowspan="2">（　）配合</td><td rowspan="2">+
0
−</td><td rowspan="2">最大（间隙、过盈）
=
最小（间隙、过盈）
=</td></tr>
<tr><td>轴：</td></tr>
</table>

（7）查阅《机械制造工程基础》，说明几何公差标注的含义。

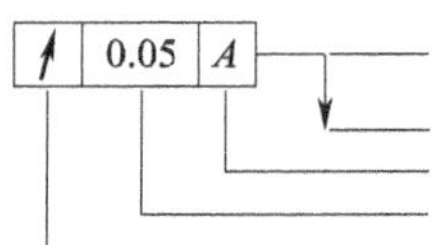

（8）解释 L-Z 型配合件图样中所标注几何公差的含义。

1）[— | 0.08] [// | 0.06 | A]：被测要素为________，公差为________，基准要素为________。

2）[⌯ | 0.1 | B]：被测要素为________，公差为________，基准要素为________。

3）[⊥ | 0.05 | C]：被测要素为________，公差为________，基准要素为________。

（9）请说明表面粗糙度符合 $\sqrt{Ra\ 3.2}$ 的含义。

（10）填写游标卡尺结构名称、测量精度及读数。

1）写出游标卡尺的结构名称。

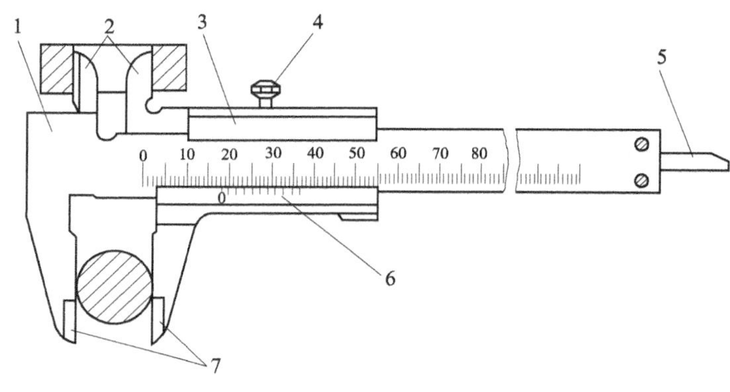

1. ________________

2. ________________

3. ________________

4. ________________

5. ________________

6. ________________

7. ________________

2）填写尺类名称及测量精度。

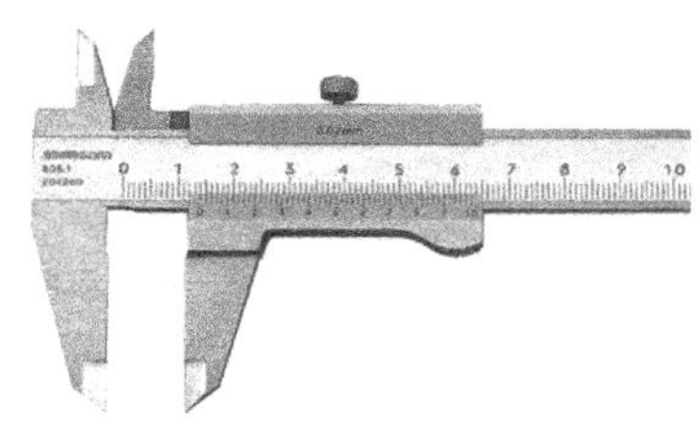

名称：

精度：

名称：

精度：

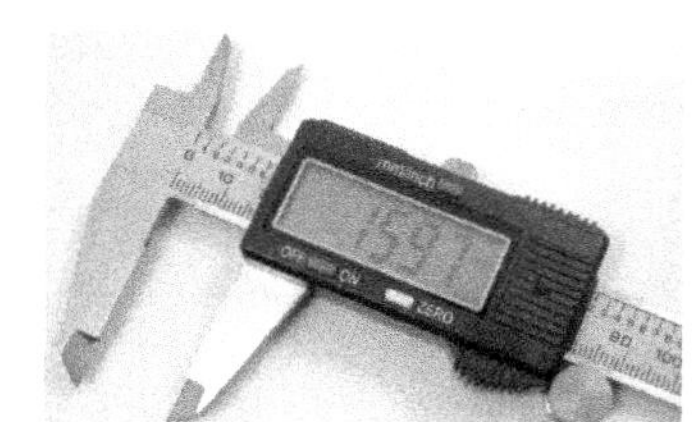

名称：

精度：

3）根据游标零位和游标卡尺测量数字，分别确定精度和具体测量尺寸。

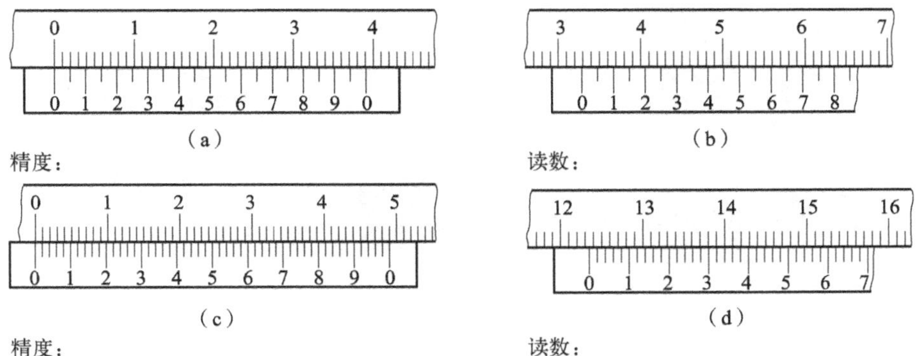

精度：　　　　读数：

精度：　　　　读数：

（11）填写千分尺结构名称、测量精度及读数。

1）写出千分尺的结构名称。

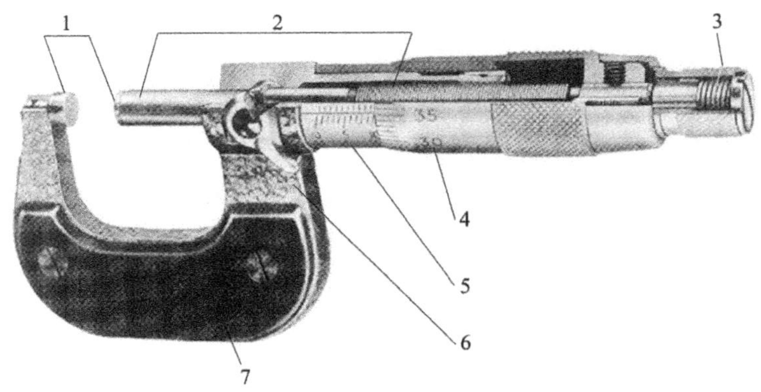

千分尺结构图

1. ________
2. ________
3. ________
4. ________
5. ________
6. ________
7. ________

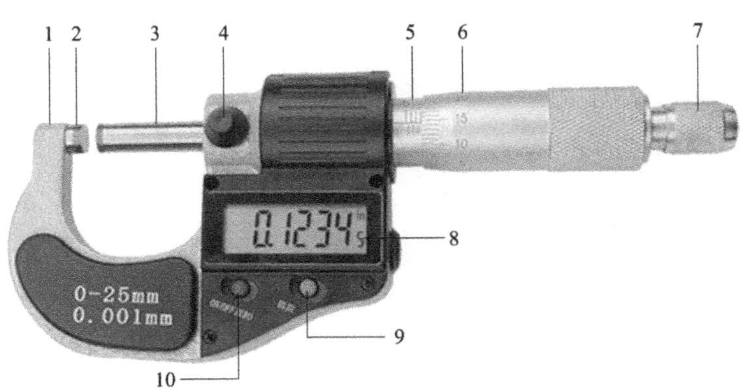

数显千分尺结构图

1. ________
2. ________
3. ________
4. ________
5. ________
6. ________
7. ________
8. ________
9. ________
10. ________

2）填写尺类名称及测量精度。

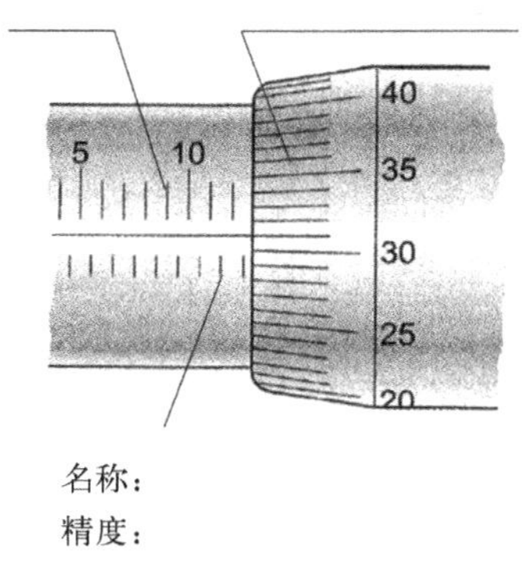

名称：
精度：

名称：
精度：

3）根据千分尺零位和测量数字，分别确定精度和具体测量尺寸。

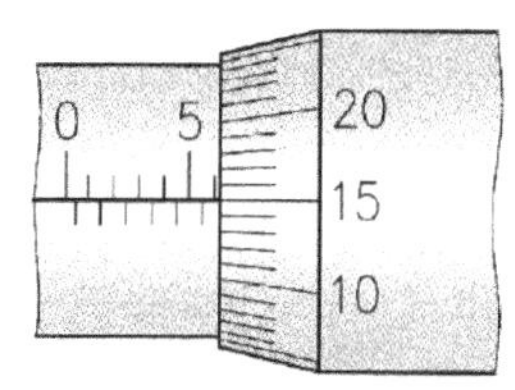

读数：

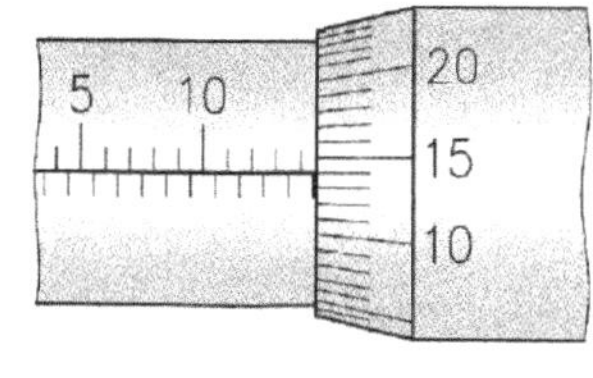

读数：

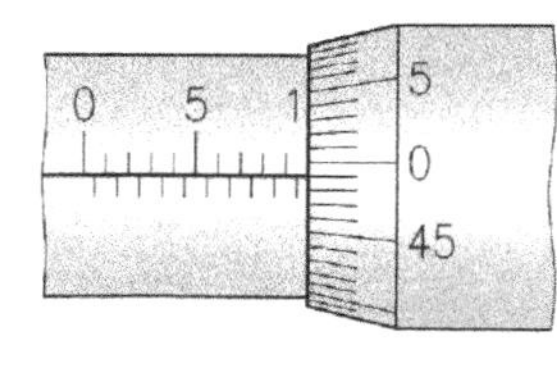

读数：

（12）填写万能角度尺结构名称、测量精度及读数。

1）写出Ⅰ型万能角度尺的结构名称。

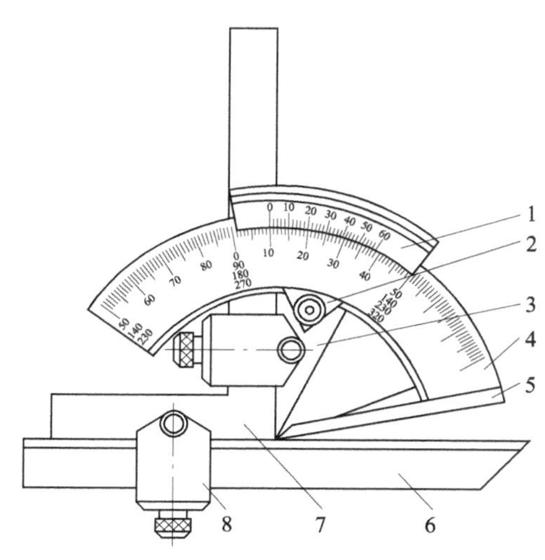

1. ______

2. ______

3. ______

4. ______

5. ______

6. ______

7. ______

8. ______

2）填写Ⅰ型万能角度尺测量范围。

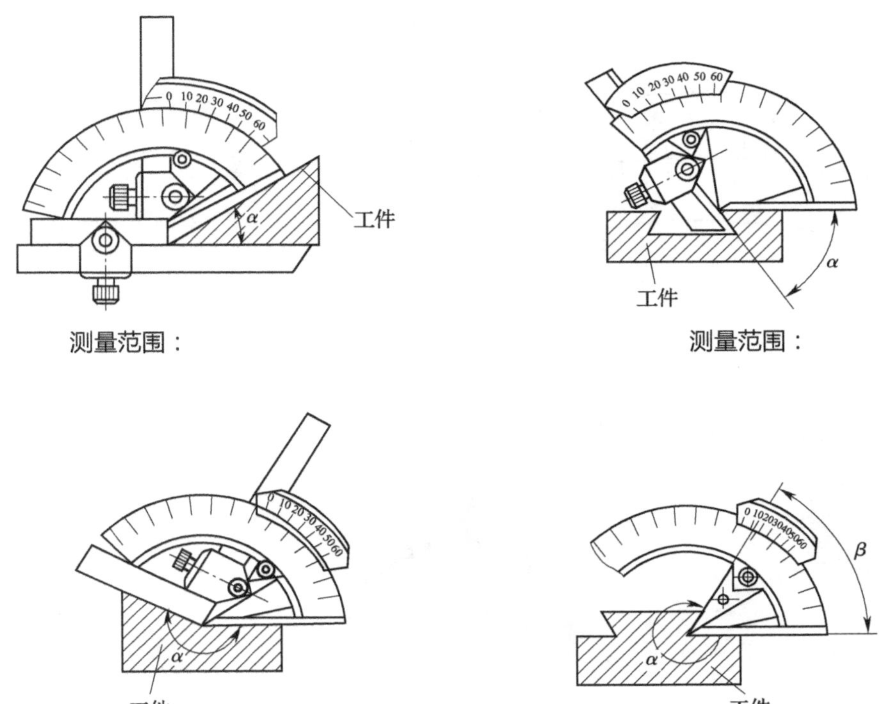

测量范围：　　　　　　　　测量范围：

3）写出Ⅱ型万能角度尺的结构名称。

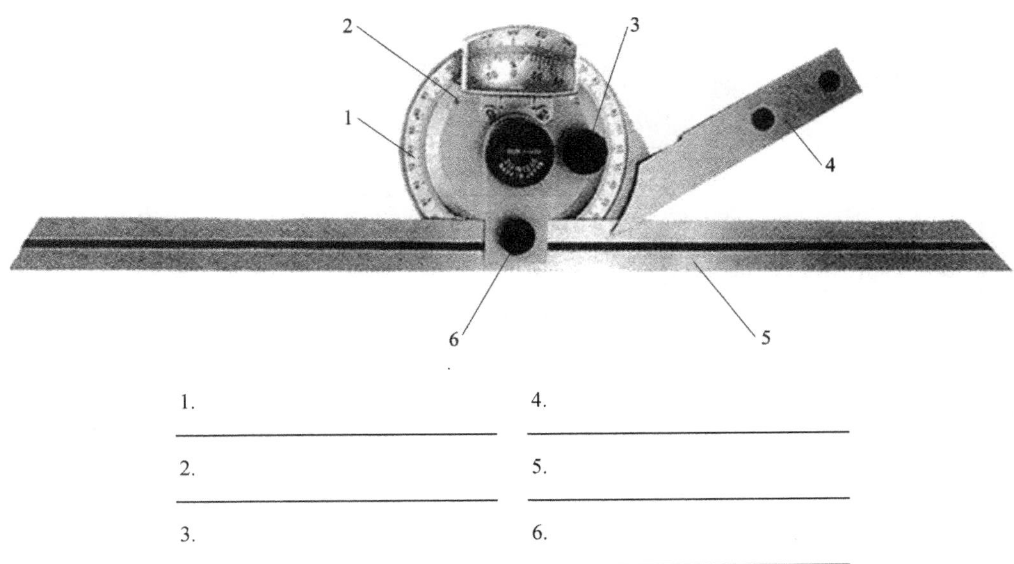

1. ________	4. ________
2. ________	5. ________
3. ________	6. ________

4）写出Ⅰ、Ⅱ型万能角度尺的角度及精度的读数。

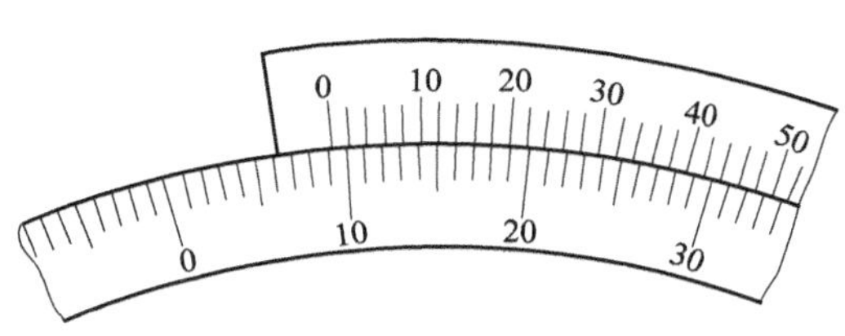

Ⅰ型万能角度尺

角度：
精度：

Ⅱ型万能角度尺

角度：
精度：

（13）填写各表结构名称、测量精度及读数。

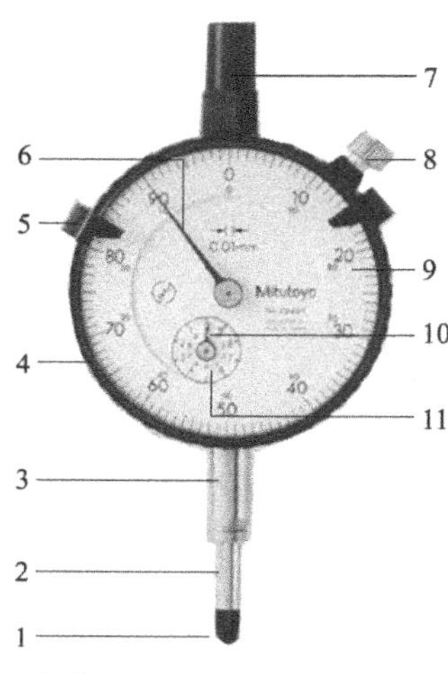

名称：
精度：
结构：1. ____2. ____
3. ______4. ____5. ____
6. ____7. ____8. ____
9. ____10. ____11. ____
刻度：① 大刻度盘最小刻度间隔：1 格 =____mm；
② 小刻度盘最小刻度间隔：1 格 =____mm

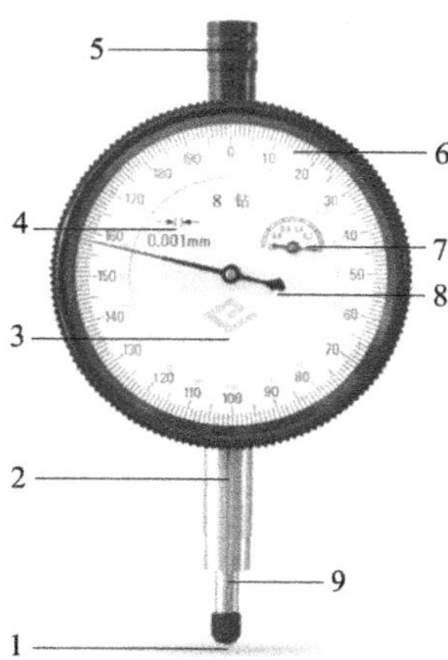

名称：
精度：
结构：1. ____2. ____
3. ____4. ____5. ____6. ____
7. ____8. ____9. ____
刻度：① 大刻度盘最小刻度间隔：1 格 =____mm；
② 小刻度盘最小刻度间隔：1 格 =____mm

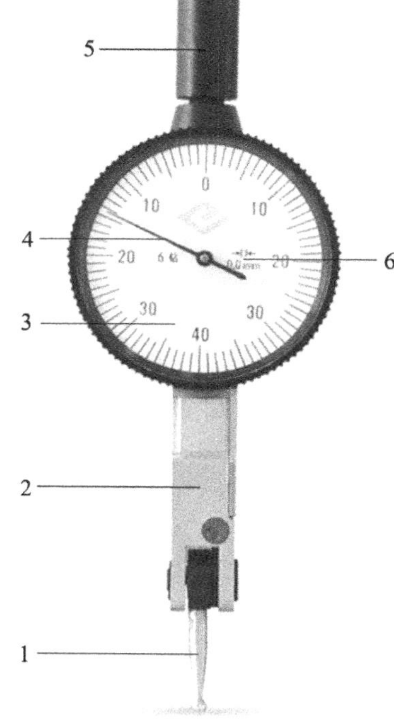

名称：
精度：
结构：
1. ____2. ____3. ____
4. ____5. ____6. ____

(14) 填写各表座的结构名称。

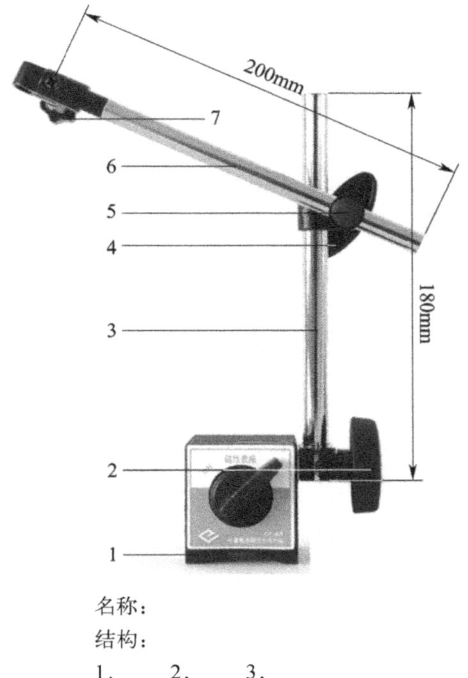

名称：

结构：

1. ____2. ____3. ____

4. ____5. ____6. ____7. ____

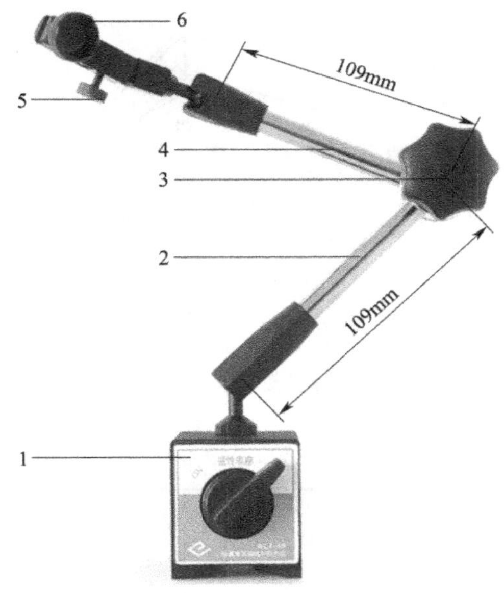

名称：

结构：

1. ____2. ____3. ____

4. ____5. ____6. ____

(15) 填写螺纹塞规和环规各标识参数的含义。

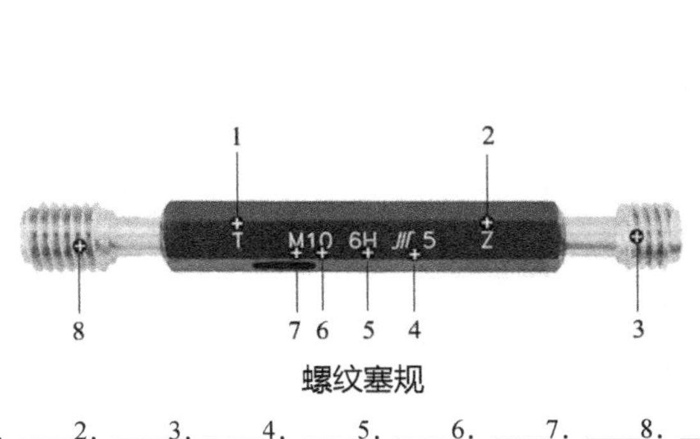

螺纹塞规

1. ____2. ____3. ____4. ____5. ____6. ____7. ____8. ____

螺纹环规

1. ____2. ____3. ____4. ____5. ____6. ____

(16) 填写光滑塞规各标识参数的含义。

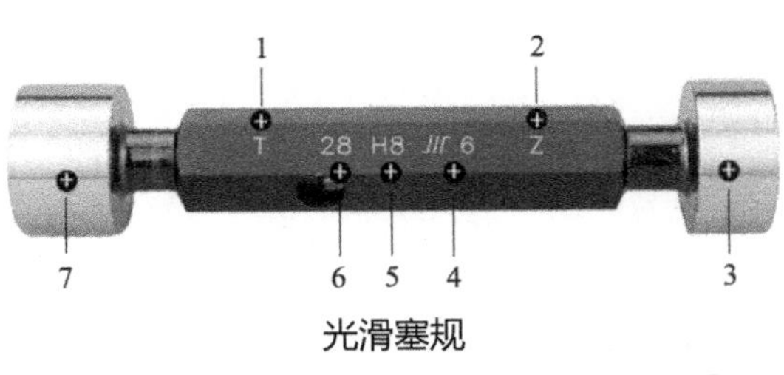

光滑塞规

1. ____2. ____3. ____4. ____5. ____6. ____7. ____

（17）填写正弦规结构名称和规格，并写出正弦规测量尺寸的公式。

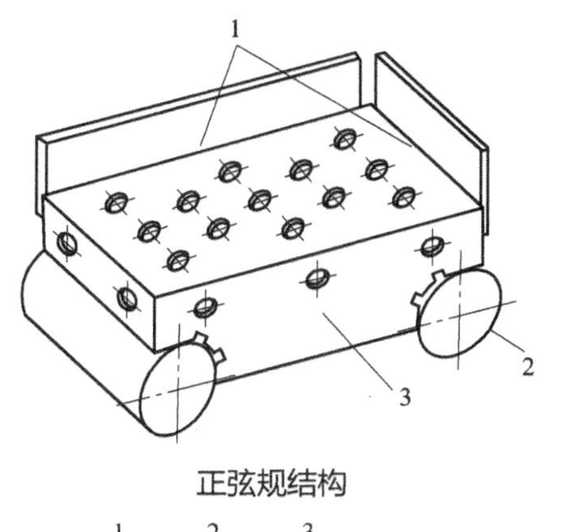

正弦规结构

1．____2．____3．____

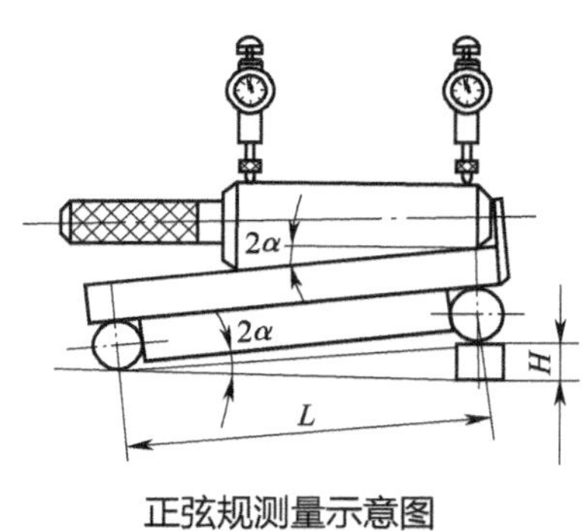

正弦规测量示意图

公式：

两圆柱中心距离 /mm	圆柱直径 /mm	工作台宽度 /mm		精度等级
		窄型	宽型	

式中：

2α：____；

H：____；

L：____。

正弦规规格：

（18）对照粗糙度比较样板，填写表 2-4 中的粗糙度值。

表 2-4　不同加工方式的粗糙度值

加工方式	表面粗糙度值 1	表面粗糙度值 2	表面粗糙度值 3	表面粗糙度值 4
车床				
刨床				
平铣				
立铣				
外圆磨				
平面磨				
研磨				

（19）请用思维导图方式表达卡尺、千分尺、角尺、百分表、千分表、量块、表面粗糙度比较样板有哪些？

（20）请说明游标卡尺、千分尺、杠杆百分表等量具的使用维护与保养原则。

二、计划

A2 得分：　　/100

（中间成绩 A2 满分 100 分，50 分 / 题）

1．小组讨论后，完成工作计划流程表

工作计划流程表				
工件名称：		工件号：		
序号	工作步骤 / 事故预防措施	材料表（机器、工具、刃具、辅具）	安全环保	工作时间 / 小时
1				
2				
3				
4				
5				
6				
7				
8				
9				
10				
11				
12				

2. 工、量、刃、辅具及材料表

序号	种类	名称	规格	精度	数量	单位	备注

三、决策

A3 得分：　　/ 100

（中间成绩 A3 满分 100 分，每少一步扣 5 分，扣完为止）

小组讨论（或培训教师点评）后，最终确定工作计划，填写可实施的工艺流程工作页。

工艺流程工作页

序号	工序名称	工序内容 请使用直尺自行分割以下区域	设备	夹具	工具	量具	辅具	劳动保护及环保	工作时间/小时

四、实施

A4 得分：　　/ 60

（中间成绩 A4 满分 60 分，30 分 / 题）

（1）实施过程记录表。

步骤	工作内容	是否执行
1	按要求布置测量现场	
2	按量具使用要求进行测量工作	
3	做好测量登记工作	
4	记录使用的量具、测量结果	
5	做好量具 5S 检查表和 TPM 点检表	
6	做好测量现场 5S 管理	

（2）记录实施过程中出现的与决策结果不一致的情况以及出现异常的情况。

原计划：	实际实施：
（1）	（1）

五、检查

A5 得分：　　/ 110

学生与培训教师分别用量具或者量规检查被测零件，评价是否达到要求的质量特征值，并分别把测量的实际尺寸和是否完成特征值的判断结果填入“学生自评”和“教师评价”栏。

重要说明

- 当“学生自评”和“教师评价”一致时得 10 分，否则得 0 分；
- 不考虑学生自己测得的实际尺寸是否符合尺寸要求；
- “学生自评”的意义是对学生检测自己使用量具测量准确性和数据记录完整性的能力进行判断，而与各零件是否达到精度要求及功能要求无关；
- 灰底处由培训教师填写。

检查记录表

序号	件号	特征值	图样尺寸	学生自评			教师评价			评分记录
				实际尺寸	完成特征值		实际尺寸	完成特征值		
					是	否		是	否	
1	1	长度								
2	1	宽度								
3	1	高度								
4	1	凹槽宽度								
5	1	凹槽深度								
6	1	孔距								
7	1	角度								
8	1	对称度								
9	1	孔径								
10	1	配合间隙								
11	2	长度								

中间成绩：

评分等级：10 分或 0 分

（A5 满分 110 分，10 分 / 题）

A5

六、评价

B1 得分： /0	B2 得分： /170

重要说明：灰底处无须填写。

1．完成功能和目测检查

序号	件号	项目	功能检查	目测检查
1	1/2	正确使用游标卡尺		
2	1/2	正确使用千分尺测量		
3	1	万能角度尺的角度组合使用		
4	1/2	量块使用		
5	1/2	百分表使用		
6	1	正弦规使用		
7	1	光滑塞规使用		
8	2	螺纹塞规使用		
9	1/2	塞尺使用		
10	1/2	粗糙度比较样板使用		
11	1/2	零件加工表面质量		
12	1/2	工件清角、锐边倒钝		
13	1/2	实训过程中符合 5S 管理规范		
14	1/2	5S 管理执行效果		
15	1/2	量具 5S 检查表填写情况		
16	1/2	TPM 管理执行效果		
17	1/2	量具 TPM 点检表填写情况		
		中间成绩：（B1 满分 0 分，B2 满分 170 分，10 分 / 项）		
			B1	B2

评分等级：10-9-7-5-3-0 分

2. 完成尺寸检验

B3 得分： / 20 **B4 得分： / 200**

序号	件号	项目	偏差	实际尺寸	精尺寸	粗尺寸
1	1	长度	0 mm/-0.074 mm			
2	1	孔距	±0.1 mm			
3	1	凹槽长度	0.052 mm/0 mm			
4	1	厚度	±0.1 mm			
5	1	燕尾槽高度	0 mm/-0.052 mm			
6	1	高度	0 mm/-0.039 mm			
7	1	铰孔	H8			
8	1	对称度	0.1 mm			
9	1	两孔位置度	0.05 mm			
10	1	燕尾角度槽角度	±0.5°			
11	2	台阶高	0 mm/-0.043 mm			
12	2	高度	0 mm/-0.052 mm			
13	2	长度	0 mm/-0.052 mm			
14	2	凸台长度	0.03 mm/-0.05 mm			
15	2	垂直度	0.05 mm			
16	2	M10 螺纹				
17	1/2	配合后平行度	0.06 mm			
18	1/2	配合后直线度	0.08 mm			
19	1/2	配合后平行度	0.06 mm			
20	1/2	配合后直线度	0.08 mm			
21	1/2	配合后长度	0.052 mm/0 mm			
22	1/2	配合间隙	≤ 0.06 mm			
				中间成绩：		
					B3	B4

3. 计算工作页评价成绩和技能操作成绩

（各项“百分制成绩”=“中间成绩 1”÷“除数”；“中间成绩 2”=“百分制成绩”×“权重”；“工作页评价成绩”和“技能操作成绩”分别为各项的中间成绩 2 之和）

序号	工作页评价	中间成绩 1		除数	百分制成绩	权重	中间成绩 2
1	信息	A1		2		0.3	
2	计划	A2		1		0.2	
3	决策	A3		1		0.1	
4	实施	A4		0.6		0.3	
5	检查	A5		1.1		0.1	
						工作页评价成绩：（满分 100 分）	Feld 1

Feld 1 得分：　　/ 100

序号	技能操作	中间成绩 1		除数	百分制成绩	权重	中间成绩 2
1	功能检查	B1					
2	目测检查	B2		1.7		0.35	
3	精尺寸	B3		2		0.6	
4	粗尺寸	B4		0.2		0.05	
						技能操作成绩：（满分 100 分）	Feld 2

Feld 2 得分：　　/ 100

4. 项目总成绩

（各项“中间成绩”=“中间成绩 2”×“权重”；“总成绩”为各项“中间成绩”之和）

序号	成绩类型	中间成绩 2		权重	中间成绩
1	工作页评价	Feld 1		0.3	
2	技能操作	Feld 2		0.7	
				项目总成绩：（满分 100 分）	总成绩

项目总成绩：　　/ 100

总结与提高

一、汇总分析并绘制雷达图

序号	工作页评价	百分制成绩	雷达图
1	信息 A1		100 信息 80 60 40 20 0 计划 决策 实施 检查 功能 目测 精尺寸 粗尺寸
2	计划 A2		
3	决策 A3		
4	实施 A4		
5	检查 A5		
6	功能检查 B1		
7	目测检查 B2		
8	精尺寸检验 B3		
9	粗尺寸检验 B4		

二、自我评价与总结

（1）根据雷达图显示，说明其存在的问题，分析原因并提出改进措施。

存在问题	原因分析	改进措施

（2）利用思维导图方法绘制本次任务内容以及零件检测方案。

（3）本次任务中，你对自己哪些方面做得比较满意？

（4）你觉得哪些地方没有做好？如果重新做，你会注意哪几个方面？

（5）对于零件检测方面，你觉得哪些量具比较复杂？你还有哪些不清楚的地方？你认为哪些方面还需要改进？

三、思考与练习题

1．填空题

（1）量具按其用途和特点可分为________量具、________量具和________量具三种类型。

（2）测量方法有________和________两种。

（3）游标每小格为 49/50 mm 的游标卡尺，尺身每小格为________mm，两者之差为________mm，其测量精度为________。

（4）百分表的测量杆是做________移动的，可用来测量________尺寸，所以它也是测量工具。

（5）万能角度尺是用来测量精密零件的________或进行________的角度量具，可以测量________的任何角度。

2．选择题

（1）图 2–7 所示千分尺的读数为（　　）。

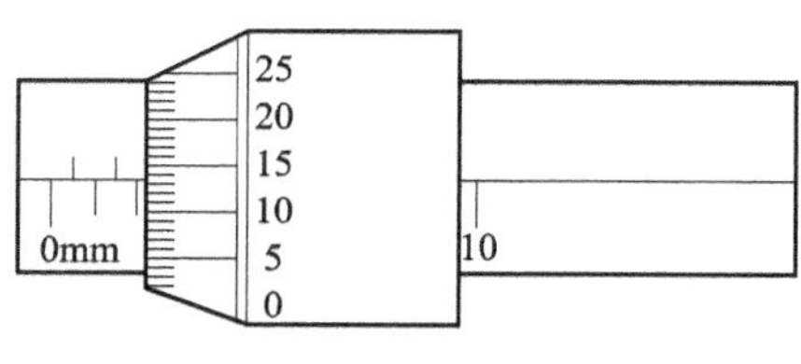

图 2–7　千分尺读数

A．2.136 mm　　B．2.636 mm　　C．2.164 mm　　D．21.36 mm

（2）图 2–8 所示游标卡尺的读数为（　　）。

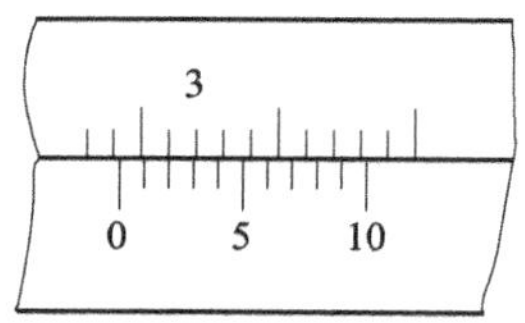

图 2–8　游标卡尺读数

A．2.94 mm　　B．29.4 mm　　C．2.92 mm　　D．29.2 mm

（3）图 2–9 所示是一把（　　）。

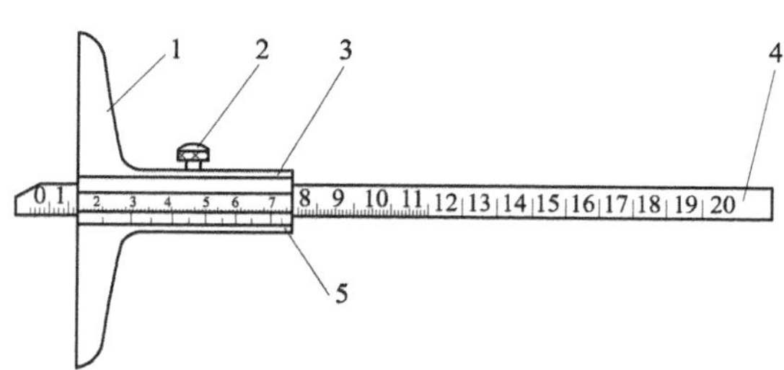

图 2–9　尺结构示意图

A．深度尺　　B．高度尺　　C．内径千分尺　　D．壁厚千分尺

（4）用 I 型 2′ 万能角度尺对一角度进行测量，游标上第 8 根刻度线与基尺上面的 20

对齐，那么这个角度的大小可能是（　　）。

A. 20°　　B. 12° 16′　　C. 20° 16′

（5）如图 2-10 所示，百分表的读数是（　　）。

A. 0.81 mm　　B. 8.1 mm　　C. 1.81 mm　　D. 81 mm

图 2-10　百分表读数

（6）下列量具不是万能量具的是（　　）。

A. 千分尺　　B. 百分表　　C. 正弦规

（7）（　　）不能读出被测零件的实际尺寸数，但能判断被测零件的形状以及尺寸是否合格。

A. 量块　　B. 百分表　　C. 卡规

（8）1/50 mm 游标卡尺，当它的两个零刻线重合时，游标上第 50 根刻度线与尺身上（　　）mm 对齐。

A. 49　　B. 39　　C. 19

（9）发现精密量具出现不正常现象时应（　　）。

A. 报废　　B. 及时送交计量检修单位检修　　C. 继续使用

（10）正弦规是利用三角函数中的（　　）与量块配合校验工件角度和锥度的。

A. 正弦关系　　B. 余弦关系　　C. 正切关系　　D. 余切关系

3. 判断题

（1）百分表和千分尺的精度都是 0.01 mm，所以在使用的时候它们可以互相顶替使用。（　　）

（2）游标卡尺是一种中等精度的量具，可直接测量出工件的内径、外径、长度、宽度、深度等。（　　）

（3）量具在使用过程中，为了使用更方便，可放在机床上。（　　）

（4）选用量具的精密度越高，其测量准确度就越高。（　　）

（5）测量完毕，可以让杠杆百分表测头与被测表面继续接触放置。（　　）

（6）百分表是一种指示式量具，主要用来测量工件的尺寸和位置误差。（　　）

（7）在机床低速运动时，可用卡尺等量具去测量工件。（　　）

（8）内径千分尺的刻线方向与普通千分尺的刻线方向相反。（　　）

（9）温度对测量的结果影响很大，精密测量一定要在 20℃左右进行。（　　）

（10）当使用百分表感觉不灵活时，可用手敲打。（　　）

4．使用不同量具对图 2-11 所示零件进行准确测量。

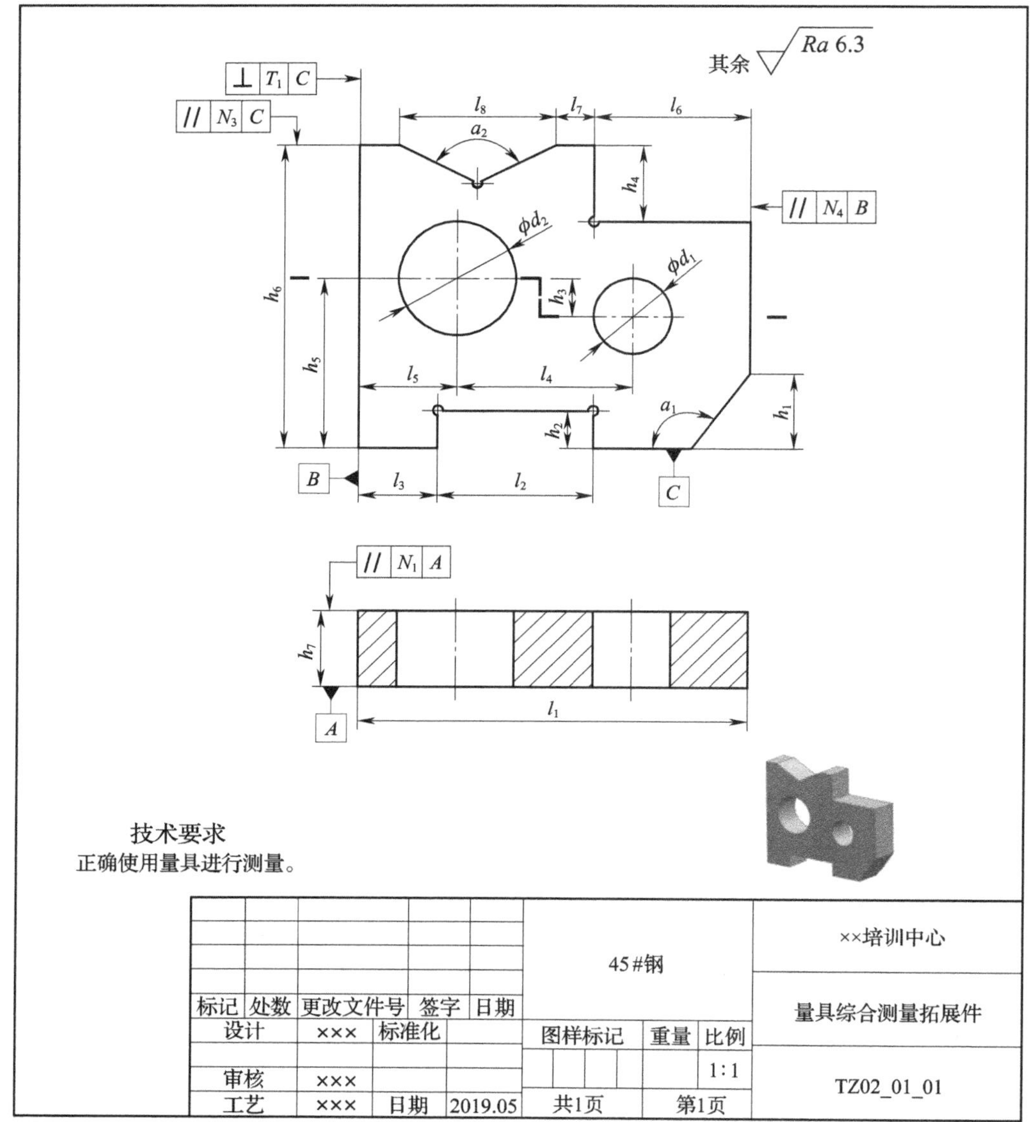

图 2-11　测量零件图

四、任务小结

通过本任务的学习，学生能合理地选用和正确地使用各种量具来检测零件，判别零件的加工质量；会对常用量具进行日常保养。

本任务所涉及的理论知识可参阅“知识库”。

知识提示：

（1）量具种类；

（2）钳工常用量具；

（3）游标卡尺的相关知识；
（4）千分尺的相关知识；
（5）百分表 / 千分表的相关知识；
（6）角度尺的相关知识；
（7）正弦规的相关知识；
（8）量块的相关知识；
（9）塞规的相关知识；
（10）表面粗糙度样板的相关知识；
（11）量具的使用维护与保养的相关知识。

项目 3
笔架手动加工

工作任务书

岗位工作过程描述	接受笔架的手动加工作业任务书后，需对笔架部件进行工艺规划，包括笔架上每个零件的手动加工、安装、调试、检测；制订工作步骤，如备齐图样、工具、刃具、设备、量具等；去仓库领取物料、工量具；安排加工、安装、调试、检测的步骤等
学习目标	（1）明确笔架手动加工要求，确立笔架手动加工总体方案，获得加工装配检测总体印象； （2）会根据笔架的手动加工做出规划，确定笔架部件手动加工材料、设备、工具、刃具、量具等； （3）能够描述初级钳工应完成的工作内容与流程，明确学习目标； （4）注意手动加工操作中的各安全事项； （5）能做好现场 5S 及 TPM 管理
学习过程	信息：接受工作任务，根据引导问题，通过工作过程知识、机械零件图样、简明机械手册、引导文、网络信息等，获取笔架手动加工的有关信息及工作目标总体印象。 计划：根据工件表中零件的数量、尺寸和材料，准备工具、刃具、量具和设备，明确加工顺序、时间、安全和环保等信息，与小组成员或培训教师讨论怎样进行笔架各零件的加工、装配及检测。 决策：与培训教师进行专业交流，回答问题，确认材料表、工具表及工作流程表，并查看检查要求和评价标准。 实施：按确定的工作流程进行各零件的加工，并完成零件装配；在此过程中发现问题，与小组成员共同分析，调整加工步骤，遇到无法解决的问题时请培训教师帮助解决。 检查： （1）检查笔架各零件加工质量、笔架装配质量； （2）检查现场 5S 及 TPM 管理情况。 评价： （1）完成笔架零件的加工和装配质量评价； （2）与小组成员、培训教师进行关于评分分歧及原因、工作过程中存在的问题、技术问题、理论知识等方面的讨论，并勇于提出改进建议

续表

行动化 学习任务	任务 1：各零件的划线。用数字钢印在基准面上打标识，应用划针、钢直尺、角尺、样冲和分规在各加工材料上划加工图形，用样冲在划线上冲眼； 任务 2：完成笔架支撑架的锯削、锉削、钻孔等加工； 任务 3：完成笔架底板的锯削、钻削、錾削、钻孔、螺纹等加工； 任务 4：完成笔架装配； 任务 5：以上各任务都要遵守现场 5S 及 TPM 管理要求，完成各表的填写，养成持续改进的好习惯
工作学习 成果	完成笔架零件装配，如图 3-1 所示。 图 3-1　笔架装配图 1—支撑架；2—底座；3—沉头螺钉

位置	数量	单位	名称	标准	材料	毛坯 /mm	备注
1	1	个	支撑架	U 型槽钢	Q235	U63 × 90	
2	1	个	底座	扁钢	45#钢	72 × 52 × 10	
3	2	个	十字槽沉头螺钉	GB/T 819.1—2000	Q235	M3 × 12	

项目分解

笔架的材质一般为瓷、木、紫砂、铜、铁、玉、水晶等。目前，笔架作为办公室办公人员放置笔的常用文具，既要实用又要美观。为了使笔架达到既实用又美观的要求，对笔架进行制作分析，并将所学的钳工操作技术在笔架加工中进行应用。

支撑架上有不同大小的孔，孔的大小是由笔的直径来确定的。通过沉头螺钉连接底座。当底座放置在桌面后，笔就可以搁置在支撑架孔内。

笔架手动加工项目共有 8 个子任务，具体如图 3-2 所示。

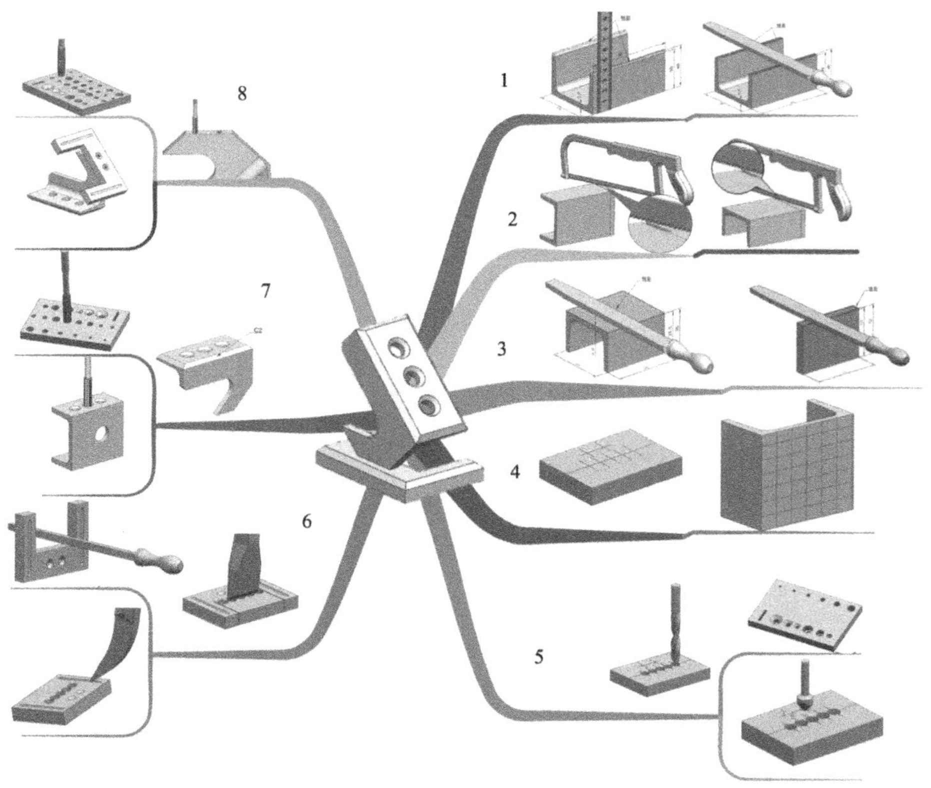

图 3-2 笔架手动加工任务分布图

项目 3　笔架手动加工 任务 1　U 型槽钢简单划线及双支撑面锉削	姓名：	班级：
	日期：	页码：

任务 1　U 型槽钢简单划线及双支撑面锉削

任务描述

一、任务背景

支撑架是笔架的重要组成部分，其毛坯材料是 U 型槽钢，毛坯如图 3-3 所示。

本次任务要求完成笔架支撑架基础加工练习 1，具体内容为 U 型槽钢的双支撑面划线、打样冲、水平面锉削以及 U 型槽钢打钢印，加工效果如图 3-4 所示。

图 3-3　毛坯

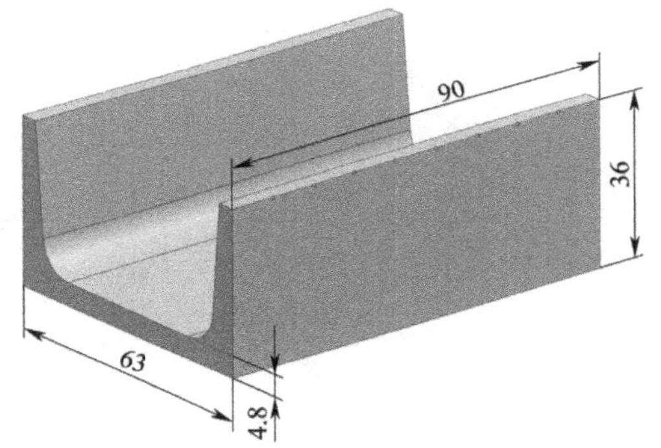

图 3-4　U 型槽钢加工效果

本任务学习时间：10 小时。

二、学习目标

1. 知识目标

（1）掌握划线的种类以及作用；
（2）掌握划线基准的选择；
（3）掌握样冲的使用方法；
（4）了解锉削的切削原理；
（5）掌握锉削主要工具的用途；
（6）熟悉正确的锉削姿势和动作要领。

2. 能力目标

（1）会使用划线工具绘制简单的加工图形；
（2）会用样冲打样冲眼；

(3) 会锉削一平面并保证加工精度；
(4) 会对划线工具、锉刀进行维护与保养；
(5) 做好现场 5S 和 TPM 管理。

3. 素质目标

(1) 具有规范的操作习惯；
(2) 具有安全健康文明生产意识和 5S 管理理念；
(3) 能与他人合作，共同学习、相互讨论、共同达到目标；
(4) 能与他人进行有效的沟通；
(5) 具有吃苦耐劳的职业精神。

三、加工图样

笔架支撑架锉削基础练习 1，如图 3-5 所示。

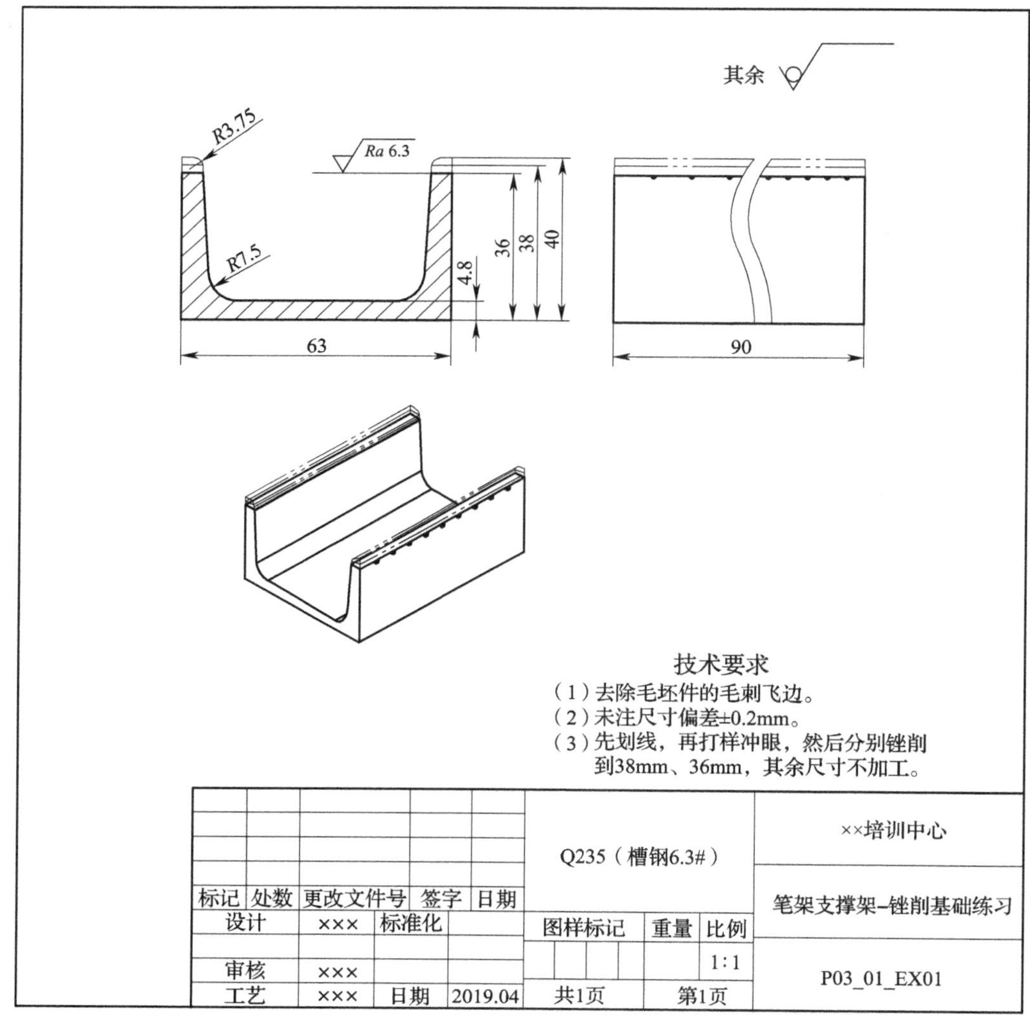

图 3-5 笔架支撑架锉削基础练习 1

可以使用以下资源：
(1) 零件图样；
(2) 网络教学资源；
(3) 操作指南；
(4) 材料。

名称	材料	单位	数量	毛坯
U 型槽钢（6.3#）	Q235	个	1	63 mm × 90 mm

任务提示

一、工作方法

- 读图后回答引导问题，可以使用的材料有工具手册、机械制造手册等
- 以小组讨论的形式完成工作计划
- 按照工作计划，完成工具、量具、刃具计划表，编写 U 型槽钢划线、锉削加工工艺卡。对于出现的问题，请先尽量自行解决，如确实无法解决，再与培训教师进行讨论
- 用手工工具加工出零件
- 运用各种检测方法对零件进行检测和评分
- 与培训教师讨论，进行工作总结。

二、工作内容

- 收集加工过程中的必要信息
- 分析零件图，完成工作计划
- 制订零件加工工艺
- 夹紧 U 型槽钢
- U 型槽钢划线、锉削、打钢印
- 工件各边去毛刺
- 观察测试平面度（冲眼要能看到一半）
- 用钢直尺或刀口尺检测平面度
- 完成自检、自评
- 进行现场 5S 和 TPM 管理，并遵循岗位安全规范操作

三、工、量具

- 钢直尺、直角尺
- 划针、样冲
- 12 寸（A300-1）粗齿平板锉
- 8 寸（A200-3）细齿平板锉
- 300 g 锤子
- 铜刷、毛刷
- 3 mm 钢印

四、知识储备

- 划线、打样冲和钢印相关内容
- 锉刀结构与类型
- 锉削技术
- U 型钢的材料牌号
- 台虎钳装夹
- 透光间隙法测量

五、注意事项与工作提示

- 以基准面为基准进行划线
- 划针的尖要顶住钢直尺或直角尺下端
- 锉削时整个锉刀都要接触锉削面
- 锉削时在工件边缘不要倾斜
- 均匀地锉削 U 型槽钢的两个支撑面
- 划线、打样冲、锉削时要主动与培训教师沟通交流

六、劳动安全

- 参照车间的安全标志的内容
- 划针和圆规尖用软木包好
- 锤子安装牢固并用楔子固定
- 锉柄安装紧固
- 锉削时锉柄不要撞击工件
- 桌面和台虎钳上的铁屑用毛刷清理
- 锉刀上的铁屑用铜丝刷清除，工件各边去毛刺

七、环境保护

- 参照项目 1 相应的内容
- 切屑应放置在指定废弃处

八、成本估算

- 根据零件、工具、量具以及人工等费用，简单估算成本，进行简单经济核算

工作过程

一、信息

A1 得分：　　/ 110

（中间成绩 A1 满分 110 分，10 分 / 题）

（1）结合项目 1 所学内容，谈谈如何做好现场 5S 和 TPM 管理。

（2）怎样理解基准面、划线和测量？

（3）有哪些划线工具和辅具？

（4）为什么工件要打样冲眼？如何打样冲眼？

（5）划线时有哪些注意事项？

（6）何为锉削？锉削加工范围以及精度是多少？

（7）列出锉刀的主要组成部分、种类和规格。

（8）锉刀的选择原则是什么？

（9）如何正确使用台虎钳装夹 U 型钢零件？请用图示方法表示。

（10）根据图 3-6 所示锉削动作示意图，描述锉削动作的全过程。

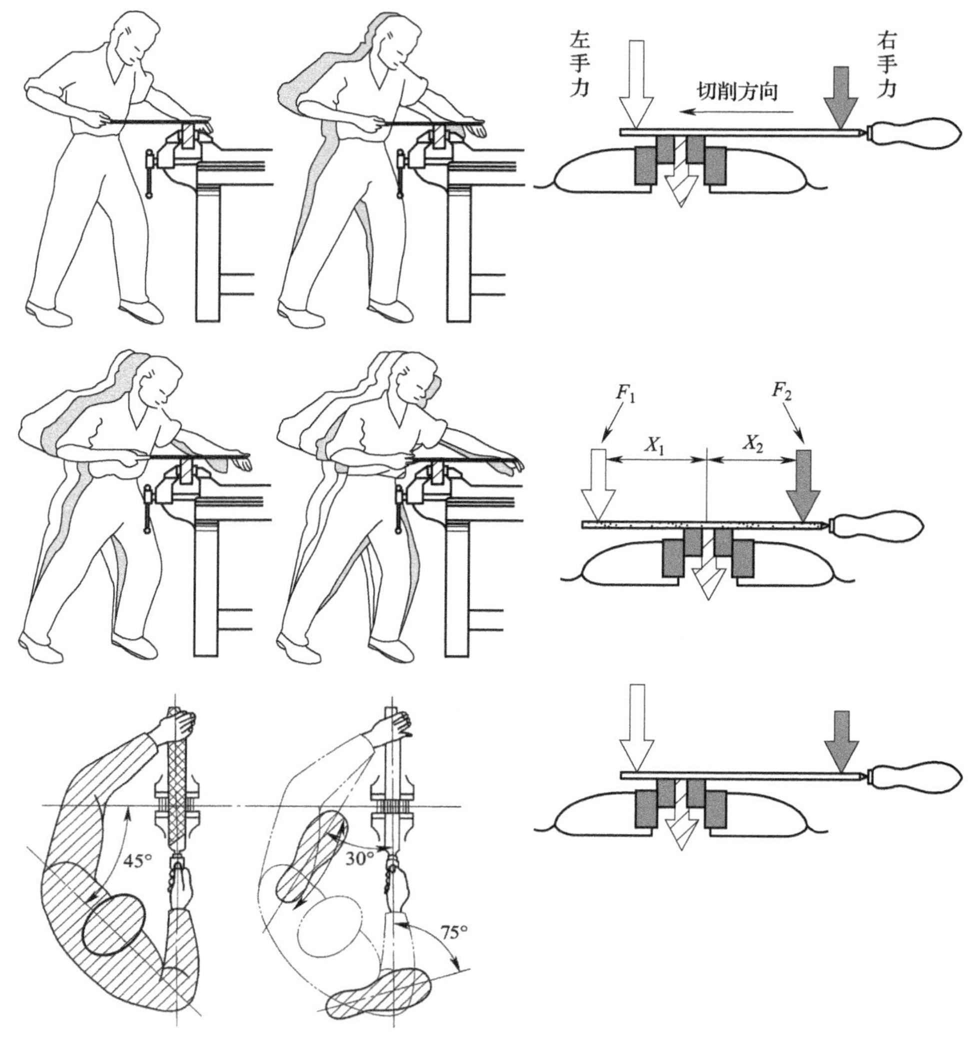

图 3-6　锉削动作示意图

（11）锉削的安全注意事项有哪些？

二、计划

A2 得分：　　/ 100

（中间成绩 A2 满分 100 分，50 分 / 题）

1．小组讨论后，完成工作计划流程表

工作计划流程表				
工件名称：		工件号：		
序号	工作步骤 / 事故预防措施	材料表（机器、工具、刃具、辅具）	安全环保	工作时间 / 小时
1				
2				
3				
4				
5				
6				
7				
8				
9				
10				
11				
12				
13				
14				

2. 工、量、刃、辅具及材料表

序号	种类	名称	规格	精度	数量	单位	备注

三、决策

A3 得分：　　/ 100

（中间成绩 A3 满分 100 分，每少一步扣 10 分，扣完为止）

小组讨论（或培训教师点评）后，最终确定工作计划，填写可实施的工艺流程工作页。

工艺流程工作页

序号	工序名称	工序内容 请使用直尺自行分割以下区域	设备	夹具	工具	量具	辅具	劳动保护及环保	工作时间 / 小时

四、实施

A4 得分：　　/ 80

（中间成绩 A4 满分 80 分，40 分 / 题）

（1）任务实施过程参考表。

实施步骤	3D 图示	要点解读	使用工具
步骤一	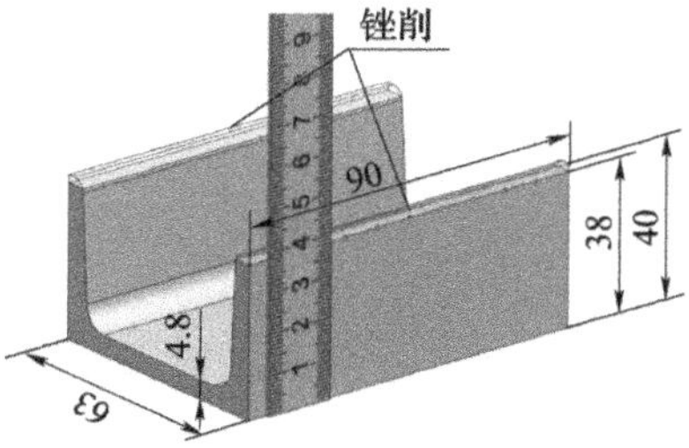 锉削 90 38 40 4.8 63	• 按照图样用钢尺检查工件外形尺寸（63 mm × 90 mm × 40 mm）； • 用划针进行 38 mm 划线，并用样冲打眼，均匀分布样冲眼	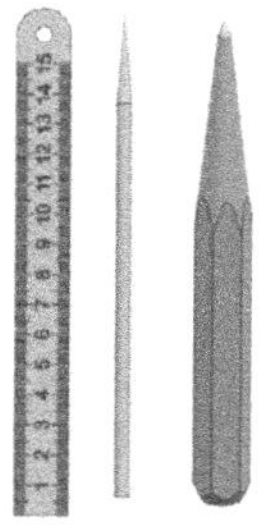 钢直尺划针样冲  锤子
步骤二	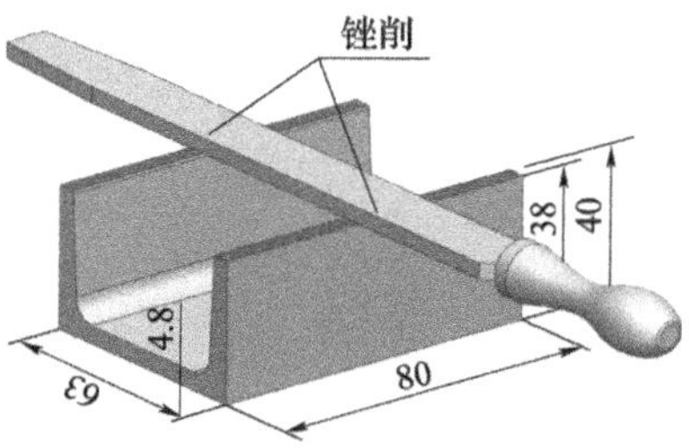 锉削 38 40 4.8 63 80	• 装夹 U 型槽钢并保证锉削面与台虎钳钳口上平面平行，同时注意夹紧时力度是否合理，工件高度是否合理； • 使用锉刀锉削，由尺寸 40 mm 锉削到尺寸 38 mm； • 锉削到能看见半个样冲眼； • 锉削过程中，要不断关注锉削姿势、动作的准确性，及时纠正错误动作，同时要用刀口尺不断进行测量； • 锉削完，对平面进行修毛刺	 锉刀  刀口尺

续表

实施步骤	3D 图示	要点解读	使用工具
步骤三	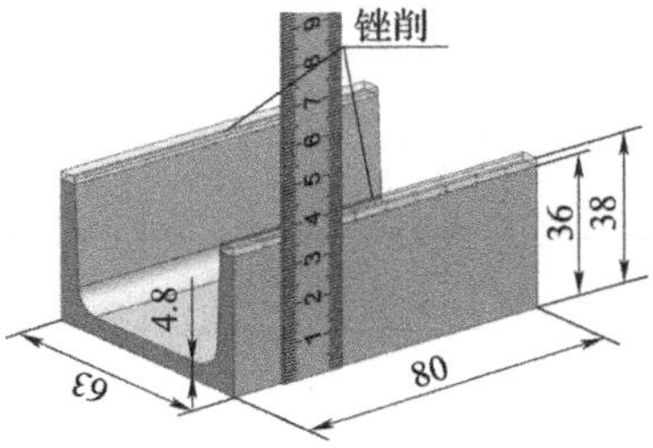	再次划线由 38 mm 到 36 mm，均匀分布打样冲眼	同步骤一相同
步骤四	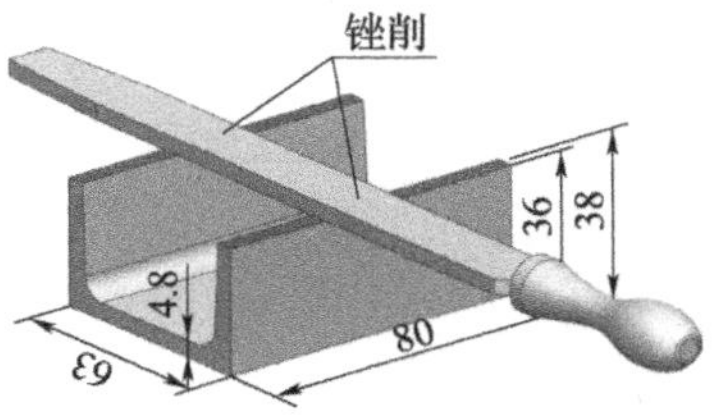	• 使用锉刀锉削，由 38 mm 锉削到 36 mm； • 锉削到能看见半个样冲眼； • 注意锉削姿势和锉削动作的协调性； • 保证两水平面加工精度	 锉刀
步骤五	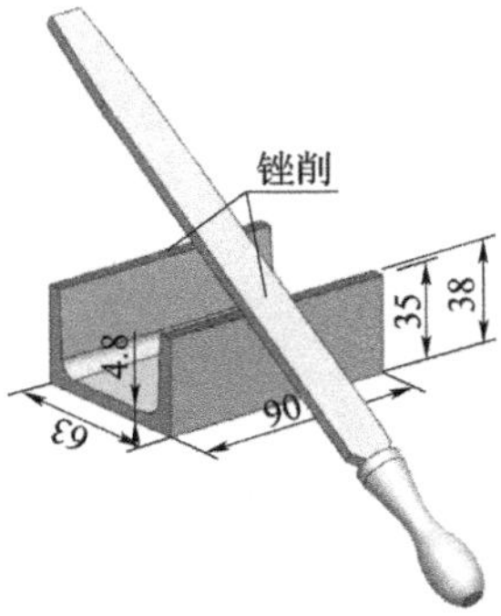	倒角去毛刺	同步骤四相同
步骤六	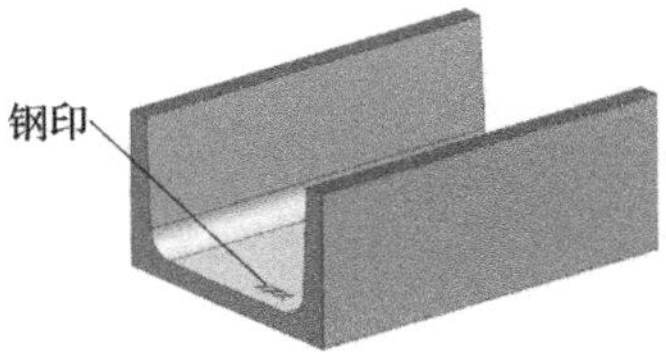	U 型钢打钢印， 数字或字母要打印整齐	钢印、锤子
步骤七	钳工现场 5S 及 TPM 管理	填写 5S 检查表和 TPM 点检表	笔，各种表格

（2）实施过程记录表。

步骤	工作内容	是否执行
1	按要求布置测量现场	
2	完成 U 型槽钢零件划线、打样冲、装夹	
3	完成 38 mm 高度锉削、测量	
4	完成 36 mm 高度划线、打样冲、锉削、测量	
5	完成零件倒角去毛刺、打钢印	
6	做好量具 5S 检查表和 TPM 点检表	
7	做好现场 5S 管理	

（3）记录实施过程中出现的与决策结果不一致的情况以及出现异常的情况。

原计划：	实际实施：
(1)	(1)

五、检查

A5 得分：　　/ 30

学生与培训教师分别用量具或者量规检查被测零件，评价是否达到要求的质量特征值，并分别把测量的实际尺寸和是否完成特征值的判断结果填入“学生自评”和“教师评价”栏。

重要说明

- 当“学生自评”和“教师评价”一致时得 10 分，否则得 0 分；
- 不考虑学生自己测得的实际尺寸是否符合尺寸要求；
- “学生自评”的意义是对学生检测自己使用量具测量准确性和数据记录完整性的能力进行判断，而与各零件是否达到精度要求及功能要求无关；
- 灰底处由培训教师填写。

检查记录表

序号	件号	特征值	图样尺寸	学生自评			教师评价			评分记录
				实际尺寸	完成特征值		实际尺寸	完成特征值		
					是	否		是	否	
1	1	高度	（38±0.2）mm							
2	1	高度	（36±0.2）mm							
3	1	平面度	0.2 mm							

评分等级：10 分或 0 分

中间成绩：（A5 满分 30 分，10 分 / 题）　A5

六、评价

B1 得分：　　/ 0　B2 得分：　　/140

重要说明：灰底处无须填写。

1．完成功能和目测检查

序号	件号	项目	功能检查	目测检查
1	1	按图样加工		
2	1	样冲距离合理		
3	1	样冲眼无重叠		
4	1	锉削站立姿势正确		
5	1	锉削时锉削姿势正确		
6	1	双支撑面高度一致		
7	1	锉纹整齐，方向一致		

续表

序号	件号	项目	功能检查	目测检查
8	1	钢印打得整齐		
9	1	工件清角、锐边倒钝		
10	1	实训过程中符合 5S 管理规范		
11	1	5S 管理执行效果		
12	1	5S 检查表填写情况		
13	1	TPM 管理执行效果		
14	1	TPM 点检表填写情况		
		中间成绩：（B1 满分 0 分，B2 满分 140 分，10 分 / 项）		
			B1	B2

评分等级：10-9-7-5-3-0 分

2．完成尺寸检验

B3 得分：　/ 20 | **B4 得分：　/0**

序号	件号	检测项目	偏差	实际尺寸	精尺寸	粗尺寸
1	1	高度 36 mm	±0.2 mm			
2	1	平面度	0.2 mm			
				中间成绩：（B3 满分 20 分，B4 满分 0 分，10 分 / 项）		
					B3	B4

评分等级：10 分或 0 分

3．计算工作页评价成绩和技能操作成绩

（各项“百分制成绩”=“中间成绩 1”÷“除数”；“中间成绩 2”=“百分制成绩”×“权重”；“工作页评价成绩”和“技能操作成绩”分别为各项的中间成绩 2 之和）

序号	工作页评价	中间成绩 1		除数	百分制成绩	权重	中间成绩 2
1	信息	A1		1.1		0.3	
2	计划	A2		1		0.2	
3	决策	A3		1		0.1	
4	实施	A4		0.8		0.3	
5	检查	A5		0.3		0.1	
						工作页评价成绩：（满分 100 分）	
							Feld 1

Feld 1 得分：　/ 100

序号	技能操作	中间成绩 1		除数	百分制成绩	权重	中间成绩 2
1	功能检查	B1					
2	目测检查	B2		1.4		0.6	
3	精尺寸	B3		0.2		0.4	
4	粗尺寸	B4					
						技能操作成绩：（满分 100 分）	Feld 2

Feld 2 得分：　　/ 100

4. 项目总成绩

（各项“中间成绩”=“中间成绩 2”×“权重”；“总成绩”为各项“中间成绩”之和）

序号	成绩类型	中间成绩 2		权重	中间成绩
1	工作页评价	Feld 1		0.4	
2	技能操作	Feld 2		0.6	
				项目总成绩：（满分 100 分）	总成绩

项目总成绩：　　/ 100

总结与提高

一、汇总分析并绘制雷达图

序号	工作页评价	百分制成绩	雷达图
1	信息 A1		
2	计划 A2		
3	决策 A3		
4	实施 A4		
5	检查 A5		
6	功能检查 B1		
7	目测检查 B2		
8	精尺寸检验 B3		
9	粗尺寸检验 B4		

二、自我评价与总结

（1）根据雷达图显示，说明其存在的问题，分析原因并提出改进措施。

存在问题	原因分析	改进措施

（2）利用思维导图方法绘制本次任务内容。

（3）锉削时站立位置和姿势应如何保持？锉削过程中动作协调性应如何控制？

（4）锉削两支撑水平面时，如何控制好左右手力度？并保证锉削时，锉刀全长参与锉削？

（5）是否应间断且多次地进行两支撑水平面的测量，并改进锉削时两手的力度和锉削姿势？

（6）对于划线、打样冲眼、锉削、打钢印等操作你还有哪些不清楚的地方？你认为哪些地方还需要改进？

（7）你觉得哪些地方没有做好？如果重新做，你会注意哪几个方面？

三、思考与练习题

1．选择题

（1）立体划线要选择（　　）个划线基准。

A．1　　B．2　　C．3　　D．4

（2）零件两个方向的尺寸与中心线具有对称性，且其他尺寸也从中心线开始标注，该零件的划线基准是（　　）。

A．一个平面和一条中心线　　B．两条相互垂直的中心线

C．两个相互垂直的平面　　D．两个平面和一条中心线

（3）划线时 V 形块是用来装夹（　　）工件的。

A．圆柱形　　B．圆锥形　　C．大型　　D．复杂形状

(4) 使用千斤顶支承划线工件时，一般（　　）为一组。
A. 一个　B. 两个　C. 三个　D. 四个

(5) 在已加工表面划线时，一般使用（　　）涂料。
A. 白喷　B. 涂粉笔　C. 蓝油　D. 石灰水

(6) 锉削精度可达到（　　）mm 左右。
A. 0.1　B. 0.01　C. 0.001　D. 0.000 1

(7) 1 号锉纹用于粗锉刀，其齿距为（　　）mm。
A. 0.2 ~ 0.16　B. 0.33 ~ 0.25　C. 0.77 ~ 0.42　D. 2.3 ~ 0.83

(8) 锉刀是用（　　）制成的。
A. 合金工具钢　B. 碳素工具钢　C. 渗碳钢　D. 轴承钢

(9) 锉刀面上的锉纹距表示锉刀的粗细规格，其中 3 号锉纹定为（　　）。
A. 粗锉刀　B. 细锉刀　C. 中锉刀　D. 特锉刀

(10) 平面锉削方法有（　　）种。
A. 2　B. 3　C. 4　D. 5

(11) 交叉锉法是锉刀在与工件中心线成（　　）角的两个方向上交叉进行锉削。
A. 25° ~ 45°　B. 45° ~ 50°　C. 50° ~ 55°　D. 55° ~ 60°

(12) 用碳素工具钢 Tl3 或 Tl2 制成的锉刀，经热处理后切削部分硬度达（　　）。
A. 30 ~ 35HRC　B. 40 ~ 50HRC
C. 62 ~ 72HRC　D. 80 ~ 90HRC

(13) 锉刀的锉纹有（　　）种。
A. 2　B. 3　C. 4　D. 5

2. 判断题

(1) 当毛坯件尺寸有误差时，都可通过划线的借料予以补救。（　　）
(2) 平面划线只需选择一个划线基准，立体划线则要选择两个划线基准。（　　）
(3) 划线平板平面是划线时的基准平面。（　　）
(4) 划线前在工件划线部位应涂上较厚的涂料，才能使划线清晰。（　　）
(5) 划线蓝油是由适量的龙胆紫、虫胶漆和酒精配制而成的。（　　）
(6) 零件都必须经过划线后才能加工。（　　）
(7) 划线应从基准开始。（　　）
(8) 划线的借料就是将工件的加工余量进行调整和恰当分配。（　　）
(9) 顺向锉削法是顺着工件的一个方向推锉刀进行锉削。（　　）
(10) 交叉锉法是锉刀在与工件中心线成 45° ~ 50° 角的两个方向上交叉进行锉削。（　　）
(11) 锉削零件的表面粗糙度值可达 *Ra*0.8 μm 左右。（　　）
(12) 机修钳工使用锉刀，大多用于对某些零件进行修整。（　　）
(13) 锉削表面平面度误差超差的原因是由于推力不均、压力不均造成。（　　）
(14) 圆形锉刀和矩形锉刀的尺寸规格，是以锉刀尖部到根部的长度来表示的。（　　）
(15) 双锉纹锉刀的底锉纹与面锉纹之间的夹角约为 90°，目的是使锉削时锉痕不重叠。（　　）

3．完成零件的平面划线，如图 3-7 所示。

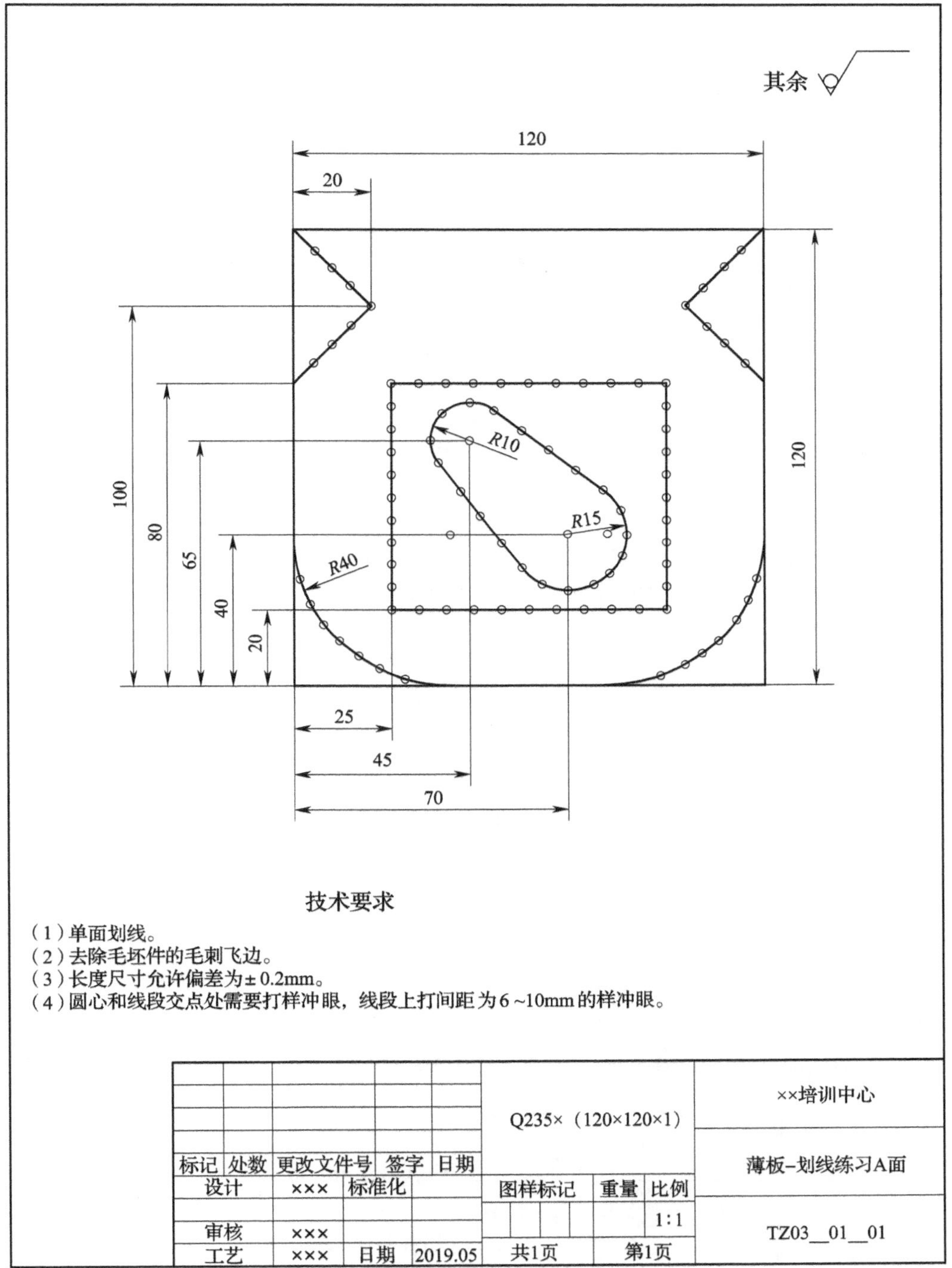

图 3-7　薄板—划线练习图

4．完成支撑平板零件四面锉削，见图 3-8 所示。

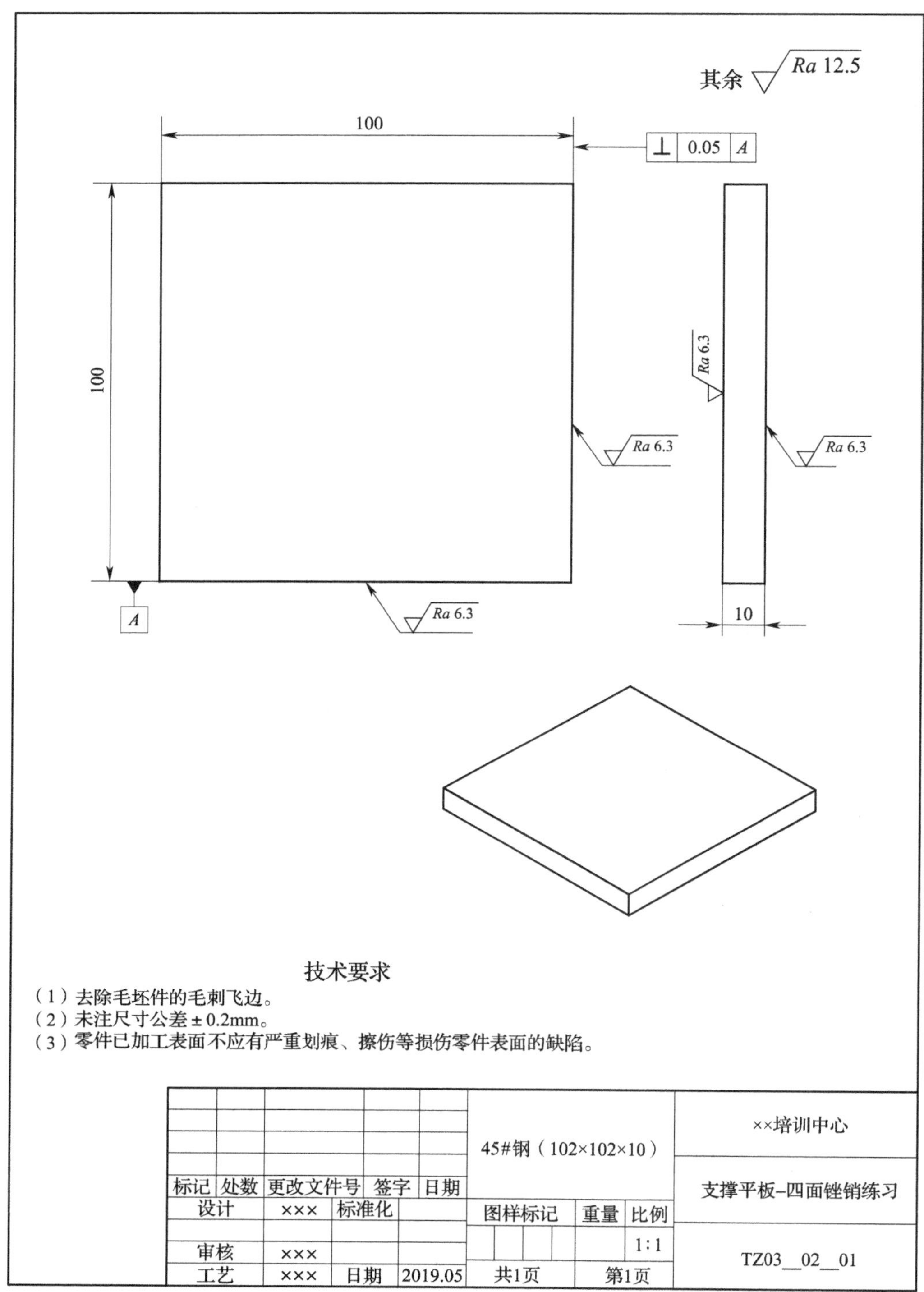

图 3-8　支撑平板—四面锉削练习图

四、任务小结

通过本任务的学习，学生能合理地选用和正确地使用划线和锉削工具来加工零件；会对常用钳工工具进行日常保养。

本任务所涉及的理论知识可参阅“知识库”。

知识提示：

（1）划线工具；

（2）划线原则；

（3）锉削技术；

（4）锉削加工原则；

（5）常用工具的使用维护与保养相关知识。

项目 3　笔架手动加工 任务 2　支撑架锯削与锉削加工	姓名：	班级：
	日期：	页码：

任务 2　支撑架锯削与锉削加工

任务描述

一、任务背景

支撑架是组成笔架的零部件之一，其加工材料来自于任务 1，如图 3-9 所示。

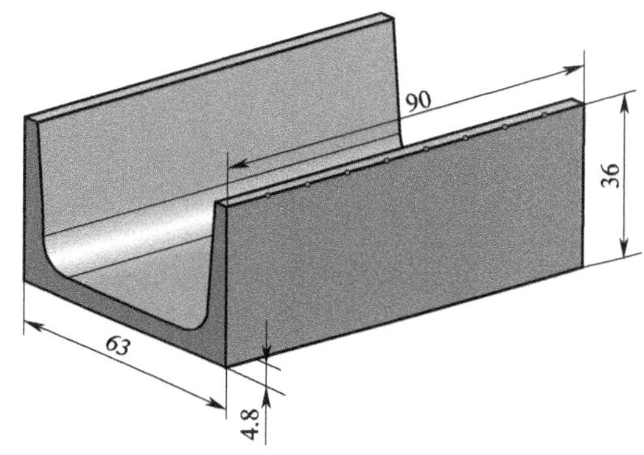

图 3-9　U 型槽钢双支撑面锉削基础练习 1

本任务要求完成笔架支撑架的基础锯削、锉削加工练习，包括 U 型槽钢的双支撑面锯削以及六面体锉削加工，其效果如图 3-10、图 3-11 所示。

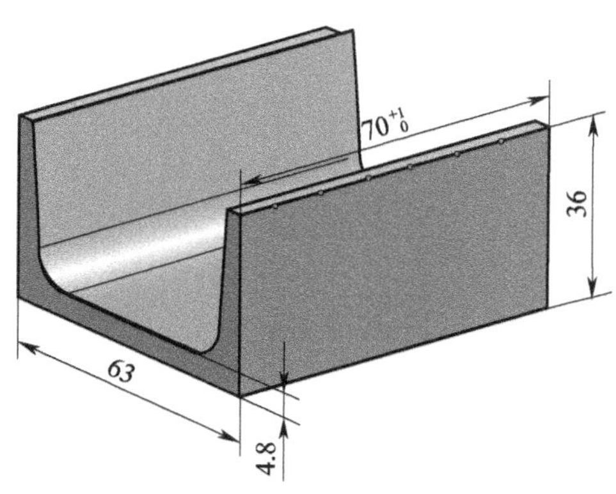

图 3-10　U 型槽钢锯削练习效果示意图

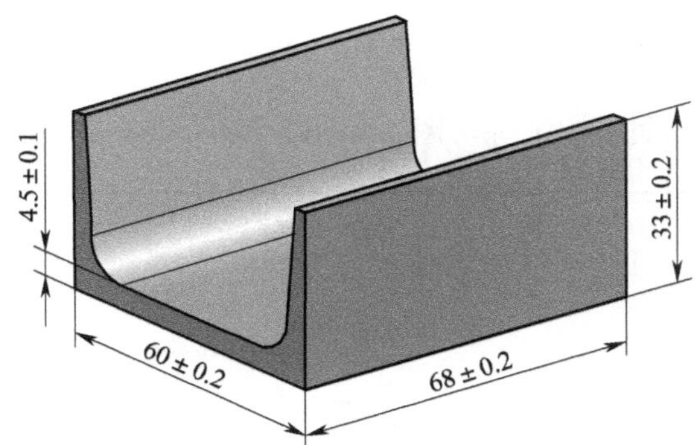

图 3-11　支撑架六面体锉削效果示意图

本任务学习时间：12 小时。

二、学习目标

1. 知识目标

(1) 掌握锯条的选用方法和安装方法；
(2) 掌握手锯的正确使用方法；
(3) 了解锯削操作的注意事项；
(4) 掌握锉削的基本技能（两手用力方法、锉削速度等）；
(5) 熟悉锉削过程中常见的问题及产生原因；
(6) 掌握锉削的动作要领；
(7) 掌握基准的概念。

2. 能力目标

(1) 能对各种材料进行正确的锯削，并能保证达到精度要求；
(2) 能解决锯削过程中的锯缝外斜现象，有效防止锯条折断；
(3) 会锉削一平面，并保证“三度”；会锉削垂直面，并保证“四度”；
(4) 会分析锉削过程中遇到的问题，运用 PDCA 方法解决问题；
(5) 能通过尺寸测量方式，控制零件的尺寸精度；
(6) 做好现场 5S 和 TPM 管理；
(7) 填写现场 5S 检查表和 TPM 点检表。

3. 素质目标

(1) 具有安全规范的操作意识；
(2) 具有吃苦耐劳的职业精神；
(3) 能与小组成员、培训教师进行有效沟通；
(4) 具有踏实做事、严谨务实的工作作风；
(5) 具有环境保护意识。

三、加工图样

笔架支撑架锯削及六面体锉削练习图，如图 3-12、图 3-13 所示。

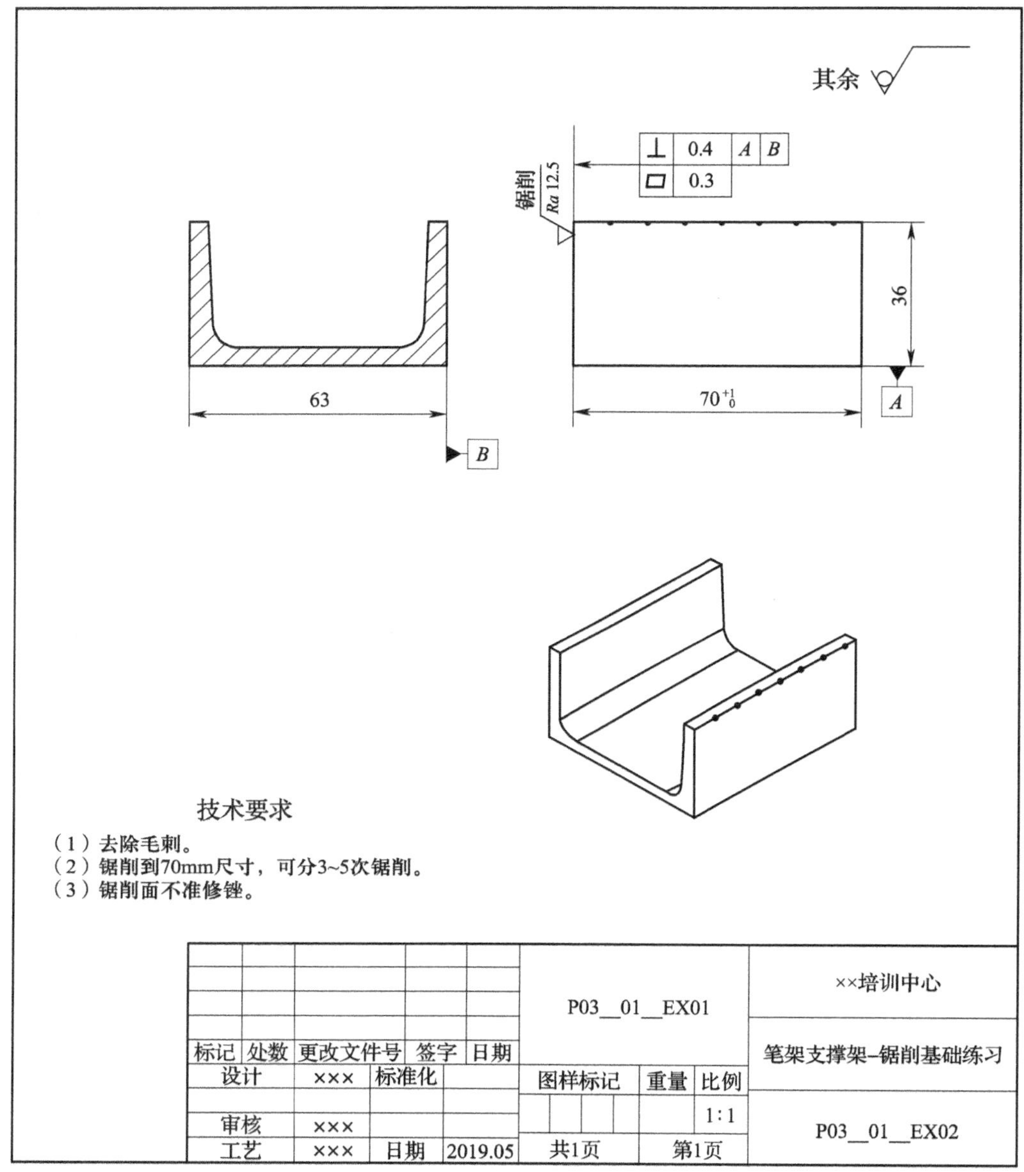

图 3-12　笔架支撑架锯削基础练习图

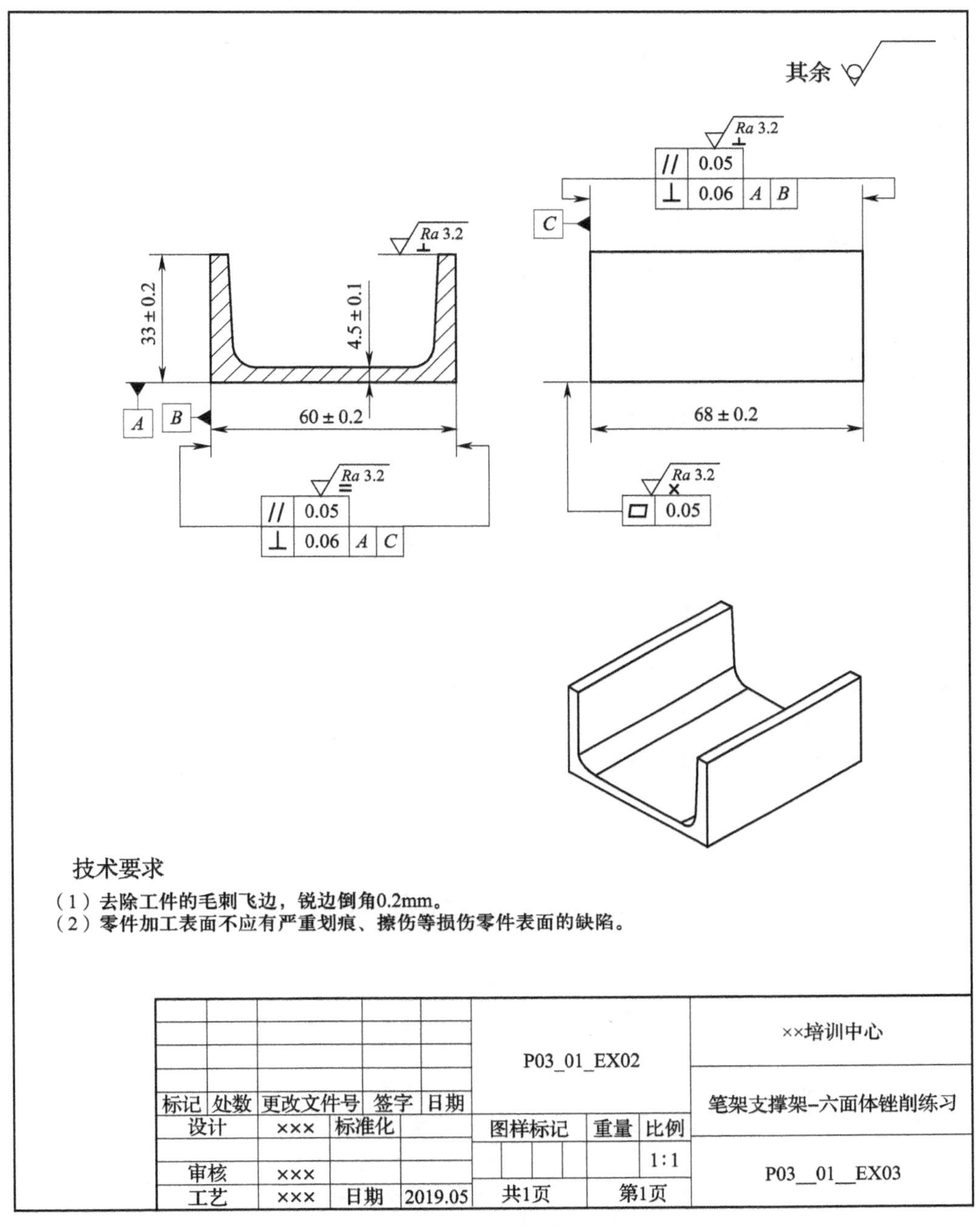

图 3-13　笔架支撑架六面体锉削练习图

可以使用以下资源：

（1）零件图样；

（2）网络教学资源；

（3）操作指南；

（4）材料。

名称	零件号	材料	单位	数量	来源
支撑架锯削基础练习图	P03-01-EX02	Q235	个	1	P03-01-EX01
支撑架六面体锉削练习图	P03-01-EX03	Q235	个	1	P03-01-EX02

任务提示

一、工作方法

- 读图后回答引导问题，可以使用的材料有工具手册、机械制造手册等
- 以小组讨论的形式完成工作计划
- 按照工作计划，完成工具、量具、刃具计划表，编写U型槽钢锯削、锉削加工工艺卡。对于出现的问题，请先尽量自行解决，如确实无法解决，再与培训教师进行讨论
- 用手工工具锯削和锉削出零件
- 运用各种检测方法对零件进行检测和评分
- 与培训教师讨论，进行工作总结

二、工作内容

- 收集加工过程中的必要信息
- 分析零件图，完成工作计划
- 制订零件加工工艺
- 检测毛坯尺寸
- 支撑架划线、锯削、锉削
- 工件各边去毛刺
- 使用测量工具检测锯削质量
- 使用游标卡尺、刀口角尺检测六面体锉削质量
- 用钢直尺或刀口角尺检测平面度
- 完成自检、自评
- 进行现场5S和TPM管理，并遵循岗位安全规范操作

三、工、量具

- 钢直尺
- 划针、样冲
- 锯弓、锯条
- 12寸（A300-1）粗齿平板锉
- 8寸（A200-3）细齿平板锉
- 8寸（C200-3）细三角锉
- 300 g锤子
- 铜刷、毛刷
- 3 mm钢印
- 刀口尺、刀口角尺
- 游标卡尺
- 粗糙度对照样板

四、知识储备

- 锯削工艺
- 手工锯的结构和作用
- 锯切原理
- 锉削六面体加工工艺
- 尺寸精度检测工具及使用方法
- 几何精度检测工具及使用方法

五、注意事项与工作提示

- 以基准面为基准进行划线
- 划针的尖要顶住钢尺或直角尺下端
- 锯削前，用三角锉锉一个导向槽，对锯条安装情况进行检查
- 锯削时，调整锯削姿势和动作
- 锉削时锉刀全长都要接触锉削面
- 先锉削3个基准面，然后再锉削平行面
- 主动与培训教师沟通交流
- 合理使用测量工具检测加工质量

六、劳动安全

- 参照车间的安全标志的内容

- 装夹工件时，要检查夹紧高度以及夹紧力度
- 当工件将要被锯切掉落时，减小锯切压力
- 多点测量锉削面
- 锉削时锉柄不要撞击工件
- 桌面和台虎钳上的铁屑用毛刷清理
- 锉刀上的铁屑用铜丝刷清除
- 工件各边去毛刺

七、环境保护

- 参照项目 1 相应的内容
- 锯屑应放置在指定废弃处

八、成本估算

- 根据零件、工具、量具以及人工等费用，简单估算成本，进行简单经济核算

工作过程

一、信息

A1 得分：　　/ 70

（中间成绩 A1 满分 70 分，10 分 / 题）

（1）说明锯条锯齿的分类及选择标准。

（2）画出锯齿的各个角度。

（3）起锯前和锯切快要结束时应注意哪些事项？

（4）为什么工件要打样冲眼？如何打样冲眼？

（5）对于锯削不同形状的零件，应如何选择合理的装夹方式和锯削方法？

（6）基准面的锉削方法和要点是什么？

（7）锯削的要点有哪些？

二、计划

A2 得分：　　/ 100

（中间成绩 A2 满分 100 分，50 分 / 题）

1. 小组讨论后，完成工作计划流程表

工作计划流程表				
工件名称：		工件号：		
序号	工作步骤 / 事故预防措施	材料表（机器、工具、刃具、辅具）	安全环保	工作时间 / 小时
1				
2				
3				
4				
5				
6				
7				
8				
9				
10				
11				
12				
13				
14				

2．工、量、刃、辅具及材料表

序号	种类	名称	规格	精度	数量	单位	备注

三、决策

A3 得分：　　/ 100

（中间成绩 A3 满分 100 分，每少一步扣 10 分，扣完为止）

小组讨论（或培训教师点评）后，最终确定工作计划，填写可实施的工艺流程工作页。

工艺流程工作页

序号	工序名称	工序内容 请使用直尺自行分割以下区域	设备	夹具	工具	量具	辅具	劳动保护及环保	工作时间/小时

四、实施

A4 得分：　　/ 80

（中间成绩 A4 满分 80 分，40 分 / 题）

（1）任务实施过程参考表。

实施步骤	3D 图示	要点解读	使用工具
步骤一		• 按照图样要求划线； • 锯削分三次进行； • 首次划线尺寸为 84 mm	钢直尺　划针
步骤二		• 注意起锯角度以及锯口如何形成； • 锯削槽钢应从底面较宽面开始锯削； • 锯削过程中，注意眼睛盯着锯条锯削，防止锯过线； • 锯削时为防止锯条折断，应调整锯弓左右方向，不断改变锯削工件夹持方向，以改变锯削方向	锯弓
步骤三			
步骤四		同上	
步骤五		重复两次划线锯削步骤，尺寸分别是 83 mm、77 mm 和 70 mm	

续表

实施步骤	3D 图示	要点解读	使用工具
步骤六		倒角，去毛刺	锉刀
步骤七		选择较大平面为第一次锉削平面，锉削完后作为其他锉削面的锉削加工基准。 锉削时多做测量	高度游标卡 锉刀 刀口直尺
步骤八		锉削第二基准面，此面为前一基准面的相邻面，应保证与前一基准面的垂直度关系	
步骤九		锉削第三基准面，保证垂直度，保证尺寸，即注意不可在这一侧将 61 mm 尺寸锉削过小	
步骤十		锉削第四平面，保证与第一基准面和第三基准面的垂直度，与第二基准面的平行度。使用游标卡尺测量，保证尺寸 61 mm	
步骤十一		锉削第五平面，保证与其相邻的 3 个面的垂直度，与第三基准面的平行度。使用游标卡尺测量，保证尺寸 68 mm	

续表

实施步骤	3D 图示	要点解读	使用工具
步骤十二	锉削 33 35 19 68	锉削两槽边面，确定与已加工表面的垂直度关系。使用游标卡尺测量，保证尺寸 33 mm	刀口角尺 游标卡尺
步骤十三	锉削 33 35 19	倒角，去毛刺	锉刀

（2）实施过程记录表。

步骤	工作内容	是否执行
1	按要求布置测量现场	
2	完成支撑架的锯削、测量	
3	完成支撑架六面体的锉削与测量	
4	完成零件倒角去毛刺、打钢印	
5	做好量具 5S 检查表和 TPM 点检表	
6	做好现场 5S 管理	

（3）记录实施过程中出现的与决策结果不一致的情况以及出现异常的情况。

原计划：	实际实施：
(1)	(1)

五、检查

A5 得分：　/ 160

学生与培训教师分别用量具或者量规检查被测零件，评价是否达到要求的质量特征值，并分别把测量的实际尺寸和是否完成特征值的判断结果填入“学生自评”和“教师评价”栏。

重要说明

- 当“学生自评”和“教师评价”一致时得 10 分，否则得 0 分；
- 不考虑学生自己测得的实际尺寸是否符合尺寸要求；
- “学生自评”的意义是对学生检测自己使用量具测量准确性和数据记录完整性的能力进行判断，而与各零件是否达到精度要求及功能要求无关；
- 灰底处由培训教师填写。

检查记录表

序号	件号	特征值	图纸尺寸	学生自评			教师评价			评分记录
				实际尺寸记录	完成特征值		实际尺寸	完成特征值		
					是	否		是	否	
1	1	第一次锯削长度值	84_{0}^{+1} mm							
2	1	第二次锯削长度值	77_{0}^{+1} mm							
3	1	第三次锯削长度值	70_{0}^{+1} mm							
4	1	第一次锯削平面与基准 *A*、*B* 的垂直度	0.4 mm							
5	1	第一次锯削平面的平面度	0.3 mm							
6	1	第二次锯削平面与基准 *A*、*B* 的垂直度	0.4 mm							
7	1	第二次锯削平面的平面度	0.3 mm							
8	1	第三次锯削平面与基准 *A*、*B* 的垂直度	0.4 mm							
9	1	第三次锯削平面的平面度	0.3 mm							
10	1	表面粗糙度（锯削）	12.5 μm							
11	1	长度	(68 ± 0.2) mm							
12	1	高度	(33 ± 0.2) mm							
13	1	宽度	(60 ± 0.2) mm							
14	1	锉削面表面粗糙度	3.2 μm							
15	1	平行度	0.05 mm							
16	1	垂直度	0.06 mm							
									中间成绩：	
									（A5 满分 160 分，10 分 / 题）	A5

评分等级：10 分或 0 分

六、评价

B1 得分：	/ 0	B2 得分：	/ 160

重要说明：灰底处无须填写。

1. 完成功能和目测检查

序号	件号	项目	功能检查	目测检查
1	1	按图样要求加工		
2	1	锯削姿势正确		
3	1	锯削面平直，无歪斜，平面度 0.3 mm		
4	1	锯削面垂直度 0.4 mm		
5	1	锯削后去毛刺		
6	1	锉削面加工顺序正确		
7	1	工件锉削后去除毛刺		
8	1	锉削纹路方向一致		
9	1	加工表面无严重损伤		
10	1	表面粗糙度符合要求（*Ra*6.3）		
11	1	工件清角、锐边倒钝		
12	1	实训过程中符合 5S 管理规范		
13	1	5S 管理执行效果		
14	1	5S 检查表填写情况		
15	1	TPM 管理执行效果		
16	1	TPM 点检表填写情况		
		中间成绩：		
			B1	B2

评分等级：10-9-7-5-3-0 分　　(B1 满分 0 分，B2 满分 160 分，10 分 / 项)

2. 完成尺寸检验

B3 得分：	/ 80	B4 得分：	/ 0

序号	件号	检测项目	偏差	实际尺寸	精尺寸	粗尺寸
1	1	长度 68 mm	±0.2mm			
2	1	宽度 60 mm	±0.2 mm			
3	1	高度 33 mm	±0.2 mm			
4	1	厚度 4.5 mm	±0.1 mm			
5	1	垂直度（3 处）	0.1 mm			
6	1	平行度（3 处）	0.1 mm			
7	1	平面度（3 处）	0.1 mm			
8	1	表面粗糙度（5 处）	3.2 μm			
				中间成绩：		
					B3	B4

评分等级：10 分或 0 分　　(B3 满分 80 分，B4 满分 0 分，10 分 / 项)

3. 计算工作页评价成绩和技能操作成绩

（各项“百分制成绩”=“中间成绩 1”÷“除数”；“中间成绩 2”=“百分制成绩”×“权重”；“工作页评价成绩”和“技能操作成绩”分别为各项的中间成绩 2 之和）

序号	工作页评价	中间成绩 1		除数	百分制成绩	权重	中间成绩 2
1	信息	A1		0.7		0.3	
2	计划	A2		1		0.2	
3	决策	A3		1		0.1	
4	实施	A4		0.8		0.2	
5	检查	A5		1.6		0.2	

工作页评价成绩：（满分 100 分） Feld 1

Feld 1 得分：　　/ 100

序号	技能操作	中间成绩 1		除数	百分制成绩	权重	中间成绩 2
1	功能检查	B1					
2	目测检查	B2		1.6		0.6	
3	精尺寸	B3		0.8		0.4	
4	粗尺寸	B4					

技能操作成绩：（满分 100 分） Feld 2

Feld 2 得分：　　/ 100

4. 项目总成绩

（各项“中间成绩”=“中间成绩 2”×“权重”；“总成绩”为各项“中间成绩”之和）

序号	成绩类型	中间成绩 2		权重	中间成绩
1	工作页评价	Feld 1		0.4	
2	技能操作	Feld 2		0.6	

项目总成绩：（满分 100 分） 总成绩

项目总成绩：　　/ 100

总结与提高

一、汇总分析并绘制雷达图

序号	工作页评价	百分制成绩	雷达图
1	信息 A1		100 信息 80 60 40 20 O 计划 决策 实施 检查 功能 目测 精尺寸 粗尺寸
2	计划 A2		
3	决策 A3		
4	实施 A4		
5	检查 A5		
6	功能检查 B1		
7	目测检查 B2		
8	精尺寸检验 B3		
9	粗尺寸检验 B4		

二、自我评价与总结

（1）根据雷达图显示，说明其存在的问题，分析原因并提出改进措施。

存在问题	原因分析	改进措施

（2）利用思维导图方法绘制支撑架划线及锉削加工内容。

（3）锯削时站立位置和姿势应如何保持？锯削过程中动作协调性应如何控制？如何调整？

（4）零件锯削质量差应如何改进？

（5）如何保证平行度、垂直度、平面度以及尺寸精度？

（6）你觉得哪些地方没有做好？如果重新做，你会注意哪几个方面？

三、思考与练习题

1．选择题

（1）当锯条反装后，其楔角（　　）。

A．不变　　B．增大　　C．减小　　D．任意

（2）锯割管子和薄板材料时，应选择（　　）锯条。

A．粗齿　　B．中齿　　C．细齿

（3）锯条有了分齿，可使工件上的锯缝宽度（　　）锯条背部的厚度。

A．小于　　B．等于　　C．大于　　D．任意

（4）锯削时的锯削速度以每分钟往复（　　）为宜。

A．20 次以下　　B．20 ～ 30 次　　C．20 ～ 40 次　　D．40 次以上

（5）细齿锯条适合于（　　）的锯削。

A．软材料　　B．硬材料　　C．锯削面较宽　　D．锯削面较窄

2．判断题

（1）锯条长度是以其两端安装孔的中心距来表示的。（ ）

（2）锯条反装后，由于楔角发生变化，而使锯削不能正常进行。（ ）

（3）起锯时，起锯角越小越好。（ ）

（4）锯条粗细应根据工件材料的性质及锯削面的宽度来选择。（ ）

（5）锯条有了分齿，使工件上锯缝宽度大于锯条背部厚度。（ ）

（6）固定式锯架可安装几种不同长度规格的锯条。（ ）

3．完成十字槽零件的锯削加工，如图 3-14 所示。

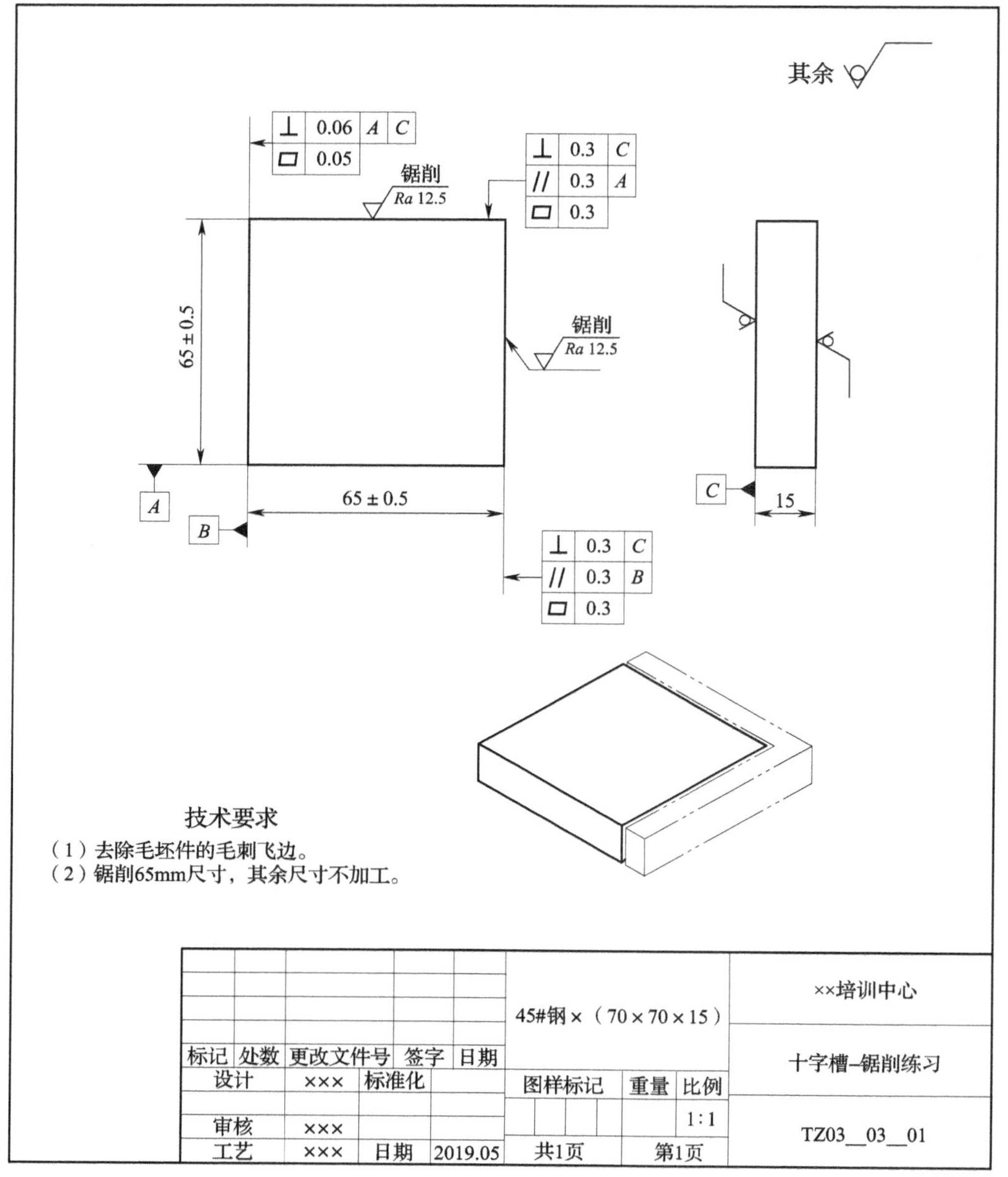

图 3-14　十字槽零件锯削练习图

四、任务小结

通过本任务的学习，学生能掌握锯削、锉削的基本技能操作，能够遵守车间管理制度；会对常用钳工工具进行日常保养。

本任务所涉及的理论知识可参阅“知识库”。

知识提示：

（1）锯削工艺；

（2）锉削基准面工艺；

（3）锉削要点。

项目 3　笔架手动加工 任务 3　底座六面体加工	姓名：	班级：
	日期：	页码：

任务 3　底座六面体加工

任务描述

一、任务背景

本任务要求完成底座六面体综合锉削练习，包括笔架底座划线、锯削、锉削。本任务学习时间：10 小时。

二、学习目标

1. 知识目标

（1）掌握划线、锯削知识；
（2）掌握扁钢锉削的基本技能；
（3）掌握交叉锉和推锉锉削方法。

2. 能力目标

（1）会根据零件图样手动加工零件；
（2）会控制零件加工精度；
（3）能够分析和解决加工零件过程中遇到的问题；
（4）填写现场 5S 检查表和 TPM 点检表。

3. 素质目标

（1）能主动获取有效信息，展示工作成果；
（2）能对训练中出现的问题进行总结反思；
（3）能与小组成员和培训教师交流，进行有效沟通，解决实际出现的问题；
（4）具有安全操作及文明生产规范意识。

三、加工图样

笔架底座六面体锉削练习图，如图 3-15 所示。

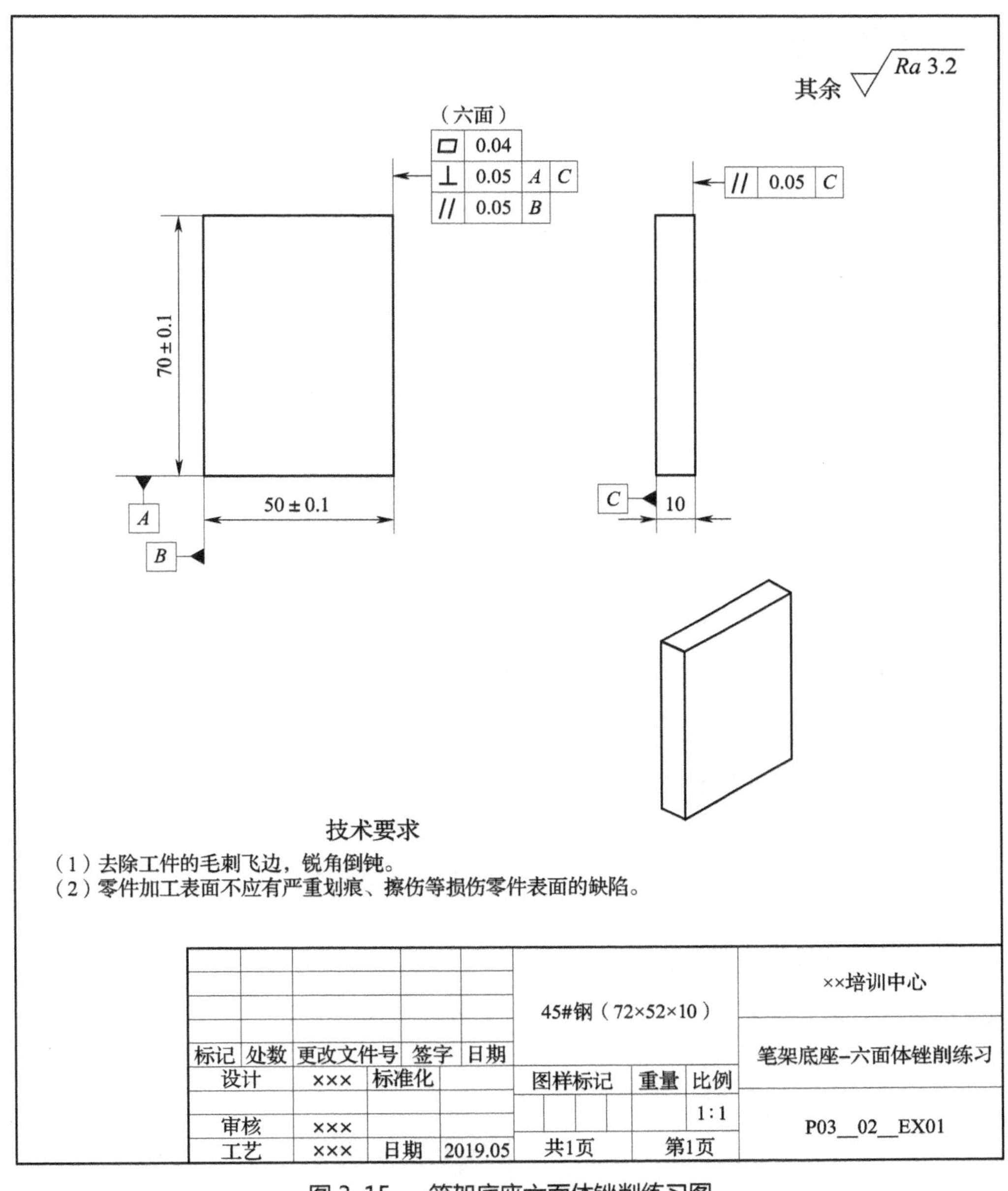

图 3-15　笔架底座六面体锉削练习图

可以使用以下资源：

(1) 零件图样；

(2) 网络教学资源；

(3) 操作指南；

(4) 材料。

名称	零件号	材料	单位	数量	来源
笔架底座六面体锉削练习图	P03-02-EX01	45# 钢	个	1	72 mm × 52 mm × 10 mm

任务提示

一、工作方法

- 读图后回答引导问题，可以使用的材料有工具手册、机械制造手册等
- 以小组讨论的形式完成工作计划
- 按照工作计划，完成工具、量具、刃具计划表，编写底座六面体加工工艺卡。对于出现的问题，请先尽量自行解决，如确实无法解决，再与培训教师进行讨论
- 用手工工具划线、锯削和锉削出零件
- 运用各种检测方法对零件进行检测和评分
- 与培训教师讨论，进行工作总结

二、工作内容

- 收集加工过程中的必要信息
- 分析零件图，完成工作计划
- 制订底座六面体加工工艺
- 检测毛坯尺寸
- 底座划线、锯削、锉削
- 工件各边去毛刺
- 使用游标卡尺、刀口尺检测锉削质量
- 用刀口角尺检测平面度、垂直度
- 完成自检、自评
- 进行现场 5S 和 TPM 管理，并遵循岗位安全规范操作

三、工、量具

- 钢直尺
- 划针、样冲
- 锯弓、锯条
- 12 寸（A300-1）粗齿平板锉
- 8 寸（A200-3）细齿平板锉
- 8 寸（C200-3）细三角锉
- 300 g 锤子
- 铜刷、毛刷
- 3 mm 钢印
- 刀口尺、刀口角尺
- 游标卡尺
- 粗糙度对照样板

四、知识储备

- 六面体锉削工艺
- 尺寸精度检测工具及使用方法
- 几何精度检测工具及使用方法
- 表面粗糙度检测工具及使用方法

五、注意事项与工作提示

- 以基准面为基准进行划线
- 先锉削 3 个基准面，然后再锉削平行面
- 主动与培训教师沟通交流
- 合理使用测量工具检测加工质量

六、劳动安全

- 参照车间的安全标志的内容
- 多点测量锉削面
- 桌面和台虎钳上的铁屑用毛刷清理
- 锉刀上的铁屑用铜丝刷清除
- 工件各边去毛刺

七、环境保护

- 参照项目 1 相应的内容
- 铁屑应放置在指定废弃处

八、成本估算

- 根据零件、工具、量具以及人工等费用，简单估算成本，进行简单经济核算

工作过程

一、信息

A1 得分：　　/ 30

（中间成绩 A1 满分 30 分，10 分 / 题）

（1）锉削的基本方法有哪些？

（2）锉削的常见问题有哪些？

（3）锉削时应注意哪些事项？

二、计划

A2 得分：　　/ 100

（中间成绩 A2 满分 100 分，50 分 / 题）

1. 小组讨论后，完成工作计划流程表

<table>
<tr><td colspan="5">工作计划流程表</td></tr>
<tr><td colspan="3">工件名称：</td><td colspan="2">工件号：</td></tr>
<tr><td>序号</td><td>工作步骤 / 事故预防措施</td><td>材料表（机器、工具、刃具、辅具）</td><td>安全环保</td><td>工作时间 / 小时</td></tr>
<tr><td>1</td><td></td><td></td><td></td><td></td></tr>
<tr><td>2</td><td></td><td></td><td></td><td></td></tr>
<tr><td>3</td><td></td><td></td><td></td><td></td></tr>
<tr><td>4</td><td></td><td></td><td></td><td></td></tr>
<tr><td>5</td><td></td><td></td><td></td><td></td></tr>
<tr><td>6</td><td></td><td></td><td></td><td></td></tr>
<tr><td>7</td><td></td><td></td><td></td><td></td></tr>
<tr><td>8</td><td></td><td></td><td></td><td></td></tr>
<tr><td>9</td><td></td><td></td><td></td><td></td></tr>
<tr><td>10</td><td></td><td></td><td></td><td></td></tr>
<tr><td>11</td><td></td><td></td><td></td><td></td></tr>
<tr><td>12</td><td></td><td></td><td></td><td></td></tr>
<tr><td>13</td><td></td><td></td><td></td><td></td></tr>
<tr><td>14</td><td></td><td></td><td></td><td></td></tr>
</table>

2．工、量、刃、辅具及材料表

序号	种类	名称	规格	精度	数量	单位	备注

三、决策

A3 得分：　　/ 100

（中间成绩 A3 满分 100 分，每少一步扣 10 分，扣完为止）

小组讨论（或培训教师点评）后，最终确定工作计划，填写可实施的工艺流程工作页。

工艺流程工作页

序号	工序名称	工序内容 请使用直尺自行分割以下区域	设备	夹具	工具	量具	辅具	劳动保护及环保	工作时间/小时

四、实施

A4 得分：　　/ 80

（中间成绩 A4 满分 80 分，40 分 / 题）

（1）任务实施过程参考表。

实施步骤	3D 图示	要点解读	使用工具
步骤一		选择大而平整的面作为第一基准平面，锉削第一基准平面，达到平面度和表面粗糙度的要求。 不达到要求不能锉削其他面	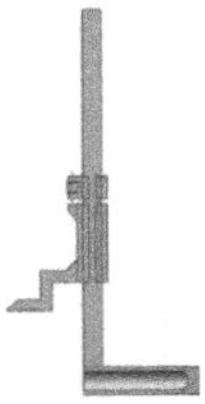 高度游标卡 锉刀  刀口直尺 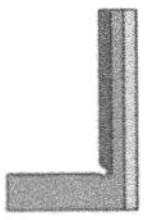 刀口角尺
步骤二	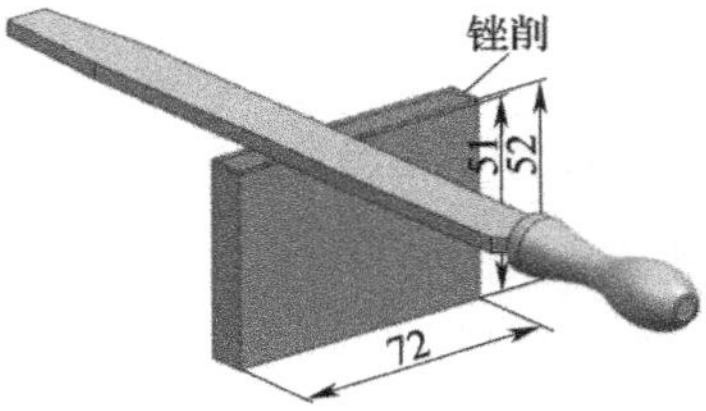 锉削 51 52 72	锉削第二基准平面，使其与第一基准平面的垂直度达到要求，而且要达到平面度及表面粗糙度的要求	
步骤三	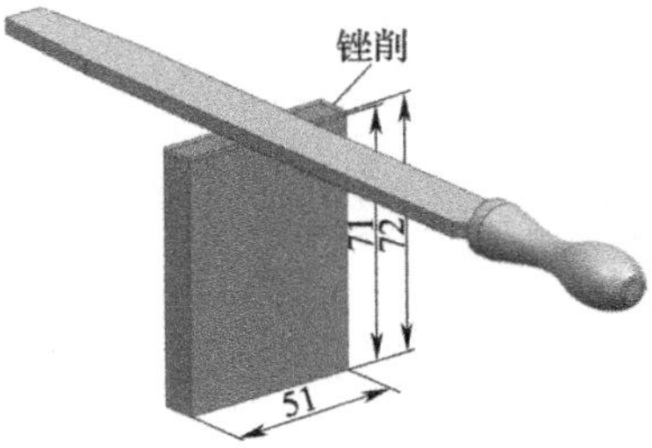 锉削 71 72 51	锉削第三基准平面，使其与第一、二基准平面的垂直度达到要求，而且要达到平面度及表面粗糙度的要求	
步骤四	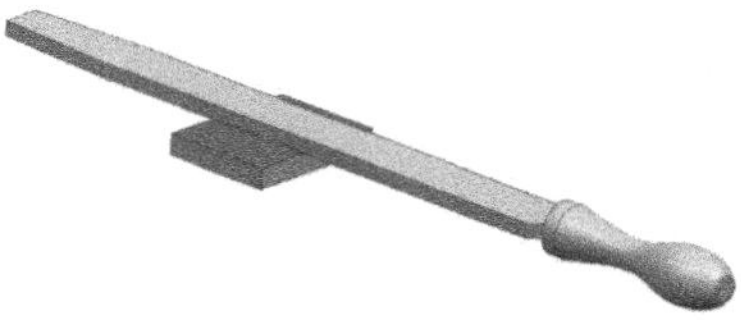	锉削第四个平面（与第一基准平面平行），使其与第一基准平面的平行度达到要求，并能保证尺寸精度，还要达到平面度及表面粗糙度的要求	

续表

实施步骤	3D 图示	要点解读	使用工具
步骤五	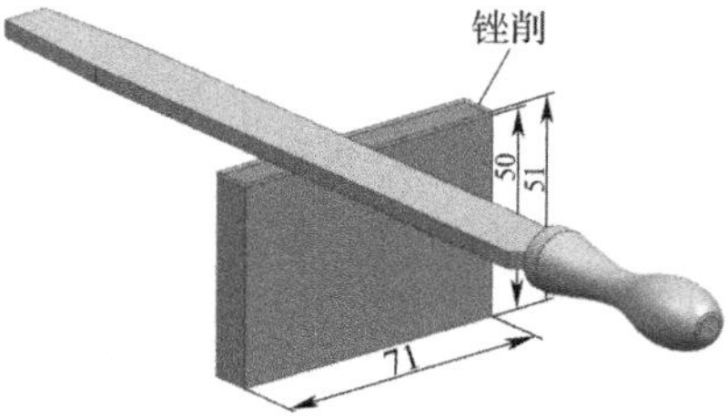	以第二基准平面为基准，划高度为 50 mm 平行线； 锉削第五个平面（与第二基准平面平行），使其与第二基准平面的平行度（与第一、第三基准平面垂直度）达到要求，并能保证尺寸精度，还要达到平面度及表面粗糙度的要求	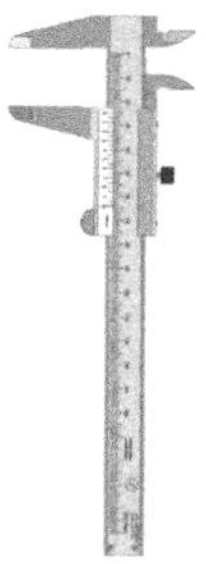 游标卡尺
步骤六	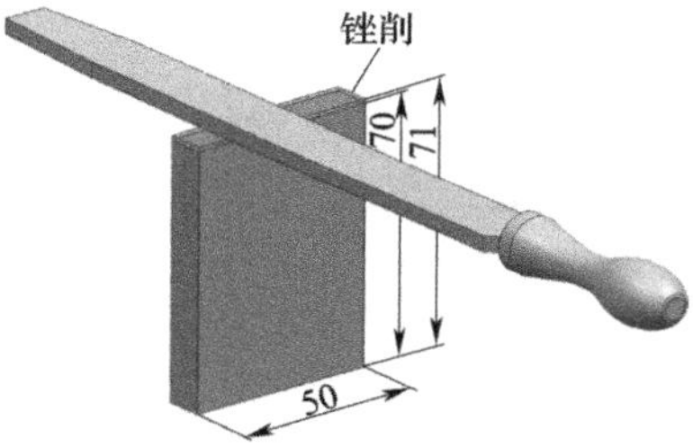	以第三基准平面为基准，划高度为 70 mm 平行线； 锉削第六个平面（与第三基准平面平行），使其与第三基准平面的平行度（与第一、第二基准平面垂直度）达到要求，并能保证尺寸精度，还要达到平面度及表面粗糙度的要求	
步骤七	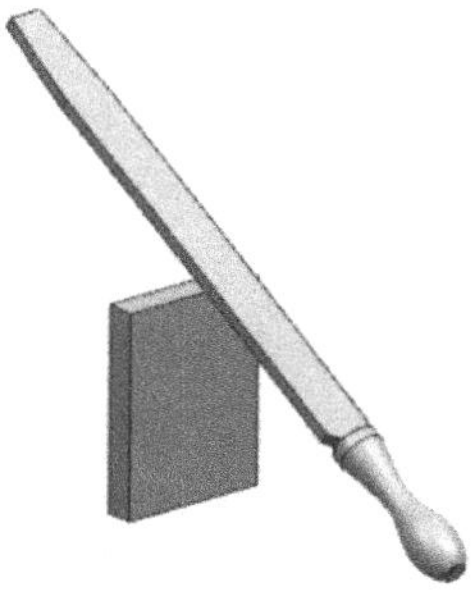	各面倒角、去毛刺	锉刀

续表

实施步骤	3D 图示	要点解读	使用工具
步骤八		打钢印	钢印、锤子
步骤九	现场 5S 和 TPM 管理、填写各种表格	认真填写	笔，表格

（2）实施过程记录表。

步骤	工作内容	是否执行
1	按要求布置加工现场	
2	完成底座的划线、锯削、测量	
3	完成底座六面体的锉削与测量	
4	完成零件倒角、去毛刺、打钢印	
5	做好量具 5S 检查表和 TPM 点检表	
6	做好现场 5S 管理	

（3）记录实施过程中出现的与决策结果不一致的情况以及出现异常的情况。

原计划：	实际实施：
(1)	(1)

五、检查

A5 得分：　　/ 50

学生与培训教师分别用量具或者量规检查被测零件，评价是否达到要求的质量特征值，并分别把测量的实际尺寸和是否完成特征值的判断结果填入“学生自评”和“教师评价”栏。

重要说明

- 当“学生自评”和“教师评价”一致时得 10 分，否则得 0 分；
- 不考虑学生自己测得的实际尺寸是否符合尺寸要求；
- “学生自评”的意义是对学生检测自己使用量具测量准确性和数据记录完整性的能力进行判断，而与各零件是否达到精度要求及功能要求无关；
- 灰底处由培训教师填写。

检查记录表

序号	件号	特征值		学生自评			教师评价			评分记录
			图样尺寸	实际尺寸	完成特征值		实际尺寸	完成特征值		
					是	否		是	否	
1	1	宽度	(50 ± 0.1) mm							
2	1	长度	(70 ± 0.1) mm							
3	1	垂直度	0.05 mm							
4	1	平行度	0.05 mm							
5	1	平面度	0.04 mm							

评分等级：10 分或 0 分

中间成绩：
（A5 满分 50 分，10 分 / 题）　A5

六、评价

B1 得分：　　/ 0　　B2 得分：　　/ 110

重要说明：灰底处无须填写。

1. 完成功能和目测检查

序号	件号	项目	功能检查	目测检查
1	1	按图样要求加工		
2	1	锉削面加工顺序正确		

续表

序号	件号	项目	功能检查	目测检查
3	1	工件锉削后去除毛刺		
4	1	锉削纹路方向一致		
5	1	加工表面无严重损伤		
6	1	表面粗糙度符合要求（*Ra*6.3）		
7		实训过程中符合 5S 管理规范		
8		5S 管理执行效果		
9		5S 检查表填写情况		
10		TPM 管理执行效果		
11		TPM 点检表填写情况		
评分等级：10-9-7-5-3-0 分		中间成绩：（B1 满分 0 分，B2 满分 110 分，10 分 / 项）		
			B1	B2

2. 完成尺寸检验

B3 得分：　　/ 60　**B4 得分：　　/ 10**

序号	件号	检测项目	偏差	实际尺寸	精尺寸	粗尺寸
1	1	长度 70 mm	±0.1 mm			
2	1	宽度 50 mm	±0.1 mm			
3	1	厚度 10 mm	±0.2 mm			
4	1	垂直度	0.05 mm			
5	1	平面度	0.04 mm			
6	1	平行度	0.05 mm			
7	1	表面粗糙度	3.2 μm			
评分等级：10 分或 0 分		中间成绩：（B3 满分 60 分，B4 满分 10 分，10 分 / 项）				
					B3	B4

3．计算工作页评价成绩和技能操作成绩

（各项“百分制成绩”=“中间成绩 1”÷“除数”；“中间成绩 2”=“百分制成绩”×“权重”；“工作页评价成绩”和“技能操作成绩”分别为各项的中间成绩 2 之和）

序号	工作页评价	中间成绩 1		除数	百分制成绩	权重	中间成绩 2
1	信息	A1		0.3		0.2	
2	计划	A2		1		0.2	
3	决策	A3		1		0.1	
4	实施	A4		0.8		0.4	
5	检查	A5		0.5		0.1	
						工作页评价成绩：（满分 100 分）	
							Feld 1

Feld 1 得分：　　/ 100

序号	技能操作	中间成绩 1		除数	百分制成绩	权重	中间成绩 2
1	功能检查	B1					
2	目测检查	B2		1.1		0.5	
3	精尺寸	B3		0.6		0.45	
4	粗尺寸	B4		0.1		0.05	
						技能操作成绩：（满分 100 分）	
							Feld 2

Feld 2 得分：　　/ 100

4．项目总成绩

（各项“中间成绩”=“中间成绩 2”×“权重”；“总成绩”为各项“中间成绩”之和）

序号	成绩类型	中间成绩 2		权重	中间成绩
1	工作页评价	Feld 1		0.4	
2	技能操作	Feld 2		0.6	
				项目总成绩：（满分 100 分）	
					总成绩

项目总成绩：　　/ 100

总结与提高

一、汇总分析并绘制雷达图

序号	工作页评价	百分制成绩	雷达图
1	信息 A1		
2	计划 A2		
3	决策 A3		
4	实施 A4		
5	检查 A5		
6	功能检查 B1		
7	目测检查 B2		
8	精尺寸检验 B3		
9	粗尺寸检验 B4		

二、自我评价与总结

（1）根据雷达图显示，说明其存在的问题，分析原因并提出改进措施。

存在问题	原因分析	改进措施

（2）利用思维导图方法绘制底座六面体加工内容。

（3）锯削和锉削时站立位置和姿势应如何保持？动作协调性应如何控制？如何调整？

（4）零件划线和锯削质量差应如何改进？

（5）如何保证底座平行度、垂直度、平面度以及尺寸精度？

（6）你觉得哪些地方没有做好？如果重新做，你会注意哪几个方面？

三、思考与练习题

1．完成十字槽零件六面体的锉削加工，如图 3-16 所示。

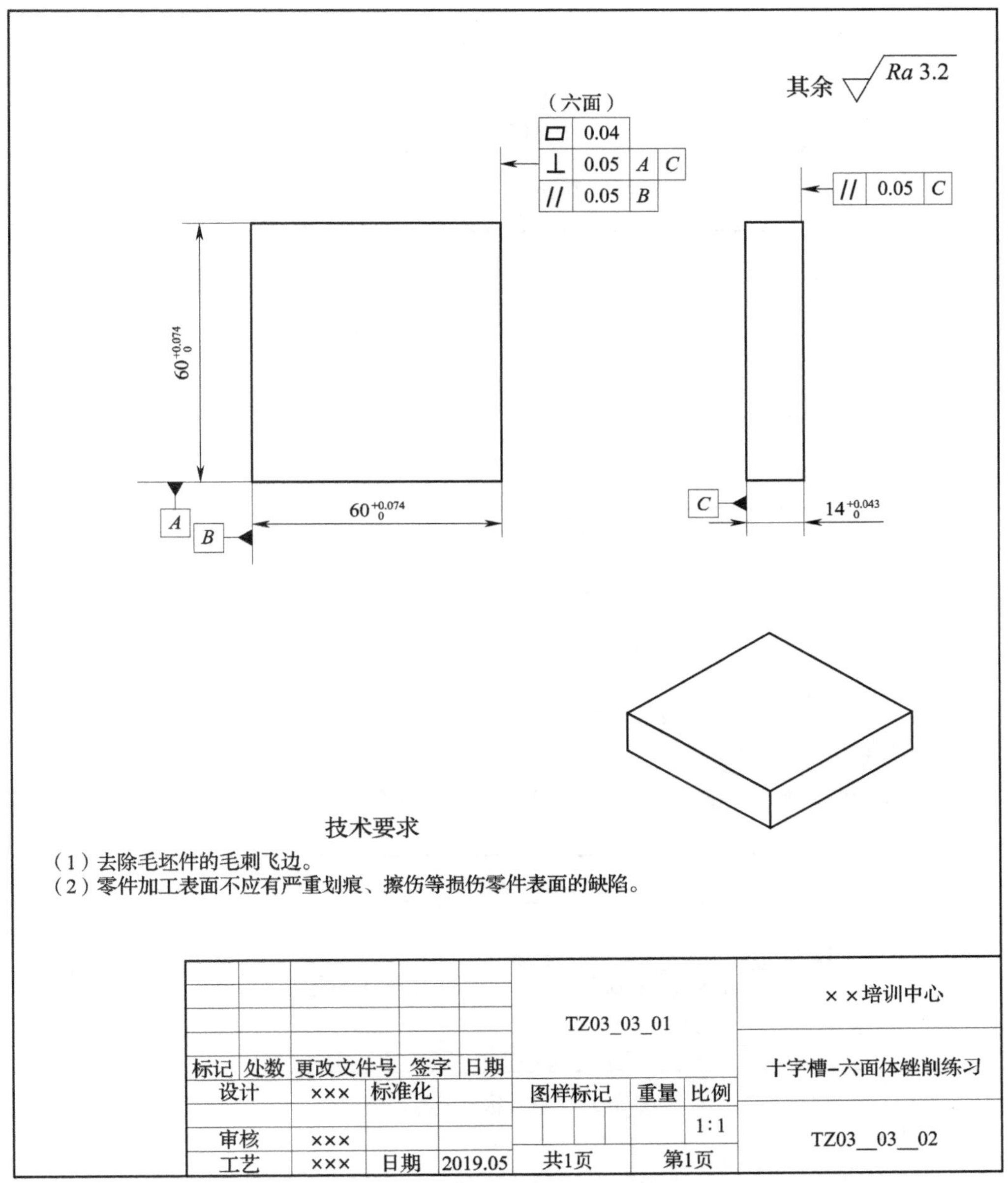

图 3-16　十字槽零件六面体锉削练习图

2．完成钻孔板的锉削加工，如图 3-17 所示。

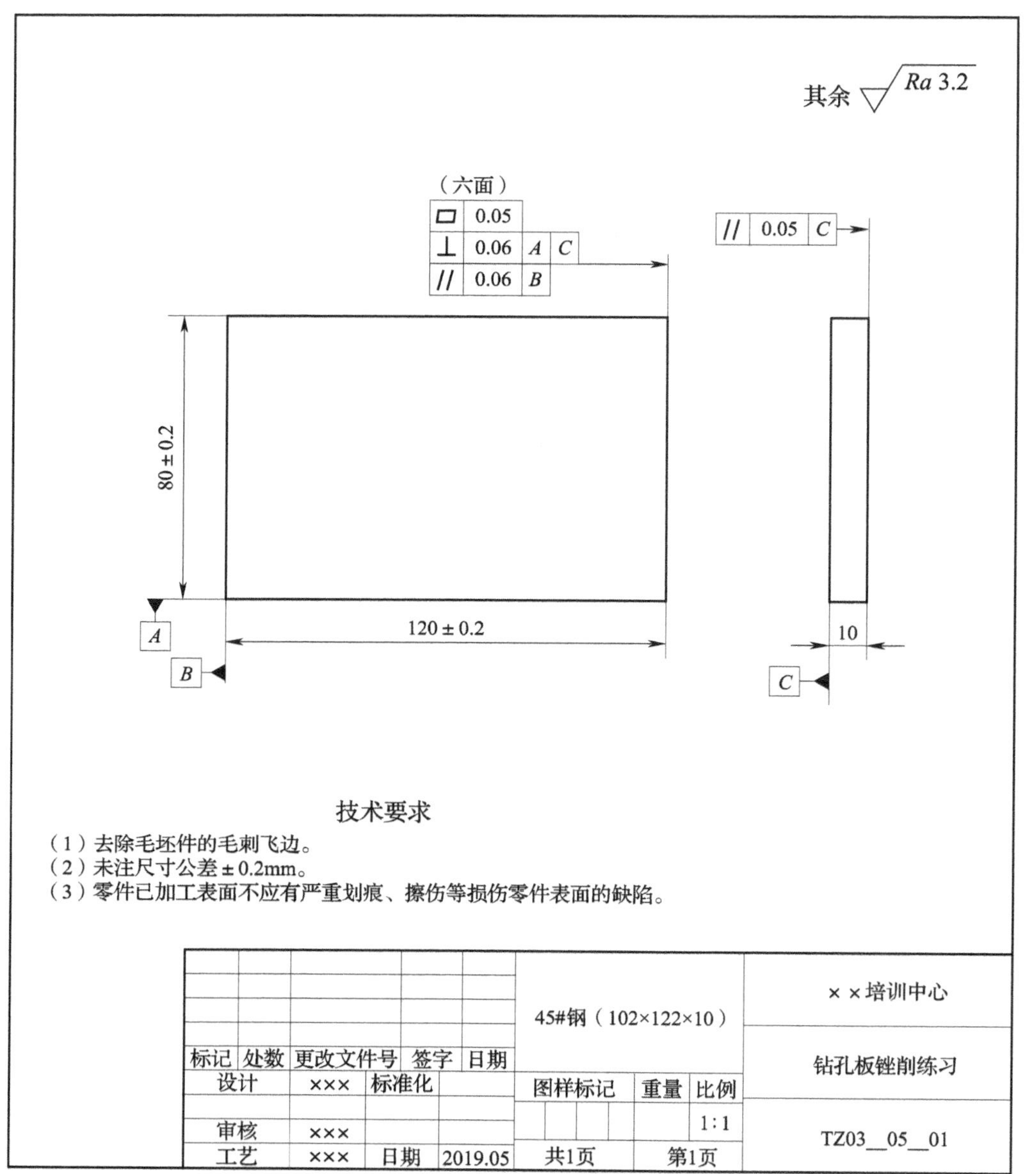

图 3-17　钻孔板锉削练习图

3．完成支撑垫平行面的锉削加工，如图 3-18 所示。

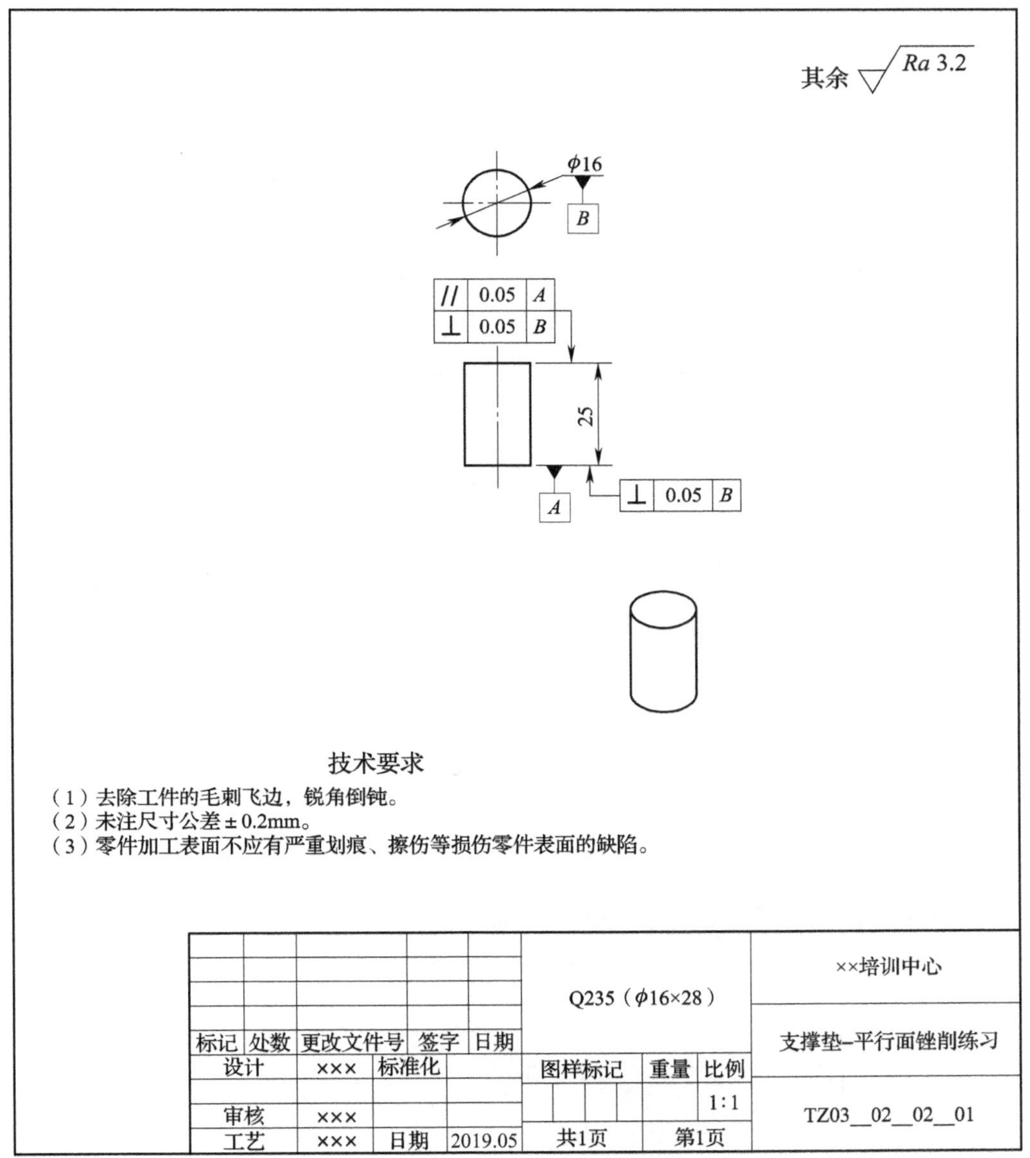

图 3-18　支撑垫平行面锉削练习图

4．完成阶梯锯削、锉削测试，如图 3-19 所示。

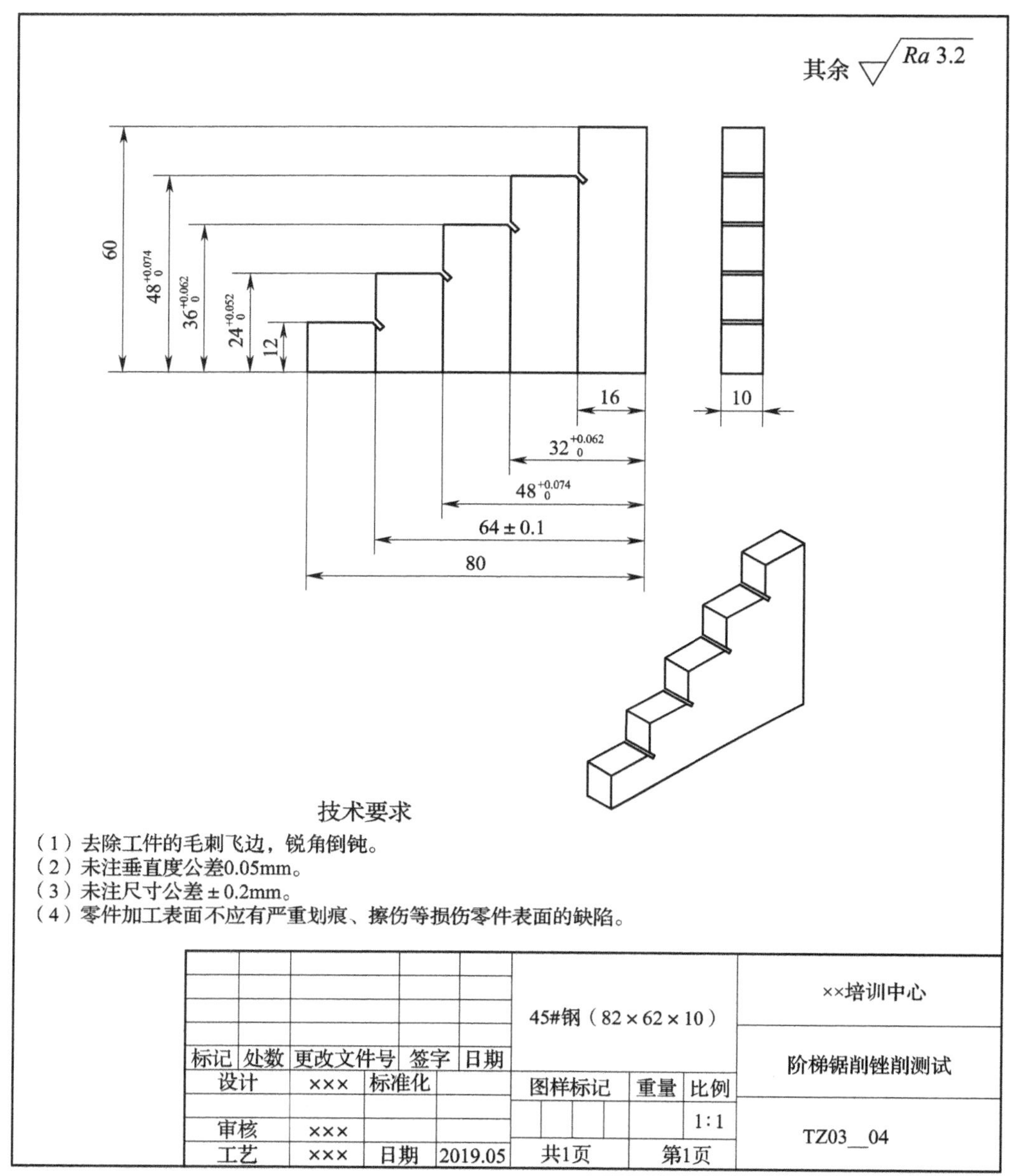

图 3-19　阶梯锯削、锉削测试

四、任务小结

通过本任务的学习，学生能从划线、锯削、锉削等方面综合加工六面体，巩固了划线、锯削、锉削和测量等基本操作及技能。

本任务所涉及的理论知识可参阅“知识库”。

知识提示：

六面体锉削工艺。

项目 3　笔架手动加工 任务 4　支撑架和底座的划线	姓名：	班级：
	日期：	页码：

任务 4　支撑架和底座的划线

任务描述

一、任务背景

本任务要求完成笔架支撑架、笔架底座划线，包括支撑架和底座的划线、打样冲眼。本任务学习时间：4 小时。

二、学习目标

1．知识目标

（1）掌握平面划线方法；
（2）掌握立体划线方法；
（3）掌握划线基准；
（4）熟悉各种精确划线方法。

2．能力目标

（1）会正确使用各种划线工具；
（2）能运用高度尺划出清晰、粗细均匀，尺寸误差在 0.2 mm 以内的线条；
（3）能够分析并解决锉削过程中遇到的问题；
（4）填写现场 5S 检查表和 TPM 点检表。

3．素质目标

（1）具有安全规范的操作意识；
（2）能与他人进行有效沟通，共同学习，共同达到目标；
（3）具有严谨务实的工作作风和创新意识。

三、加工图纸

笔架支撑架和底座划线练习图，如图 3-20、图 3-21 所示。

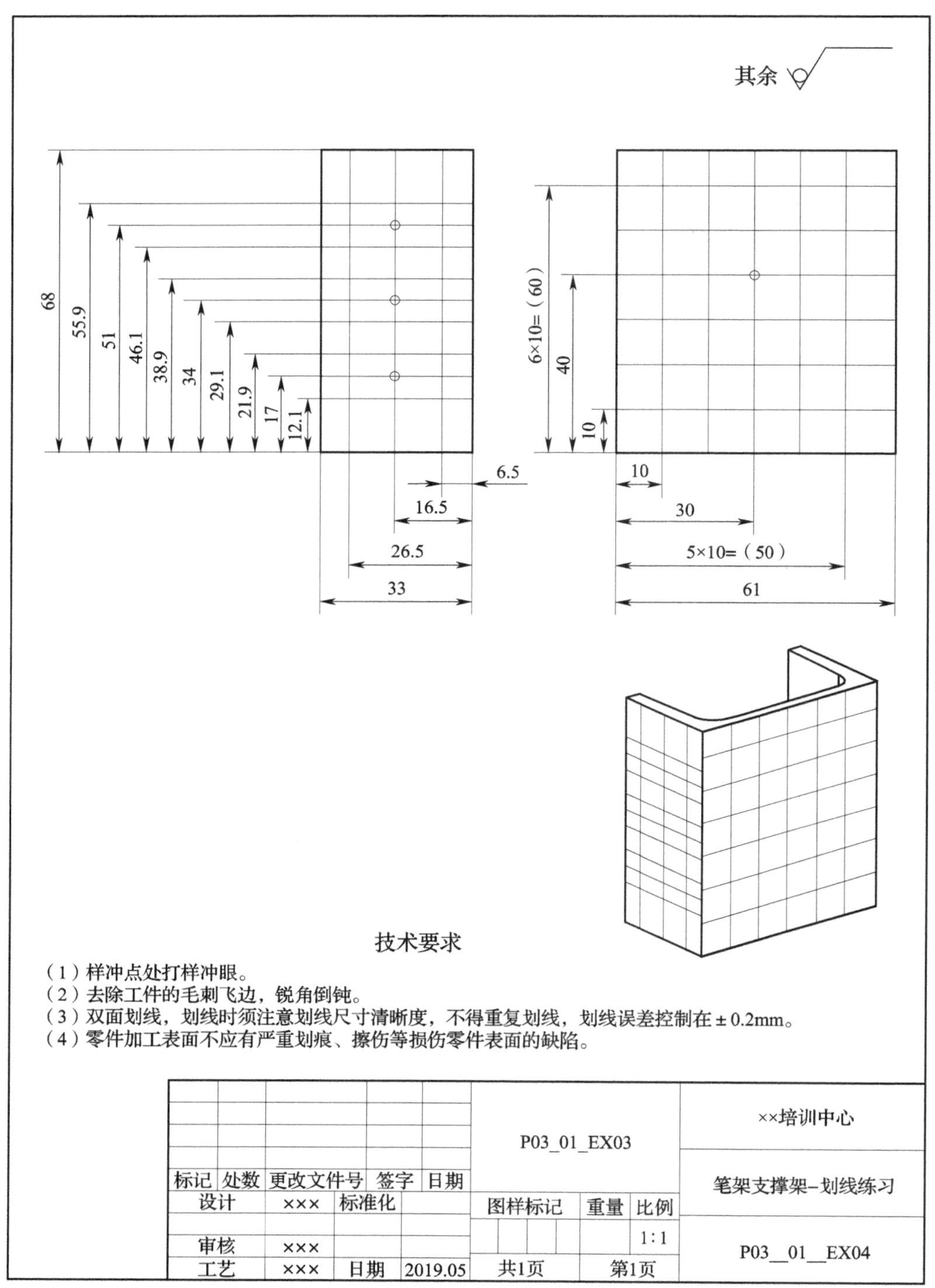

图 3-20　支撑架划线练习图

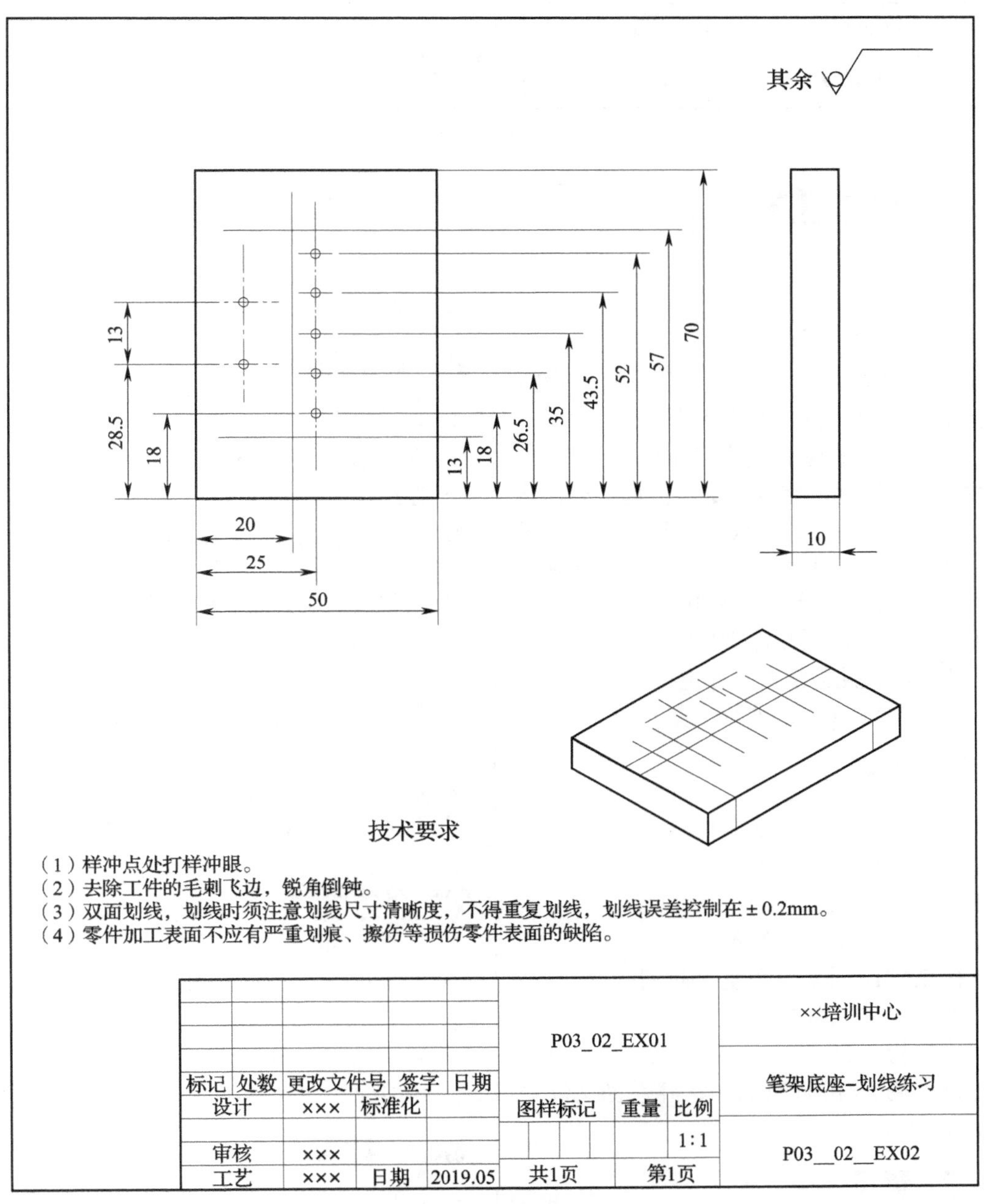

图 3-21　底座划线练习图

可以使用以下资源：

（1）零件图样；

（2）网络教学资源；

（3）操作指南；

（4）材料。

名称	零件号	材料	单位	数量	来源
支撑架划线	P03-01-EX04	Q235	个	1	P03-01-EX03
底座划线	P03-02-EX02	45#	个	1	P03-01-EX01

任务提示

一、工作方法

- 读图后回答引导问题，可以使用的材料有工具手册、机械制造手册等
- 以小组讨论的形式完成工作计划
- 按照工作计划，完成工具、量具、刃具计划表，编写支撑架和底座划线工艺。对于出现的问题，请先尽量自行解决，如确实无法解决，再与培训教师进行讨论
- 用手工工具锯削和锉削出零件
- 运用各种检测方法对零件进行检测和评分
- 与培训教师讨论，进行工作总结

二、工作内容

- 收集加工过程中的必要信息
- 分析零件图，完成工作计划
- 制订零件加工工艺
- 检测上一道工序零件尺寸
- 支撑架立体划线、底座平面划线
- 工件各边去毛刺
- 完成自检、自评
- 进行现场 5S 和 TPM 管理，并遵循岗位安全规范操作

三、工、量具

- 钢直尺
- 300 mm（0.05 mm）高度尺
- 150 mm（0.02 mm）游标卡尺
- 10 寸（B250-2）中齿尖扁锉
- 300 g 锤子
- 涂料、毛刷

四、知识储备

- 划线工艺
- 划线基准
- 划线工具

五、注意事项与工作提示

- 以基准面为基准进行划线
- 检查高度尺划线精度
- 清洁划线平板、工件表面
- 高度尺划线在划线平板上允许用石墨润滑
- 高度尺在工件上划线压力大小相同
- 主动与培训教师沟通交流
- 合理使用测量工具检测加工质量

六、劳动安全

- 参照车间的安全标志的内容
- 工件各边去毛刺
- 注意不要被高度尺的尖部划伤
- 高度尺不应放在划线平板边缘，以免掉到地面

七、环境保护

- 参照项目 1 相应的内容
- 使用对环境无污染的划线涂料

八、成本估算

- 根据零件、工具、量具以及人工等费用，简单估算成本，进行简单经济核算

工作过程

一、信息

A1 得分： / 30

（中间成绩 A1 满分 30 分，10 分 / 题）

（1）高度尺划线的作用是什么？

（2）怎样提高高度尺在划线平板上的滑动能力？

（3）划线的步骤是什么？需要注意哪些方面？

二、计划

A2 得分：　　/ 100

（中间成绩 A2 满分 100 分，50 分 / 题）

1. 小组讨论后，完成工作计划流程表

工作计划流程表				
工件名称：		工件号：		
序号	工作步骤 / 事故预防措施	材料表（机器、工具、刃具、辅具）	安全环保	工作时间 / 小时
1				
2				
3				
4				
5				
6				
7				
8				
9				
10				
11				
12				
13				
14				

2. 工、量、刃、辅具及材料表

序号	种类	名称	规格	精度	数量	单位	备注

三、决策

A3 得分： / 100

（中间成绩 A3 满分 100 分，每少一步扣 10 分，扣完为止）

小组讨论（或培训教师点评）后，最终确定工作计划，填写可实施的工艺流程工作页。

工艺流程工作页

序号	工序名称	工序内容 请使用直尺自行分割以下区域	设备	夹具	工具	量具	辅具	劳动保护及环保	工作时间/小时

四、实施

A4 得分：　　/ 80

（中间成绩 A4 满分 80 分，40 分 / 题）

（1）任务实施过程参考表。

实施步骤	3D 图示	要点解读	使用工具
步骤一		按划线要求，清洁零件表面并涂色，选择基准进行划线；调整好高度尺尺寸；划完线后，用游标卡尺再进行检查	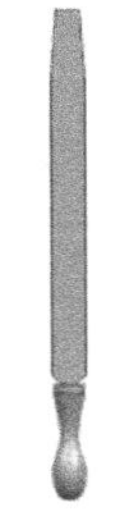 锉刀 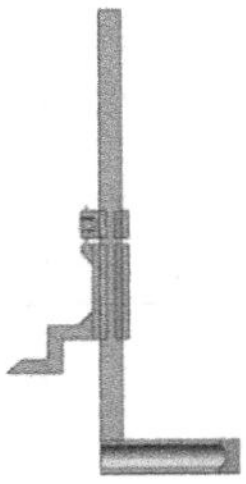 高度游标卡尺  样冲
步骤二	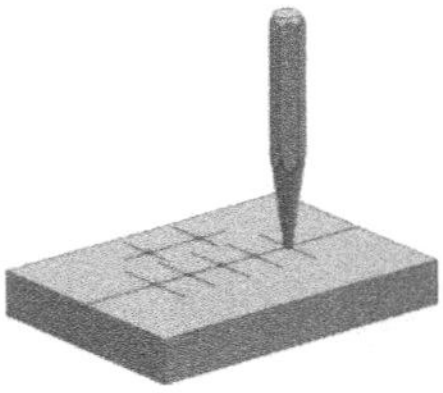	单面打样冲	
步骤三	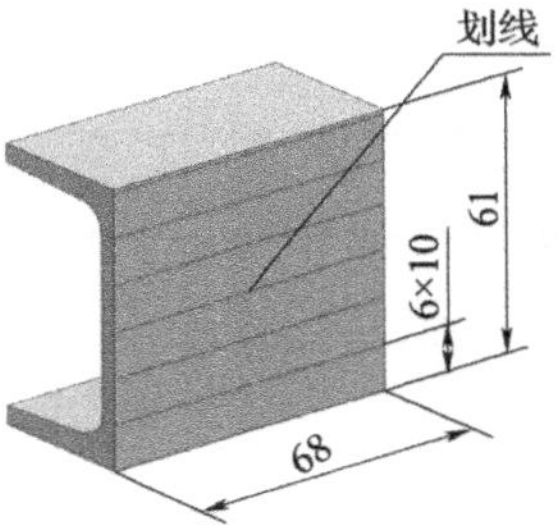 划线 61 6×10 68	按划线要求，清洁零件并涂色；选择基准进行划线；调整好高度尺尺寸；划完线后，用游标卡尺再进行检查	
步骤四	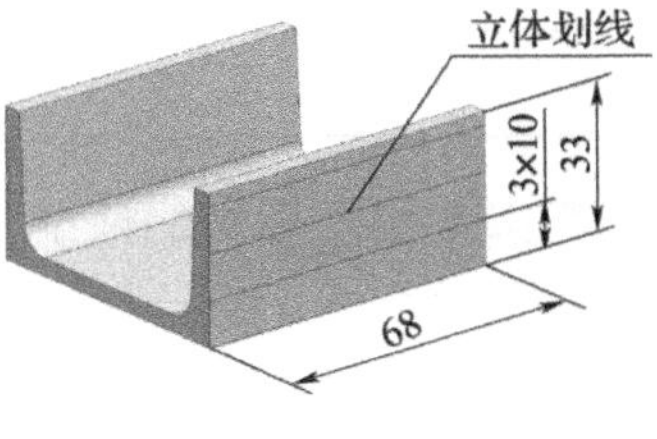 立体划线 3×10 33 68	按划线要求，选择基准进行划线；调整好高度尺尺寸；划完线后，用游标卡尺再进行检查	
步骤五	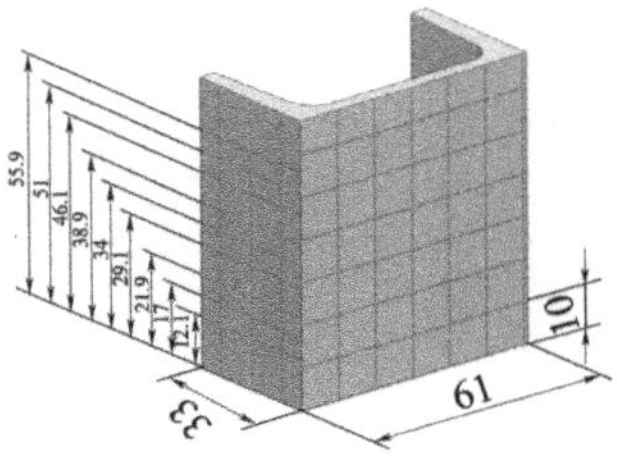 55.9 51 46.1 38.9 34 29.1 21.9 17 12.1 10 61 33	按划线要求，选择基准进行划线；调整好高度尺尺寸；划完线后，用游标卡尺再进行检查	

续表

实施步骤	3D 图示	要点解读	使用工具
步骤六		对应样冲标注点打样冲眼	锤子
步骤七	完成底座、支撑架打钢印	打钢印时力度要均匀	钢印、锤子
步骤八	现场 5S 和 TPM 管理；填写各种表格	认真填写	笔、各种表格

（2）实施过程记录表。

步骤	工作内容	是否执行
1	按要求布置划线现场	
2	完成支撑架的划线、打样冲	
3	完成底座的划线、打样冲眼、检测	
4	做好量具 5S 检查表和 TPM 点检表	
5	做好现场 5S 管理	

（3）记录实施过程中出现的与决策结果不一致的情况以及出现异常的情况。

原计划：	实际实施：
(1)	(1)

五、检查

A5 得分：　　/ 90

学生与培训教师分别用量具或者量规检查被测零件，评价是否达到要求的质量特征值，并分别把测量的实际尺寸和是否完成特征值的判断结果填入“学生自评”和“教师评价”栏。

重要说明

- 当“学生自评”和“教师评价”一致时得10分，否则得0分；
- 不考虑学生自己测得的实际尺寸是否符合尺寸要求；
- “学生自评”的意义是对学生检测自己使用量具测量准确性和数据记录完整性的能力进行判断，而与各零件是否达到精度要求及功能要求无关；
- 灰底处由培训教师填写。

检查记录表

序号	件号	特征值	图样尺寸	学生自评			教师评价			评分记录
				实际尺寸	完成特征值		实际尺寸	完成特征值		
					是	否		是	否	
1	1	孔边距1	（17±0.2）mm							
2	1	孔边距2	（16.5±0.2）mm							
3	1	孔边距3	（34±0.2）mm							
4	1	孔边距4	（51±0.2）mm							
5	1	孔边距5	（30±0.2）mm							
6	1	孔边距6	（40±0.2）mm							
7	2	中心距	（13±0.2）mm							
8	2	中心距	（17±0.2）mm							
9	2	中心距	（34±0.2）mm							

中间成绩：

评分等级：10分或0分　　（A5满分90分，10分/题）　A5

六、评价

B1 得分：	/ 0	B2 得分：	/ 120

重要说明：灰底处无须填写。

1. 完成功能和目测检查

序号	件号	项目	功能检查	目测检查
1	1-2	工件清角、锐边倒钝		
2	1-2	按图正确划线		
3	1-2	按要求用高度尺划线		
4	1-2	涂色薄而均匀		
5	1-2	线条清晰、准确、无重复		
6	1-2	样冲眼位置正确、不偏斜		
7	1-2	做标记位置准确、清晰无重复		
8	1-2	打字符和学号		
9	1-2	5S 管理执行效果		
10	1-2	5S 检查表填写情况		
11	1-2	TPM 管理执行效果		
12	1-2	TPM 点检表填写情况		
		中间成绩： （B1 满分 0 分，B2 满分 120 分，10 分 / 项）		
			B1	B2

评分等级：10-9-7-5-3-0 分

2. 完成尺寸检验

B3 得分：	/ 90	B4 得分：	/ 0

序号	件号	检测项目	偏差	实际尺寸	精尺寸	粗尺寸
1	1	孔边距 17 mm	±0.2 mm			
2	1	孔边距 16.5 mm	±0.2 mm			
3	1	孔边距 34 mm	±0.2 mm			
4	1	孔边距 51 mm	±0.2 mm			
5	1	孔边距 30 mm	±0.2 mm			
6	1	孔边距 40 mm	±0.2 mm			
7	2	中心距 13 mm	±0.2 mm			
8	2	中心距 17 mm	±0.2 mm			
9	2	中心距 34 mm	±0.2 mm			
			中间成绩： （B3 满分 90 分，B4 满分 0 分，10 分 / 项）			
					B3	B4

评分等级：10 分或 0 分

3. 计算工作页评价成绩和技能操作成绩

（各项“百分制成绩”=“中间成绩 1”÷“除数”；“中间成绩 2”=“百分制成绩”×“权重”；“工作页评价成绩”和“技能操作成绩”分别为各项的中间成绩 2 之和）

序号	工作页评价	中间成绩 1		除数	百分制成绩	权重	中间成绩 2
1	信息	A1		0.3		0.1	
2	计划	A2		1		0.2	
3	决策	A3		1		0.1	
4	实施	A4		0.8		0.5	
5	检查	A5		0.9		0.1	
						工作页评价成绩：（满分 100 分）	
							Feld 1

Feld 1 得分：　　/ 100

序号	技能操作	中间成绩 1		除数	百分制成绩	权重	中间成绩 2
1	功能检查	B1					
2	目测检查	B2		1.2		0.6	
3	精尺寸	B3		0.9		0.4	
4	粗尺寸	B4					
						技能操作成绩：（满分 100 分）	
							Feld 2

Feld 2 得分：　　/ 100

4. 项目总成绩

（各项“中间成绩”=“中间成绩 2”×“权重”；“总成绩”为各项“中间成绩”之和）

序号	成绩类型	中间成绩 2		权重	中间成绩
1	工作页评价	Feld 1		0.4	
2	技能操作	Feld 2		0.6	
				项目总成绩：（满分 100 分）	
					总成绩

项目总成绩：　　/ 100

总结与提高

一、汇总分析并绘制雷达图

序号	工作页评价	百分制成绩	雷达图
1	信息 A1		
2	计划 A2		
3	决策 A3		
4	实施 A4		
5	检查 A5		
6	功能检查 B1		
7	目测检查 B2		
8	精尺寸检验 B3		
9	粗尺寸检验 B4		

100 信息
80
60
40
20
O
计划
决策
实施
检查
功能
目测
精尺寸
粗尺寸

二、自我评价与总结

（1）根据雷达图显示，说明其存在的问题，分析原因并提出改进措施。

存在问题	原因分析	改进措施

（2）利用思维导图方法绘制支撑架立体划线和底座划线加工内容。

（3）划线时需要注意什么事项？

（4）你对自己做的样冲眼是否满意？你认为哪些地方需要改进？如果没有之前做得好，你认为需要注意哪些方面？

（5）对于底座、支撑架的划线、打样冲眼、打钢印等操作你还有哪些不清楚的地方？你认为哪些地方还需要改进？

（6）你觉得哪些地方没有做好？如果重新做，你会注意哪几个方面？

三、思考与练习题

1．选择题

（1）（　　）就是利用划线工具，使工件上的有关表面处于合理的位置。

A．划线　　B．找正　　C．借料

（2）划线在选择尺寸基准时，应使划线时尺寸基准与图样上（　　）一致。

A．测量基准　　B．装配基准　　C．设计基准　　D．工艺基准

2．判断题

（1）箱体工件划线时，如以中心十字线作为基准找正线，只要第一次划线正确后，以后每次划线都可以用它，不必重划。（　　）

（2）为了减少箱体划线时的翻转次数，第一划线位置应选择待加工孔和面最多的一个位置。（　　）

（3）划线时要注意找正内壁是为了加工后能顺利装配。（　　）

（4）划高度方向的所有线条，划线基准是水平线或水平中心线。（　　）

（5）经过划线确定加工时的最后尺寸，在加工过程中，应通过加工来保证尺寸的准确度。（　　）

（6）有些工件，为了减少工件的翻转次数，其垂直线可利用角铁或直角尺一次划出。（　　）

(7) 立体划线一般要在长、宽、高 3 个方向上进行。 ( )

(8) 立体划线时，工件的支持和安置方式不取决于工件的形状和大小。 ( )

(9) 常用的拉线与吊线法，可在第一划线位置上把各面的加工线都划好，完成整个工件的划线任务。 ( )

(10) 对于大型畸形工件的划线，划配合孔或配合面的加工线，既要保证加工余量均匀，又要考虑其他部位的装配关系。 ( )

3．完成支撑平板划线，如图 3-22 所示。

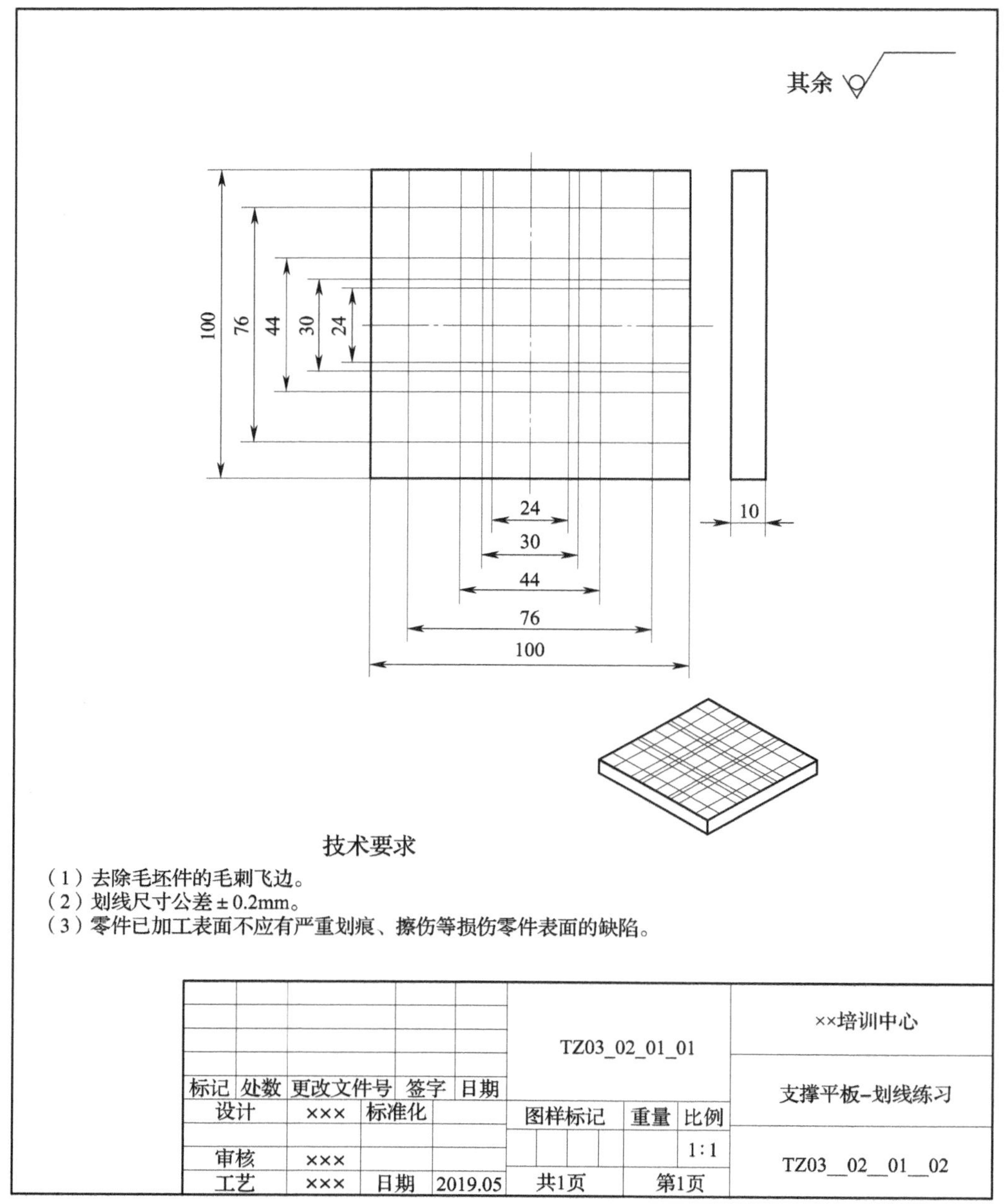

图 3-22 支撑平板划线练习图

4．完成十字槽划线，如图 3-23 所示。

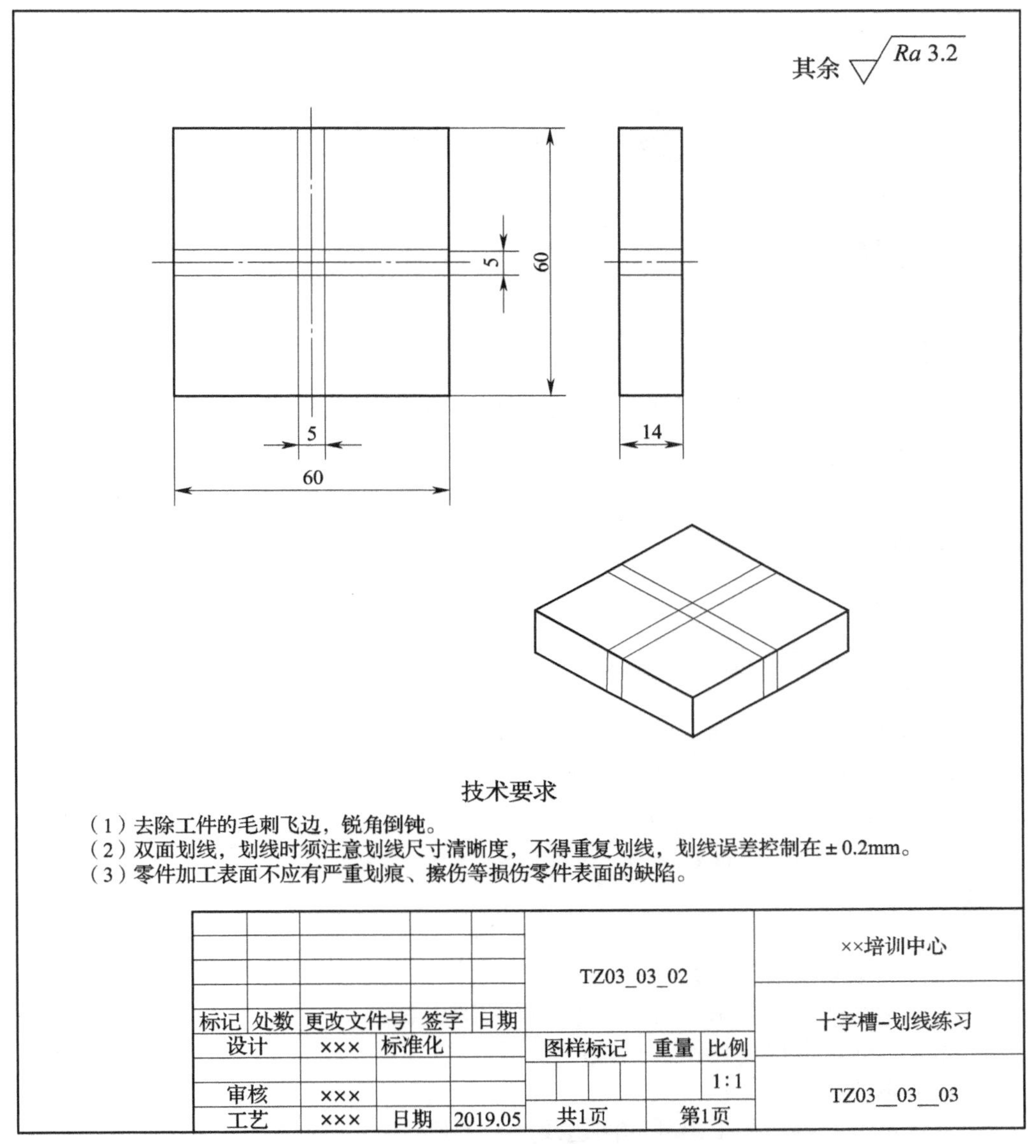

图 3-23　十字槽划线练习图

四、任务小结

通过本任务的学习，学生能学会合理地选用和正确地使用划线工具进行划线，并对划线质量进行检查；会对常用划线工具进行日常保养。

本任务所涉及的理论知识可参阅“知识库”。

知识提示：

（1）划线工艺；

（2）划线原则、方法及要点。

项目 3　笔架手动加工	姓名：	班级：
任务 5　底座钻孔加工	日期：	页码：

任务 5　底座钻孔加工

任务描述

一、任务背景

本任务要求首先完成钻孔板钻孔、锪孔，然后再完成底座零件上 ϕ3 mm 钻孔、锪孔，钻 ϕ8 mm 排孔加工。

本任务学习时间：12 小时。

二、学习目标

1. 知识目标

（1）了解标准麻花钻的刃磨方法；
（2）掌握划线、钻孔的方法；
（3）熟悉钻孔直径、转速、进给量三者之间的关系；
（4）熟悉钻孔时工件的几种装夹方法；
（5）知晓切削液与加工材料的关系；
（6）掌握锪孔的基本方法。

2. 能力目标

（1）能够准确划线并进行钻孔；
（2）能根据钻孔直径和工件材料合理选择切削用量；
（3）能安全规范地操作台钻、立钻；
（4）能正确地装夹工件；
（5）能够正确分析孔加工出现的问题及产生的原因；
（6）会正确测量孔径、孔距；
（7）能做好现场 5S 和 TPM 管理。

3. 素质目标

（1）具有规范的操作习惯；
（2）具有安全文明生产意识和 5S 管理理念；
（3）能与他人合作，共同学习、相互讨论、共同达到目标；
（4）能与他人进行有效沟通；
（5）具有吃苦耐劳的职业精神。

三、加工图纸

钻孔板练习图如图 3-24 所示，底座钻孔练习图如图 3-25 所示。

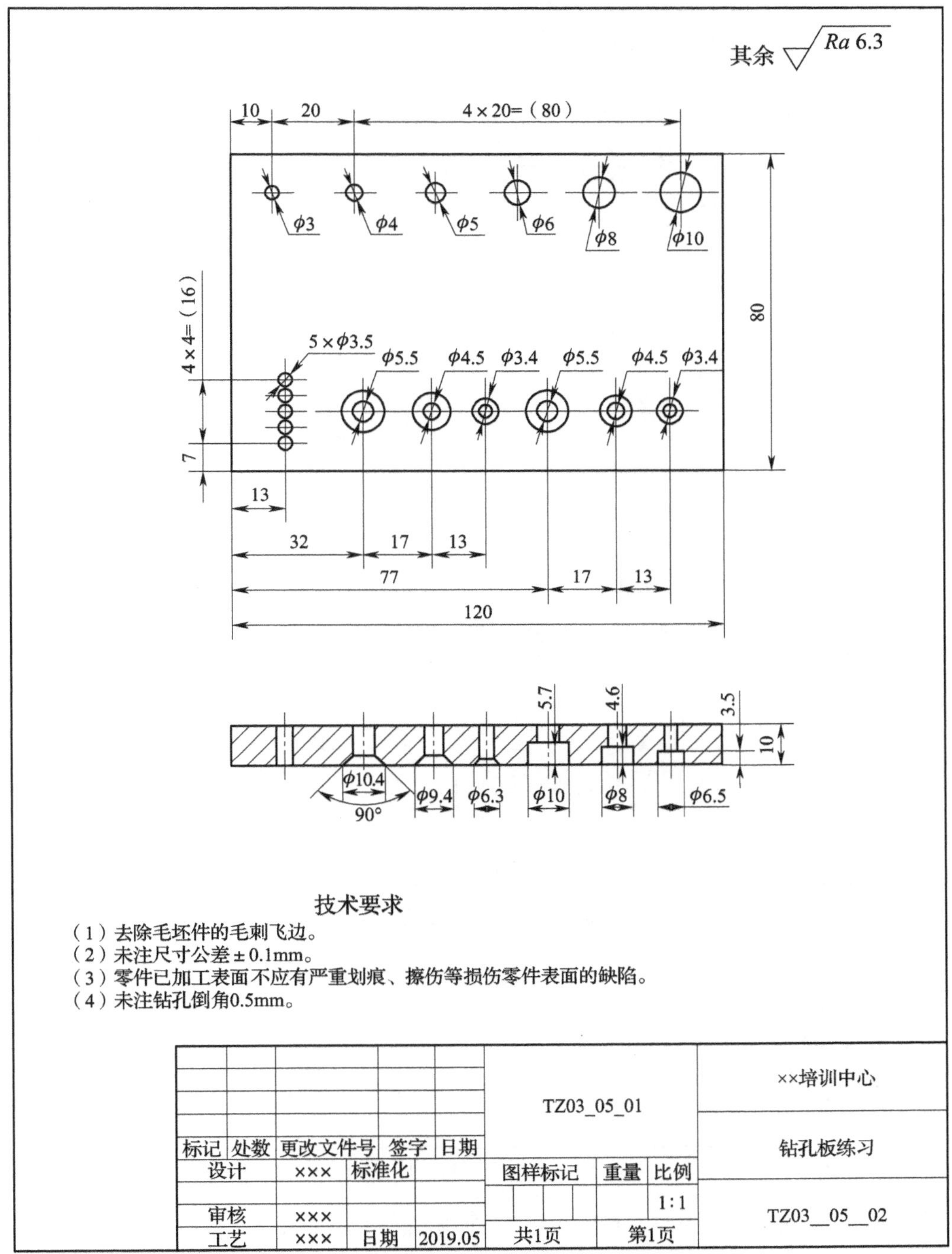

图 3-24　钻孔板练习图

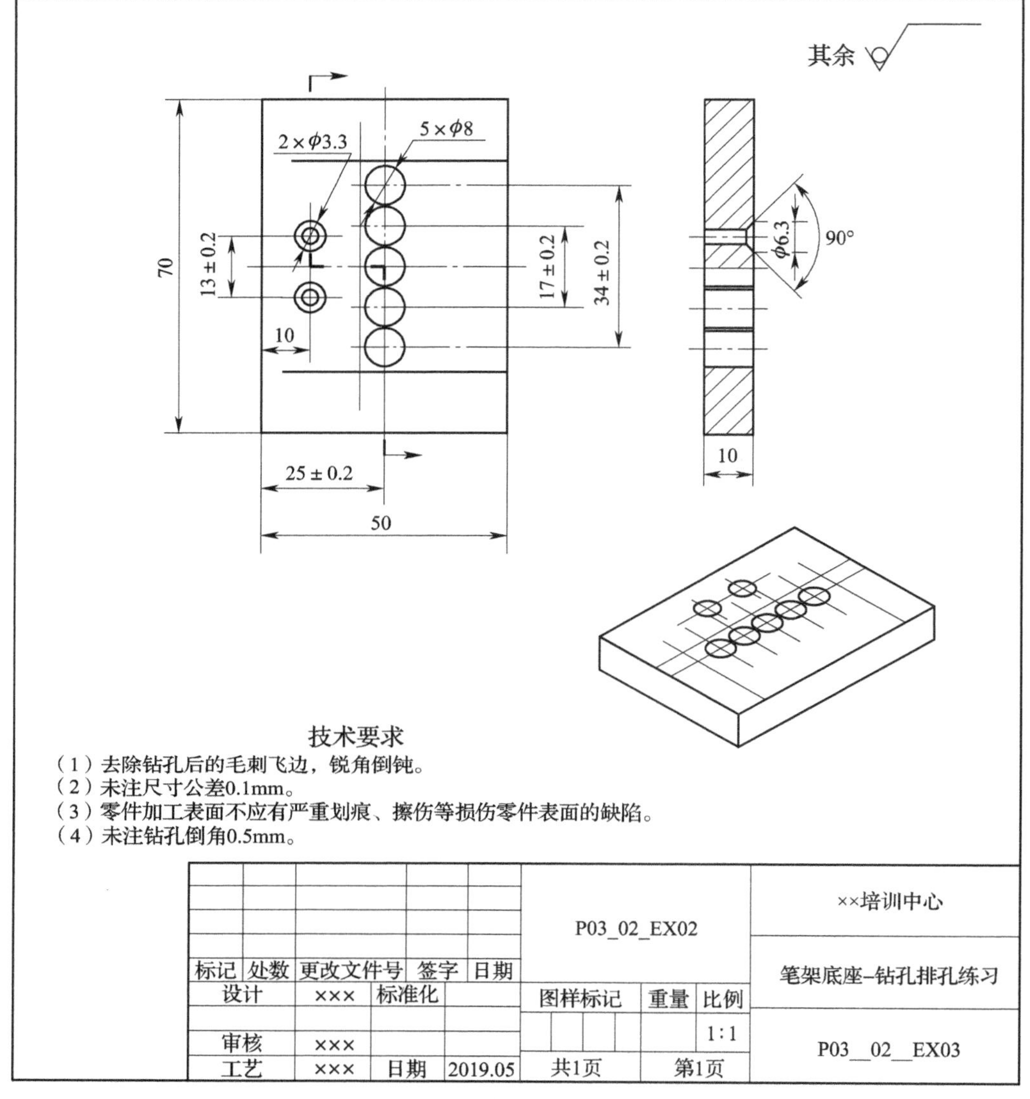

图 3-25　底座钻孔练习图

可以使用以下资源：

（1）零件图样；

（2）网络教学资源；

（3）操作指南；

（4）材料。

名称	零件号	材料	单位	数量	来源
钻孔板	TZ03_05_02	45# 钢	个	1	TZ03_05_01
底座钻孔	P03_02_EX03	Q235	个	1	P03_02_EX02

任务提示

一、工作方法

- 读图后回答引导问题，可以使用的材料有工具手册、机械制造手册等
- 以小组讨论的形式完成工作计划
- 按照工作计划，完成工具、量具、刃具计划表，编写零件钻孔加工工艺卡。对于出现的问题，请先尽量自行解决，如确实无法解决，再与培训教师进行讨论
- 合理选用钻头、钻床、转速及切削用量，钻削加工零件上的孔
- 运用各种检测方法对零件进行检测和评分
- 与培训教师讨论，进行工作总结

二、工作内容

- 收集加工过程中的必要信息
- 分析零件图，完成工作计划
- 制订零件钻削加工工艺
- 调整机床转速，选择合适的平口钳装夹零件
- 孔倒角、测量孔距
- 完成自检、自评
- 进行现场5S和TPM管理，并遵循岗位安全规范操作

三、工、量具

- 高度游标卡尺、划线平台
- 样冲、300 g锤子、3 mm钢印、毛刷
- 定心钻、直柄麻花钻、锪钻
- 游标卡尺

四、知识储备

- 钻削原理
- 麻花钻的结构和作用
- 钻床的构造
- 工件定位与夹紧
- 钻孔过程和技术
- 冷却液分类

五、注意事项与工作提示

- 孔的位置用样冲孔定位，样冲眼要打正
- 用钻夹头钥匙装拆钻头，而不准用别的工具代替
- 夹紧面要平整清洁
- 钻头用钝后，应及时修磨；遵守安全操作规程
- 主动与培训教师沟通交流
- 合理使用测量工具检测加工质量

六、劳动安全

- 参照车间的安全标志的内容
- 先阅读机床的操作说明书，用机用台虎钳夹紧工件
- 戴安全帽，穿工作服，不准戴手套
- 钻削过程中要经常断屑，勤清理，但不能直接用手清理
- 孔快钻穿时要减少进给量

七、环境保护

- 地面、钻床台面上的铁屑和切削液要放入废铁箱中

八、成本估算

- 根据零件、工具、量具以及人工等费用，简单估算成本，进行简单经济核算

工作过程

一、信息

A1 得分：　　/ 80

（中间成绩 A1 满分 80 分，10 分 / 题）

（1）什么是钻孔、扩孔、锪孔？三种孔的尺寸精度和表面粗糙度能够达到多少？

（2）麻花钻由哪几部分组成？标准顶角是多少度？应如何正确刃磨？

（3）钻头的装夹工具有哪几种？构造特点是什么？适用于什么范围？

（4）为什么要试钻？试钻偏了应如何纠正？

（5）钻通孔、深孔、不通孔时应注意哪些事项？

（6）冷却液在锪孔和钻孔中的作用是什么？

（7）钻削时，如何确定钻头的转速？

（8）简述钻床的种类和结构。

二、计划

A2 得分：　　/ 100

（中间成绩 A2 满分 100 分，50 分 / 题）

1. 小组讨论后，完成工作计划流程表

工作计划流程表				
工件名称：		工件号：		
序号	工作步骤 / 事故预防措施	材料表（机器、工具、刃具、辅具）	安全环保	工作时间 / 小时
1				
2				
3				
4				
5				
6				
7				
8				
9				
10				
11				
12				
13				
14				

2. 工、量、刃、辅具及材料表

序号	种类	名称	规格	精度	数量	单位	备注

三、决策

A3 得分：　　/ 100

（中间成绩 A3 满分 100 分，每少一步扣 10 分，扣完为止）

小组讨论（或培训教师点评）后，最终确定工作计划，填写可实施的工艺流程工作页。

工艺流程工作页

序号	工序名称	工序内容 请使用直尺自行分割以下区域	设备	夹具	工具	量具	辅具	劳动保护及环保	工作时间 / 小时

四、实施

A4 得分：　　/ 80

（中间成绩 A4 满分 80 分，40 分 / 题）

（1）任务实施过程参考表。

实施步骤	3D 图示	要点解读	使用工具
步骤一		按划线要求，清洁零件表面并涂色，选择基准进行划线；调整好高度尺尺寸；划完线后，用游标卡尺再进行检查	高度游标卡尺
步骤二		打样冲眼	样冲　锤子
步骤三		分别完成各孔加工	不同直径的钻头
步骤四		在钻孔基础上，不要拆卸工件，将钻头换成锪钻，进行锪孔	锪孔钻
步骤五		在上一步基础上，换锪锥孔钻锪锥孔，对所有的孔进行倒角	锪锥孔钻

续表

实施步骤	3D 图示	要点解读	使用工具
步骤六		钻排孔，注意孔的中心线尽量保持在同一条直线上	钻头
步骤七		钻排孔，注意钻孔位置不宜偏斜	钻头
步骤八		利用锪锥孔钻对已钻削好的 $\phi 3$ 孔进行钻沉头孔，并对孔进行倒角	锪锥孔钻
步骤九	现场 5S 和 TPM 管理、填写各种表格	认真填写	笔，表格

（2）实施过程记录表。

步骤	工作内容	是否执行
1	按要求布置划线、钻孔现场	
2	完成钻孔板划线、打样冲眼、钻孔、锪孔及倒角	
3	完成底座钻孔、排孔、锪孔、倒角等	
4	完成零件倒角去毛刺、打钢印	
5	做好量具 5S 检查表和 TPM 点检表	
6	做好测量现场 5S 管理	

（3）记录实施过程中出现的与决策结果不一致的情况以及出现异常的情况。

原计划：	实际实施：
(1)	(1)

五、检查

A5 得分：　　/ 60

学生与培训教师分别用量具或者量规检查被测零件，评价是否达到要求的质量特征值，并分别把测量的实际尺寸和是否完成特征值的判断结果填入“学生自评”和“教师评价”栏。

重要说明

- 当“学生自评”和“教师评价”一致时得 10 分，否则得 0 分；
- 不考虑学生自己测得的实际尺寸是否符合尺寸要求；
- “学生自评”的意义是对学生检测自己使用量具测量准确性和数据记录完整性的能力进行判断，而与各零件是否达到精度要求及功能要求无关；
- 灰底处由培训教师填写。

检查记录表

序号	件号	特征值	图样尺寸	学生自评			教师评价			评分记录
				实际尺寸	完成特征值		实际尺寸	完成特征值		
					是	否		是	否	
1	1	孔边距	(32±0.1) mm							
2	1	孔间距	(17±0.1) mm							
3	1	孔间距	(77±0.1) mm							
4	1	孔边距	(15±0.1) mm							
5	2	孔边距	(25±0.1) mm							
6	2	孔间距	(34±0.1) mm							

中间成绩：

（A5 满分 60 分，10 分 / 题）　A5

评分等级：10 分或 0 分

六、评价

B1 得分：　　/ 0　**B2 得分：　　/ 120**

重要说明：灰底处无须填写。

1. 完成功能和目测检查

序号	件号	项目	功能检查	目测检查
1	1-2	按图样要求加工		
2	1-2	钻孔位置正确		
3	1-2	钻孔表面粗糙度符合图样要求		

续表

序号	件号	项目	功能检查	目测检查
4	1-2	锪孔光滑、无缺陷		
5	1-2	孔口倒角		
6	1-2	正确操作钻床		
7	1-2	正确打钢号、去毛刺		
8	1-2	实训过程中符合 5S 管理规范		
9	1-2	5S 管理执行效果		
10	1-2	5S 检查表填写情况		
11	1-2	TPM 管理执行效果		
12	1-2	TPM 点检表填写情况		
		中间成绩：（B1 满分 0 分，B2 满分 120 分，10 分 / 项）		
			B1	B2

评分等级：10-9-7-5-3-0 分

2. 完成尺寸检验

B3 得分： / 80 **B4 得分： / 0**

序号	件号	检测项目	偏差	实际尺寸	精尺寸	粗尺寸
1	1	32	±0.1 mm			
2	1	17	±0.1 mm			
3	1	77	±0.1 mm			
4	1	20	±0.1 mm			
5	2	15	±0.1 mm			
6	2	25	±0.1 mm			
7	2	34	±0.1 mm			
8	1-2	表面粗糙度	6.3 μm			
				中间成绩：（B3 满分 80 分，B4 满分 0 分，10 分 / 项）		
					B3	B4

评分等级：10 分或 0 分

3. 计算工作页评价成绩和技能操作成绩

（各项“百分制成绩”=“中间成绩 1”÷“除数”；“中间成绩 2”=“百分制成绩”×“权重”；“工作页评价成绩”和“技能操作成绩”分别为各项的中间成绩 2 之和）

序号	工作页评价	中间成绩 1		除数	百分制成绩	权重	中间成绩 2
1	信息	A1		0.8		0.3	
2	计划	A2		1		0.2	
3	决策	A3		1		0.1	
4	实施	A4		0.8		0.3	
5	检查	A5		0.6		0.1	
						工作页评价成绩：（满分 100 分）	Feld 1

Feld 1 得分： / 100

序号	技能操作	中间成绩 1		除数	百分制成绩	权重	中间成绩 2
1	功能检查	B1					
2	目测检查	B2		1.2		0.6	
3	精尺寸	B3		0.8		0.4	
4	粗尺寸	B4					
						技能操作成绩：（满分 100 分）	Feld 2

Feld 2 得分： / 100

4. 项目总成绩

（各项“中间成绩”=“中间成绩 2”×“权重”；“总成绩”为各项“中间成绩”之和）

序号	成绩类型	中间成绩 2		权重	中间成绩
1	工作页评价	Feld 1		0.4	
2	技能操作	Feld 2		0.6	
				项目总成绩：（满分 100 分）	总成绩

项目总成绩： / 100

总结与提高

一、汇总分析并绘制雷达图

序号	工作页评价	百分制成绩	雷达图
1	信息 A1		100 信息 80 60 40 20 0 计划 决策 实施 检查 功能 目测 精尺寸 粗尺寸
2	计划 A2		
3	决策 A3		
4	实施 A4		
5	检查 A5		
6	功能检查 B1		
7	目测检查 B2		
8	精尺寸检验 B3		
9	粗尺寸检验 B4		

二、自我评价与总结

（1）根据雷达图显示，说明其存在的问题，分析原因并提出改进措施。

存在问题	原因分析	改进措施

（2）利用思维导图方法绘制钻孔板和底板钻孔工艺内容。

（3）操作钻床时，主轴的转速应如何调整？钻孔过程中还需要注意哪些事项？

（4）你对自己的钻孔质量是否满意？你认为哪些地方还需要改进？还需要注意哪些事项？

（5）对于钻孔、锪孔、钻床操作、零件装夹等，你还有哪些不清楚的地方？你认为哪些地方还需要改进？

（6）你觉得哪些地方没有做好？如果重新做，你会注意哪几个方面？

三、思考与练习题

1．选择题

（1）钻孔时，钻头绕本身轴线的旋转运动称为（　　）。

A．进给运动　　B．主运动

C．旋转运动　　D．辅助运动

（2）钻头前角大小（横刃处除外）与（　　）有关。

A．后角　　B．顶角

C．螺旋角　　D．横刃斜角

（3）钻头的切削部分和角度需要经常刃磨，麻花钻的刃磨部位是两个（　　）。

A．前面　　B．主后刀面　　C．副后面

（4）用压板夹持工件钻孔时，垫铁应比工件（　　）。

A．稍低　　B．等高　　C．稍高

（5）当钻头后角增大时，横刃斜角（　　）。

A．增大　　B．不变　　C．减小

（6）钻孔时加切削液的主要目的是起（　　）。

A．润滑作用　　B．冷却作用

C．清洗作用　　D．排屑作用

（7）孔将钻穿时，进给量必须（　　）。

A．减小　　B．增大　　C．保持不变

（8）钻床运转（　　）h 应进行一级保养。

A．500　　B．1 000　　C．1 500

（9）锪孔时的进给量可为钻孔量的（　　）倍。

A．1/2　　B．1 ~ 2

C．2 ~ 3　　D．3 ~ 4

（10）锪孔时的切削速度可为钻孔的（　　）倍。

A．1/2　　B．1 ~ 2

C．2 ~ 3　　D．3 ~ 4

2．判断题

（1）钻头主切削刃上的后角，外缘处最大，越接近中心则越小。（　　）

（2）钻孔时加切削液的主要目的是提高孔的表面质量。（　　）

（3）钻头直径越小，螺旋角越大。（　　）

（4）Z525 钻床的最大钻孔直径为 ϕ 50 mm。（　　）

（5）当孔将要钻穿时，必须减小进给量。（　　）

（6）切削用量是切削速度、进给量和背吃刀量的总称。（　　）

（7）钻头前角大小与螺旋角有关（横刃处除外），螺旋角越大，前角越大。（　　）

（8）刃磨钻头的砂轮，其硬度为中软级。（　　）

（9）柱形锪钻外圆上的切削刃为主切削刃，起主要切削作用。（　　）

（10）在钻头后面开分屑槽，可改变钻头后角的大小。（　　）

3．完成支撑平板钻孔、锪孔加工，如图 3-26 所示。

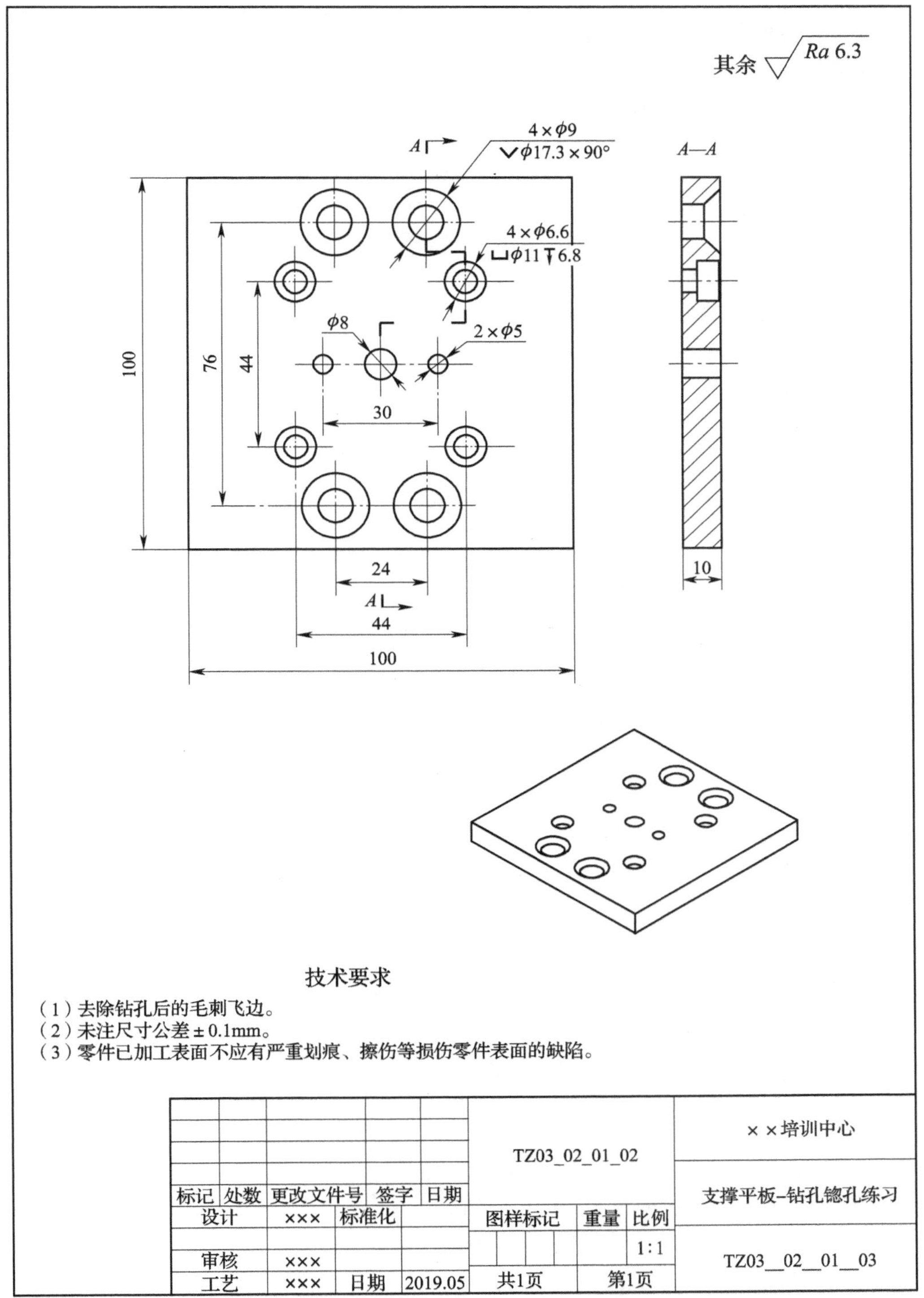

图 3-26　支撑平板钻孔、锪孔练习图

四、任务小结

通过本任务的学习，学生能合理选择钻床、钻头、转速进行钻削加工；会对钻削工具进行日常保养。

本任务所涉及的理论知识可参阅“知识库”。

知识提示：

（1）钻削工艺；

（2）钻孔、锪孔基本知识；

（3）钻削要点；

（4）钻床的种类和结构；

（5）标准麻花钻的组成；

（6）钻削用量的计算。

项目 3　笔架手动加工 任务 6　底座錾削加工	姓名：	班级：
	日期：	页码：

任务 6　底座錾削加工

任务描述

一、任务背景

本任务要求完成笔架底座油槽、凹槽的排孔錾削，完成凹槽锉削加工。

本任务学习时间：4 小时。

二、学习目标

1. 知识目标

（1）熟悉各种錾子刃磨的注意事项；
（2）掌握錾削时的角度；
（3）熟悉錾削时产生废品的原因及预防方法；
（4）了解砂轮机的安全操作规程。

2. 能力目标

（1）能进行平面、油槽的錾削，并能达到一定的精度；
（2）会在铁砧上和台虎钳上錾削板料；
（3）会刃磨錾子；
（4）能做好现场 5S 和 TPM 管理；
（5）填写现场 5S 检查表和 TPM 点检表。

3. 素质目标

（1）具有安全规范的操作意识；
（2）具有吃苦耐劳的职业精神；
（3）能与小组成员、培训教师进行有效沟通；
（4）具有踏实做事、严谨务实的工作作风；
（5）具有环境保护意识。

三、加工图纸

笔架底座油槽、凹槽錾削和锉削练习图，如图 3–27 所示。

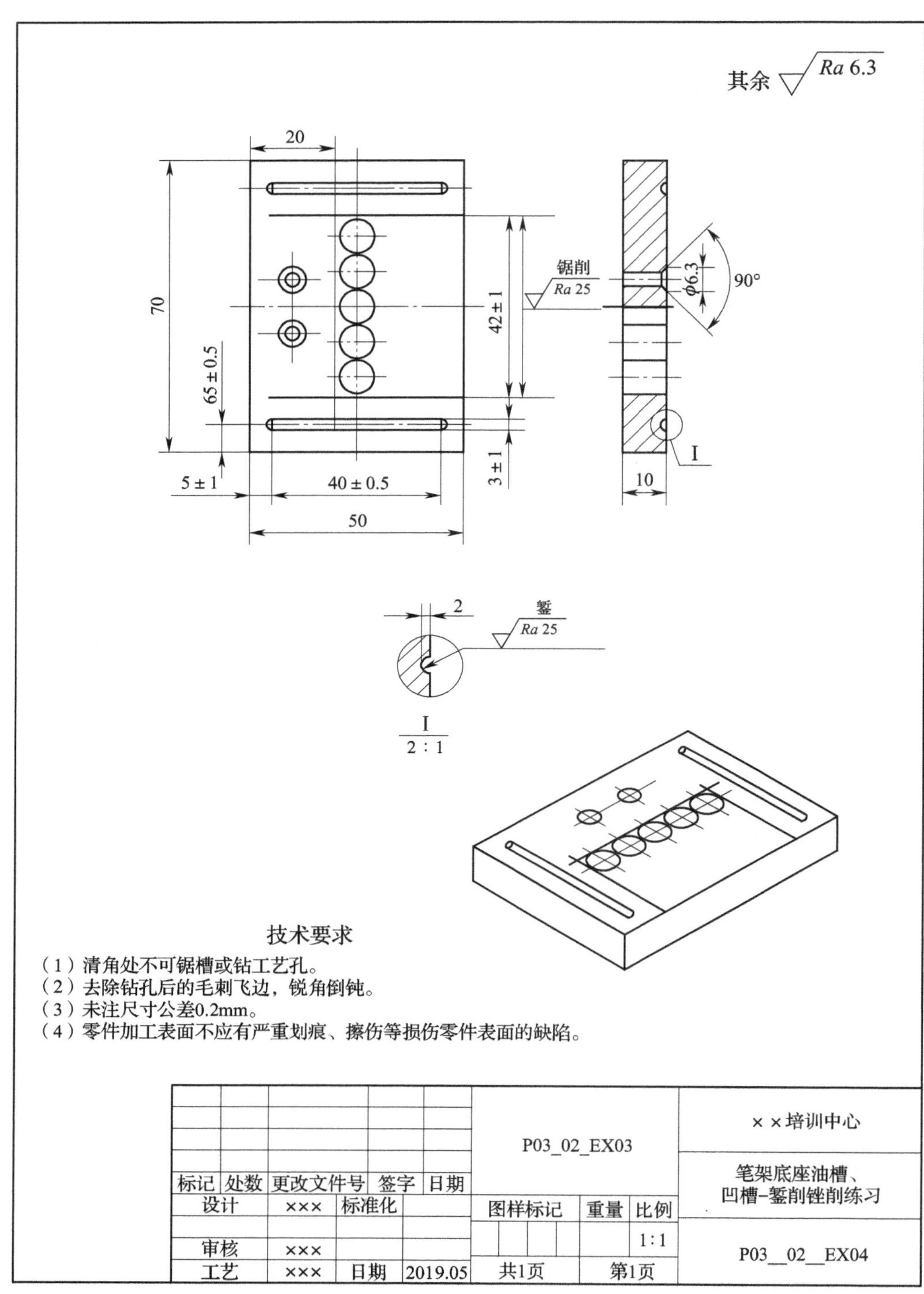

图 3-27　笔架底座油槽、凹槽錾削和锉削练习图

可以使用以下资源：

（1）零件图样；

（2）网络教学资源；

（3）操作指南；

（4）材料。

名称	零件号	材料	单位	数量	来源
笔架底座油槽、凹槽錾削和锉削	P03_02_EX04	Q235	个	1	P03_02_EX03

任务提示

一、工作方法

- 读图后回答引导问题，可以使用的材料有工具手册、机械制造手册等
- 以小组讨论的形式完成工作计划
- 按照工作计划，完成工具、量具、刃具计划表，编写底座錾削、锯削、锉削加工工艺卡。对于出现的问题，请先尽量自行解决，如确实无法解决，再与培训教师进行讨论
- 用手工工具錾削、锯削和锉削出零件
- 运用各种检测方法对零件进行检测和评分
- 与培训教师讨论，进行工作总结

二、工作内容

- 收集加工过程中的必要信息
- 分析零件图，完成工作计划
- 制订零件錾削、锉削加工工艺
- 去除余料
- 工件各边去毛刺
- 使用测量工具检测锯削质量
- 使用游标卡尺、刀口尺检测凹槽锉削质量
- 用刀口尺检测水平度
- 完成自检、自评
- 进行现场 5S 和 TPM 管理，并遵循岗位安全规范操作

三、工、量具

- 錾子
- 锯弓、锯条、样冲
- 12 寸（A300-1）粗齿平板锉
- 10 寸（A250-2）中齿平板锉
- 8 寸（A200-3）细齿平板锉
- 方锉、三角锉
- 500 g 锤子
- 铜刷、毛刷
- 3 mm 钢印
- 刀口尺、刀口角尺
- 高度尺、游标卡尺
- 表面粗糙度样板

四、知识储备

- 錾削工艺
- 錾削基础操作
- 錾子角度
- 直角锉削方法
- 尺寸精度检测工具及使用方法

五、注意事项与工作提示

- 检查錾子是否钝了，锤子是否松动，台虎钳装夹是否夹紧
- 主动与培训教师沟通交流
- 锤子一定要安装牢固

六、劳动安全

- 刃磨錾子和錾削时，应戴防护眼镜
- 钳工桌面应配置防护网
- 锤子敲击錾子时，锤击的位置要准确，避免敲击到手
- 工件各边去毛刺

七、环境保护

- 参照项目 1 相应的内容
- 錾屑应放置在指定废弃处

八、成本估算

- 根据零件、工具、量具以及人工等费用，简单估算成本，进行简单经济核算

工作过程

一、信息

A1 得分：　　/ 50

（中间成绩 A1 满分 50 分，10 分 / 题）

（1）常用錾子有哪几种？分别应用在哪些场合？

（2）錾削时常用的握錾和握锤方法有哪几种？

（3）根据图 3-28 所示，说出錾子的几何角度及其作用。

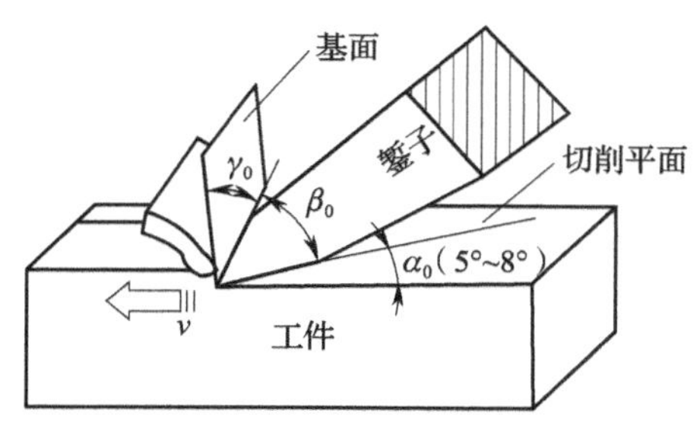

图 3-28　錾子的几何角度

（4）錾削过程中有哪些常见问题？产生这些问题的原因是什么？

（5）錾削直槽时常见的质量问题有哪些？产生这些问题的原因是什么？

二、计划

A2 得分： / 100

（中间成绩 A2 满分 100 分，50 分 / 题）

1. 小组讨论后，完成工作计划流程表

工作计划流程表				
工件名称：		工件号：		
序号	工作步骤 / 事故预防措施	材料表（机器、工具、刃具、辅具）	安全环保	工作时间 / 小时
1				
2				
3				
4				
5				
6				

2. 工、量、刃、辅具及材料表

序号	种类	名称	规格	精度	数量	单位	备注

三、决策

A3 得分：　　/ 100

（中间成绩 A3 满分 100 分，每少一步扣 10 分，扣完为止）

小组讨论（或培训教师点评）后，最终确定工作计划，填写可实施的工艺流程工作页。

工艺流程工作页

序号	工序名称	工序内容 请使用直尺自行分割以下区域	设备	夹具	工具	量具	辅具	劳动保护及环保	工作时间/小时

四、实施

A4 得分： / 80

（中间成绩 A4 满分 80 分，40 分 / 题）

（1）任务实施过程参考表。

实施步骤	3D 图示	要点解读	使用工具
步骤一	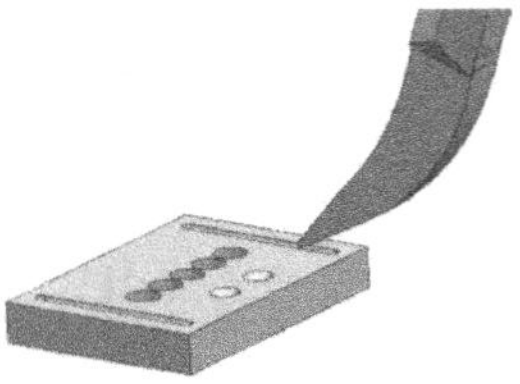	錾削油槽时应注意人身安全	 油槽錾  三角锉 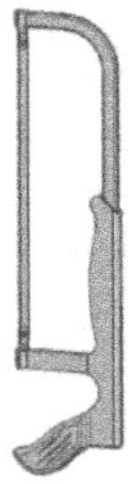 锯弓 扁平錾  尖扁锉  方锉
步骤二	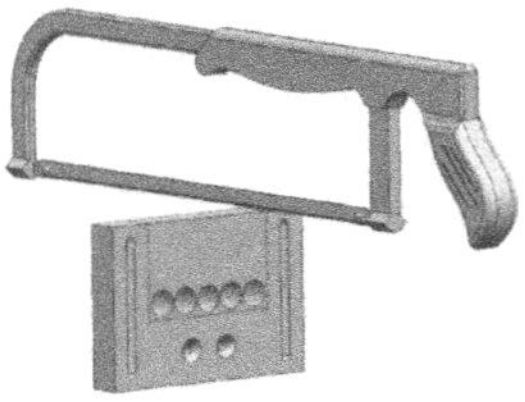	注意锯削到钻孔部分时，要慢慢锯过去	
步骤三	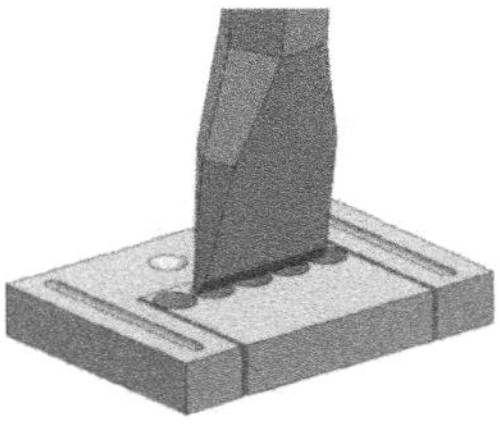	对于排孔后留下的余量，先用錾子去除一部分，操作中注意安全	
步骤四	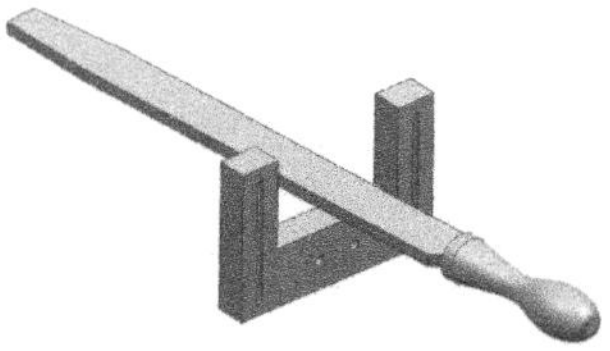 	用尖扁锉刀锉削凹槽三个平面、锉至规定尺寸，用方形锉清角	
步骤五	现场 5S 和 TPM 管理、填写各种表格	认真填写	笔，表格

（2）实施过程记录表。

步骤	工作内容	是否执行
1	按要求布置錾削现场	
2	完成底板油槽錾削	
3	完成凹槽排孔錾削、锯削和锉削加工	
4	完成零件倒角、去毛刺、打钢印	
5	做好量具 5S 检查表和 TPM 点检表	
6	做好现场 5S 管理	

（3）记录实施过程中出现的与决策结果不一致的情况以及出现异常的情况。

原计划：	实际实施：
(1)	(1)

五、检查

A5 得分：　　/ 50

学生与培训教师分别用量具或者量规检查被测零件，评价是否达到要求的质量特征值，并分别把测量的实际尺寸和是否完成特征值的判断结果填入“学生自评”和“教师评价”栏。

重要说明

- 当“学生自评”和“教师评价”一致时得 10 分，否则得 0 分；
- 不考虑学生自己测得的实际尺寸是否符合尺寸要求；
- “学生自评”的意义是对学生检测自己使用量具测量准确性和数据记录完整性的能力进行判断，而与各零件是否达到精度要求及功能要求无关；
- 灰底处由培训教师填写。

检查记录表

序号	件号	特征值		学生自评			教师评价			评分记录
			图样尺寸	实际尺寸	完成特征值		实际尺寸	完成特征值		
					是	否		是	否	
1	1	油槽深度	（2±0.2）mm							
2	1	油槽长度	（45±0.5）mm							
3	1	油槽宽度	（3±1）mm							
4	1	油槽定位尺寸 1	（5±1）mm							
5	1	油槽定位尺寸 1	（6.5±0.5）mm							
									中间成绩：	
评分等级：10 分或 0 分									（A5 满分 50 分，10 分 / 题）	A5

六、评价

B1 得分：　　/ 0　**B2 得分：　　/ 120**

重要说明：灰底处无须填写。

1．完成功能和目测检查

序号	件号	项目	功能检查	目测检查
1	1	按图样要求加工		
2	1	正确使用錾子去除排孔多余部分		

续表

序号	件号	项目	功能检查	目测检查
3	1	錾削姿势正确		
4	1	錾子按规范使用		
5	1	锉削清角准确		
6	1	倒角平整，尺寸正确		
7	1	工件清角、锐边倒钝		
8	1	实训过程中符合 5S 管理规范		
9	1	5S 管理执行效果		
10	1	5S 检查表填写情况		
11	1	TPM 管理执行效果		
12	1	TPM 点检表填写情况		
		中间成绩： （B1 满分 0 分，B2 满分 120 分，10 分 / 项）		
			B1	B2

评分等级：10–9–7–5–3–0 分

2. 完成尺寸检验

B3 得分：　　/ 90　**B4 得分：　　/ 0**

序号	件号	检测项目	偏差	实际尺寸	精尺寸	粗尺寸
1	1	油槽深度 2 mm	±0.2 mm			
2	1	油槽长度 45 mm	±0.5 mm			
3	1	油槽宽度 3 mm	±1 mm			
4	1	油槽定位尺寸 5 mm	±1 mm			
5	1	油槽定位尺寸 6.5 mm	±0.5 mm			
6	1	两油槽之间间距 57 mm	±2 mm			
7	1	錾削表面粗糙度（2 处）	25 μm			
8	1	锯削表面粗糙度（2 处）	25 μm			
9	1	锯削表面距离 42 mm	±1 mm			
				中间成绩： （B3 满分 90 分，B4 满分 0 分，10 分 / 项）		
					B3	B4

评分等级：10 分或 0 分

3. 计算工作页评价成绩和技能操作成绩

（各项“百分制成绩”=“中间成绩 1”÷“除数”；“中间成绩 2”=“百分制成绩”×“权重”；“工作页评价成绩”和“技能操作成绩”分别为各项的中间成绩 2 之和）

序号	工作页评价	中间成绩 1		除数	百分制成绩	权重	中间成绩 2
1	信息	A1		0.5		0.3	
2	计划	A2		1		0.2	
3	决策	A3		1		0.1	
4	实施	A4		0.8		0.3	
5	检查	A5		0.5		0.1	
						工作页评价成绩：（满分 100 分）	Feld 1

Feld 1 得分：　　/ 100

序号	技能操作	中间成绩 1		除数	百分制成绩	权重	中间成绩 2
1	功能检查	B1					
2	目测检查	B2		1.2		0.6	
3	精尺寸	B3					
4	粗尺寸	B4		0.9		0.4	
						技能操作成绩：（满分 100 分）	Feld 2

Feld 2 得分：　　/ 100

4. 项目总成绩

（各项“中间成绩”=“中间成绩 2”×“权重”；“总成绩”为各项“中间成绩”之和）

序号	成绩类型	中间成绩 2		权重	中间成绩
1	工作页评价	Feld 1		0.4	
2	技能操作	Feld 2		0.6	
				项目总成绩：（满分 100 分）	总成绩

项目总成绩：　　/ 100

总结与提高

一、汇总分析并绘制雷达图

序号	工作页评价	百分制成绩	雷达图
1	信息 A1		100 信息 80 60 40 20 0 计划 决策 实施 检查 功能 目测 精尺寸 粗尺寸
2	计划 A2		
3	决策 A3		
4	实施 A4		
5	检查 A5		
6	功能检查 B1		
7	目测检查 B2		
8	精尺寸检验 B3		
9	粗尺寸检验 B4		

二、自我评价与总结

（1）根据雷达图显示，说明其存在的问题，分析原因并提出改进措施。

存在问题	原因分析	改进措施

（2）錾削时站立位置和姿势应如何保持？錾削过程中摆锤动作协调性应如何控制？如何调整？

（3）如何改进零件錾削质量？

（4）你觉得哪些地方没有做好？如果重新做，你会注意哪几个方面？

三、思考与练习题

1．选择题

（1）錾削硬钢和铸铁等材料时，楔角取（　　）。

A．30° ~ 50°　B．50° ~ 60°　C．60° ~ 70°　D．70° ~ 90°

（2）錾削时，视线要对着（　　）。

A．工件的錾削部位　　B．錾子头部

C．锤子　　D．手

（3）窄錾主要用于（　　）。

A．去毛刺　　B．錾槽

C．切割铁板　　D．錾润滑槽

（4）錾子刃口崩裂的原因不包括（　　）。

A．錾子刃部淬火硬度过高，回火不好

B．工件材料硬度过高或硬度不均匀

C．锤击力太猛

D．錾子刃口不锋利

2．完成十字槽錾削加工，如图 3-29 所示。

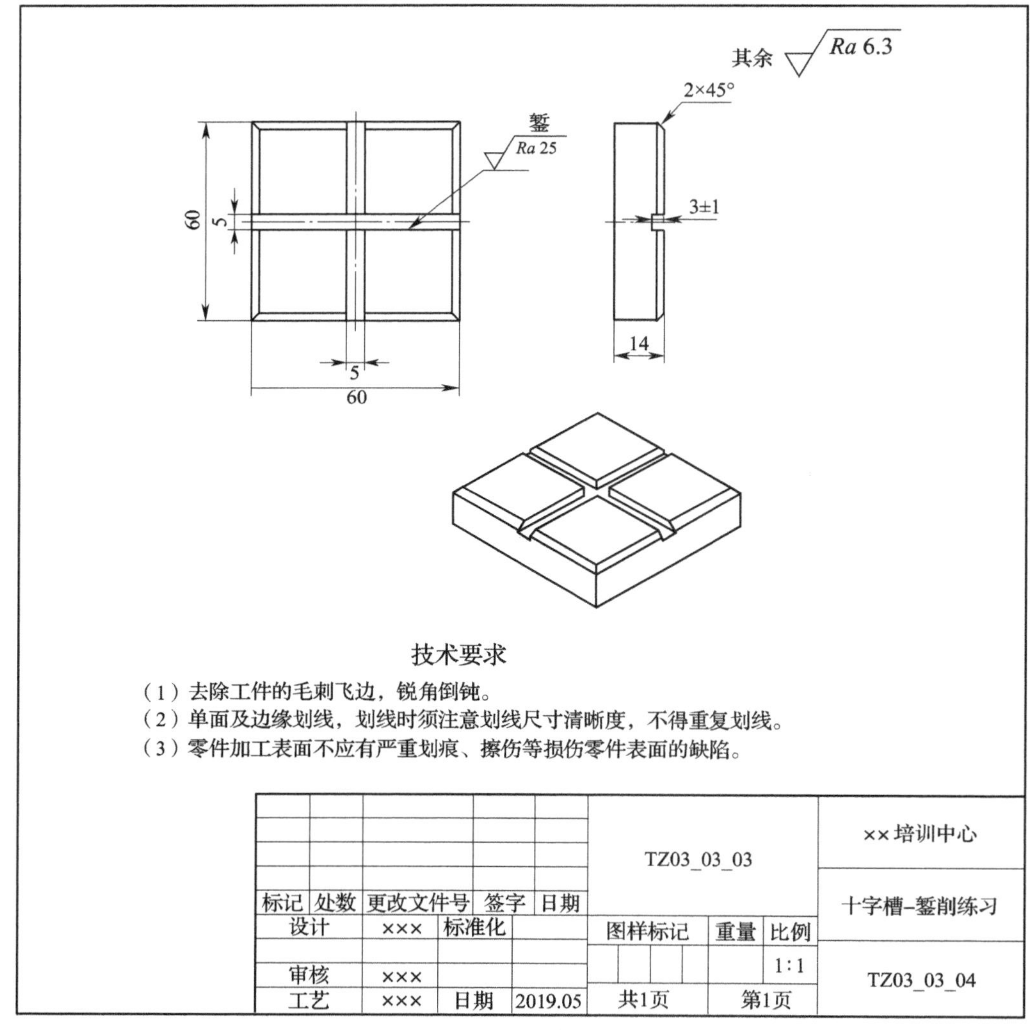

图 3-29　十字槽錾削练习图

3．完成薄板錾削加工，如图 3-30 所示。

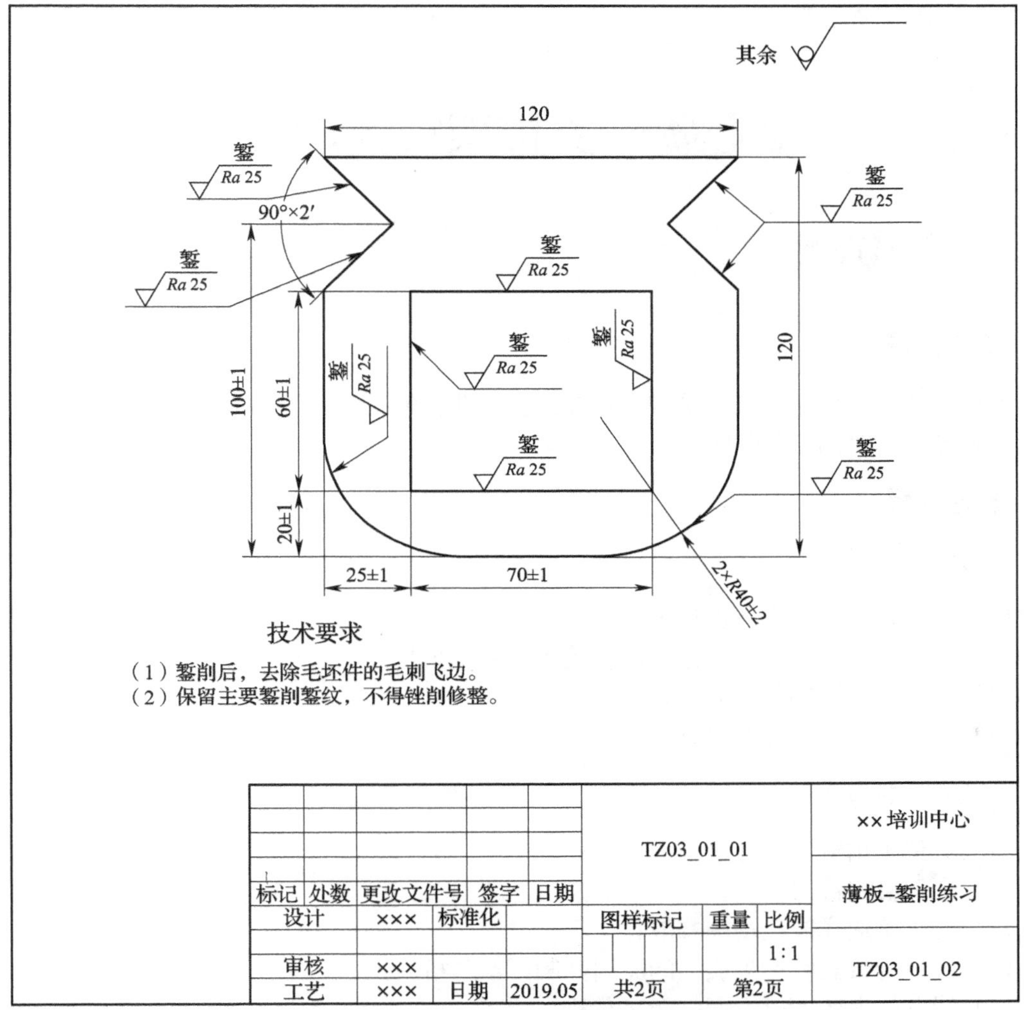

图 3-30　薄板錾削练习图

四、任务小结

通过本任务的学习，学生能合理地选择和正确地使用各类錾子錾削零件；对常见錾削问题有深刻理解。

本任务所涉及的理论知识可参阅“知识库”。

知识提示：

（1）錾削工艺；

（2）錾削常见问题及要点分析。

项目 3　笔架手动加工	姓名：	班级：
任务 7　支撑架铰孔加工	日期：	页码：

任务 7　支撑架铰孔加工

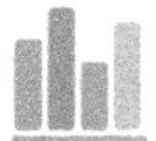

任务描述

一、任务背景

本任务要求完成钻孔板、笔架支撑架大孔钻孔、笔孔铰孔等加工。

本任务学习时间：6 小时。

二、学习目标

1. 知识目标

(1) 掌握铰刀的种类及使用方法；
(2) 掌握铰孔前底孔的确定方法和控制好铰削余量；
(3) 掌握润滑液的使用方法；
(4) 掌握铰孔的过程及要领。

2. 能力目标

(1) 会用手用铰刀铰孔；
(2) 会用机用铰刀铰孔；
(3) 能正确选择铰孔用冷却液；
(4) 会分析铰孔时产生废品的原因并制订预防措施；
(5) 能做好现场 5S 管理和 TPM 管理。

3. 素质目标

(1) 具有规范的操作习惯；
(2) 具有文明生产意识和 5S 管理理念；
(3) 能与他人合作，共同学习、相互讨论、共同达到目标；
(4) 能与他人进行有效沟通；
(5) 具有吃苦耐劳的职业精神。

三、加工图纸

钻孔板铰孔及笔架支撑架钻铰孔练习图，如图 3-31、图 3-32 所示。

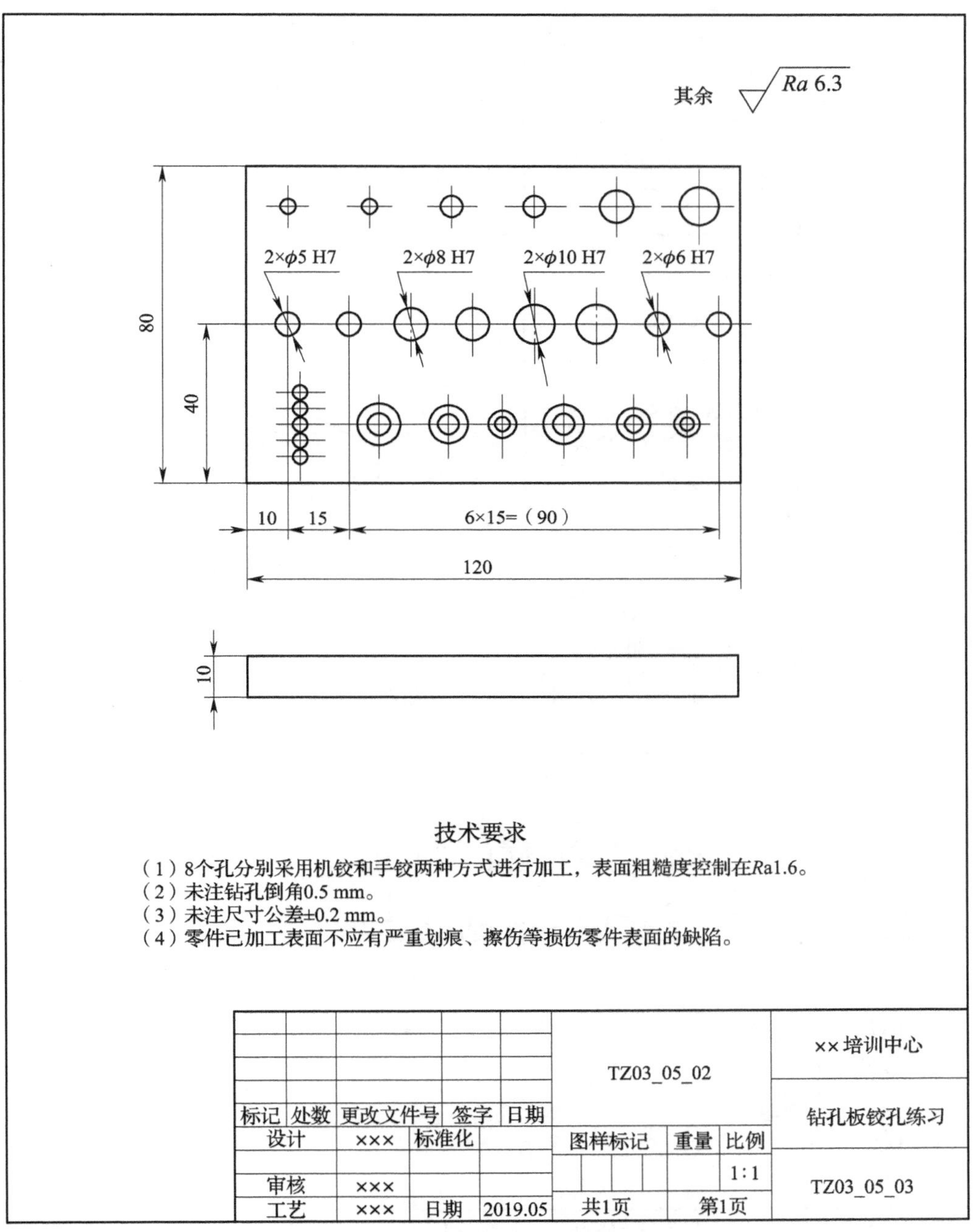

图 3-31　钻孔板铰孔练习图

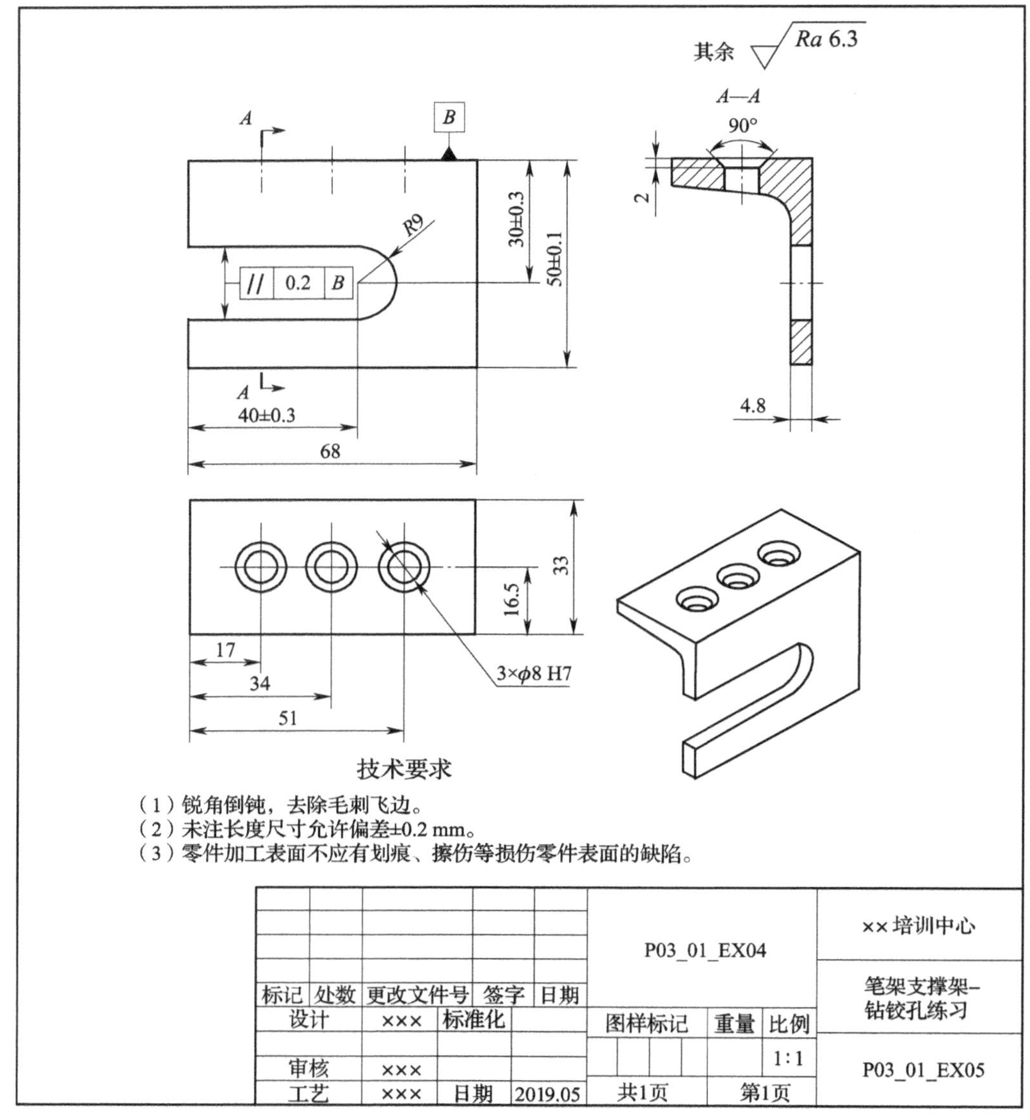

图 3-32 笔架支撑架钻铰孔练习图

可以使用以下资源：

（1）零件图样；

（2）网络教学资源；

（3）操作指南；

（4）材料。

名称	零件号	材料	单位	数量	来源
钻孔板铰孔	TZ03_05_03	Q235	个	1	TZ03_05_02
笔架支撑架钻铰孔	P03_01_EX05	Q235	个	1	P03_01_EX04

任务提示

一、工作方法

- 读图后回答引导问题，可以使用的材料有工具手册、机械制造手册等
- 以小组讨论的形式完成工作计划
- 按照工作计划，完成工具、量具、刃具计划表，编写零件钻铰孔加工工艺卡。对于出现的问题，请先尽量自行解决，如确实无法解决，再与培训教师进行讨论
- 用麻花钻、铰刀加工出零件
- 运用各种检测方法对零件进行检测和评分
- 与培训教师讨论，进行工作总结

二、工作内容

- 收集加工过程中的必要信息
- 分析零件图，完成工作计划
- 制订零件钻铰孔加工工艺
- 划线、打样冲眼、定心钻、钻孔、扩孔、铰孔等
- 工件各边去毛刺
- 使用游标卡尺、塞规检测铰孔质量
- 完成自检、自评
- 进行现场 5S 和 TPM 管理，并遵循岗位安全规范操作

三、工、量具

- 钢直尺、划针、样冲、高度游标卡尺
- 12 寸（A300–1）粗齿平板锉、10 寸（A250–2）中齿平板锉、8 寸（C200–3）细齿平板锉
- 300 g 锤子、铜刷、毛刷、3 mm 钢印
- 刀口尺、刀口角尺、游标卡尺、表面粗糙度样板、万能角度尺、塞规
- 钻头、锪钻、手用铰刀、铰杠、机用铰刀、台钻、摇臂钻、锯弓

四、知识储备

- 钻孔、扩孔、铰孔加工工艺
- 铰刀的结构、种类
- 铰削余量选择
- 铰孔精度检测工具及使用方法
- 铰孔基本操作及常见问题

五、注意事项与工作提示

- 以基准面为基准进行划线
- 钻削、铰孔过程中要经常断屑，勤清理
- 手铰时，两手用力均匀，使铰刀均匀进给
- 铰刀应沿顺时针方向旋转进行切削加工
- 主动与培训教师沟通交流
- 合理使用测量工具检测加工质量

六、劳动安全

- 参照车间的安全标志的内容
- 铰孔前要倒角
- 快钻穿时要减少进给量
- 钻铰孔断屑不能直接用手清理

七、环境保护

- 参照项目 1 相应的内容
- 钻屑应放置在指定废弃处

八、成本估算

- 根据零件、工具、量具以及人工等费用，简单估算成本，进行简单经济核算

工作过程

一、信息

A1 得分： / 70

（中间成绩 A1 满分 70 分，10 分 / 题）

（1）铰孔（机铰和手铰）的尺寸精度和表面粗糙度能够达到多少？

（2）根据图 3-33 所示，说明铰刀各组成部分的作用。

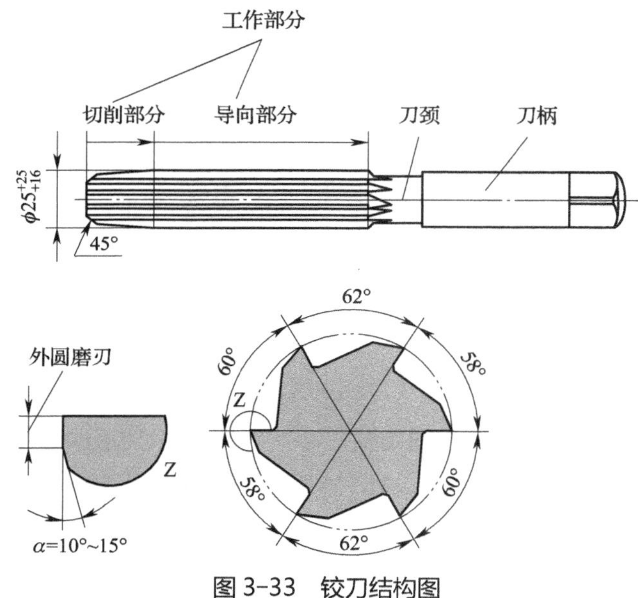

图 3-33 铰刀结构图

（3）铰削余量的选择原则是什么？

（4）铰孔过程中为什么要添加冷却液？其作用是什么？

（5）铰削余量约为多少？为什么不能过大也不能过小？铰孔时为什么不能反转？

（6）铰孔的基本操作流程和要点是什么？

（7）铰孔时，常见的废品形式及产生原因是什么？

二、计划

A2 得分：　　/ 100

（中间成绩 A2 满分 100 分，50 分 / 题）

1. 小组讨论后，完成工作计划流程表

工作计划流程表				
工件名称：		工件号：		
序号	工作步骤 / 事故预防措施	材料表（机器、工具、刃具、辅具）	安全环保	工作时间 / 小时
1				
2				
3				
4				
5				
6				
7				
8				
9				
10				
11				
12				
13				
14				

2. 工、量、刃、辅具及材料表

序号	种类	名称	规格	精度	数量	单位	备注

三、决策

A3 得分：　　/ 100

（中间成绩 A3 满分 100 分，每少一步扣 10 分，扣完为止）

小组讨论（或培训教师点评）后，最终确定工作计划，填写可实施的工艺流程工作页。

工艺流程工作页

序号	工序名称	工序内容 请使用直尺自行分割以下区域	设备	夹具	工具	量具	辅具	劳动保护及环保	工作时间 / 小时

四、实施

A4 得分：　　/ 80

（中间成绩 A4 满分 80 分，40 分 / 题）

（1）任务实施过程参考表。

实施步骤	3D 图示	要点解读	使用工具
步骤一		按划线要求，清洁零件表面并涂色，选择基准进行划线；调整好高度尺尺寸；划完线后，用游标卡尺再进行检查	高度游标卡尺
步骤二		打样冲眼	样冲　锤子
步骤三		分别完成各孔加工，并倒角	不同直径的钻头
步骤四		保证铰刀垂直于大平面。铰削过程中，注意使用冷却液。机铰时，要注意钻床的速度	铰刀

续表

实施步骤	3D图示	要点解读	使用工具
步骤五		先钻孔 ϕ8 mm， 再钻削大孔 ϕ18 mm	钻头 铰刀 锪孔钻 锯弓 锉刀
步骤六		钻削并铰孔 3 个 ϕ8 mm	
步骤七		使用锪孔钻，锪孔 $C2$	
步骤八		先锯削，再锉削，完成 U 型槽的加工	
步骤九		完成支撑架的 50 mm 尺寸	
步骤十	现场 5S 和 TPM 管理、填写各种表格	认真填写	笔，表格

（2）实施过程记录表。

步骤	工作内容	是否执行
1	按要求布置钻孔、铰孔现场	
2	完成钻孔板的钻孔、铰孔及测量	
3	完成支撑架的钻孔、扩孔、铰孔及测量	
4	完成零件其余部分的加工、倒角、去毛刺、打钢印	
5	做好量具 5S 检查表和 TPM 点检表	
6	做好现场 5S 管理	

（3）记录实施过程中出现的与决策结果不一致的情况以及出现异常的情况。

原计划：	实际实施：
(1)	(1)

五、检查

A5 得分：　　/ 70

学生与培训教师分别用量具或者量规检查被测零件，评价是否达到要求的质量特征值，并分别把测量的实际尺寸和是否完成特征值的判断结果填入“学生自评”和“教师评价”栏。

重要说明

- 当“学生自评”和“教师评价”一致时得 10 分，否则得 0 分；
- 不考虑学生自己测得的实际尺寸是否符合尺寸要求；
- “学生自评”的意义是对学生检测自己使用量具测量准确性和数据记录完整性的能力进行判断，而与各零件是否达到精度要求及功能要求无关；
- 灰底处由培训教师填写。

检查记录表

序号	件号	特征值		学生自评			教师评价			评分记录
			图样尺寸	实际尺寸	完成特征值		实际尺寸	完成特征值		
					是	否		是	否	
1	1	铰孔直径	ϕ5H7（2 处）							
2	1	铰孔直径	ϕ6H7（2 处）							
3	1	铰孔直径	ϕ8H7（2 处）							
4	1	铰孔直径	ϕ10H7(2 处)							
5	1	表面粗糙度（8 处）	1.6 μm							
6	2	铰孔直径	ϕ8H7（3 处）							
7	2	表面粗糙度（5 处）	3.2 μm							

中间成绩：

评分等级：10 分或 0 分　　（A5 满分 70 分，10 分 / 题）　A5

六、评价

B1 得分： / 0	B2 得分： / 120

重要说明：灰底处无须填写。

1．完成功能和目测检查

序号	件号	项目	功能检查	目测检查
1	1–2	按图样要求加工		
2	1–2	划线孔位正确		
3	1–2	铰孔表面的表面粗糙度符合要求		
4	1–2	孔口倒角正确		
5	2	大孔钻孔正确		
6	2	圆弧切线相接过渡平整		
7	2	圆弧切线尺寸距离 18 mm		
8		实训过程中符合 5S 管理规范		
9		5S 管理执行效果		
10		5S 检查表填写情况		
11		TPM 管理执行效果		
12		TPM 点检表填写情况		
		中间成绩：（B1 满分 0 分，B2 满分 120 分，10 分 / 项）		
			B1	B2

评分等级：10–9–7–5–3–0 分

2．完成尺寸检验

B3 得分： / 60	B4 得分： / 60

序号	件号	检测项目	偏差	实际尺寸	精尺寸	粗尺寸
1	1	ϕ 5H7	+0.012/0 mm	光滑塞规		
2	1	ϕ 6H7	+0.012/0 mm	光滑塞规		
3	1	ϕ 8H7	+0.015/0 mm	光滑塞规		
4	1	ϕ 10H7	+0.015/0 mm	光滑塞规		
5	2	ϕ 8H7（3 处）	+0.015/0 mm	光滑塞规		
6	2	16.5mm	±0.2 mm			

续表

序号	件号	检测项目	偏差	实际尺寸	精尺寸	粗尺寸
7	2	17 mm	±0.2 mm			
8	2	34 mm	±0.2 mm			
9	2	51 mm	±0.2 mm			
10	2	50 mm	±0.1 mm			
11	2	30 mm	±0.3 mm			
12	2	40 mm	±0.3 mm			
				中间成绩：		
评分等级：10 分或 0 分		（B3 满分 60 分，B4 满分 60 分，10 分 / 项）			B3	B4

3．计算工作页评价成绩和技能操作成绩

（各项“百分制成绩”=“中间成绩 1”÷“除数”；“中间成绩 2”=“百分制成绩”×“权重”；“工作页评价成绩”和“技能操作成绩”分别为各项的中间成绩 2 之和）

序号	工作页评价	中间成绩 1		除数	百分制成绩	权重	中间成绩 2
1	信息	A1		0.7		0.3	
2	计划	A2		1		0.2	
3	决策	A3		1		0.1	
4	实施	A4		0.8		0.3	
5	检查	A5		0.7		0.1	
						工作页评价成绩： （满分 100 分）	Feld 1

Feld 1 得分：　　/ 100

序号	技能操作	中间成绩 1		除数	百分制成绩	权重	中间成绩 2
1	功能检查	B1					
2	目测检查	B2		1.2		0.5	
3	精尺寸	B3		0.6		0.3	
4	粗尺寸	B4		0.6		0.2	
						技能操作成绩： （满分 100 分）	Feld 2

Feld 2 得分：　　/ 100

4. 项目总成绩

（各项"中间成绩"="中间成绩 2"×"权重"；"总成绩"为各项"中间成绩"之和）

序号	成绩类型	中间成绩 2		权重	中间成绩
1	工作页评价	Feld 1		0.4	
2	技能操作	Feld 2		0.6	
				项目总成绩：（满分 100 分）	
					总成绩

项目总成绩：　　/ 100

总结与提高

一、汇总分析并绘制雷达图

序号	工作页评价	百分制成绩	雷达图
1	信息 A1		
2	计划 A2		
3	决策 A3		
4	实施 A4		
5	检查 A5		
6	功能检查 B1		
7	目测检查 B2		
8	精尺寸检验 B3		
9	粗尺寸检验 B4		

二、自我评价与总结

（1）根据雷达图显示，说明其存在的问题，分析原因并提出改进措施。

存在问题	原因分析	改进措施

（2）铰孔时需要注意哪些事项？

（3）对于铰孔，钻大孔，平面、斜面锉削等操作，你还有哪些不清楚的地方？你认为哪些方面还需要改进？

（4）你觉得哪些地方没有做好？如果重新做，你会注意哪几个方面？

三、思考与练习题

1．选择题

（1）用高速钢铰刀在钢料上铰孔时，切削速度为（　　）m/min。

A．3 ~ 5　　B．6 ~ 8　　C．8 ~ 12　　D．12 ~ 15

（2）用高速钢铰刀在钢料上铰孔时，进给量为（　　）mm/r。

A．0.1　　B．0.2　　C．0.3　　D．0.4

（3）用高速钢铰刀在铸铁上铰孔时，切削速度为（　　）m/min。

A．5　　B．10　　C．15　　D．20

（4）用高速钢铰刀在铸铁上铰孔时，进给量为（　　）mm/r。

A．0.2　　B．0.4　　C．0.6　　D．0.8

2．完成支撑平板铰孔加工，如图 3-34 所示。

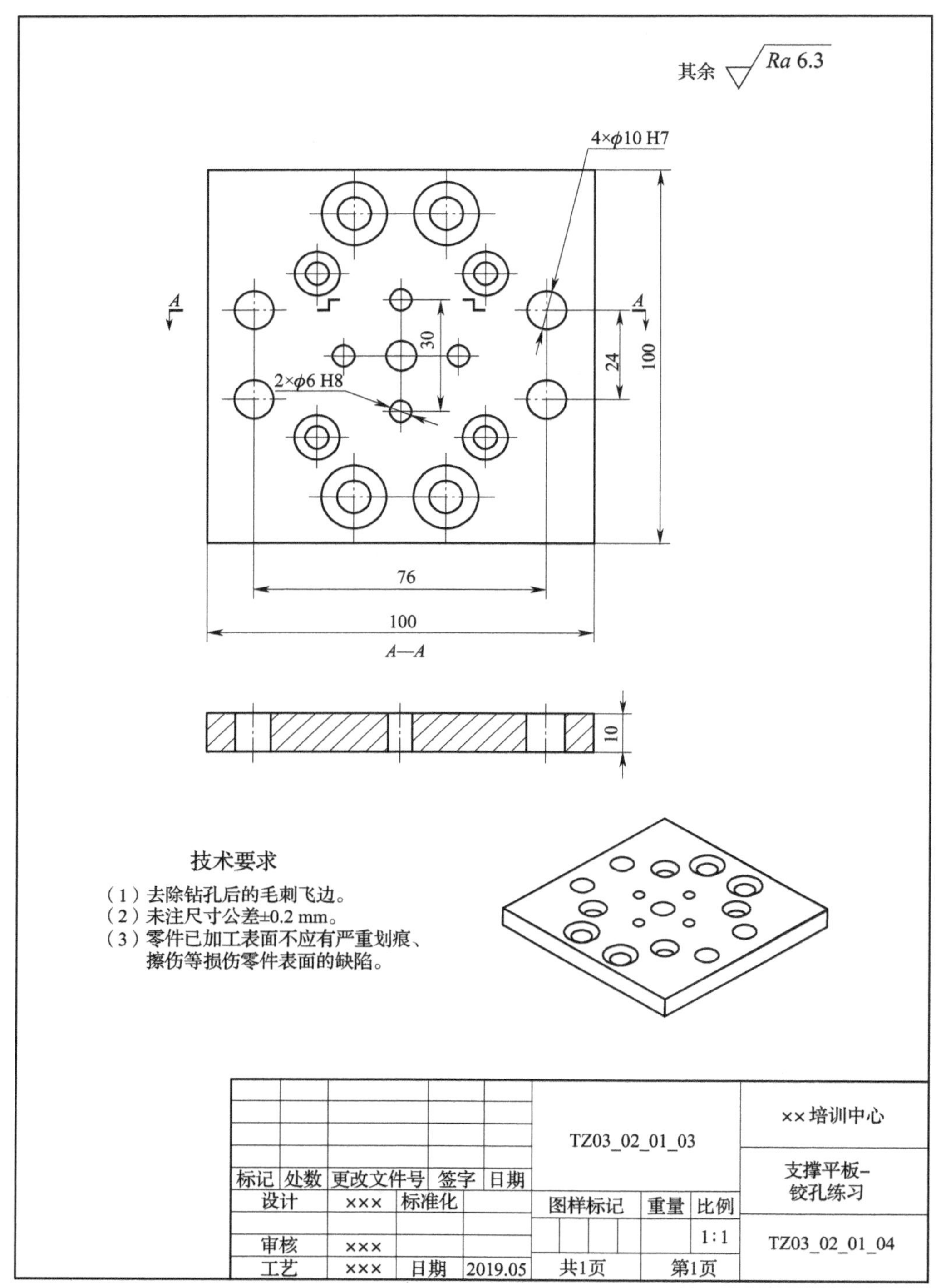

图 3-34　支撑平板铰孔练习图

四、任务小结

通过本任务的学习，学生能合理地选用和正确地使用铰削工具来加工零件；会对常用铰削工具进行日常保养。

本任务所涉及的理论知识可参阅“知识库”。

知识提示：

（1）铰削工艺；

（2）铰刀结构；

（3）铰削加工要点。

项目 3　笔架手动加工 任务 8　支撑架攻螺纹与装配	姓名：	班级：
	日期：	页码：

任务 8　支撑架攻螺纹与装配

任务描述

一、任务背景

本任务要求完成钻孔板和笔架支撑架螺纹孔加工以及笔架装配。

本任务学习时间：8 小时。

二、学习目标

1．知识目标

（1）掌握攻螺纹底孔直径和套螺纹圆杆直径的方法；
（2）掌握攻、套螺纹的方法；
（3）熟悉攻螺纹、套螺纹工具的选择和使用方法；
（4）掌握手动攻螺纹工具的操作方法；
（5）掌握螺纹底孔直径的计算方法。

2．能力目标

（1）会手动攻、套螺纹；
（2）会计算螺纹孔直径和螺纹圆杆直径；
（3）会分析攻螺纹孔时产生废品的原因及制订预防措施；
（4）能够做好现场 5S 管理和 TPM 管理；
（5）填写现场 5S 检查表和 TPM 点检表。

3．素质目标

（1）具有安全文明生产意识；
（2）具有 5S 和 TPM 管理理念；
（3）能与他人合作，进行有效沟通，共同达到学习目标；
（4）具有实事求是的做事态度、创新意识和创新精神；
（5）具有吃苦耐劳的职业精神。

三、加工图纸

钻孔板攻螺纹加工，如图 3–35 所示；笔架支撑架攻螺纹加工，如图 3–36 所示；底座清角及倒角加工图，如图 3–37 所示；笔架装配，如图 3–38 所示。

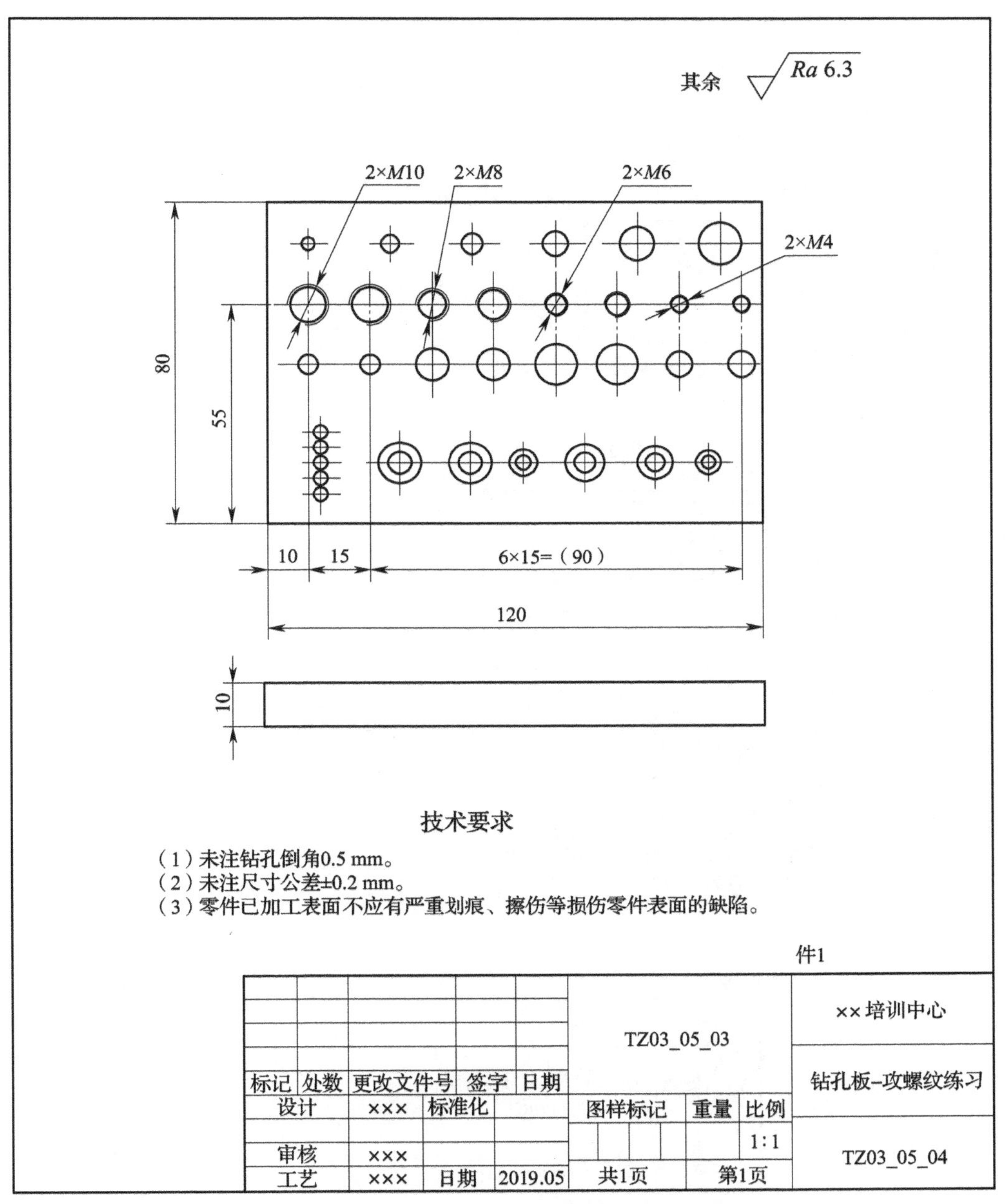

图 3-35　钻孔板攻螺纹练习图

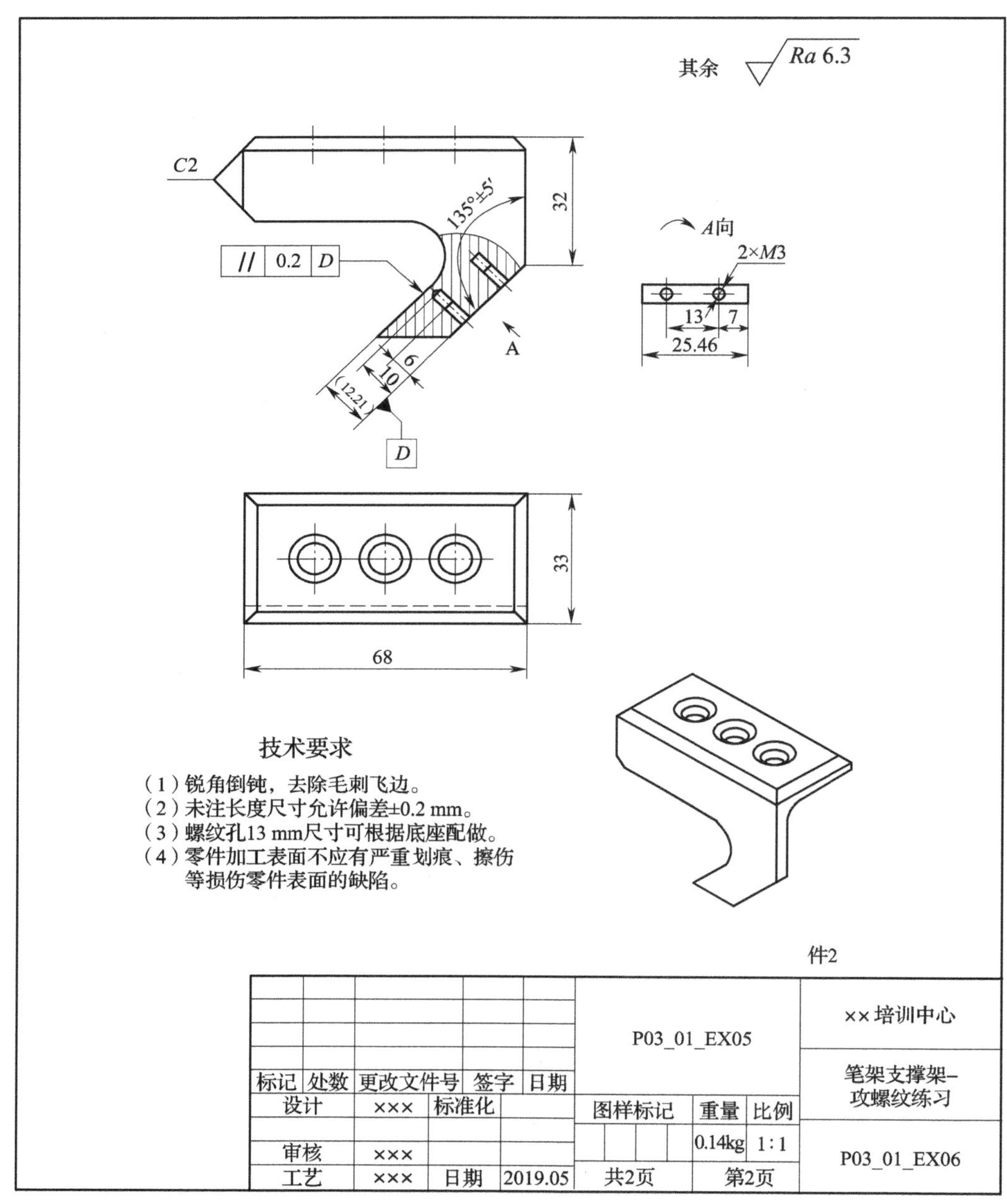

图 3-36 笔架支撑架攻螺纹练习图

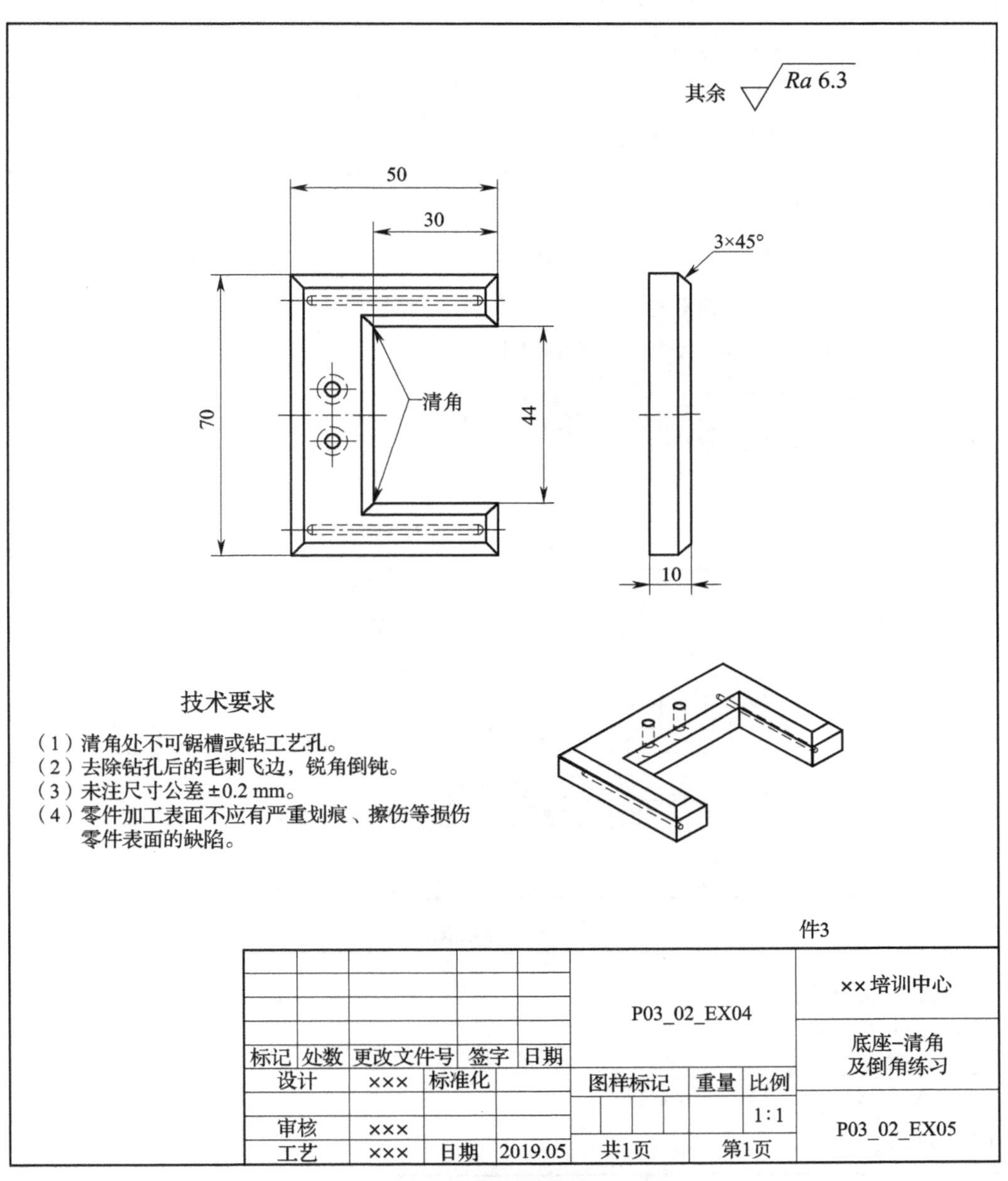

图 3-37　底座清角及倒角练习图

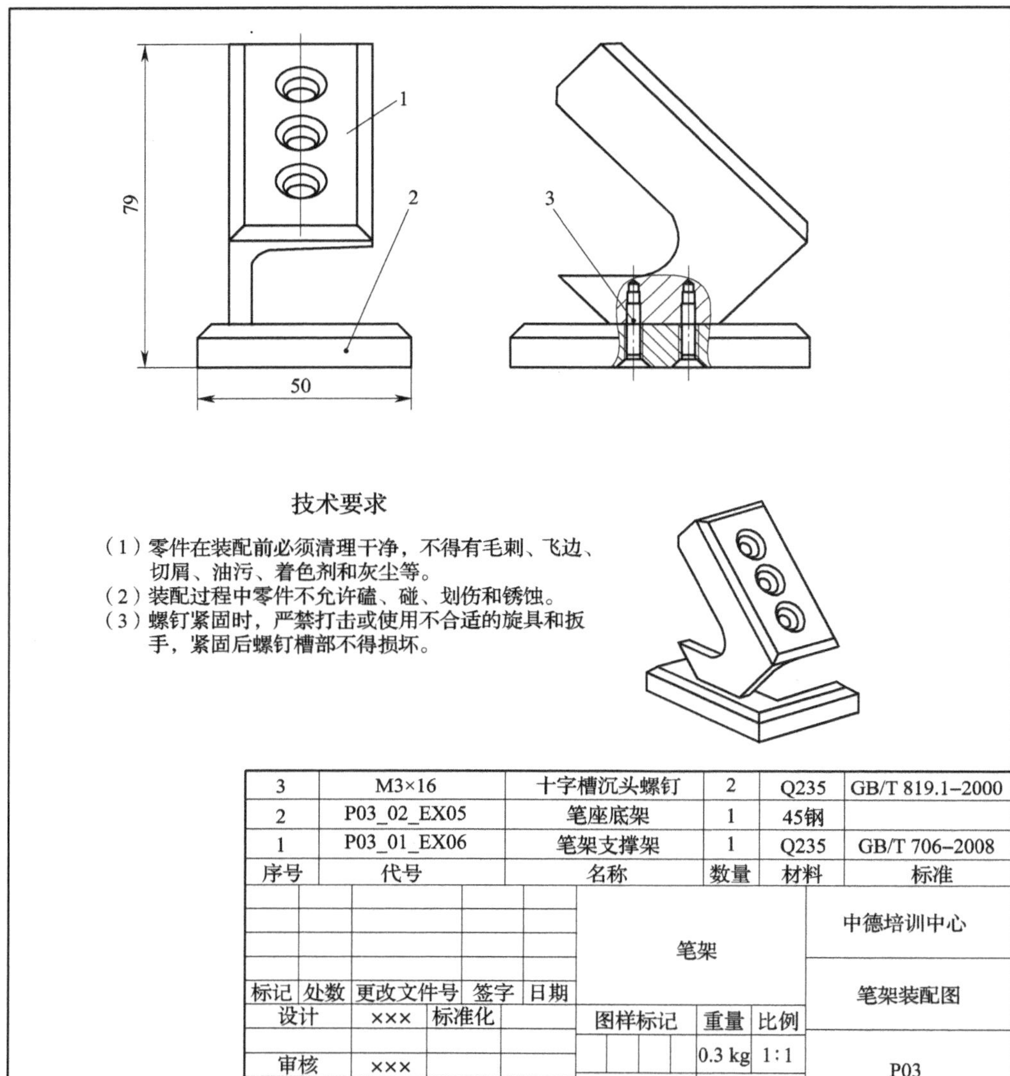

图 3-38　笔架装配图

可以使用以下资源：

（1）零件图样；

（2）网络教学资源；

（3）操作指南；

（4）材料。

名称	零件号	材料	单位	数量	来源
钻孔板攻螺纹	TZ03_05_04	45#钢	个	1	TZ03_05_03
笔架支撑架攻螺纹	P03_01_EX06	Q235	个	1	P03_01_EX05
底座清角及倒角	P03_02_EX05	45#钢	个	1	P03_02_EX04

任务提示

一、工作方法

- 读图后回答引导问题，可以使用的材料有工具手册、机械制造手册等
- 以小组讨论的形式完成工作计划
- 按照工作计划，完成工具、量具、刃具计划表，编写零件螺纹加工工艺卡。对于出现的问题，请先尽量自行解决，如确实无法解决，再与培训教师进行讨论
- 用螺纹工具加工出零件
- 运用各种检测方法对零件进行检测和评分
- 与培训教师讨论，进行工作总结

二、工作内容

- 收集加工过程中的必要信息
- 分析零件图，完成工作计划
- 制订零件螺纹加工工艺
- 划线、钻孔、攻螺纹
- 工件各边去毛刺
- 使用测量工具检测螺纹质量
- 完成自检、自评
- 进行现场 5S 和 TPM 管理，并遵循岗位安全规范操作

三、工、量具

- 钢直尺、划针、样冲、定向钻、螺钉旋具
- 10 寸（A200–3）中齿平板锉、8 寸（A200–3）细齿平板锉、8 寸（C200–3）细三角锉
- 300 g 锤子、铜刷、毛刷、3 mm 钢印
- 刀口尺、刀口角尺、游标卡尺、高度游标卡尺
- 钻头、丝锥、铰杠、螺纹通止规、板牙等

四、知识储备

- 螺纹加工工艺
- 螺纹刀具的结构和作用
- 手动（机动）攻、套螺纹的操作方法和步骤
- 螺纹检测工具及检测方法
- 常见螺纹加工出现的问题
- 倒角、清角方法

五、注意事项与工作提示

- 底孔位置划线要仔细、样冲眼一定要打准
- M3、M4、M6、M8、M10 底孔直径大小要确定，底孔钻好后要倒角
- 攻、套螺纹时，丝锥或板牙的轴心线要与轴线平行
- 攻螺纹时，两手用力均匀，顺时针均匀进给，当受到阻力时，逆时针转动丝锥，匀速退出，来回往复
- 装配时，螺钉锁紧力度要适中
- 主动与培训教师沟通交流
- 合理使用测量工具检测加工质量

六、劳动安全

- 参照车间的安全标志的内容
- 钻孔时，用机用台虎钳夹紧工件，保证钻头与加工面垂直，以防孔打斜
- 要戴安全帽，穿工作服，不准戴手套
- 钻削、攻丝过程中要经常断屑，勤清理，但不能直接用手清理
- 孔快被钻穿时要减少进给量
- 使用完钻床后要做好 5S 和 TPM 管理
- 装配时，工件要放到工作台面上，不要在地面进行安装

七、环境保护

- 参照项目 1 相应的内容
- 铁屑要及时清扫，并放置在指定废弃处

八、成本估算

- 根据零件、工具、量具以及人工等费用，简单估算成本，进行简单经济核算

工作过程

一、信息

A1 得分：　　/ 40

（中间成绩 A1 满分 40 分，10 分 / 题）

（1）如图 3-39 所示，描述丝锥各组成部分的名称、结构特点及作用。

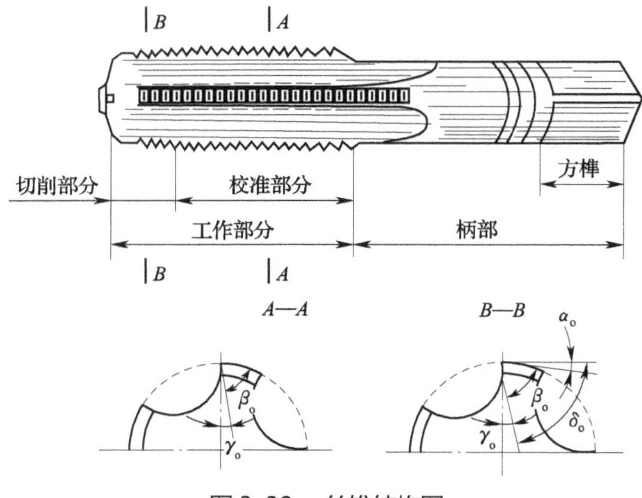

图 3-39　丝锥结构图

（2）根据图 3-40、图 3-41 所示，描述攻螺纹和套螺纹的操作过程。

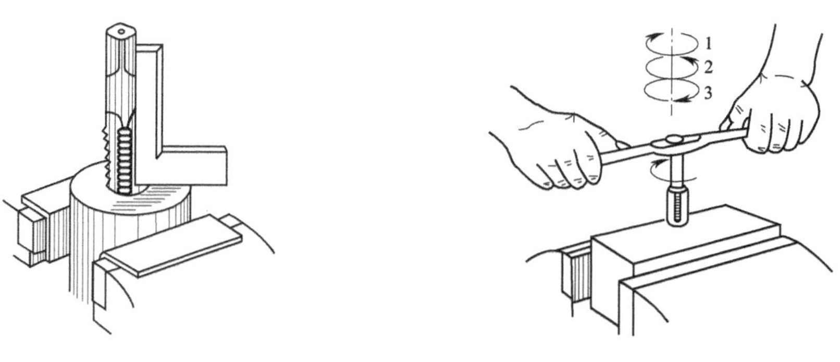

（a）丝锥垂直于孔上表面　　（b）铰杠旋转示意图

图 3-40　攻螺纹操作示意图

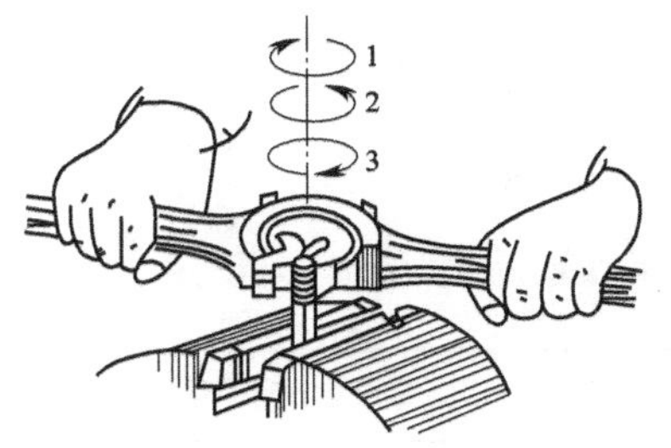

图 3-41　套螺纹操作示意图

(3) 用计算法确定下列螺纹底孔的钻头直径。

1) 在钢件上攻 M8 的螺纹；

2) 在铸件上攻 M8 的螺纹；

3) 在钢件上攻 M12 × 1 的螺纹；

4) 在铸件上攻 M12 × 1 的螺纹。

(4) 攻（套）螺纹操作应注意哪些事项？丝锥在操作时折断的原因有哪些？

二、计划

A2 得分：　　/ 100

（中间成绩 A2 满分 100 分，50 分 / 题）

1. 小组讨论后，完成工作计划流程表

工作计划流程表				
工件名称：		工件号：		
序号	工作步骤 / 事故预防措施	材料表（机器、工具、刃具、辅具）	安全环保	工作时间 / 小时
1				
2				
3				
4				
5				
6				
7				
8				
9				
10				
11				
12				
13				
14				

2. 工、量、刃、辅具及材料表

序号	种类	名称	规格	精度	数量	单位	备注

三、决策

A3 得分：　　/ 100

（中间成绩 A3 满分 100 分，每少一步扣 10 分，扣完为止）

小组讨论（或培训教师点评）后，最终确定工作计划，填写可实施的工艺流程工作页。

工艺流程工作页

序号	工序名称	工序内容 请使用直尺自行分割以下区域	设备	夹具	工具	量具	辅具	劳动保护及环保	工作时间 / 小时

四、实施

A4 得分：　　/ 80

（中间成绩 A4 满分 80 分，40 分 / 题）

（1）任务实施过程参考表。

实施步骤	3D 图示	要点解读	使用工具
步骤一	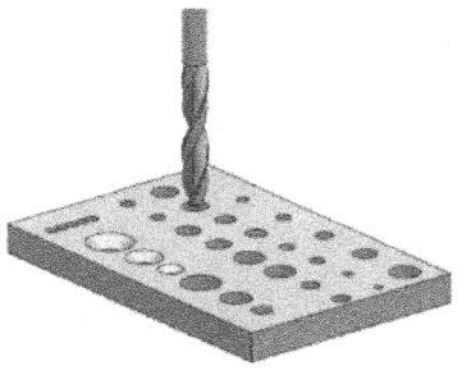	划线、样冲眼、中心钻、钻孔	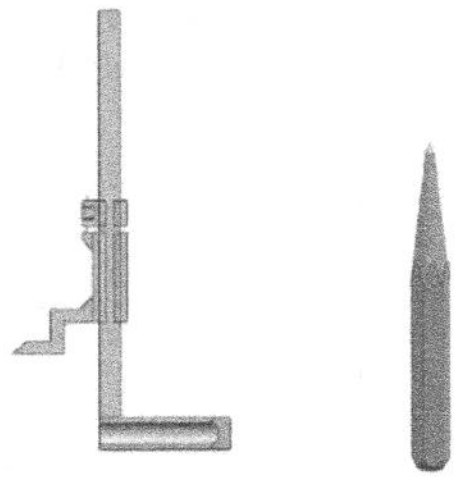 高度游标卡尺　样冲 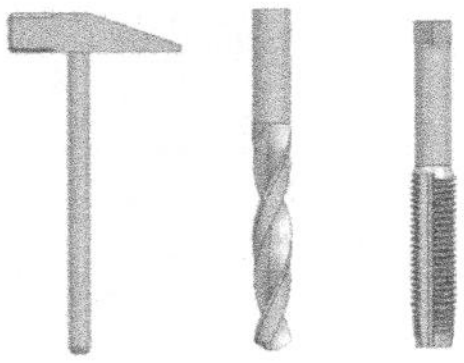 锤子、钻头、丝锥
步骤二	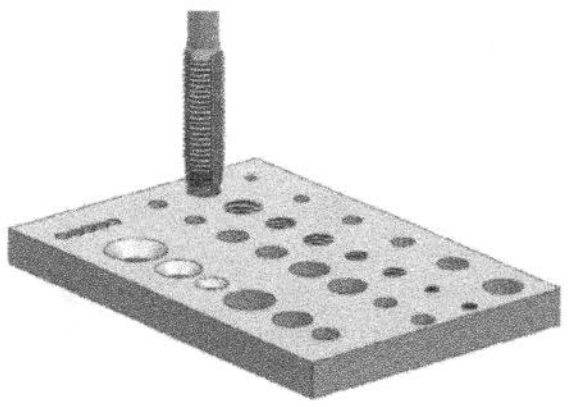	遵守攻螺纹工艺步骤	
步骤三	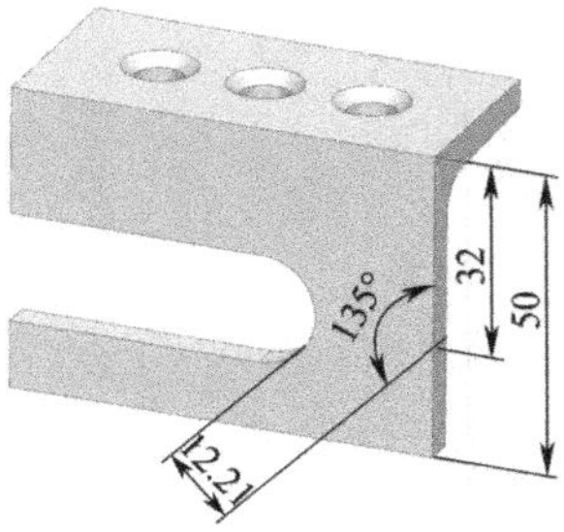	划线	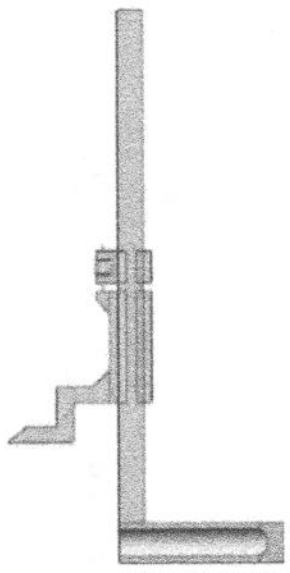 划线 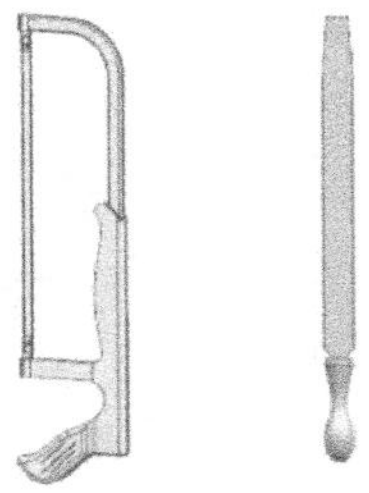 锯弓　锉刀
步骤四	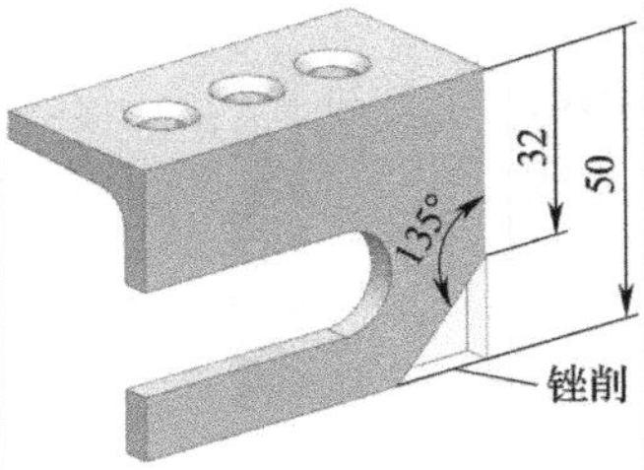	使用万能角度尺，测量并保证角度精度要求	

续表

实施步骤	3D 图示	要点解读	使用工具
步骤五	相切 135° 锯削 锉削	使用游标卡尺，测量并保证尺寸精度要求	万能角度尺　游标卡尺
	7　13	划线位置正确；打样冲眼	高度游标卡、样冲、锤子
步骤六		预钻 ϕ2.5 mm 的螺纹底孔； 要注意工件装夹，并保证钻头孔的中心线与面垂直	钻头
步骤七		使用丝锥进行攻丝，并确保丝锥的中心线与面垂直	丝锥　铰杠

续表

实施步骤	3D 图示	要点解读	使用工具
步骤八	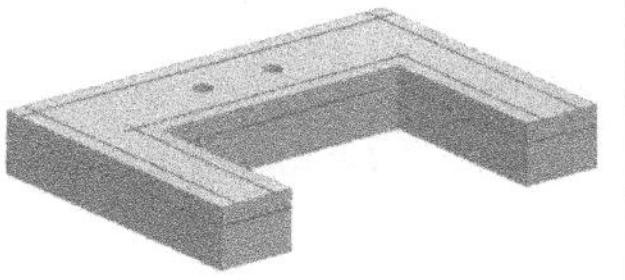	依据倒角尺寸要求划线	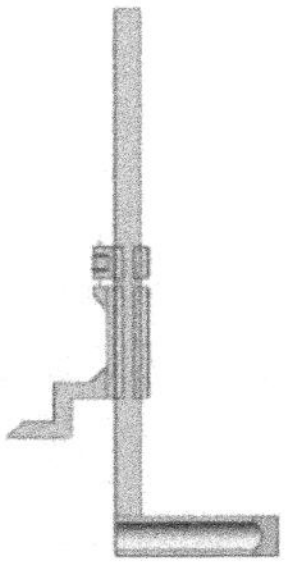 高度游标
步骤九	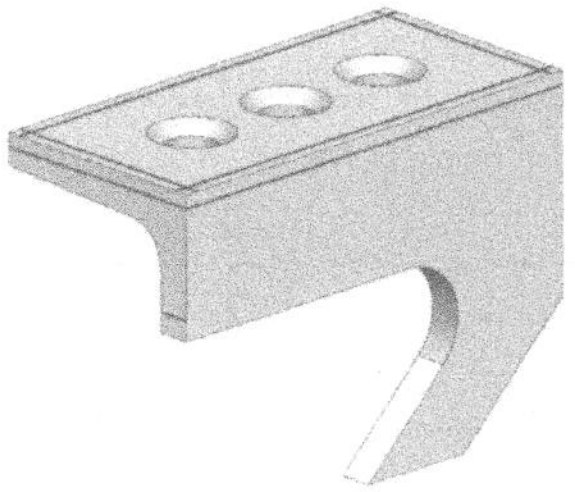		
步骤十	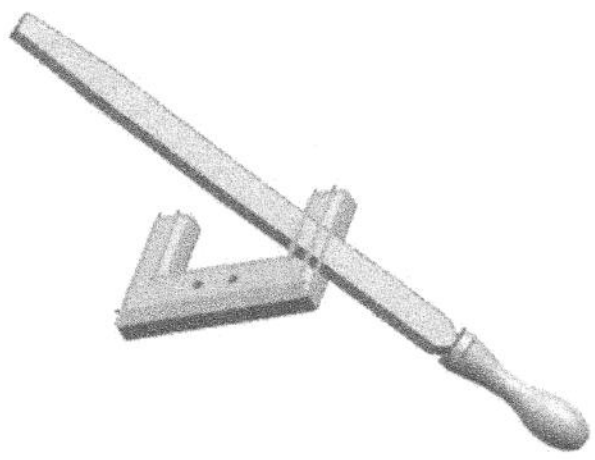	倒角、清角	  锉刀　万能角度尺  游标卡尺
步骤十一	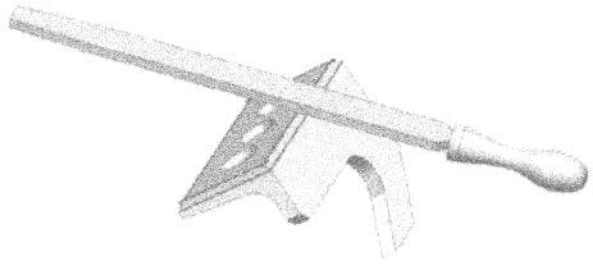		
步骤十二	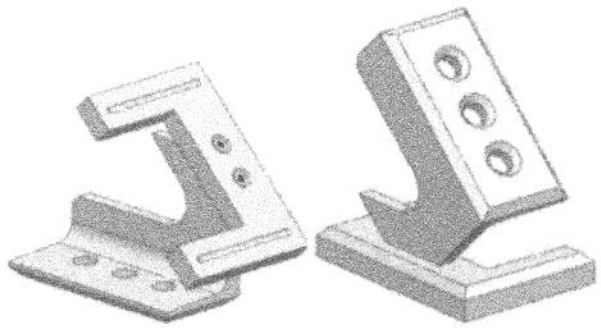	按照图样要求，进行安装。找准对应位置，安装坚固件，确保安装的可靠性	 螺丝刀
步骤十三	现场 5S 和 TPM 管理、填写各种表格	认真填写	笔、各种表格

（2）实施过程记录表。

步骤	工作内容	是否执行
1	按要求布置螺纹加工现场	
2	完成钻孔板、支撑架螺纹加工	
3	完成底座清角、倒角，笔架装配工作	
4	完成零件打钢印、喷涂	
5	做好量具 5S 检查表和 TPM 点检表	
6	做好现场 5S 管理	

（3）记录实施过程中出现的与决策结果不一致的情况以及出现异常的情况。

原计划：

（1）

实际实施：

（1）

五、检查

A5 得分：　　/ 30

学生与培训教师分别用量具或者量规检查被测零件，评价是否达到要求的质量特征值，并分别把测量的实际尺寸和是否完成特征值的判断结果填入“学生自评”和“教师评价”栏。

重要说明

- 当“学生自评”和“教师评价”一致时得 10 分，否则得 0 分；
- 不考虑学生自己测得的实际尺寸是否符合尺寸要求；
- “学生自评”的意义是对学生检测自己使用量具测量准确性和数据记录完整性的能力进行判断，而与各零件是否达到精度要求及功能要求无关；
- 灰底处由培训教师填写。

检查记录表

序号	件号	特征值	图样尺寸	学生自评			教师评价			评分记录
				实际尺寸	完成特征值		实际尺寸	完成特征值		
					是	否		是	否	
1	1	内螺纹	M6（2 处）							
2	1	内螺纹	M10（2 处）							
3	2	内螺纹	M3（2 处）							
									中间成绩：	
评分等级：10 分或 0 分									（A5 满分 30 分，10 分 / 题）	A5

六、评价

B1 得分：　　/ 10　**B2 得分：　　/ 150**

重要说明：灰底处无须填写。

1. 完成功能和目测检查

序号	件号	项目	功能检查	目测检查
1	1-3	按图样要求正确加工		
2	1–3	倒角正确工整		
3	2	倒角尺寸合格		
4	2-3	斜角加工正确		
5	1-2	螺纹完整，光洁		
6	1-2	攻螺纹操作符合规范		

续表

序号	件号	项目	功能检查	目测检查
7	2	圆弧斜角切面过渡平滑		
8	1-3	加工表面粗糙度合格		
9	2-3	按图样正确装配		
10	4	装配体表面无损伤		
11	4	螺钉紧固可靠		
12	1-4	实训过程中符合 5S 管理规范		
13	1-4	5S 管理执行效果		
14	1-4	5S 点检表填写情况		
15	1-4	TPM 管理执行效果		
16	1-4	TPM 点检表填写情况		
		中间成绩：		
		（B1 满分 10 分，B2 满分 150 分，10 分 / 项）	B1	B2

评分等级：10-9-7-5-3-0 分

2. 完成尺寸检验

B3 得分：　　/ 70　**B4 得分：　　/ 50**

序号	件号	检测项目	偏差	实际尺寸	精尺寸	粗尺寸
1	1	M4（2 处）		螺纹塞规		
2	1	M6（2 处）		螺纹塞规		
3	1	M8（2 处）		螺纹塞规		
4	1	M10（2 处）		螺纹塞规		
5	2	135°	±5′			
6	2	32	±0.2 mm			
7	2	7	±0.2 mm			
8	2	13	±0.2 mm			
9	2	M3（2 处）		螺纹塞规		
10	2	*C*2	±0.2 mm			
11	3	*C*3	±0.2 mm			
12	2	// 0.2 *D*				
				中间成绩：		
				（B3 满分 70 分，B4 满分 50 分，10 分 / 项）	B3	B4

评分等级：10 分或 0 分

3．计算工作页评价成绩和技能操作成绩

（各项“百分制成绩”=“中间成绩 1”÷“除数”；“中间成绩 2”=“百分制成绩”×“权重”；“工作页评价成绩”和“技能操作成绩”分别为各项的中间成绩 2 之和）

序号	工作页评价	中间成绩 1		除数	百分制成绩	权重	中间成绩 2
1	信息	A1		0.4		0.3	
2	计划	A2		1		0.2	
3	决策	A3		1		0.1	
4	实施	A4		0.8		0.3	
5	检查	A5		0.3		0.1	
						工作页评价成绩：（满分 100 分）	Feld 1

Feld 1 得分：　　/ 100

序号	技能操作	中间成绩 1		除数	百分制成绩	权重	中间成绩 2
1	功能检查	B1		0.1		0.1	
2	目测检查	B2		1.5		0.5	
3	精尺寸	B3		0.7		0.3	
4	粗尺寸	B4		0.5		0.1	
						技能操作成绩：（满分 100 分）	Feld 2

Feld 2 得分：　　/ 100

4．项目总成绩

（各项“中间成绩”=“中间成绩 2”×“权重”；“总成绩”为各项“中间成绩”之和）

序号	成绩类型	中间成绩 2		权重	中间成绩
1	工作页评价	Feld 1		0.4	
2	技能操作	Feld 2		0.6	
				项目总成绩：（满分 100 分）	总成绩

项目总成绩：　　/ 100

总结与提高

一、汇总分析并绘制雷达图

序号	工作页评价	百分制成绩	雷达图
1	信息 A1		100 信息 计划 决策 实施 检查 功能 目测 精尺寸 粗尺寸 80 60 40 20 0
2	计划 A2		
3	决策 A3		
4	实施 A4		
5	检查 A5		
6	功能检查 B1		
7	目测检查 B2		
8	精尺寸检验 B3		
9	粗尺寸检验 B4		

二、自我评价与总结

（1）根据雷达图显示，说明其存在的问题，分析原因并提出改进措施。

存在问题	原因分析	改进措施

（2）利用思维导图方法绘制支撑架攻螺纹与装配工艺。

（3）如何保证平面与圆弧面的光滑相切？

（4）斜边角度怎样才能控制得更好？用万能角度尺测量时需要注意哪些事项？

（5）你在攻螺纹加工中遇到了哪些问题？在今后的加工中你要注意哪些方面？

（6）对于钻孔板、支撑架的划线、打样冲眼、钻底孔、攻螺纹等操作你还有哪些不清楚的地方？你认为哪些方面还需要改进？

（7）你觉得哪些地方没有做好？如果重新做，你会注意哪几个方面？

三、思考与练习题

1．选择题

（1）米制普通螺纹的牙型角为（　　）。

A．30°　　B．40°　　C．55°　　D．60°

（2）承受单向受力的机械上的螺杆，一般采用（　　）螺纹。

A．锯齿形　　B．普通　　C．圆锥　　D．梯形

（3）传动和承载力较大的机械上的螺杆，一般采用（　　）螺纹。

A．锯齿形　　B．普通　　C．圆锥　　D．梯形

（4）应用在管件上的连接螺纹，一般采用（　　）螺纹。

A．锯齿形　　B．普通　　C．圆锥　　D．梯形

（5）螺纹从左向右升高的称为（　　）螺纹。

A．左旋　　B．右旋　　C．管　　D．锯齿形

2．判断题

（1）在用机用丝锥攻通孔螺纹时，一般都是用切削部分较长的初锥一次攻出。（　　）

（2）圆锥管螺纹板牙，它是在端面的单面制成切削锥，可以双面使用。（　）

（3）螺纹的旋向是顺时针旋转时，旋入的螺纹是右旋螺纹。（　）

（4）螺纹由牙型、直径、螺距（或导程）、线数、精度和旋向6个要素组成。（　）

（5）套螺纹前，圆杆直径应稍微小于螺纹大径。（　）

（6）活动管螺纹板牙是用来套管子外螺纹的，它由三块可调整的管螺纹板牙镶嵌在可调管螺纹板牙架内组成。（　）

（7）攻钢件的螺纹，宜用煤油润滑，以减少切削阻力及提高螺孔表面质量。（　）

3．完成支撑杆套螺纹加工，如图3-42所示。

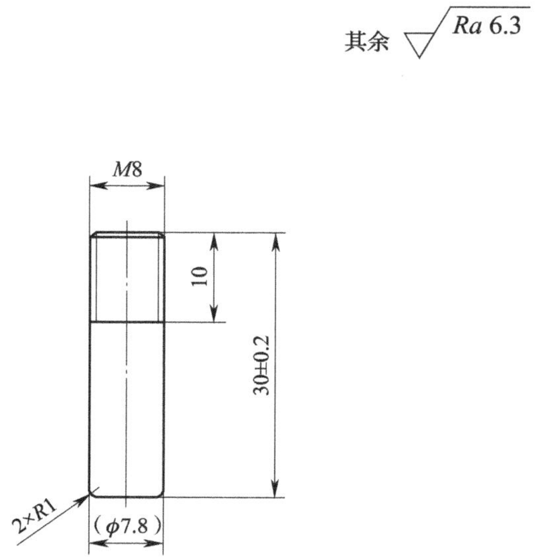

其余 Ra 6.3

M8

10

30±0.2

2×R1

（ϕ7.8）

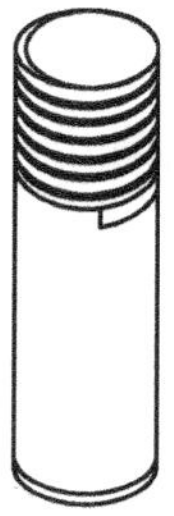

技术要求

（1）去除工件的毛刺飞边，锐角倒钝。

（2）未注尺寸偏差±0.2 mm。

（3）零件加工表面不应有严重划痕、擦伤等损伤零件表面的缺陷。

标记	处数	更改文件号	签字	日期	Q235（ϕ8×30）			××培训中心
设计	×××	标准化			图样标记	重量	比例	支撑杆-套螺纹练习
审核	×××						2∶1	TZ03_02_03
工艺	×××	日期	2019.05		共1页		第1页	

图3-42　支撑杆套螺纹练习图

4．完成支撑平板攻螺纹加工，如图 3-43 所示。

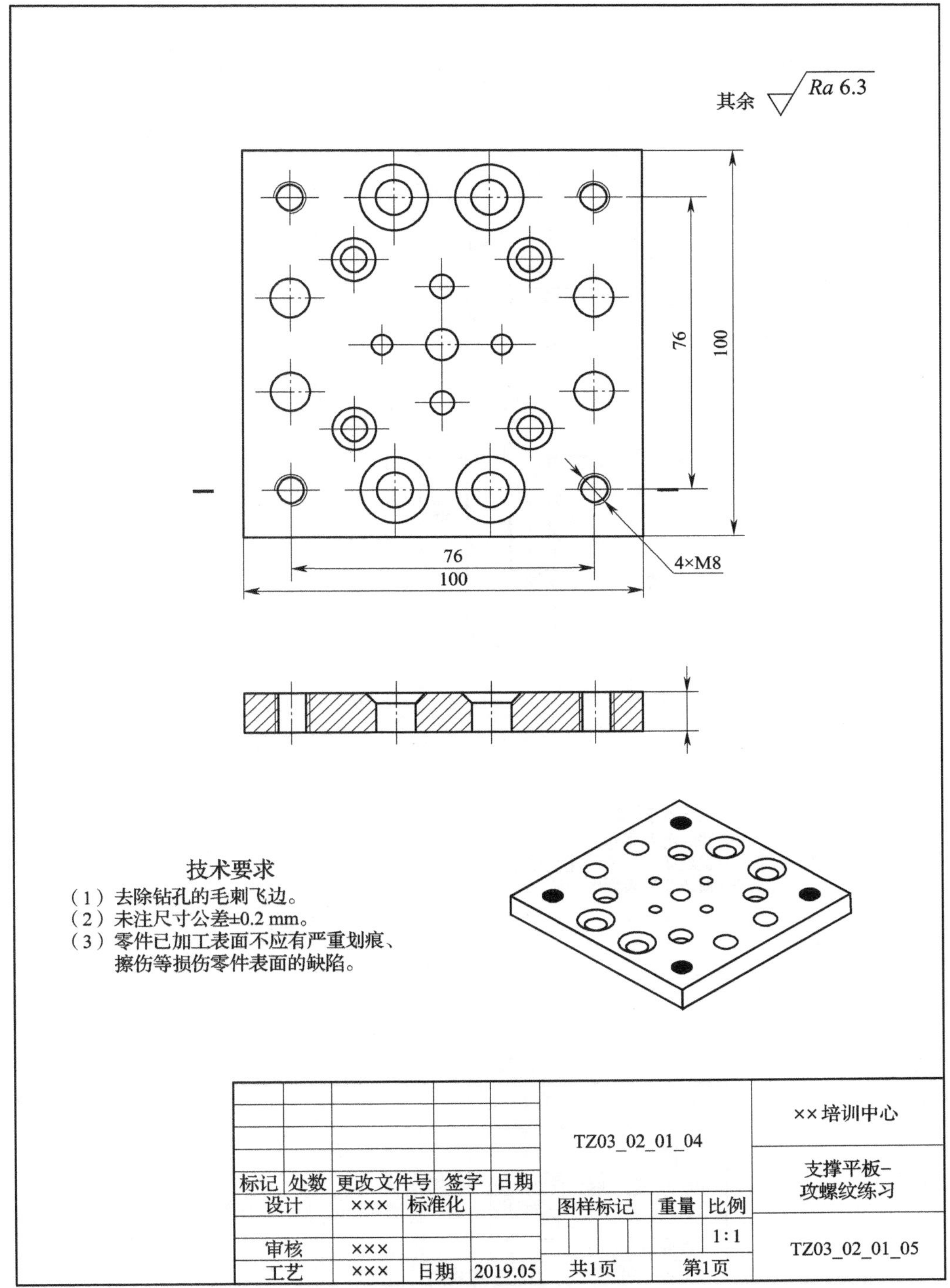

图 3-43 支撑平板攻螺纹练习图

5．完成支撑垫攻盲孔螺纹加工，如图 3-44 所示。

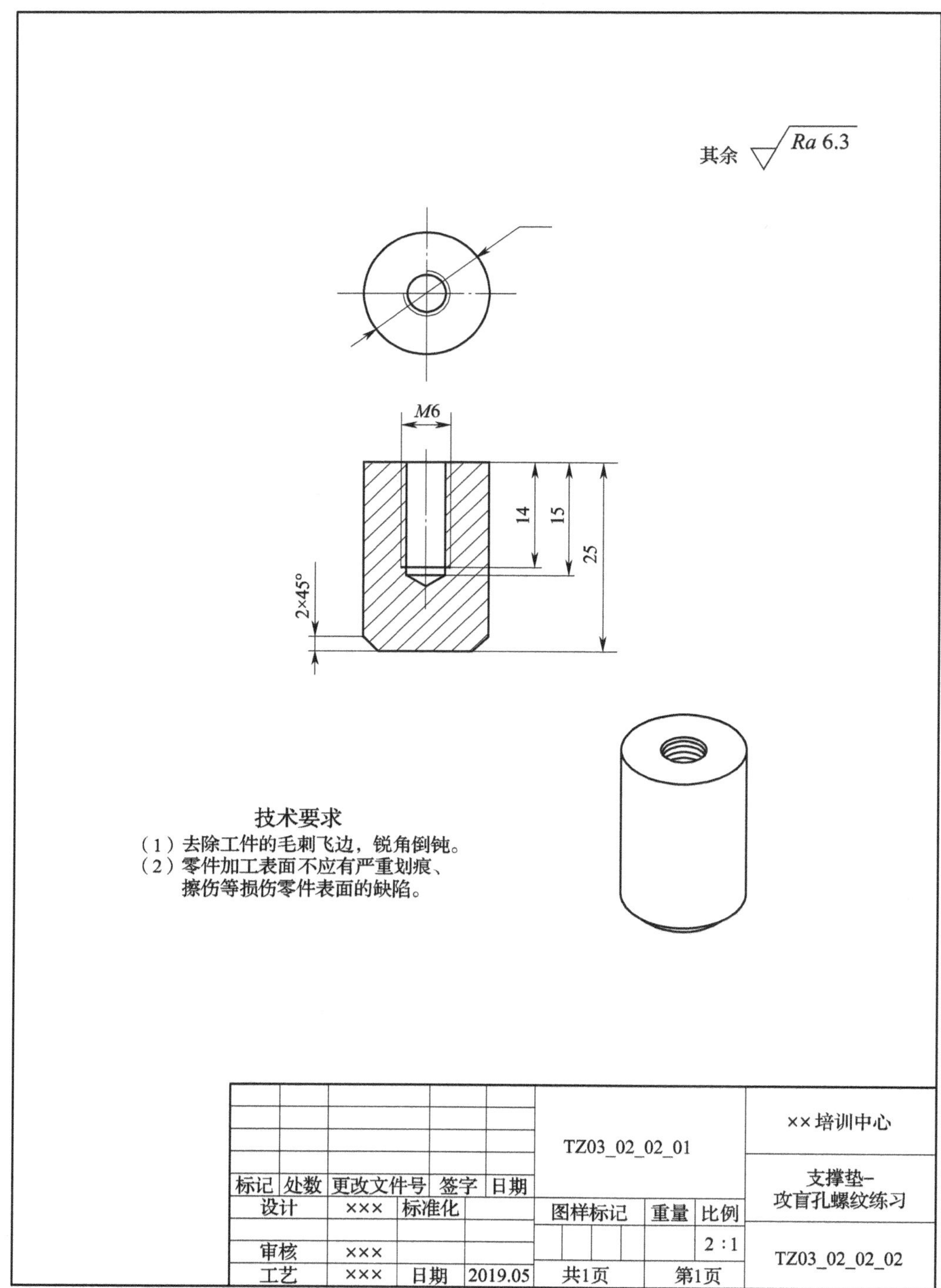

图 3-44　支撑垫攻盲孔螺纹练习图

6．完成支撑板装配，如图 3-45 所示。

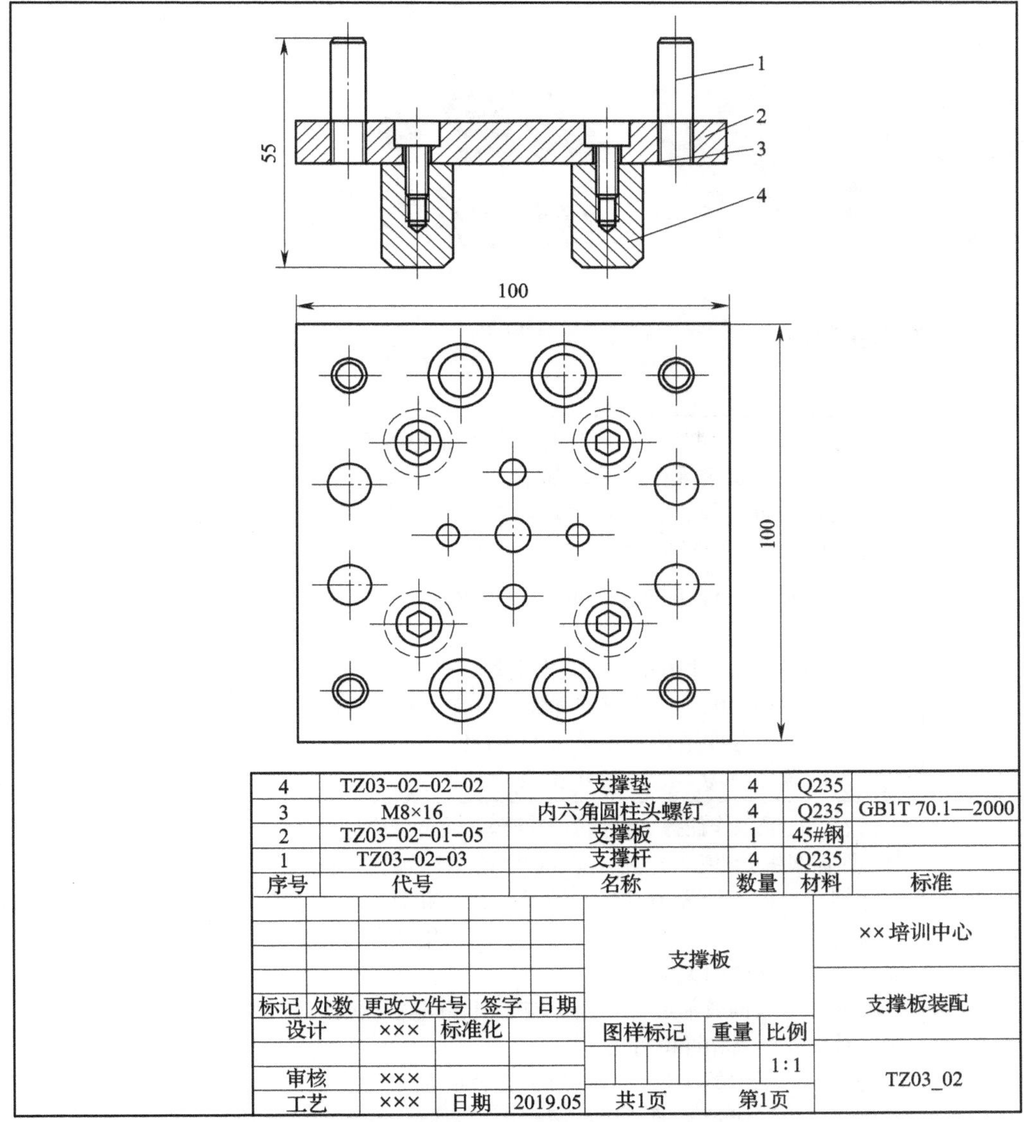

序号	代号	名称	数量	材料	标准
4	TZ03-02-02-02	支撑垫	4	Q235	
3	M8×16	内六角圆柱头螺钉	4	Q235	GB1T 70.1—2000
2	TZ03-02-01-05	支撑板	1	45#钢	
1	TZ03-02-03	支撑杆	4	Q235	

图 3-45　支撑板装配练习图

四、任务小结

通过本任务的学习，学生能合理地选用和正确地使用螺纹加工工具来加工零件；会对螺纹加工工具进行日常保养。

本任务所涉及的理论知识可参阅“知识库”。

知识提示：

螺纹加工工艺以及操作要点。

项目 4 配合件手动加工

工作任务书

岗位工作过程描述	接受配合件手动加工作业任务书后，根据配合类型进行分类，并进行工艺规划，包括配合件中每个零件的手动加工、修配、检测；制订工作步骤，如备齐图样、工具、设备、量具等；去仓库领取物料、工量具；安排加工、检测、修配的步骤等；做好现场 5S 及 TPM 管理
学习目标	（1）明确配合件手动加工要求，确立加工总体方案，获得配合加工、检测总体印象； （2）会根据配合件手动加工做出规划，确定加工材料、设备、工具、量具等； （3）能够描述配合应完成的工作内容与流程，明确学习目标； （4）注意配合件手动加工操作中的各安全事项； （5）能做好现场 5S 及 TPM 管理
学习过程	信息：接受工作任务，根据引导问题，通过工作过程知识、配合件图样、简明机械手册、课程网络资源库等，获取配合件手动加工的有关信息及工作目标总体印象。 计划：根据工件表中零件的数量、尺寸和材料，准备工具、量具和设备，明确加工顺序、时间、安全和环保等信息，与小组成员或培训教师讨论怎样进行配合件的加工、修配及检测。 决策：与培训教师进行专业交流，回答问题，确认材料表、工具表及工作流程表，并查看检查要求和评价标准。 实施：按确定的工作流程进行配合件的加工，并完成零件修配；在此过程中发现问题，与小组成员共同分析，调整加工步骤，遇到无法解决的问题时请培训教师帮助解决。 检查： （1）检查配合件加工、修配的工作速度、工作质量； （2）检查现场 5S 及 TPM 管理情况； （3）车间文明、规范生产。 评价： （1）对配合件进行功能和目测检查，并评分； （2）计算工作页和技能操作两项成绩； （3）与小组成员、培训教师进行关于评分分歧及原因、工作过程中存在的问题、技术问题、理论知识等方面的讨论，并勇于提出改进建议

<table>
<tr>
<td>行动化
学习任务</td>
<td>任务 1：完成非对称性开口单斜式配合件锉配，控制其凸件尺寸、形位公差、表面粗糙度等，保证凸件加工质量；完成单斜式配合件孔加工，保证孔间距；
任务 2：完成对称性开口式凹凸型镶配，主要是控制凸件、凹件对称度误差，配合面平面度、垂直度等形状误差，控制燕尾角度误差，保证凸件、凹件尺寸在图样上的尺寸公差范围，会计算凸件和凹件尺寸公差以及试配锉削方法；完成孔和螺纹加工；
任务 3：准确地测量零件各尺寸，多次测量，并进行相关数据分析；
任务 4：遵守现场 5S 及 TPM 管理要求；认真完成工作页，并填写各表，对工作页及完成工件进行检查和评价，并提出改进措施，养成持续改进的好习惯</td>
</tr>
<tr>
<td>工作学习
成果</td>
<td>完成配合件锉配，如图 4-1 所示。
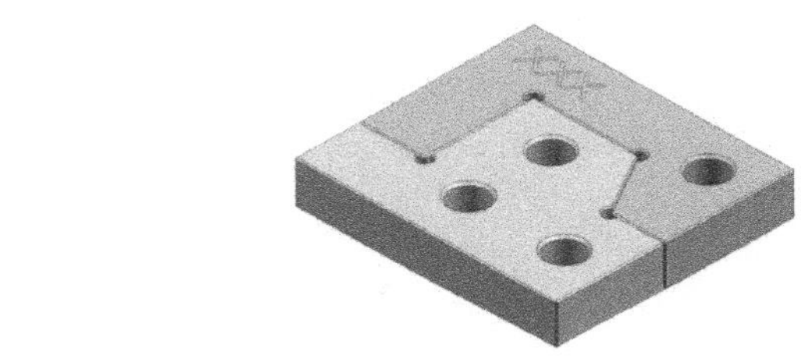
（a）单斜式配
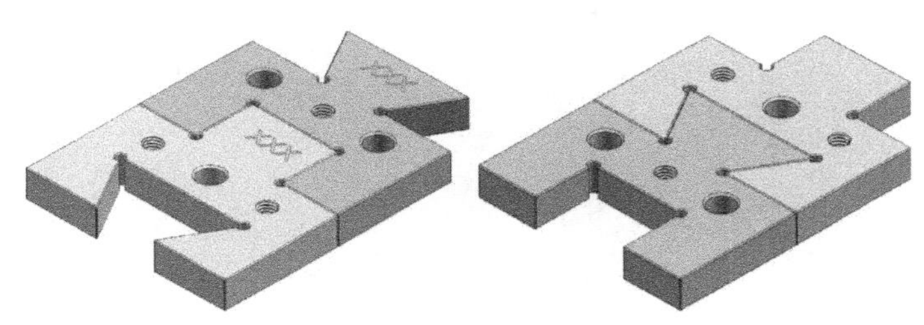
（b）凹凸型镶配
图 4-1　配合件锉配
<table>
<tr><th>位置</th><th>数量</th><th>单位</th><th>名称</th><th>标准</th><th>材料</th><th>毛坯 /mm</th><th>备注</th></tr>
<tr><td>1</td><td>1</td><td>个</td><td>单斜式配</td><td>扁钢</td><td>Q235</td><td>85 × 62 × 10</td><td></td></tr>
<tr><td>2</td><td>2</td><td>个</td><td>TZ 型（凹凸 - 燕尾）镶配</td><td>扁钢</td><td>Q235</td><td>72 × 62 × 10</td><td></td></tr>
</table>
</td>
</tr>
</table>

项目分解

配合件的手动加工就是锉削配作，是用锉削的方法，使两个或多个相互配合零件的精度达到规定的配合精度的操作。配合件锉削在制作各种样板、专用检具，各种注塑、冲裁模具的制造、修配、调试、修理、机械装配等方面应用很广。

配合件手动加工是一项综合性技能，涉及工艺、公差、制图等多种理论知识，需运用划线、钻孔、锯削、锉削等多种基本操作技能和会使用各类量具及辅具。本项目从简单锉配到复杂锉配，锉配精度等级由初等到中等，锉配类型有对配、镶配、盲配和旋转配；配合形式有平面配合、角度配合以及混合配合；拓展项目任务是由平面、角度、圆弧组成混合锉配，其锉配精度要求高，属于高精度要求的精密锉配。

本项目共有 2 个子任务，分别为非对称性配合件加工和对称性配合件加工，其效果图如图 4-1 所示。

项目 4　配合件手动加工 任务 1　非对称性配合件加工	姓名：	班级：
	日期：	页码：

任务 1　非对称性配合件加工

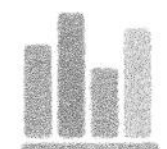

任务描述

一、任务背景

本任务要求以非对称开口单斜式配合件为载体进行锉配。

本任务学习时间：24 小时。

二、学习目标

1. 知识目标

(1) 掌握划线、锯削、錾削、锉削、钻削及精度测量方法和相关知识；
(2) 熟悉配合精度相关概念；
(3) 掌握简单尺寸链的计算方法；
(4) 掌握单斜度工件的锉配方法；
(5) 掌握单斜式配合件锉配工艺；
(6) 掌握误差修整的方法。

2. 能力目标

(1) 会计算简单的尺寸链；
(2) 能正确并熟练地修整、刃磨所使用的工具；
(3) 能对工件进行准确检测，并对误差进行修整；
(4) 学会尺寸精度、形位误差的控制方法，保证配合要求；
(5) 会分析单斜式配合件间隙产生的原因并提出改进措施；
(6) 能够做好现场 5S 和 TPM 管理。

3. 素质目标

(1) 具有安全文明生产意识和 5S 管理理念；
(2) 能通过书籍或网络获取相关信息；
(3) 具有实事求是的做事态度、创新意识和创新精神；
(4) 能与他人进行有效沟通，相互帮助、共同学习、共同达到目标；
(5) 具有团队协作、吃苦耐劳的职业精神。

三、加工图纸

非对称开口单斜式配合件，如图 4-2 所示。

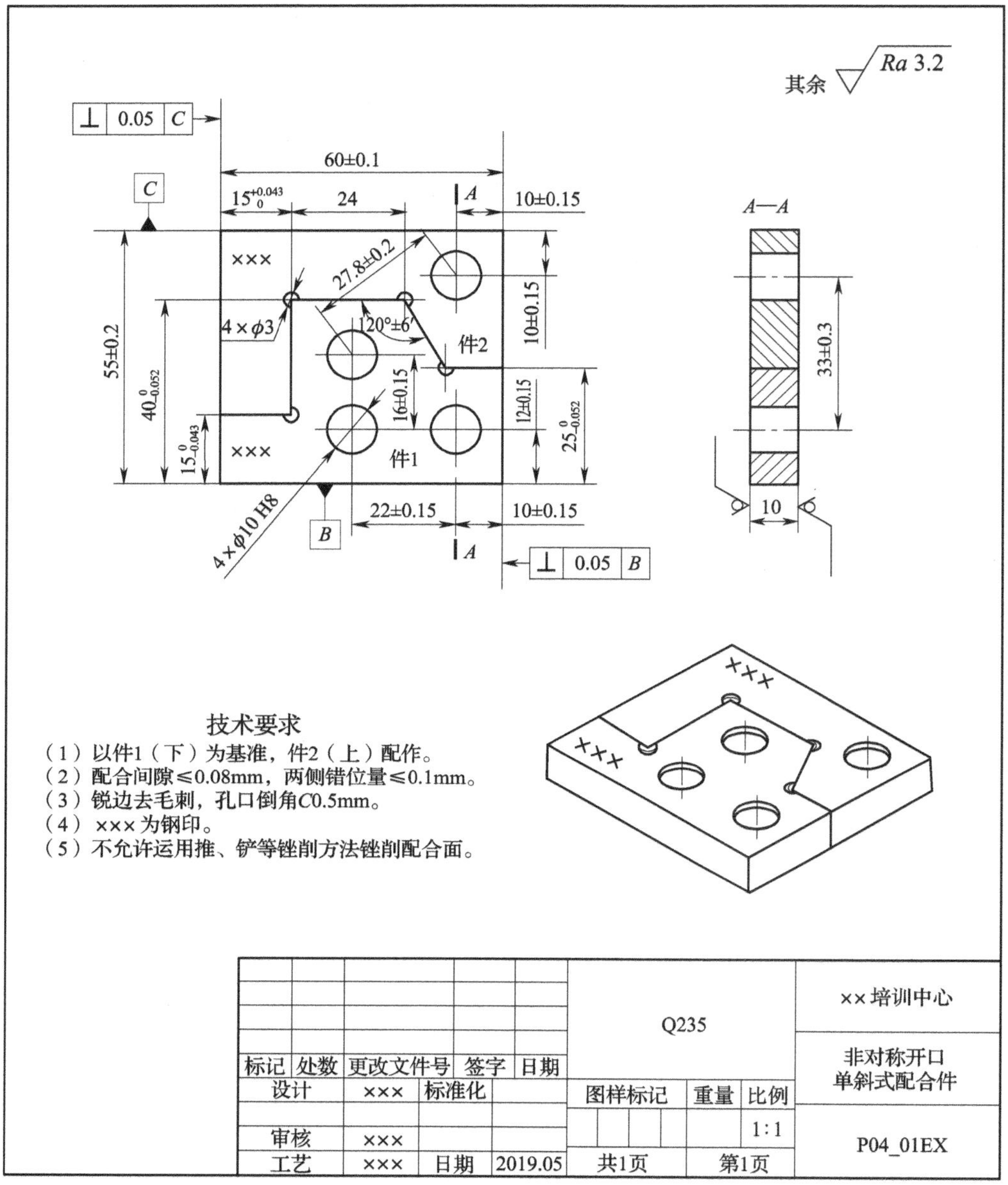

其余 Ra 3.2
⊥ 0.05 C
60±0.1
C
$15^{+0.043}_{0}$
24
A
10±0.15
×××
27.8±0.2
4×ϕ3
120°±6′
件2
10±0.15
55±0.2
$40^{0}_{-0.052}$
16±0.15
12±0.15
$25^{0}_{-0.052}$
$15^{0}_{-0.043}$
×××
件1
4×ϕ10 H8
B
22±0.15
10±0.15
A
⊥ 0.05 B
A—A
33±0.3
10
技术要求
（1）以件1（下）为基准，件2（上）配作。
（2）配合间隙≤0.08mm，两侧错位量≤0.1mm。
（3）锐边去毛刺，孔口倒角C0.5mm。
（4）×××为钢印。
（5）不允许运用推、铲等锉削方法锉削配合面。
标记 处数 更改文件号 签字 日期
设计 ××× 标准化
审核 ×××
工艺 ××× 日期 2019.05
Q235
图样标记 重量 比例
1:1
共1页 第1页
××培训中心
非对称开口
单斜式配合件
P04_01EX

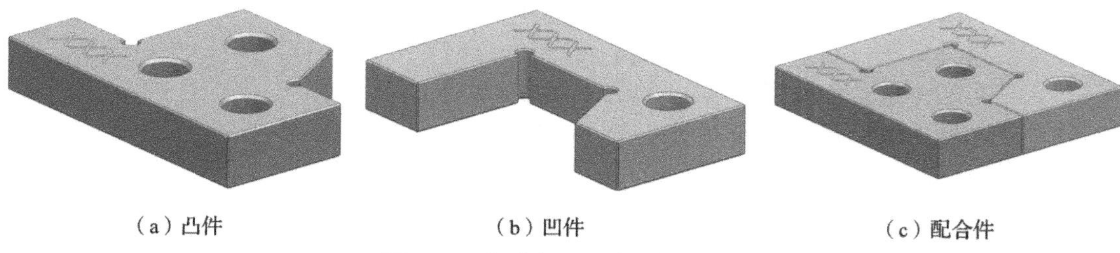

（a）凸件　　（b）凹件　　（c）配合件

图 4-2　非对称开口单斜式配合件

可以使用以下资源：
(1) 零件图样；
(2) 网络教学资源；
(3) 操作指南；
(4) 材料。

名称	零件号	材料	单位	数量	来源
非对称开口单斜式配合件	P04_01EX	Q235	个	1	

任务提示

一、工作方法

- 读图后回答引导问题，可以使用的材料有工具手册、机械制造手册及网络教学资源等
- 以小组讨论的形式完成工作计划
- 按照工作计划，完成工具、量具、刃具计划表，编写非对称开口单斜式配合件的锉配工艺卡。对于出现的问题，请先尽量自行解决，如确实无法解决，再与培训教师进行讨论
- 严格按照工艺流程完成开口单斜式配合件锉配，做好锉配过程记录，同时思考如何优化工艺方案，改进锉配方法
- 完成“检查”部分内容。运用各种检测方法对开口单斜式配合件进行检测和评分，学生完成学生自评内容，培训教师完成教师评价内容
- 与培训教师、小组成员讨论后，进行工作总结

二、工作内容

- 收集加工过程中的必要信息
- 分析零件图，完成工作计划
- 制订单斜式配合件锉配工艺
- 划线、钻孔、锉削、修配、铰孔
- 工件各边去毛刺、打钢印
- 使用测量工具检测开口单斜式配合件锉配质量
- 完成自检、自评
- 现场进行 5S 和 TPM 管理，并遵循岗位安全规范操作
- 在规定时间内，完成并提交工作页和配合件

三、工、量具

- 钢直尺、划针、样冲、定向钻
- 锯条、锯弓、300 g 锤子、铜刷、毛刷、3 mm 钢印、錾子
- 10 寸（A200–3）中齿平板锉、8 寸（A200–3）中齿、细齿平板锉、什锦锉
- 游标卡尺、游标万能角度尺、外径千分尺、高度游标卡尺、刀口角尺、角度样板
- 钻头、铰刀、铰杠、塞规等

四、知识储备

- 尺寸链
- 开口单斜式配合件锉配工艺
- 角度测量方法
- 千分尺的使用方法
- 配合间隙的控制方法

五、注意事项与工作提示

- 按尺寸要求计算出划线尺寸，线条要细要清晰，且两面必须一次划出
- 先加工凸件，凹件按凸件锉配加工
- 加工凸件时，按公差中间值的原则加工
- 凹件去余料时，钻排孔要按尺寸加工；錾削余料时，要注意錾削位置和控制好余料量
- 凹件锉配前，要留 0.3 ~ 0.5 mm 的锉配余量
- 锉削配合面时，一定要保证与大平面的垂直度
- 修配过程中，用透光和涂色法确定其修锉部分及余量；要综合兼顾，勤测慎修，逐步达到配合精度要求
- 铰孔前，一定要保证钻孔位置尺寸和底孔直径大小，切勿钻歪斜和钻大或钻小。铰孔时要保证一定铰削预留量，并保证铰孔与大面的垂直度
- 主动与培训教师沟通交流
- 合理使用测量工具检测单斜式配合件

六、劳动安全

- 参照车间的安全标志的内容
- 钻排孔时，用机用台虎钳夹紧工件，保证钻头与加工面垂直，同时还需保证孔间距
- 要穿工作服，戴防护眼镜，不准戴手套
- 錾削排孔余料时，錾削位置要准确，錾削力要适当
- 试配时，切勿将凸件强行敲入凹件，注意不要敲到手
- 铰孔时，切勿用手抓住铰刀刃部

七、环境保护

- 参照项目 1 相应的内容
- 注意台面、地面、台钻工作台及周围的铁屑要及时清扫，并放入指定废弃处

八、成本估算

- 根据零件、工具、量具以及人工等费用，简单估算成本，进行简单经济核算

工作过程

一、信息

A1 得分：　　/ 85

（中间成绩 A1 满分 85 分，5 分 / 题）

1. 知识引导提问

（1）配合件如何分类？开口单斜式配合件属于哪种类型？

（2）锉削配合件的原则有哪些？

（3）配合精度包含哪些内容？开口单斜式配合件的配合精度是多少？

（4）形位公差的含义是什么？如何测量开口单斜式配合件各形位公差？

（5）表面粗糙度的检测方法有哪些？如何测量开口单斜式配合件的表面粗糙度？

（6）分别计算开口单斜式配合件的件 1 和件 2 的间接尺寸。

2．工作方面引导

（1）该练习件的资料都全了吗？如果不全，还缺少哪些？

（2）写出开口单斜式配合件材料的标准牌号。

(3) 如何去除开口单斜式配合件的余料？有哪些方法？请用图示表示，并说明要注意的事项。

(4) 哪些尺寸会影响开口单斜式配合件的间隙？

(5) 怎么才能保证件 1 和件 2 的配合间隙？

(6) 在加工开口单斜式配合件时，哪些尺寸公差有重要意义？

(7) 加工开口单斜式配合件时，哪几个面的表面质量和平面度会对配合产生重大影响？

(8) 如何使用塞尺来检验两个结合面的间隙？

(9) 经小组成员讨论，你认为哪些评分检测项很重要？

(10) 你认为在安全方面会存在哪些危险？为了避免发生危险应采取哪些措施？

(11) 在加工开口单斜式配合件时，要注意哪些环保事项？

二、计划

A2 得分：　　/ 100

（中间成绩 A2 满分 100 分，50 分 / 题）

1. 小组讨论后，完成工作计划流程表

工作计划流程表				
工件名称：		工件号：		
序号	工作步骤 / 事故预防措施	材料表（机器、工具、刃具、辅具）	安全环保	工作时间 / 小时
1				
2				
3				
4				
5				
6				
7				
8				
9				
10				
11				
12				
13				
14				

2. 工、量、刃、辅具及材料表

序号	种类	名称	规格	精度	数量	单位	备注

三、决策

A3 得分： / 100

（中间成绩 A3 满分 100 分，每少一步扣 10 分，扣完为止）

小组讨论（或培训教师点评）后，最终确定工作计划，填写可实施的工艺流程工作页。

工艺流程工作页

序号	工序名称	工序内容 请使用直尺自行分割以下区域	设备	夹具	工具	量具	辅具	劳动保护及环保	工作时间 / 小时

四、实施

A4 得分：　　/ 80

（中间成绩 A4 满分 80 分，40 分 / 题）

（1）单斜凹凸件任务实施过程参考表。

实施步骤	3D 图示	要点解读	使用工具
步骤一		根据零件图样，对单斜配合件划线、打样冲眼	钢直尺　高度游标卡尺　样冲　锤子
步骤二		钻工艺孔	钻头
步骤三		1. 加工左侧直角，保证尺寸 $15_{-0.043}^{0}$ mm 和 $15_{0}^{+0.043}$ mm 及两面间的垂直度误差值尽可能小。如采用间接测量则应计算相对应尺寸； 2. 锉削尺寸（40±0.031）mm，并保证与底面的平行度误差值尽可能小	锯弓　锉刀　游标卡尺

续表

实施步骤	3D 图示	要点解读	使用工具
步骤四	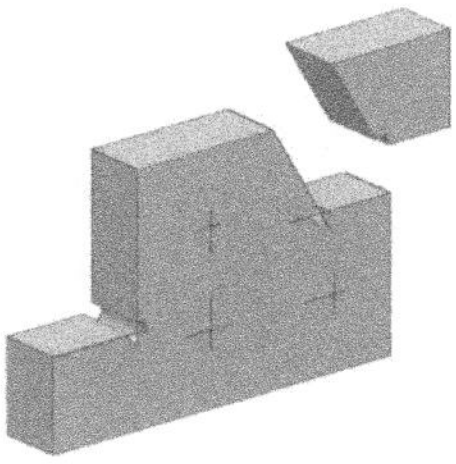	加工右侧120° 角以及$25_{-0.052}^{\ 0}$ mm尺寸，并达到图样要求，预留部分加工余量做锉配	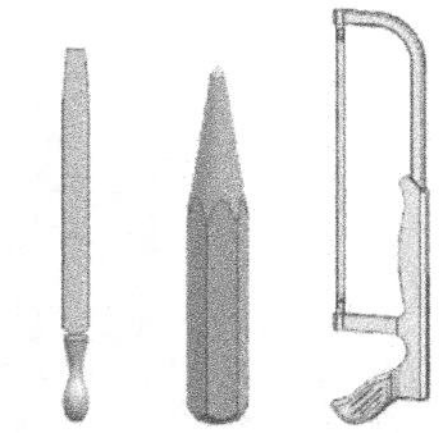 锉刀　样冲　锯弓 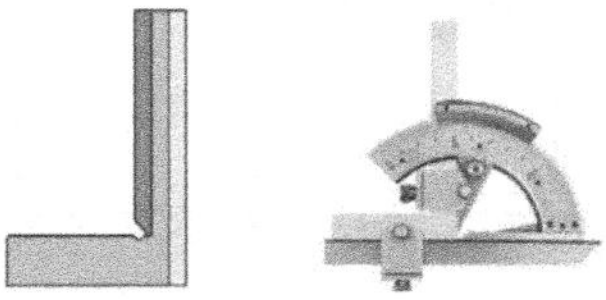 刀口角尺　万能角度尺
步骤五		打样冲，钻、铰 ϕ10H8 孔	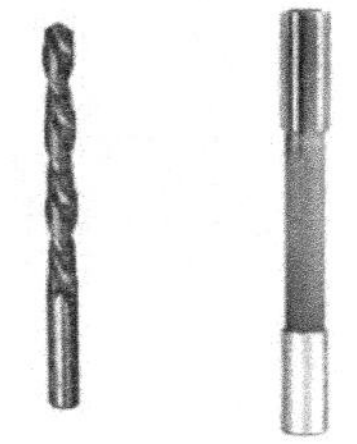 钻头　铰刀
步骤六	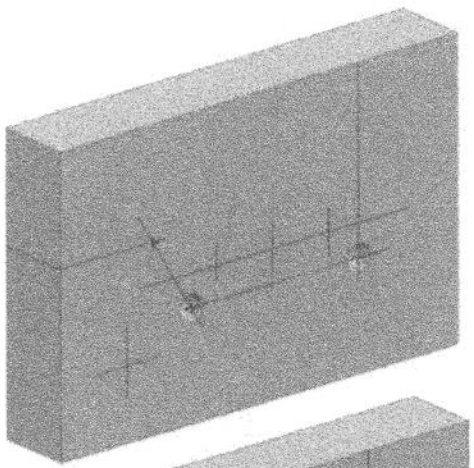 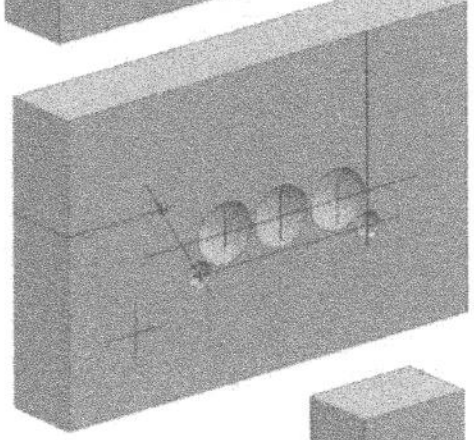 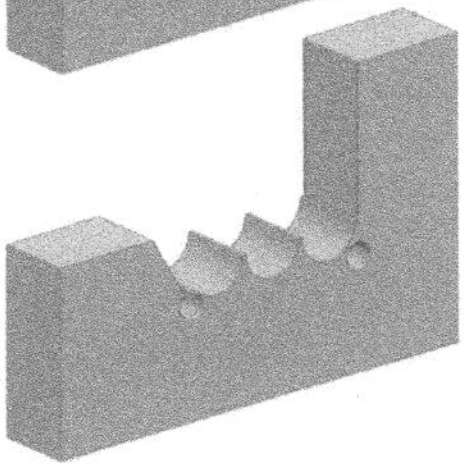	划排孔线； 钻工艺孔； 钻排孔，锯割去除余料，粗锉凹件各面并留细锉余量	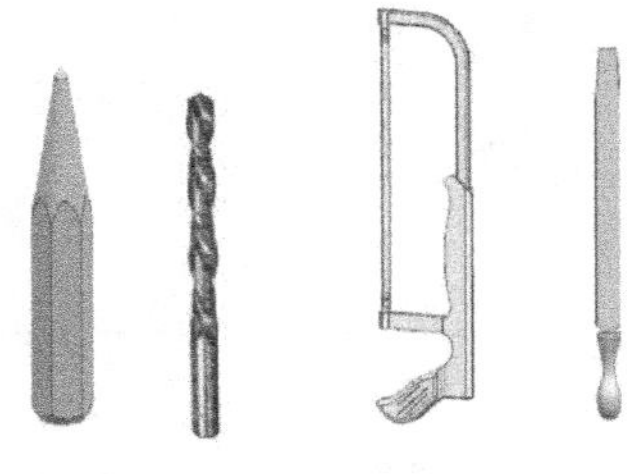 样冲　钻头　锯弓　锉刀

续表

实施步骤	3D 图示	要点解读	使用工具
步骤七		打样冲，钻、铰 ϕ10H8 孔	钻头 铰刀
步骤八		细锉左侧直角，保证与外侧平行，并以此为导向，以凸件为基准修配凹件各面，达到配合间隙和配合长度要求	锉刀 万能角度尺
步骤九		去毛刺，全面复检修整，根据图样要求进行配合	塞尺
步骤十	完成零件钢号打号	打号时力度要均匀	钢印、锤子
步骤十一	现场 5S 和 TPM 管理、填写各种表格	认真填写	笔，表格

（2）实施过程记录表。

步骤	工作内容	是否执行
1	按要求布置配合件手动加工现场	
2	完成开口单斜式配合件的划线	
3	完成开口单斜式配合件凸件的制作、检测	
4	完成开口单斜式配合件凹件的配作、检测	
5	完成零件倒角、去毛刺、打钢印	
6	做好量具 5S 检查表和 TPM 点检表	
7	做好现场 5S 管理	

（3）记录实施过程中出现的与决策结果不一致的情况以及出现异常的情况。

原计划：　　　　　　　　实际实施：

(1)　　　　　　　　　　(1)

五、检查

A5 得分：　　/ 80

学生与培训教师分别用量具或者量规检查被测零件，评价是否达到要求的质量特征值，并分别把测量的实际尺寸和是否完成特征值的判断结果填入“学生自评”和“教师评价”栏。

重要说明

- 当“学生自评”和“教师评价”一致时得 10 分，否则得 0 分；
- 不考虑学生自己测得的实际尺寸是否符合尺寸要求；
- “学生自评”的意义是对学生检测自己使用量具测量准确性和数据记录完整性的能力进行判断，而与各零件是否达到精度要求及功能要求无关；
- 灰底处由培训教师填写。

检查记录表

序号	件号	特征值		学生自评			教师评价			评分记录
			图样尺寸	实际尺寸	完成特征值		实际尺寸	完成特征值		
					是	否		是	否	
1	1	高度	$15^{0}_{-0.043}$							
2	1	高度	$25^{0}_{-0.052}$							
3	1	宽度	$40^{0}_{-0.052}$							
4	1–2	长度	55 ± 0.2							
5	2	孔距	10 ± 0.15							
6	1	角度	$120^\circ \pm 6'$							
7	1	垂直度	⊥ 0.05 B							
8	1–2	孔直径	ϕ 10H8							

中间成绩：

评分等级：10 分或 0 分　　（A5 满分 80 分，10 分 / 题）　A5

六、评价

重要说明：灰底处无须填写。

B1 得分： /0	B2 得分： /110

1．完成功能和目测检查

序号	件号	项目	功能检查	目测检查
1	1	按图样要求正确加工		
2	1–2	工艺孔是否打歪		
3	1–2	倒角尺寸合格		
4	1–2	斜角加工正确		
5	1	加工表面粗糙度合格		
6	1–2	两件配合后，间隙是否过大		
7	1–2	实训过程中符合 5S 管理规范		
8	1–2	5S 管理执行效果		
9	1–2	5S 检查表填写情况		
10	1–2	TPM 管理执行效果		
11	1–2	TPM 点检表填写情况		
		中间成绩：（B1 满分 0 分，B2 满分 110 分，10 分 / 项）		
			B1	B2

评分等级：10–9–7–5–3–0 分

2．完成尺寸检验

B3 得分： /130	B4 得分： /100

序号	件号	检测项目	偏差	实际尺寸	精尺寸	粗尺寸
1	1–2	长度 60	±0.1 mm			
2	1–2	宽度 55	±0.2 mm			
3	1	高度 15	0/-0.043 mm			
4	1	宽度 40	0/-0.052 mm			

续表

序号	件号	检测项目	偏差	实际尺寸	精尺寸	粗尺寸
5	1	角度 120°	±6′			
6	1	高度 25	0/-0.052 mm			
7	1	宽度 15	0/+0.043 mm			
8	1-2	宽度 24	±0.2 mm			
9	1	孔边距 10	±0.15 mm			
10	1	孔边距 12	±0.15 mm			
11	1	孔距 22	±0.15 mm			
12	1	孔距 16	±0.15 mm			
13	1	表面粗糙度 (10 处)	3.2 μm			
14	1	孔口倒角（8 处）	0.5 mm			
15	1	孔 ϕ10 H8（4 处）	0/+0.022 mm	光滑塞规		
16	1	孔工艺孔 ϕ3（4 处）	±0.2 mm			
17	1	⊥ | 0.05 | *B*	0.05 μm			
18	2	⊥ | 0.05 | *C*	0.05 μm			
19	2	孔边距 10	±0.15 mm			
20	2	孔边距 10	±0.15 mm			
21	1-2	孔距 27.8	±0.2 mm			
22	1-2	错位量≤ 0.08		塞尺		
23	1-2	间隙≤ 0.05（5 处）		塞尺		

中间成绩：		
	B3	B4

评分等级：10 分或 0 分　　（B3 满分 130 分，B4 满分 100 分，10 分 / 项）

3. 计算工作页评价成绩和技能操作成绩

（各项“百分制成绩”=“中间成绩 1”÷“除数”；“中间成绩 2”=“百分制成绩”×“权重”；“工作页评价成绩”和“技能操作成绩”分别为各项的中间成绩 2 之和）

序号	工作页评价	中间成绩 1		除数	百分制成绩	权重	中间成绩 2
1	信息	A1		0.85		0.3	
2	计划	A2		1		0.2	
3	决策	A3		1		0.1	
4	实施	A4		0.8		0.3	
5	检查	A5		1.1		0.1	
						工作页评价成绩：（满分 100 分）	Feld 1

Feld 1 得分：　　/ 100

序号	技能操作	中间成绩 1		除数	百分制成绩	权重	中间成绩 2
1	功能检查	B1					
2	目测检查	B2		1.1		0.2	
3	精尺寸	B3		1.3		0.6	
4	粗尺寸	B4		1		0.2	
						技能操作成绩：（满分 100 分）	Feld 2

Feld 2 得分：　　/ 100

4. 项目总成绩

（各项“中间成绩”=“中间成绩 2”×“权重”；“总成绩”为各项“中间成绩”之和）

序号	成绩类型	中间成绩 2		权重	中间成绩
1	工作页评价	Feld 1		0.4	
2	技能操作	Feld 2		0.6	
				项目总成绩：（满分 100 分）	总成绩

项目总成绩：　　/ 100

总结与提高

一、汇总分析并绘制雷达图

序号	工作页评价	百分制成绩	雷达图
1	信息 A1		100 信息 80 60 40 20 0 计划 决策 实施 检查 功能 目测 精尺寸 粗尺寸
2	计划 A2		
3	决策 A3		
4	实施 A4		
5	检查 A5		
6	功能检查 B1		
7	目测检查 B2		
8	精尺寸检验 B3		
9	粗尺寸检验 B4		

二、自我评价与总结

（1）根据雷达图显示，说明其存在的问题，分析原因并提出改进措施。

存在问题	原因分析	改进措施

（2）利用思维导图方法绘制开口单斜式配合件加工工艺。

（3）你在排除余料时出现了哪些问题？在今后的加工中你要注意哪些方面？

（4）对于开口单斜式配合件凸件加工时，没锉到加工尺寸精度范围，其原因是什么？

（5）配合间隙过大的原因是什么？

（6）你觉得哪些地方没有做好？如果重新做，你会注意哪几个方面？

三、思考与练习题

1. 如图 4–3 所示，编制非对称性开口单斜式配合件加工工艺。

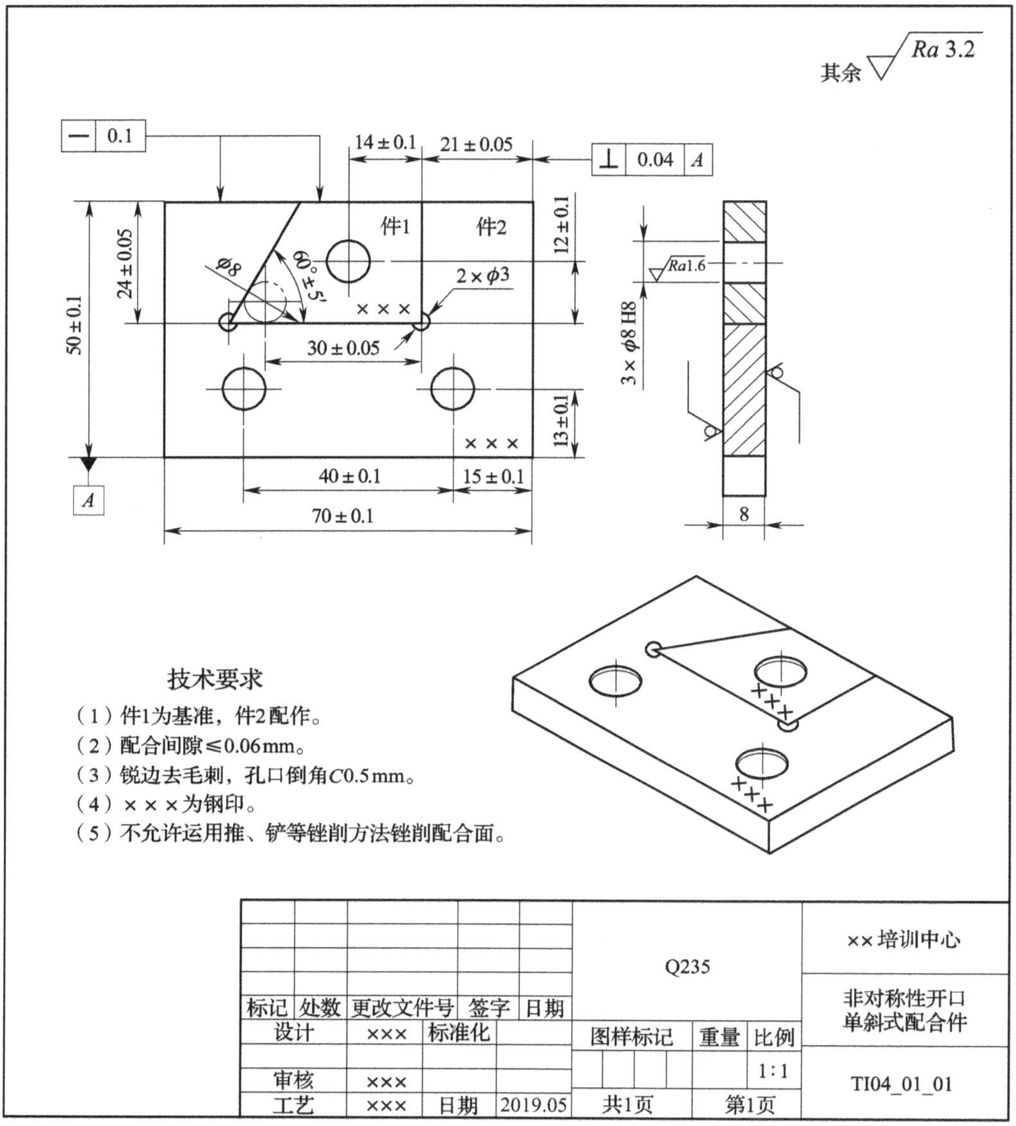

其余 Ra 3.2
— 0.1
14 ± 0.1
21 ± 0.05
⊥ 0.04 A
件1
件2
φ8
60°±5′
2×φ3
× × ×
12 ± 0.1
24 ± 0.05
50 ± 0.1
30 ± 0.05
13 ± 0.1
40 ± 0.1
15 ± 0.1
70 ± 0.1
A
Ra1.6
3×φ8 H8
8
技术要求
（1）件1为基准，件2配作。
（2）配合间隙≤0.06mm。
（3）锐边去毛刺，孔口倒角C0.5mm。
（4）×××为钢印。
（5）不允许运用推、铲等锉削方法锉削配合面。
Q235
××培训中心
非对称性开口单斜式配合件
标记 处数 更改文件号 签字 日期
设计 ××× 标准化
审核 ×××
工艺 ××× 日期 2019.05
图样标记 重量 比例
1:1
共1页 第1页
TI04_01_01

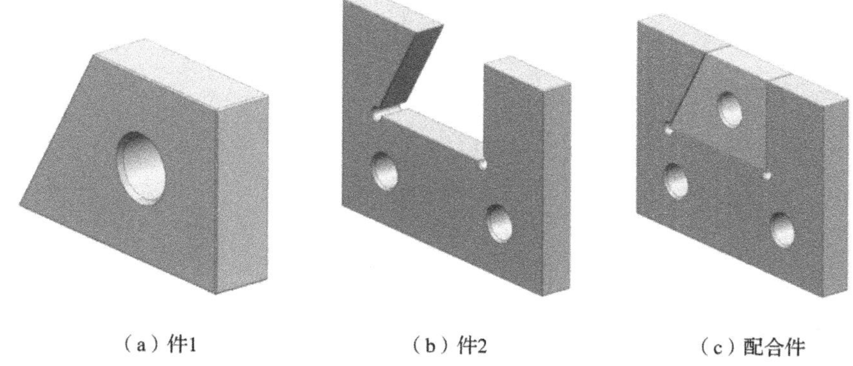

（a）件1　　（b）件2　　（c）配合件

图 4-3　非对称性开口单斜式配合件

2．如图 4-4 所示，编制非对称性开口斜块式配合件加工工艺。

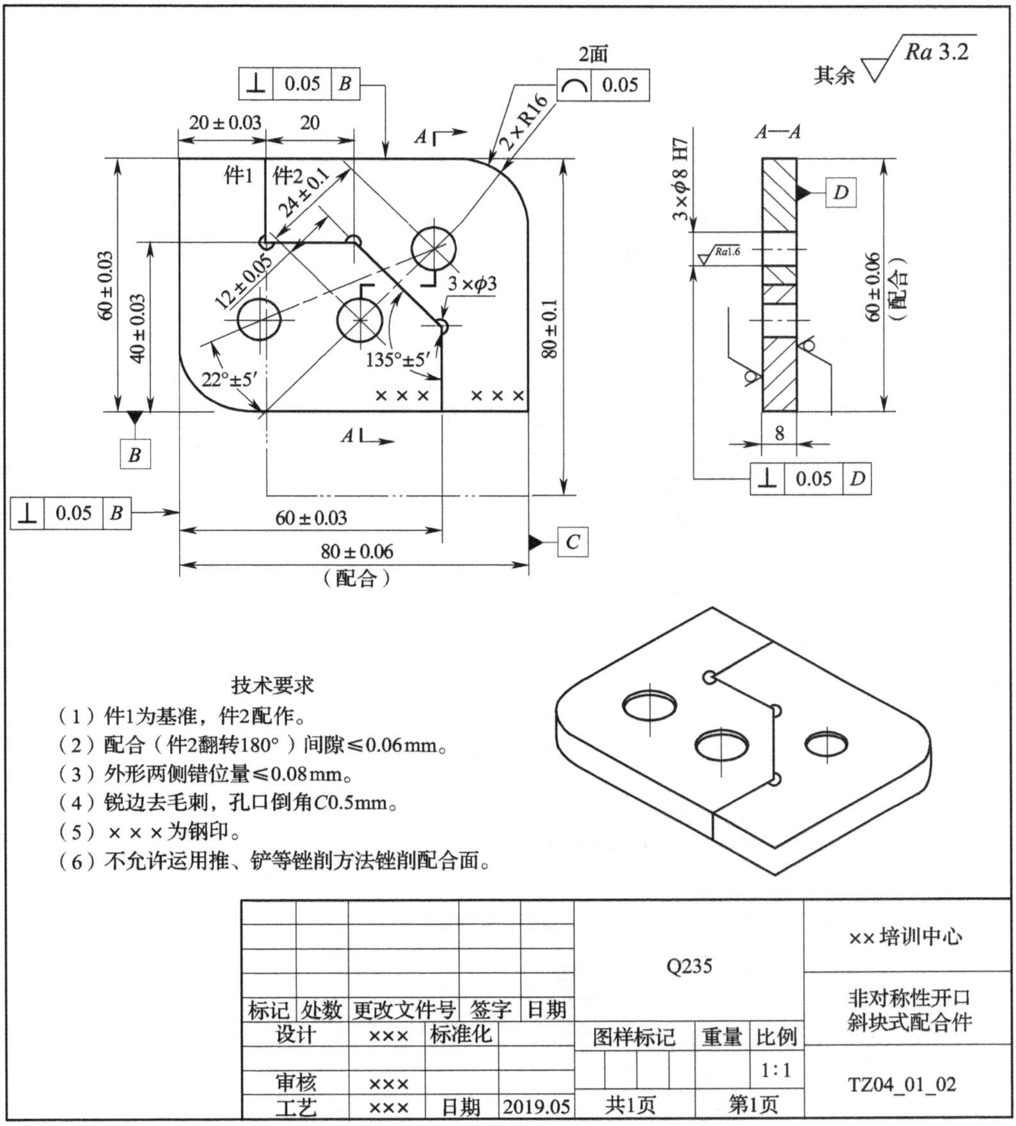

2面
其余 Ra 3.2
⊥ 0.05 B
⌒ 0.05
20 ± 0.03
20
A
2 × R16
件1
件2
24 ± 0.1
12 ± 0.05
3 × φ3
135° ± 5′
22° ± 5′
60 ± 0.03
40 ± 0.03
80 ± 0.1
× × ×
× × ×
B
⊥ 0.05 B
60 ± 0.03
80 ± 0.06
（配合）
C
A—A
3 × φ8 H7
Ra1.6
D
60 ± 0.06
（配合）
8
⊥ 0.05 D
技术要求
（1）件1为基准，件2配作。
（2）配合（件2翻转180°）间隙≤0.06mm。
（3）外形两侧错位量≤0.08mm。
（4）锐边去毛刺，孔口倒角C0.5mm。
（5）× × × 为钢印。
（6）不允许运用推、铲等锉削方法锉削配合面。
Q235
×× 培训中心
标记　处数　更改文件号　签字　日期
设计　×××　标准化
审核　×××
工艺　×××　日期　2019.05
图样标记　重量　比例
1∶1
共1页　第1页
非对称性开口斜块式配合件
TZ04_01_02

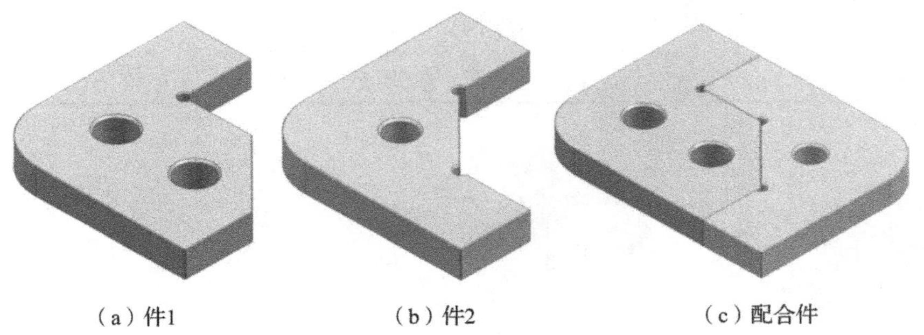

（a）件1　　（b）件2　　（c）配合件

图 4-4　非对称性开口斜块式配合件

3．如图 4-5 所示，编制非对称性封闭式 L 型镶配件加工工艺。

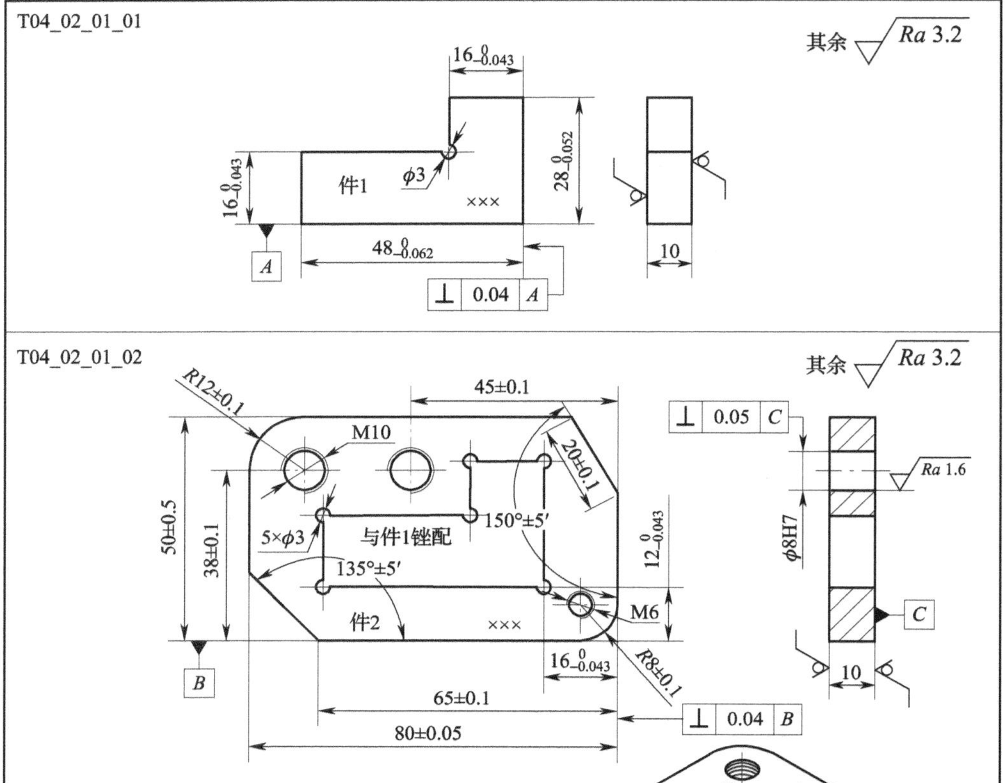

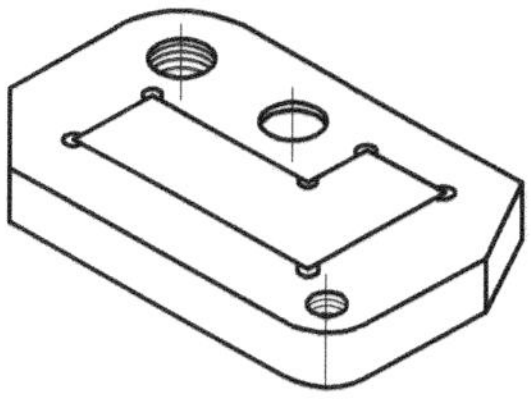

T04_02_01_01
其余 Ra 3.2
16 0 -0.043
28 0 -0.052
16 0 -0.043
件1
φ3
×××
48 0 -0.062
10
A
⊥ 0.04 A
T04_02_01_02
其余 Ra 3.2
R12±0.1
45±0.1
M10
20±0.1
⊥ 0.05 C
Ra 1.6
φ8H7
5×φ3
与件1锉配
150°±5′
135°±5′
50±0.5
38±0.1
12 0 -0.043
M6
件2
×××
16 0 -0.043
R8±0.1
B
C
10
65±0.1
⊥ 0.04 B
80±0.05

技术要求

（1）以件1为基准，件2配作；配合间隙≤0.08mm；
（2）锐边去毛刺，孔中倒角C0.5mm；
（3）未注尺寸公差允许偏差±0.2mm；
（4）×××为钢印，不允许运用推、铲等锉削方法锉削配合面。

序号	代号	名称	数量	材料	标准
2	T04_02_01_02	L型凹件	1	Q235	GB/S 235(DIN)
1	T04_02_01_01	L型凸件	1	Q235	GB/S 235(DIN)

标记	数量	更改文件号	签字	日期	L型镶配			××培训中心
设计	×××	标准化			图样标记	重量	比例	非对称性封闭式L型镶配件
审计	×××						1∶1	T04_02_01
工艺	×××	日期	2019/5		共　页		第　页	

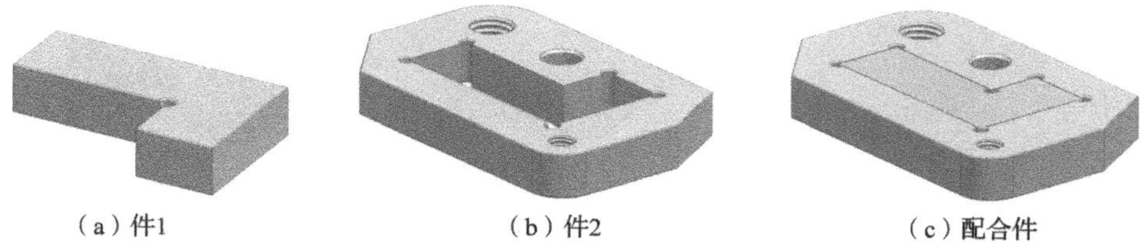

（a）件1　　（b）件2　　（c）配合件

图 4-5　非对称性封闭式 L 型镶配件

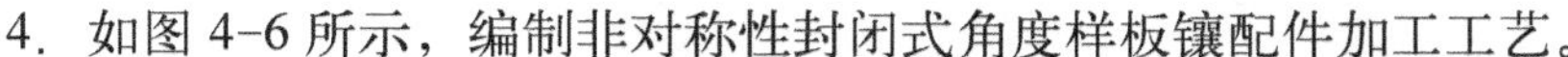

4．如图 4-6 所示，编制非对称性封闭式角度样板镶配件加工工艺。

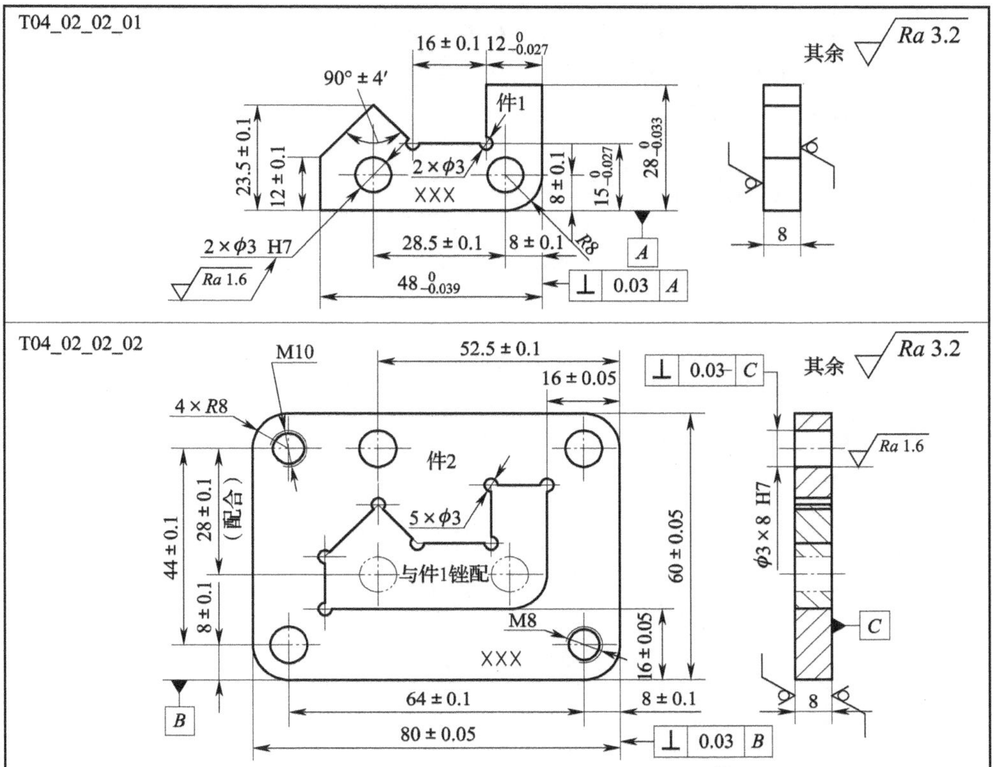

T04_02_02_01

T04_02_02_02

技术要求

（1）以件1为基准，件2配作；配合间隙≤0.06mm；
（2）锐边去毛刺，孔口倒角C0.5mm；
（3）未注尺寸公差允许偏差±0.2mm；
（4）×××为钢印，不允许运用推、铲等锉削方法锉削配合面。

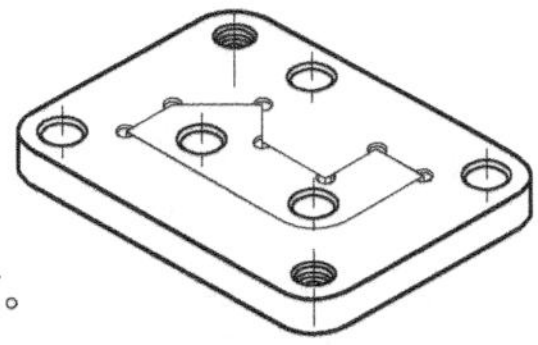

2	T04_02_02_02	角度样板凹件	1	Q235	GB/S235（DIN）
1	T04_02_02_01	角度样板凸件	1	Q235	GB/S235（DIN）
序号	代号	名称	数量	材料	标准

标记	处数	更改文件号	签字	日期	角度样板镶配			××培训中心
设计	×××	标准化			图样标记	重量	比例	非对称性封闭式角度样板镶配件
							1：1	
审核	×××							T04_02_02
工艺	×××	日期	2019/5		共 1 页		第 1 页	

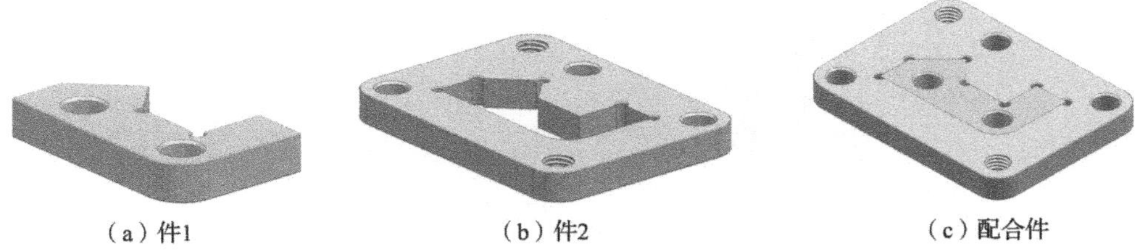

（a）件1　（b）件2　（c）配合件

图 4-6　非对称性封闭式角度样板镶配件

四、任务小结

通过本任务的学习，学生能学会非对称性配合件的锉配，掌握一定的锉配技巧，理解配合精度的含义，掌握配合件的检测及误差的修整方法。

本任务所涉及的理论知识可参阅“知识库”。

知识提示：

配合件锉削工艺及相关知识。

项目 4　配合件手动加工 任务 2　对称性配合件加工	姓名：	班级：
	日期：	页码：

任务 2　对称性配合件加工

任务描述

一、任务背景

本任务要求以对称性开口式凹凸型镶配件为载体进行锉配。

本任务学习时间：24 小时。

二、学习目标

1．知识目标

（1）掌握对称性配合件锉配的相关工艺知识；
（2）熟练掌握锯削、锉削、换位锉配零件的方法；
（3）掌握对称性配合件精度的相关概念；
（4）掌握尺寸链的计算方法；
（5）掌握对称性配合件的锉配方法；
（6）掌握尺寸精度、几何公差的控制方法；
（7）掌握加工误差检查与修整的方法。

2．能力目标

（1）会计算尺寸链；
（2）合理地去除余料；
（3）能有效控制锯削精度；
（4）能对工件进行准确检测，并对存在的误差进行修整；
（5）会有效控制尺寸精度、形位误差，保证配合要求；
（6）会分析间隙产生的原因并提出改进措施；
（7）能够做好现场 5S 和 TPM 管理。

3．素质目标

（1）具有规范的操作习惯及现场 5S 管理理念；
（2）具有知识获取能力，能查阅相关资料，并对资料进行整理；
（3）能与他人合作，相互帮助、共同学习、共同达到目标；
（4）能与他人进行有效沟通，展示自己的作品；
（5）具有吃苦耐劳的职业精神、创新意识和创新精神。

三、加工图纸

加工 T-Z 型（凹凸燕尾）镶配件，如图 4-7 所示。

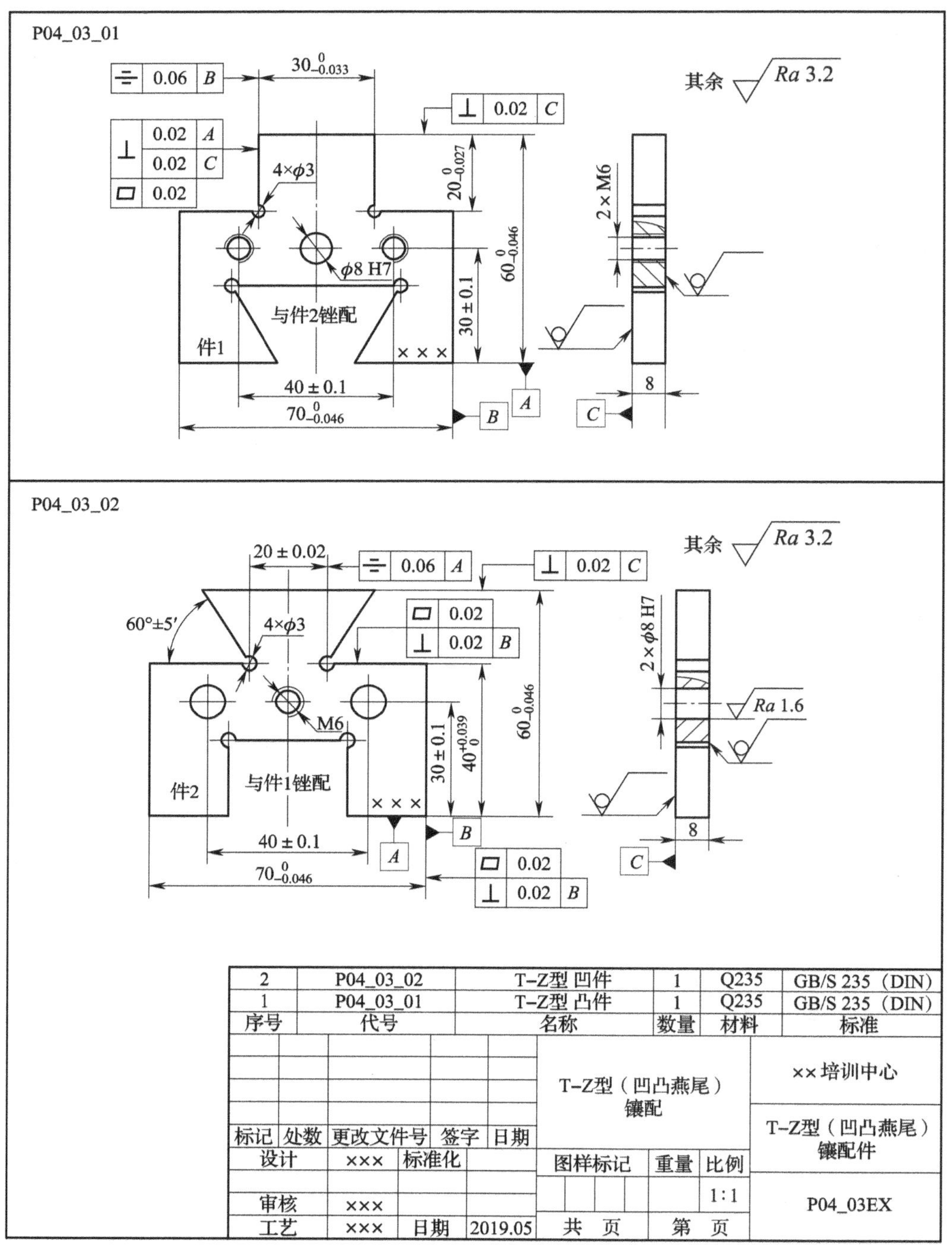

（a）零件图

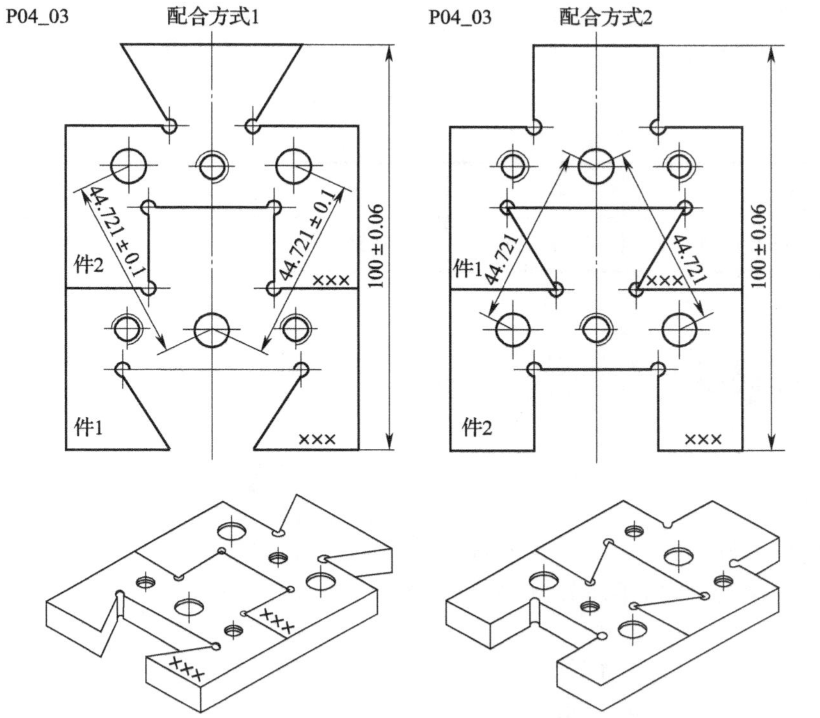

P04_03　配合方式1　　P04_03　配合方式2

44.721±0.1　44.721±0.1　100±0.06　件2　件1　×××

44.721　44.721　100±0.06　件1　件2　×××

技术要求

（1）以件1为基准，件2配作；配合间隙≤0.05 mm，两侧错位量≤0.06 mm。

（2）不允许运用推、铲等锉削方法锉削配合面；未注尺寸公差允许偏差±0.02 mm。

（3）锐边去毛刺或倒钝，孔口倒角C0.5 mm。

（4）×××为钢印；镶配时不允许敲打压入。

2	P04_03_02	T-Z型 凹件	1	Q235	GB/S235（DIN）
1	P04_03_01	T-Z型 凸件	1	Q235	GB/S235（DIN）
序号	代号	名称	数量	材料	标准

标记	处数	更改文件号	签字	日期	T-Z型（凹凸燕尾）镶配			××培训中心
设计	×××	标准化			图样标记	重量	比例	T-Z型（凹凸燕尾）镶配件
							1:1	P04_03EX
审核	×××							
工艺	×××	日期	2019.05		共　页	第　页		

（b）装配图

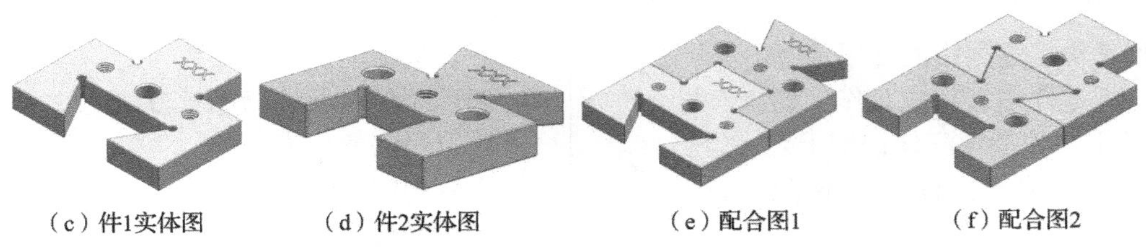

（c）件1实体图　（d）件2实体图　（e）配合图1　（f）配合图2

图 4-7　T-Z 型（凹凸燕尾）镶配件

可以使用以下资源：

（1）零件图样；

（2）网络教学资源；

（3）操作指南；

（4）材料。

名称	零件号	材料	单位	数量	来源
T–Z 型（凹凸燕尾）镶配件	P04_03EX	Q235	个	2	

任务提示

一、工作方法

- 读图后回答引导问题，可以使用的材料有工具手册、机械制造手册及网络教学资源等
- 以小组讨论的形式完成工作计划
- 按照工作计划，完成工具、量具、刃具计划表，编写 T–Z 型镶配件的锉配工艺卡。对于出现的问题，请先尽量自行解决，如确实无法解决，再与培训教师进行讨论
- 严格按照工艺流程完成 T–Z 型镶配件锉配，做好锉配过程记录，同时思考如何优化工艺方案，改进锉配方法
- 完成“检查”部分内容。运用各种检测方法对 T–Z 型镶配件进行检测和评分，学生完成学生自评内容，培训教师完成教师评价内容
- 与培训教师、小组成员讨论后，进行工作总结

二、工作内容

- 收集加工过程中的必要信息
- 分析零件图，完成工作计划
- 制订 T–Z 型镶配件锉配工艺
- 划线、钻孔、锉削、修配、铰孔、攻螺纹
- 工件各边去毛刺、打钢印
- 使用测量工具检测 T–Z 型镶配件锉配质量
- 完成自检、自评
- 进行现场 5S 和 TPM 管理，并遵循岗位安全规范操作
- 在规定时间内，完成并提交工作页和镶配件

三、工、量具

- 钢直尺、划针、样冲、定向钻、V 型铁块
- 锯条、锯弓、300 g 锤子、铜刷、毛刷、3 mm 钢印、錾子
- 10 寸（A200–3）中齿平板锉、8 寸（A200–3）中齿、细齿平板锉、什锦锉、三角锉
- 游标卡尺、游标万能角度尺、外径千分尺、高度游标卡尺、刀口角尺、角度样板、正弦规、量块、杠杆表、ϕ 10 mm 测量棒
- 钻头、铰刀、铰杠、丝锥、塞规等

四、知识储备

- 配合基本知识，对称度基本概念
- T–Z 型镶配件锉配工艺
- 凹凸燕尾镶配件的测量方法
- 千分尺的使用方法
- 正弦规的使用方法
- 量块的使用方法
- 配合间隙的控制及检测方法

五、注意事项与工作提示

- 按尺寸要求计算出划线尺寸，划线操作要求线条清晰均匀，确保定形和定位尺寸准确，且两面必须一次划出
- 先加工凸件，凹件按凸件锉配加工
- 加工凸件时，按公差中间值的原则加工
- 凹件去余料时，钻排孔时要按尺寸加工；錾削余料时，要注意錾削位置和控制好余料量
- 凹件锉配前，要留 0.5 ~ 0.8 mm 的锉配余量
- 锉削配合面时，一定要保证与大平面的垂直度
- 修配过程中，用透光和涂色法确定其修锉部分及余量；要综合兼顾，勤测慎修，逐步达到配合精度要求
- 铰孔和攻螺纹前，一定要保证钻孔位置尺寸和底孔直径大小，切勿钻歪斜和钻大或钻小。铰孔时要保证一定铰削预留量，并保证铰孔与大面的垂直度。攻螺纹时要保证攻丝过程中力度适当，要加润滑油
- 主动与培训教师沟通交流
- 合理使用测量工具检测 T-Z 型镶配件

六、劳动安全

- 参照车间的安全标志的内容
- 钻排孔时，用机用台虎钳夹紧工件，保证钻头与加工面垂直，同时还需保证孔间距
- 要穿工作服，戴防护眼镜，不准戴手套
- 錾削排孔余料时，錾削位置要准确，錾削力要适当
- 试配时，切勿将凸件强行敲入凹件，注意不要敲到手
- 铰孔时，切勿用手抓住铰刀刃部
- 攻丝时，切勿用力过猛而折断丝锥

七、环境保护

- 参照项目 1 相应的内容
- 注意台面、地面、台钻工作台及周围的铁屑要及时清扫，并放入指定废弃处

八、成本估算

- 根据零件、工具、量具以及人工等费用，简单估算成本，进行简单经济核算

工作过程

一、信息

A1 得分：　　/ 230

（中间成绩 A1 满分 230 分，10 分 / 题）

1. 知识引导提问

（1）件 1 中的几何公差符号 | ⌯ | 0.06 | *B* | 的具体含义是什么？

（2）如何利用百分表测量凹凸配合件的对称度精度？请用图示方式表达，并说明具体方法和步骤。

（3）对称度误差对配合精度有哪些影响？

（4）如何计算件 1 凸件凸台深度$20_{-0.027}^{0}$间接尺寸？

（5）如图 4-8 所，计算第一角间接测量尺寸 X_{1min}、X_{1max}。

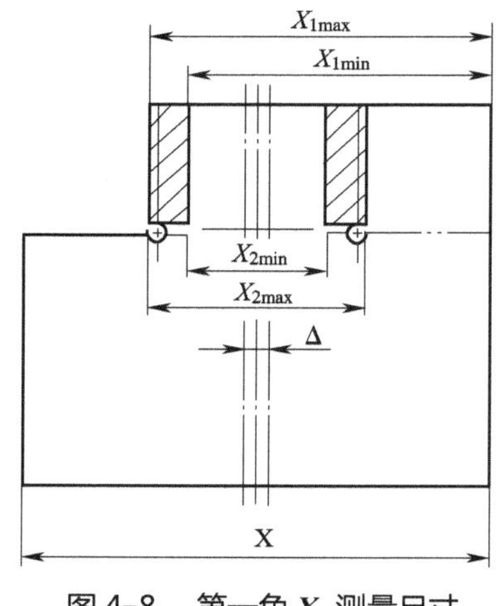

图 4-8　第一角 X_1 测量尺寸

计算公式：

$$X_1=\frac{X}{2}+\frac{X_2}{2}\pm\frac{\Delta}{2}$$

$$X_{1max}=\frac{X}{2}+\frac{X_{2max}}{2}+\frac{\Delta}{2}$$

$$X_{1min}=\frac{X}{2}+\frac{X_{2min}}{2}-\frac{\Delta}{2}$$

$$(X_1-X_2)-(X-X_1)<\Delta\ \text{mm}$$

式中：

X——已加工出外形尺寸（定值）（mm）；

X_1——需控制尺寸（mm）；

X_2——凸台尺寸（mm）；

Δ——对称度公差值（mm）。

如图 4-7（a）所示，若加工件 1 凸型第一角时，宽度实际测量值 X=69.98，符合尺寸 $70_{-0.046}^{0}$ 要求，试计算去除第一角时的 X_1 测量尺寸。

（6）如何利用辅助测量棒间接测量角度斜面尺寸精度？请结合图 4-9 及公式，计算出斜面测量尺寸精度 M 和划线尺寸 A。

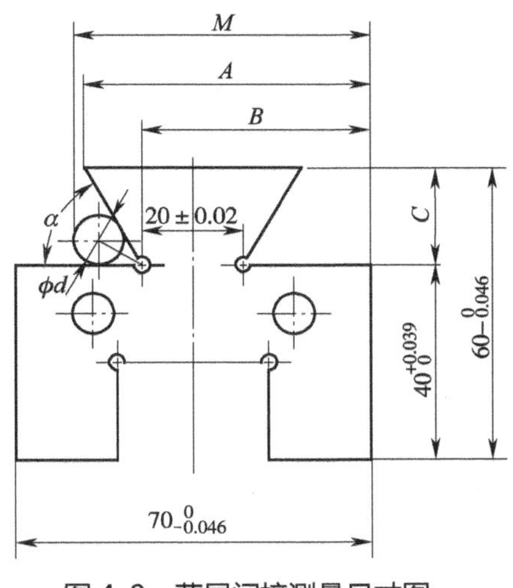

图 4-9　燕尾间接测量尺寸图

计算公式：

$$M=B+\frac{d}{2}\cot\frac{\alpha}{2}+\frac{d}{2}$$

$$A=B+\cot\alpha\times C$$

式中：

M——斜面测量尺寸（mm）；

B——燕尾一角定位尺寸（工艺孔定位尺寸）（mm）；

d——测量棒直径（mm）；

α——燕尾角度值（mm）；

A——燕尾一角度线定位尺寸（mm）；

C——燕尾凸台深度尺寸（mm）。

当 d=10 mm，α=60°时，计算斜面测量尺寸精度 M 和划线尺寸 A，并计算 C 尺寸公差值。

（7）如图 4-10 所示，量块、正弦规和杠杆表组合测量燕尾根部尺寸、角度、对称度，请计算出高度 H_1、H、S。

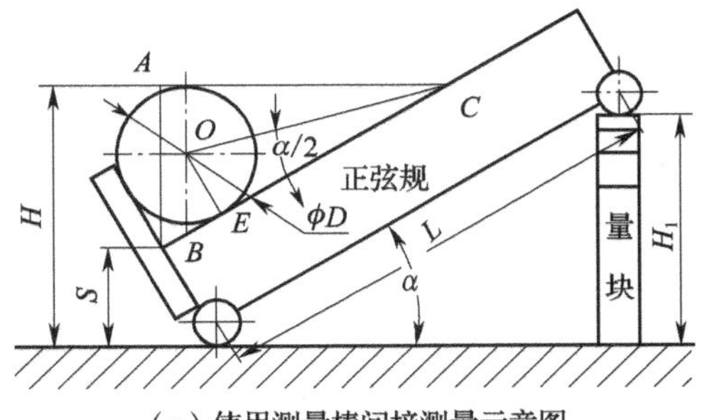

（a）使用测量棒间接测量示意图

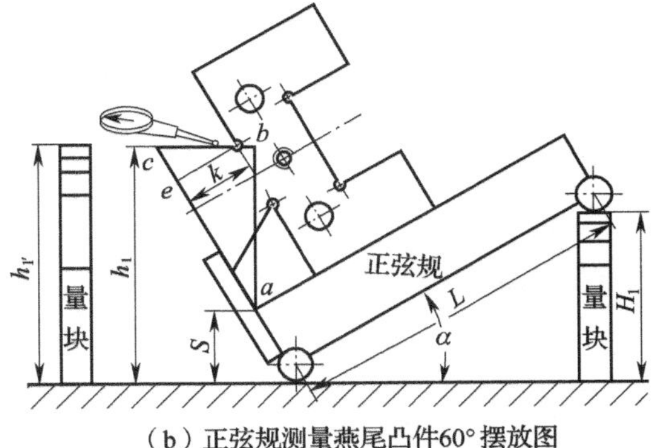

（b）正弦规测量燕尾凸件60°摆放图

公式：

（1）量块高度 $H_1=L\sin\alpha$　　（式 1）

（2）使用测量棒间接测量，求 S 值公式如下：

$BE=OE=R$（R 为测量棒半径）

在Δ OBE 中，$EC=OE\div\tan\alpha/2$

在Δ ABC 中，$AB=BC\sin\alpha$

$=(R+R\div\tan\alpha/2)\sin\alpha$

$=(R+R\times\cot\alpha/2)\sin\alpha$

$=R\times(1+\cot\alpha/2)\sin\alpha$

$=D/2\times(1+\cot\alpha/2)\sin\alpha$　　（式 2）

由图 4-10（a）所示，$H=AB+S$

$S=H-AB=H-[D/2\times(1+\cot\alpha/2)\sin\alpha]$　　（式 3）

式中：H——量块组合高度 / 采取相对测量的方法获得燕尾根部尺寸（mm）；

α——正弦规与平板夹角；

D——测量棒的直径（mm）；

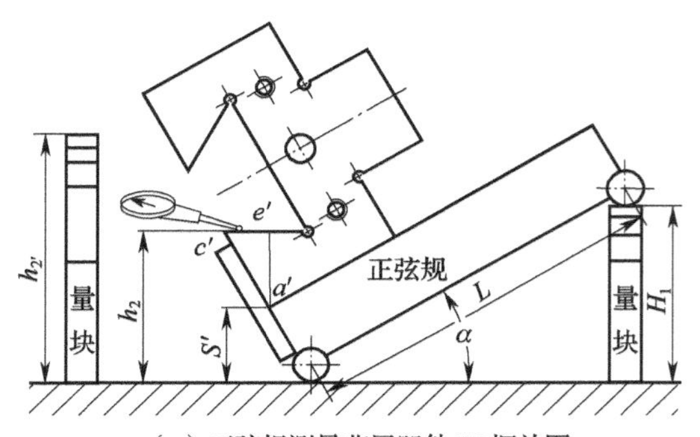

（c）正弦规测量燕尾凹件60°摆放图

图 4-10 测量燕尾示意图

题目：当正弦规两圆柱中心距 L=100 mm，燕尾角度为 60° 时，请计算出高度尺寸 H_1、h_1、h_2，并分别说明由哪些量块组合出 H_1、h_1'、h_2' 高度？

2. 工作方面引导

（1）该练习件的资料都全了吗？如果不全，还缺少哪些？

（2）通过对配合件特征的分析，列出加工时的重点、难点。

（3）哪些尺寸影响 T-Z 型镶配件的间隙？

（4）图 4-7（b）技术要求中，第 1 条“配合间隙≤ 0.05 mm，两侧错位量≤ 0.06 mm”的具体含义是什么？

（5）在加工 T-Z 型镶配件时，哪些尺寸公差有重要意义？

（6）在加工镶配件时应先加工哪个部位？为什么？

（7）在加工 T-Z 型镶配件时，哪几个面的表面质量和平面度会对件配合产生重大影响？

（8）在加工 T-Z 型镶配件时，可采用什么加工方法去除余料？试描述各方法的优缺点，并确定哪种方法去除工件余料最佳。

（9）加工件 1 和件 2 时，测量尺寸应选用什么量具？为什么？

（10）加工件 1 和件 2 时，为了保证之间的夹角是 60°，应采用什么量具？需要注意哪些操作要点？

（11）锉配镶配件时，应做怎样的修整处理才能有效提高其配合面的表面质量？

（12）怎么才能保证件 1 和件 2 的配合间隙？

（13）加工过程中，应如何对件 1、件 2 进行试配？一般采用什么方法来检测镶配质量？

（14）经小组讨论，你认为哪些评分检测项很重要？请列出来。

（15）你认为在安全方面会存在哪些危险？为了避免发生危险应采取哪些措施？

（16）在加工 T-Z 型镶配件时，要注意哪些环保项目？

二、计划

A2 得分：　　/ 100

（中间成绩 A2 满分 100 分，50 分 / 题）

1．小组讨论后，完成工作计划流程表

工作计划流程表				
工件名称：		工件号：		
序号	工作步骤 / 事故预防措施	材料表（机器、工具、刃具、辅具）	安全环保	工作时间 / 小时
1				
2				
3				
4				
5				
6				
7				
8				
9				
10				
11				
12				
13				
14				

2. 工、量、刃、辅具及材料表

序号	种类	名称	规格	精度	数量	单位	备注

三、决策

A3 得分：　　/ 100

（中间成绩 A3 满分 100 分，每少一步扣 10 分，扣完为止）

小组讨论（或培训教师点评）后，最终确定工作计划，填写可实施的工艺流程工作页。

工艺流程工作页

序号	工序名称	工序内容 请使用直尺自行分割以下区域	设备	夹具	工具	量具	辅具	劳动保护及环保	工作时间 / 小时

四、实施

A4 得分：　　/ 100

（中间成绩 A4 满分 100 分）

（1）实施过程记录表。（60 分）

步骤	工作内容（可用图示）	使用工具（工、量、辅、刃具）	操作记录

步骤	工作内容（可用图示）	使用工具（工、量、辅、刃具）	操作记录

（2）记录实施过程中出现的与决策结果不一致的情况以及出现异常的情况。（40 分）

原计划：	实际实施：
(1)	(1)

五、检查

A5 得分：　/ 130

学生与培训教师分别用量具或者量规检查被测零件，评价是否达到要求的质量特征值，并分别把测量的实际尺寸和是否完成特征值的判断结果填入“学生自评”和“教师评价”栏。

重要说明

- 当“学生自评”和“教师评价”一致时得 10 分，否则得 0 分；
- 不考虑学生自己测得的实际尺寸是否符合尺寸要求；
- “学生自评”的意义是对学生检测自己使用量具测量准确性和数据记录完整性的能力进行判断，而与各零件是否达到精度要求及功能要求无关；
- 灰底处由培训教师填写。

检查记录表

序号	件号	特征值	图样尺寸	学生自评			教师评价			评分记录
				实际尺寸	完成特征值		实际尺寸	完成特征值		
					是	否		是	否	
1	1	长度	$70_{-0.046}^{0}$ mm							
2	1	宽度	$60_{-0.046}^{0}$ mm							
3	1	宽度	$30_{-0.033}^{0}$ mm							
4	1	深度	$20_{-0.027}^{0}$ mm							
5	1	对称度	⌯ 0.06 *B*							
6	1	孔直径	ϕ 10H8							
7	2	长度	(20 ± 0.02) mm							
8	2	高度	$40_{0}^{+0.039}$ mm							
9	2	角度	60° ± 6′							
10	2	对称度	⌯ 0.06 *A*							
11	1-2	孔距	(44.721 ± 0.2) mm							
12	1-2	配合间隙	⩽ 0.05 mm							
13	1-2	两侧错位量	⩽ 0.06 mm							

中间成绩：

评分等级：10 分或 0 分　　（A5 满分 130 分，10 分 / 题）　A5

六、评价

B1 得分： / 20	B2 得分： / 100

重要说明：灰底处无须填写。

1．完成功能和目测检查

序号	件号	项目	功能检查	目测检查
1	1	按图样要求正确加工		
2	1–2	工艺孔是否打歪		
3	1–2	倒角尺寸合格		
4	1–2	钢印位置合格		
5	1	加工表面粗糙度合格		
6	1–2	凹凸件配合后，配合运动是否有阻滞现象		
7	1–2	燕尾件配合后，配合运动是否有阻滞现象		
8	1–2	实训过程中符合 5S 管理规范		
9	1–2	5S 管理执行效果		
10	1–2	5S 检查表填写情况		
11	1–2	TPM 管理执行效果		
12	1–2	TPM 点检表填写情况		
		中间成绩：		
			B1	B2

评分等级：10–9–7–5–3–0 分　　（B1 满分 20 分，B2 满分 100 分，10 分 / 项）

2．完成尺寸检验

B3 得分： / 220	B4 得分： / 40

序号	件号	检测项目	偏差	实际尺寸	精尺寸	粗尺寸
1	1	长度 70 mm	0/–0.046 mm			
2	1	宽度 60 mm	0/–0.046 mm			
3	1	宽度 30 mm	0/–0.033 mm			
4	1	高度 20 mm	0/–0.027 mm			

续表

序号	件号	检测项目	偏差	实际尺寸	精尺寸	粗尺寸
5	1	对称度	⌯ 0.06 *B*			
6	1	垂直度、平面度	⊥ 0.02 *A* ⊥ 0.02 *C* ▱ 0.02			
7	1	垂直度	⊥ 0.02 *C*			
8	2	长度 70 mm	0/−0.046 mm			
9	2	宽度 60 mm	0/−0.046 mm			
10	2	长度 20 mm	±0.02 mm			
11	2	高度 40 mm	0/+0.039 mm			
12	2	角度 60°	±5′			
13	2	对称度	⌯ 0.06 *A*			
14	2	平面度、垂直度	▱ 0.02 ⊥ 0.02 *B*			
15	2	垂直度	⊥ 0.02 *C*			
16	1–2	工艺孔 ϕ3（8 处）	±0.2 mm			
17	1–2	孔 ϕ8（3 处）	H7			
18	1–2	螺纹 M6（3 处）	螺纹塞规			
19	1–2	孔距 30 mm	±0.1 mm			
20	2	孔距 40 mm	±0.1 mm			
21	1–2	孔距 44.721 mm	±0.2 mm			
22	1–2	表面粗糙度（20 处）	3.2 μm			
23	1–2	孔表面粗糙度（3 处）	1.6 μm			
24	1–2	孔口倒角（6 处）	0.5 mm			
25	1–2	配合间隙（10 处）	≤ 0.05 mm			
26	1–2	错位量（8 处）	≤ 0.06 mm			

中间成绩：

B3	B4

评分等级：10 分或 0 分　　（B3 满分 220 分，B4 满分 40 分，10 分 / 项）

3. 计算工作页评价成绩和技能操作成绩

（各项“百分制成绩”=“中间成绩 1”÷“除数”；“中间成绩 2”=“百分制成绩”×“权重”；“工作页评价成绩”和“技能操作成绩”分别为各项的中间成绩 2 之和）

序号	工作页评价	中间成绩 1		除数	百分制成绩	权重	中间成绩 2
1	信息	A1		2.3		0.2	
2	计划	A2		1		0.2	
3	决策	A3		1		0.1	
4	实施	A4		1		0.3	
5	检查	A5		1.3		0.2	
						工作页评价成绩：（满分 100 分）	
							Feld 1

Feld 1 得分：　　/ 100

序号	技能操作	中间成绩 1		除数	百分制成绩	权重	中间成绩 2
1	功能检查	B1		0.2		0.05	
2	目测检查	B2		1		0.2	
3	精尺寸	B3		2.2		0.7	
4	粗尺寸	B4		0.4		0.05	
						技能操作成绩：（满分 100 分）	
							Feld 2

Feld 2 得分：　　/ 100

4. 项目总成绩

（各项“中间成绩”=“中间成绩 2”×“权重”；“总成绩”为各项“中间成绩”之和）

序号	成绩类型	中间成绩 2		权重	中间成绩
1	工作页评价	Feld 1		0.4	
2	技能操作	Feld 2		0.6	
				项目总成绩：（满分 100 分）	
					总成绩

项目总成绩：　　/ 100

总结与提高

一、汇总分析并绘制雷达图

序号	工作页评价	百分制成绩	雷达图
1	信息 A1		
2	计划 A2		
3	决策 A3		
4	实施 A4		
5	检查 A5		
6	功能检查 B1		
7	目测检查 B2		
8	精尺寸检验 B3		
9	粗尺寸检验 B4		

二、自我评价与总结

（1）根据雷达图显示，说明其存在的问题，分析原因并提出改进措施。

存在问题	原因分析	改进措施

（2）利用思维导图方法绘制 T-Z 型（凹凸燕尾）镶配件加工工艺。

（3）你在加工件 1 凸件和件 2 燕尾凸件时出现了哪些问题？你认为是由于哪些原因造成未达到加工要求的？

（4）你在去除余料时出现了哪些问题？在今后的加工中你要注意哪些方面？

（5）件 1 凸件与件 2 凹件的配合间隙过大的原因是什么？为了减小间隙，你认为哪些地方还需要改进？

（6）你觉得哪些地方没有做好？如果重新做，你会注意哪几个方面？

三、思考与练习题

1. 如图 4-11 所示，编制对称性开口式 V 型凹凸镶配件加工工艺。

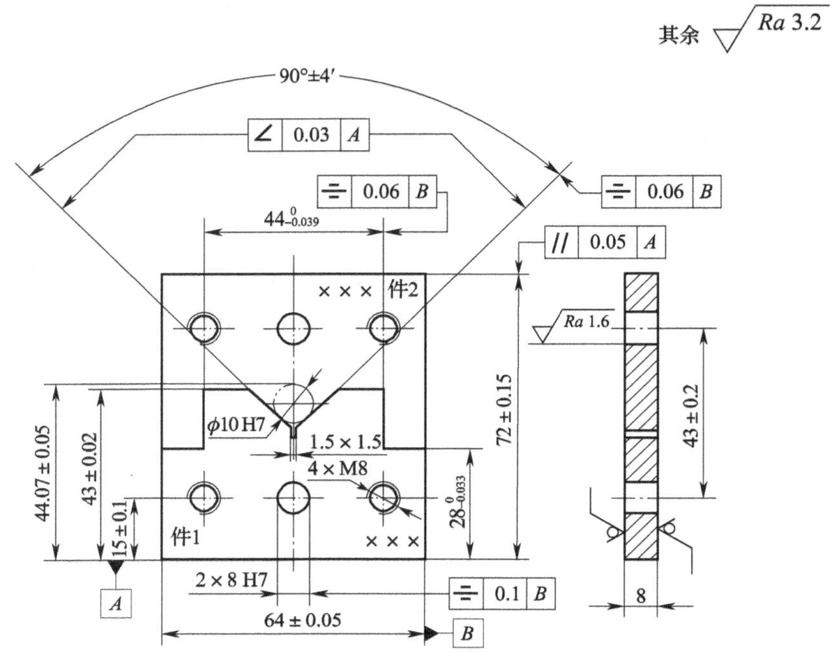

其余 $\sqrt{Ra\ 3.2}$

技术要求

1. 以件1为基准，件2配作；配合间隙≤0.05mm，两侧错位量≤0.06mm；
2. 不允许运用推、铲等锉削方法锉削配合面；未注尺寸公差允许偏差±0.2mm；
3. 锐边去毛刺或倒钝，孔口倒角C0.5mm；
4. ×××为钢印。

2	TZ04_03_01_02	V型 凹件	1	Q235	GB/S 235（DIN）
1	TZ04_03_01_01	V型 凸件	1	Q235	GB/S 235（DIN）
序号	代号	名称	数量	材料	标准

标记	处数	更改文件号	签字	日期	V型凸凹镶配			××培训中心
设计	×××	标准化			图样标记	重量	比例	对称性开口式凹凸型镶配件
							1:1	
审核	×××							TZ04_03_01
工艺	×××	日期	2019.05		共 页		第 页	

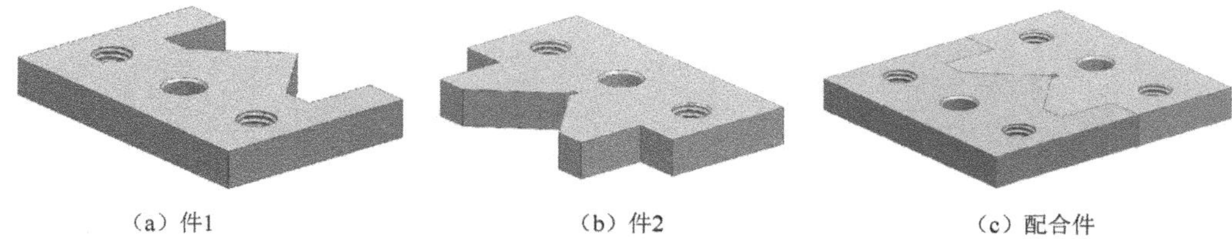

（a）件1　　（b）件2　　（c）配合件

图 4-11　对称性开口式 V 型凹凸镶配件

2. 如图 4-12 所示，编制对称性开口式 W 型凹凸镶配件加工工艺。

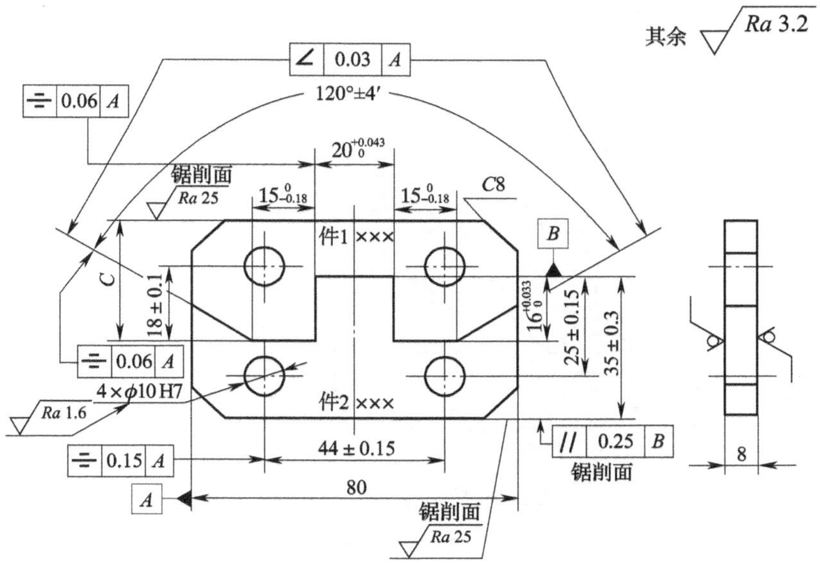

其余 $\sqrt{Ra\ 3.2}$

∠ 0.03 A

120°±4′

⌯ 0.06 A

$20^{+0.043}_{0}$

锯削面 Ra 25

$15^{0}_{-0.18}$　$15^{0}_{-0.18}$　C8

件1 ×××

B

C　18±0.1　$16^{+0.033}_{0}$　25±0.15　35±0.3

⌯ 0.06 A

4×ϕ10 H7

Ra 1.6

件2 ×××

// 0.25 B

锯削面

8

⌯ 0.15 A　44±0.15

A　80

锯削面 Ra 25

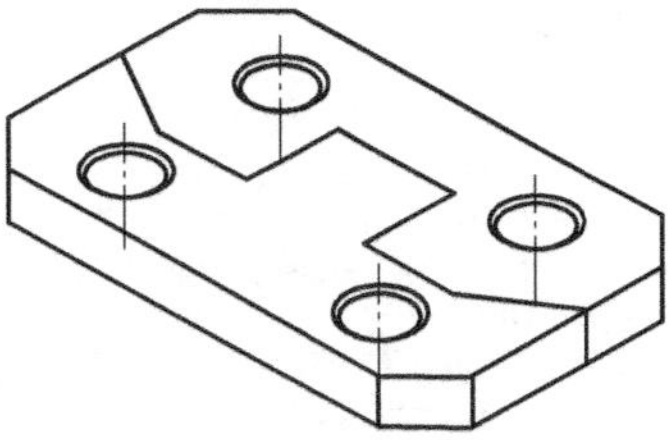

技术要求

1. 以件1为基准，件2配作；
2. 配合间隙≤0.05mm，两侧错位量≤0.06mm；
3. 锯削一次完成，不得接锯、修锯；
4. 不允许运用推、铲等锉削方法锉削配合面；
5. 未注尺寸公差允许偏差±0.2mm；
6. 锐边去毛刺或倒钝，孔口倒角C0.5mm；
7. ×××为钢印。

序号	代号	名称	数量	材料	标准
2	TZ04_03_01_02	W型 凸件	1	Q235	GB/S 235（DIN）
1	TZ04_03_02_01	W型 凹件	1	Q235	GB/S 235（DIN）

标记	处数	更改文件号	签字	日期	W型凹凸镶配			×× 培训中心
设计		×××	标准化		图样标记	重量	比例	对称性开口式凹凸型镶配件
							1∶1	
审核		×××						TZ04_03_02
工艺		×××	日期	2019.05	共 页	第 页		

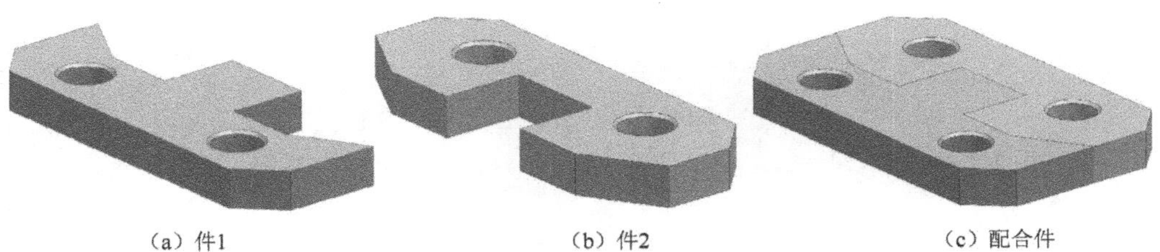

(a) 件1　(b) 件2　(c) 配合件

图 4-12　对称性开口式 W 型凹凸镶配件

3. 如图 4-13 所示，编制对称性开口式菱形凹凸型镶配件加工工艺。

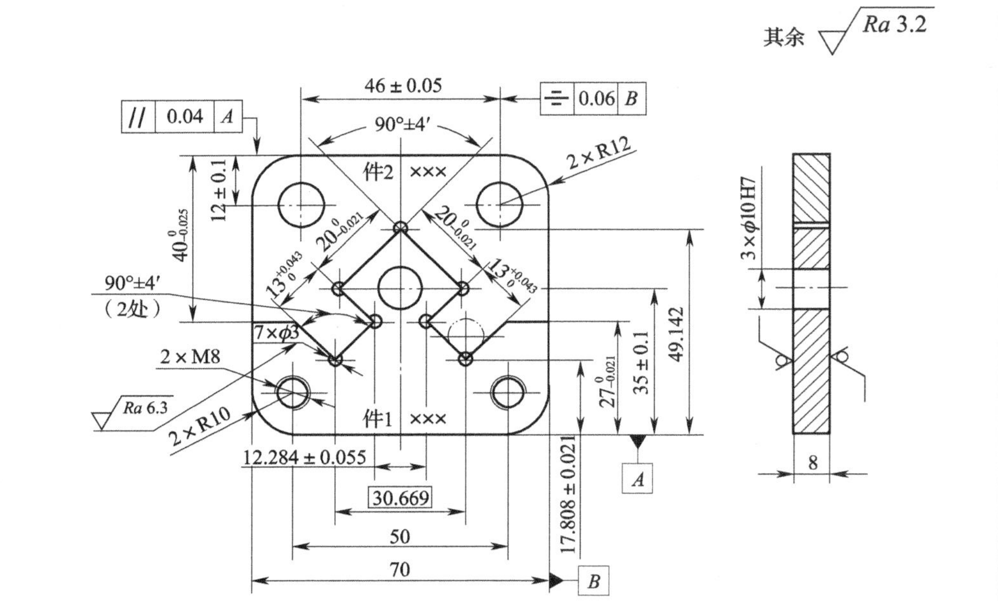

其余 $\sqrt{Ra\ 3.2}$

技术要求

1. 以件1为基准，件2配作；
2. 配合间隙≤0.04mm，两侧错位量≤0.05mm；
3. 换位前后，件1对件2两孔间的孔距一致性误差均≤0.08mm；
4. 不允许运用推、铲等锉削方法锉削配合面；
5. 未注尺寸公差允许偏差±0.2mm；
6. 锐边去毛刺或倒钝，孔口倒角C0.5mm；
7. ×××为钢印。
8. 镶配时不允许敲打压入。

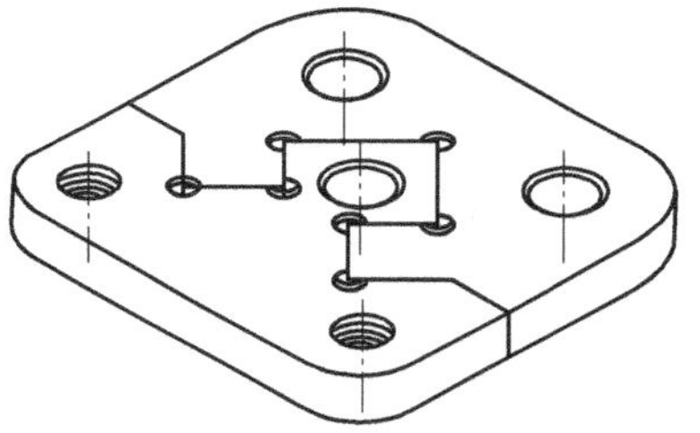

2	TZ04_03_03_02	菱形凹件	Q235	GB/S 235（DIN）
1	TZ04_03_03_01	菱形凸件	Q235	GB/S 235（DIN）
序号	代号	名称	材料	标准

					菱形镶配				××培训中心
标记	处数	更改文件号	签字	日期					对称性开口式凹凸型镶配件
设计	×××	标准化			图样标记	重量	比例		
							1∶1		
审核	×××								TZ04_03_03
工艺	×××	日期	2019.05		共 页		第 页		

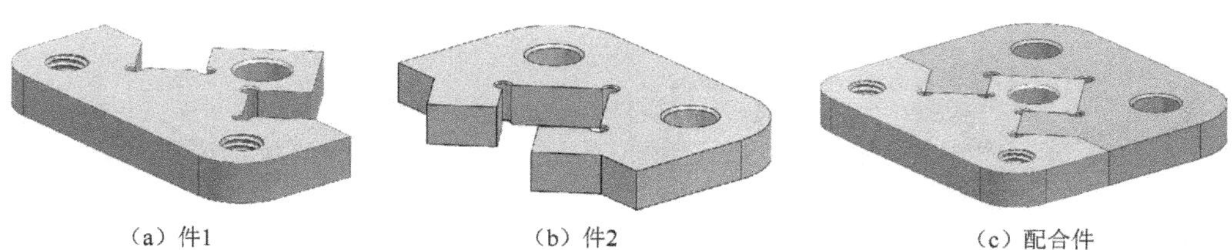

（a）件1　　（b）件2　　（c）配合件

图 4-13　对称性开口式菱形凹凸型镶配件

4. 如图 4-14 所示，编制封闭式六边体凹凸镶配件加工工艺。

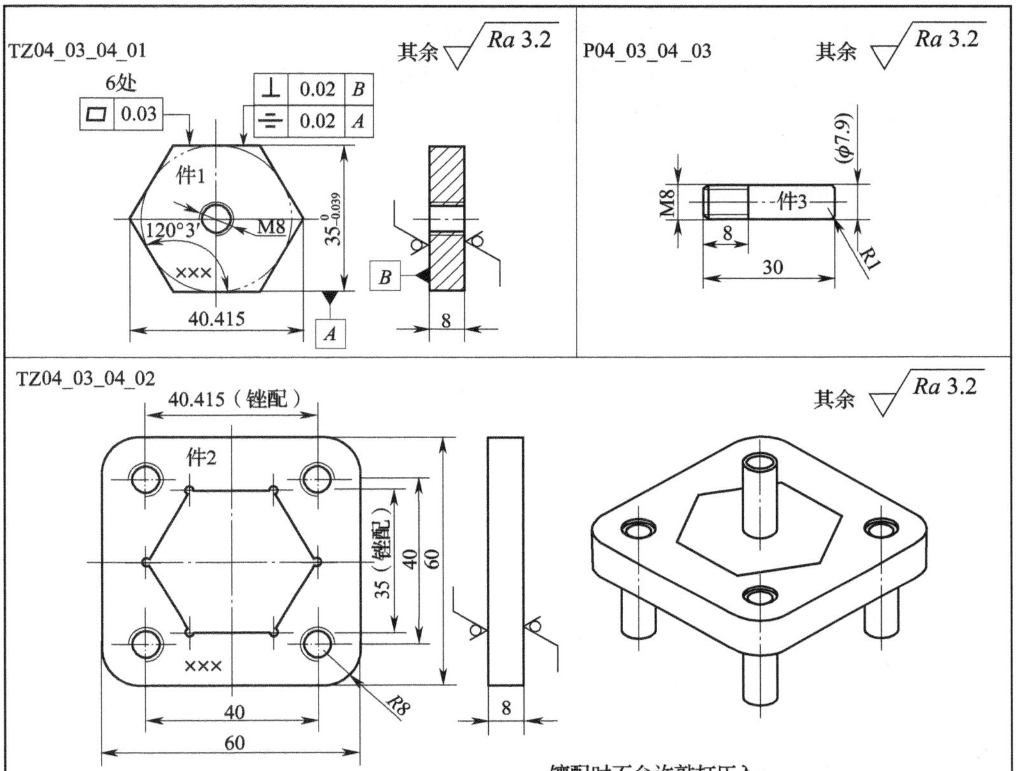

TZ04_03_04_01　　其余 $\sqrt{Ra\ 3.2}$

6处 □ 0.03

⊥ 0.02 B

⌯ 0.02 A

件1　120°3′　M8　×××　$35^{\ 0}_{-0.039}$　40.415　8　A　B

P04_03_04_03　　其余 $\sqrt{Ra\ 3.2}$

件3　M8　(φ7.9)　8　30　R1

TZ04_03_04_02　　其余 $\sqrt{Ra\ 3.2}$

40.415（锉配）　件2　35（锉配）　40　60　×××　R8　40　60　8

技术要求

1. 以件1为基准，件2配作；配合间隙≤0.08mm；镶配时不允许敲打压入；
2. 不允许运用推、铲等锉削方法锉削配合面；
3. 未注尺寸公差允许偏差 ± 0.2mm；
4. 锐边去毛刺或倒钝，孔口倒角C0.5mm；
5. ×××为钢印。

序号	代号	名称	材料	标准
3	TZ04_03_04_03	支撑杆	Q235	GB/S 235（DIN）
2	TZ04_03_04_02	六方体凹件	Q235	GB/S 235（DIN）
1	TZ04_03_04_01	六方体凸件	Q235	GB/S 235（DIN）

标记	处数	更改文件号	签字	日期	六边体镶配			××培训中心
设计	×××	标准化			图样标记	重量	比例	对称性封闭式凹凸型镶配件
							1:1	
审核	×××							TZ04_03_04
工艺	×××	日期	2019.05		共 页	第 页		

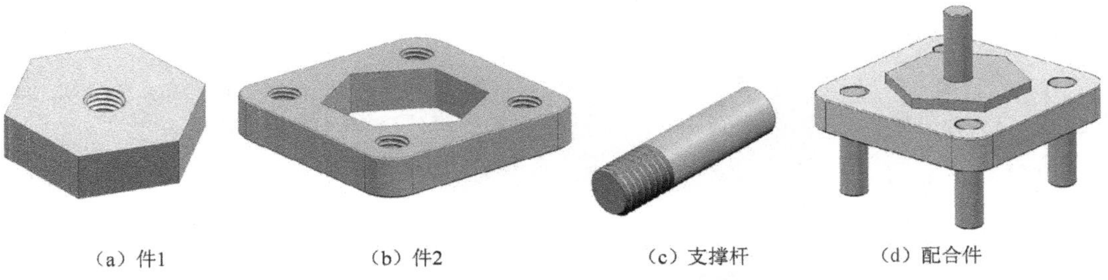

（a）件1　（b）件2　（c）支撑杆　（d）配合件

图 4-14　封闭式六边体凹凸型镶配件

四、任务小结

通过本任务的学习，学生能学会对称性配合件的镶配，掌握一定的镶配技巧，理解配合精度的含义，掌握对称度、各类形状配合件的检测及误差的修整方法。

本任务所涉及的理论知识可参阅“知识库”。

知识提示：

对称性零件镶配工艺及相关知识。

项目 5 组合件手动加工

工作任务书

岗位工作过程描述	接受组合件手动加工作业任务书后，需对组合件进行工艺规划，包括组合件上每个零件的手动加工、检测、安装与调试；制订工作步骤，如备齐图样、工具、设备、量具等；去仓库领取物料、工量刃具；安排加工、安装、调试、检测的步骤等；做好现场 5S 和 TPM 管理
学习目标	（1）明确滑槽组合件的手动加工要求，确立组合件手动加工总体方案，获得加工装配检测总体印象； （2）会根据滑槽组合件的手动加工做出规划，确定组合件手动加工材料、设备、工、量、刃及辅具等； （3）能制订组合件零件加工工艺方案； （4）能根据工艺方案，进行组合件手动加工； （5）能对手动加工操作过程进行评价及提出整改措施； （6）能遵守车间安全标志的内容； （7）能够养成良好的环境保护意识，自觉保持工作场所的整洁； （8）能做好现场 5S 及 TPM 管理
学习过程	信息：接受工作任务，根据引导问题，通过工作过程知识、机械零件图样、简明机械手册等信息，获取组合件手动加工的有关信息及工作目标总体印象。 计划：根据工件表中零件的数量、尺寸和材料，准备工具、量具和设备，明确加工顺序、时间、安全和环保等信息，与小组成员或培训教师讨论怎样进行组合件零件的加工、装配及检测。 决策：与培训教师进行专业交流，回答问题，确认材料表、工具表及工作流程表，并查看检查要求和评价标准。 实施：按确定的工作流程进行各零件的加工与检测，并完成零件装配；在此过程中发现问题，与小组成员共同分析，调整加工步骤，遇到无法解决的问题时请培训教师帮助解决。 检查： （1）检查组合件各零件加工与装配工作速度、工作质量； （2）检查现场 5S 及 TPM 管理情况。 评价： （1）对组合件进行功能和目测检查，并评分； （2）计算工作页和技能操作两项成绩； （3）与小组成员、培训教师进行关于评分分歧及原因、工作过程中存在的问题、技术问题、理论知识等方面的讨论，并勇于提出改进建议

续表

<table>
<tr><td>行动化学习任务</td><td>任务 1：识读滑槽组合件图样，分析组合件的功能与原理、零件结构、零件材料、各零件图技术要求；
任务 2：认真阅读任务提示；
任务 3：完成工作计划流程表，填写工、量、刃、辅具及材料表；
任务 4：制订工艺流程；
任务 5：各零件的划线。用数字钢印在基准面上打标识，应用划针、钢直尺、角尺、样冲和分规在各加工材料上划加工图形，用样冲在划线上冲眼；
任务 6：完成滑槽组合件各零件的锯削、锉削、钻孔、攻螺纹、套螺纹、检测与装配等；
任务 7：完成滑槽组合件的检查工作（学生自评）；
任务 8：以上各任务都要遵守现场 5S 及 TPM 管理要求，完成各表填写，养成持续改进的好习惯；
任务 9：完成总结与提高，绘制雷达图，并进行自我评价与总结</td></tr>
<tr><td>工作学习成果</td><td>完成组合件的手动加工，如图 5-1 所示。 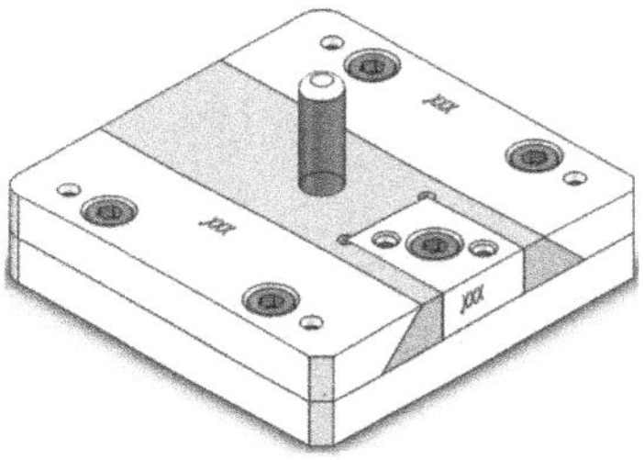
（a）滑槽组合件图 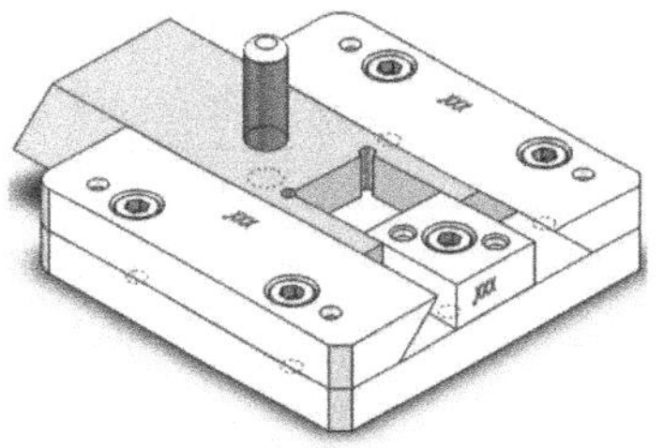
（b）滑槽滑块滑动示意图 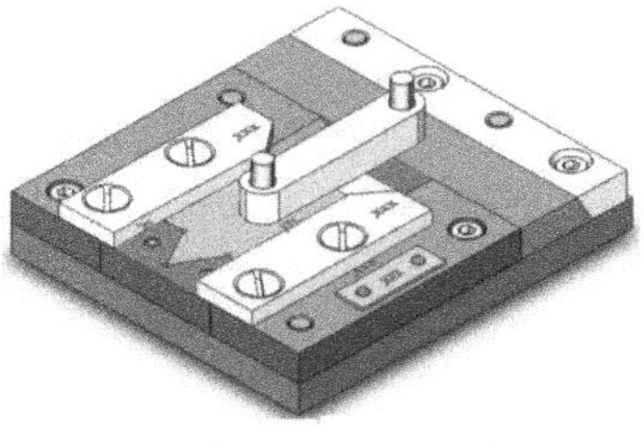
（c）滑阀导板机构组合件图 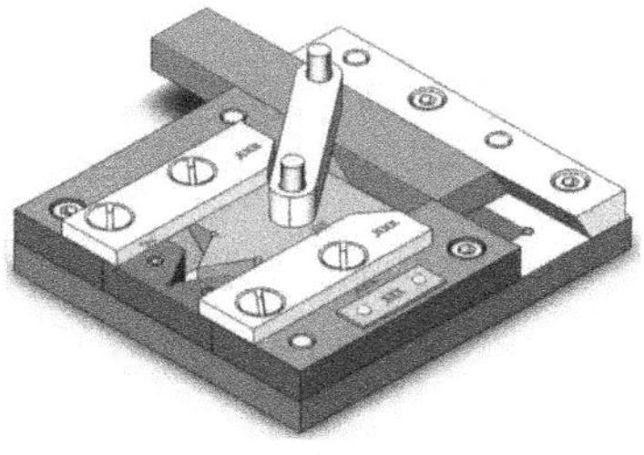
（d）滑阀导板机构运动示意图 1 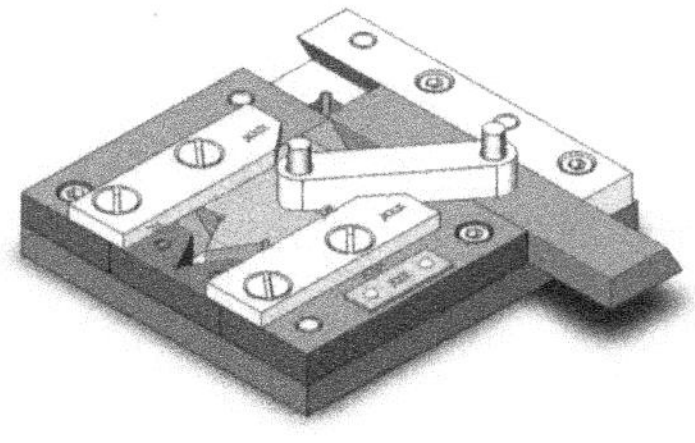
（e）滑阀导板机构运动示意图 2
图 5-1　组合件手动加工图</td></tr>
</table>

项目分解

组合件手动加工就是通过划线、锯削、锉削、钻孔、铰孔、攻丝、装配等一系列钳工操作完成多个零件的加工、检测、装配，其组合件能达到一定功能要求，可实现机构运动。组合件手动加工在机械产品零部件制造、装配、调试、修理等方面应用广泛。

组合件制作的综合技能要求要高于配合件制作，难度也高于配合件制作。本项目属于中等复杂程度的组合件制作，其精度等级属于中、高级精密精度。

本项目共有 2 个子任务，分别为滑槽组合件手动加工、滑阀导板机构组合件手动加工，其效果图如图 5-1 所示。

项目 5　组合件手动加工 任务 1　滑槽组合件手动加工	姓名：	班级：
	日期：	页码：

任务 1　滑槽组合件手动加工

任务描述

一、任务背景

本任务要求完成滑槽组合件手动加工。
本任务学习时间：32 小时。

二、学习目标

1. 知识目标

(1) 掌握工件材料的加工特性及零件加工要求；
(2) 掌握尺寸计算的相关知识和计算方法；
(3) 熟悉零件手动加工工艺知识；
(4) 熟练掌握钳工操作相关知识；
(5) 熟悉各零件的检测方法；
(6) 理解并掌握装配工艺知识。

2. 能力目标

(1) 能通过小组成员合作制订简单组合件加工工艺方案；
(2) 使用手动工具加工简单组合件；
(3) 会检测并分析组合件出现的质量问题，提出解决方案；
(4) 能做好现场 5S 和 TPM 管理；
(5) 填写现场 5S 检查表和 TPM 点检表。

3. 素质目标

(1) 遵守车间安全操作规范要求；
(2) 能够养成良好的环境保护意识，自觉保持工作场所的整洁；
(3) 能主动获取有效信息，展示工作成果；
(4) 能对任务进行总结反思；
(5) 能与他人合作，进行有效沟通；
(6) 能听取他人的建议，对工作过程中的不足之处加以改善；
(7) 能发现问题，并找出解决办法。

三、加工图纸

滑槽组合件装配图，如图 5-2 所示；滑槽组合件零件图，如图 5-3 所示。

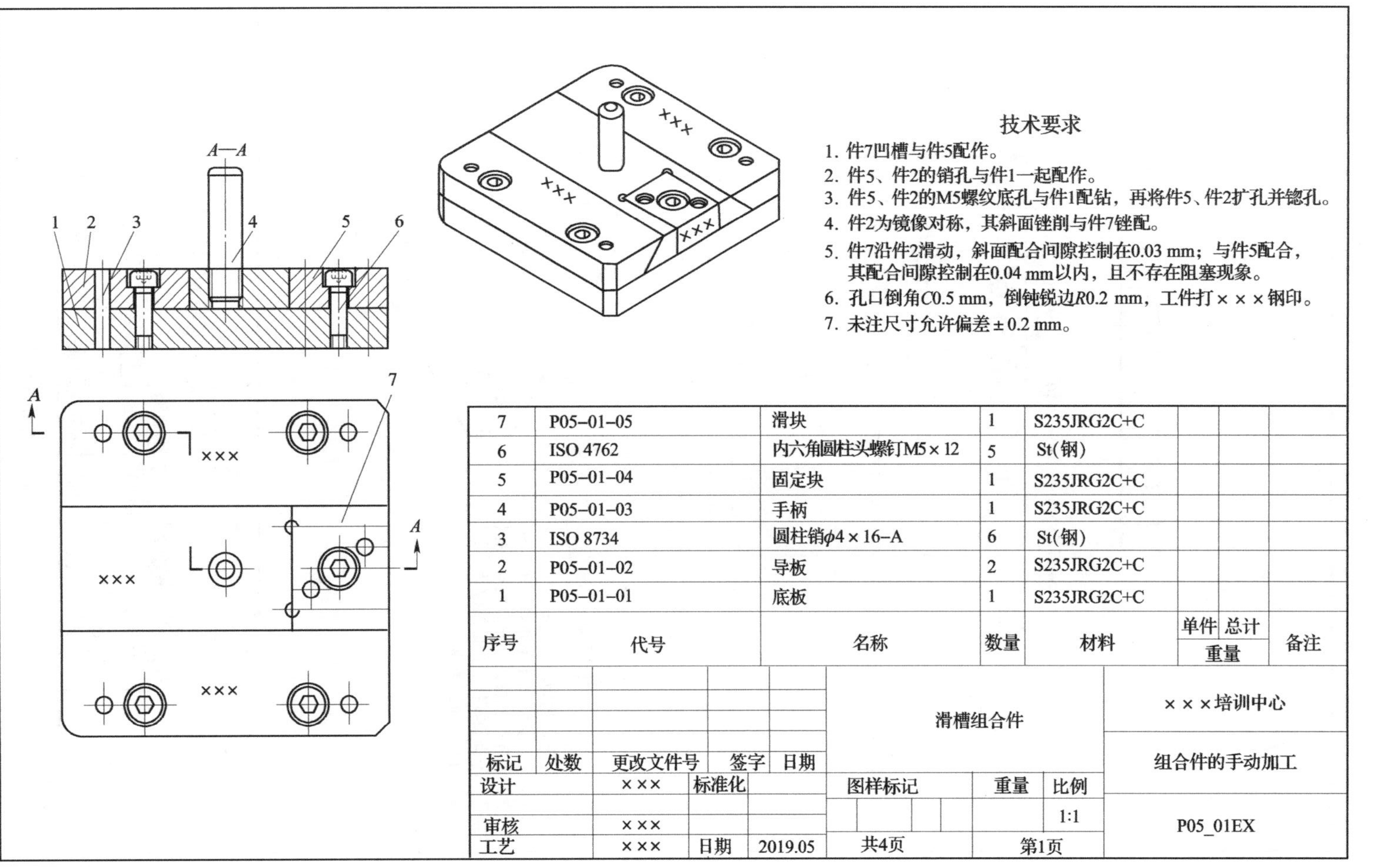

序号	代号	名称	数量	材料	单件重量	总计重量	备注
7	P05–01–05	滑块	1	S235JRG2C+C			
6	ISO 4762	内六角圆柱头螺钉M5×12	5	St(钢)			
5	P05–01–04	固定块	1	S235JRG2C+C			
4	P05–01–03	手柄	1	S235JRG2C+C			
3	ISO 8734	圆柱销ϕ4×16–A	6	St(钢)			
2	P05–01–02	导板	2	S235JRG2C+C			
1	P05–01–01	底板	1	S235JRG2C+C			

标记	处数	更改文件号	签字	日期	滑槽组合件			×××培训中心
设计		×××	标准化		图样标记	重量	比例	组合件的手动加工
审核		×××					1:1	P05_01EX
工艺		×××	日期	2019.05	共4页	第1页		

图 5-2　滑槽组合件装配图

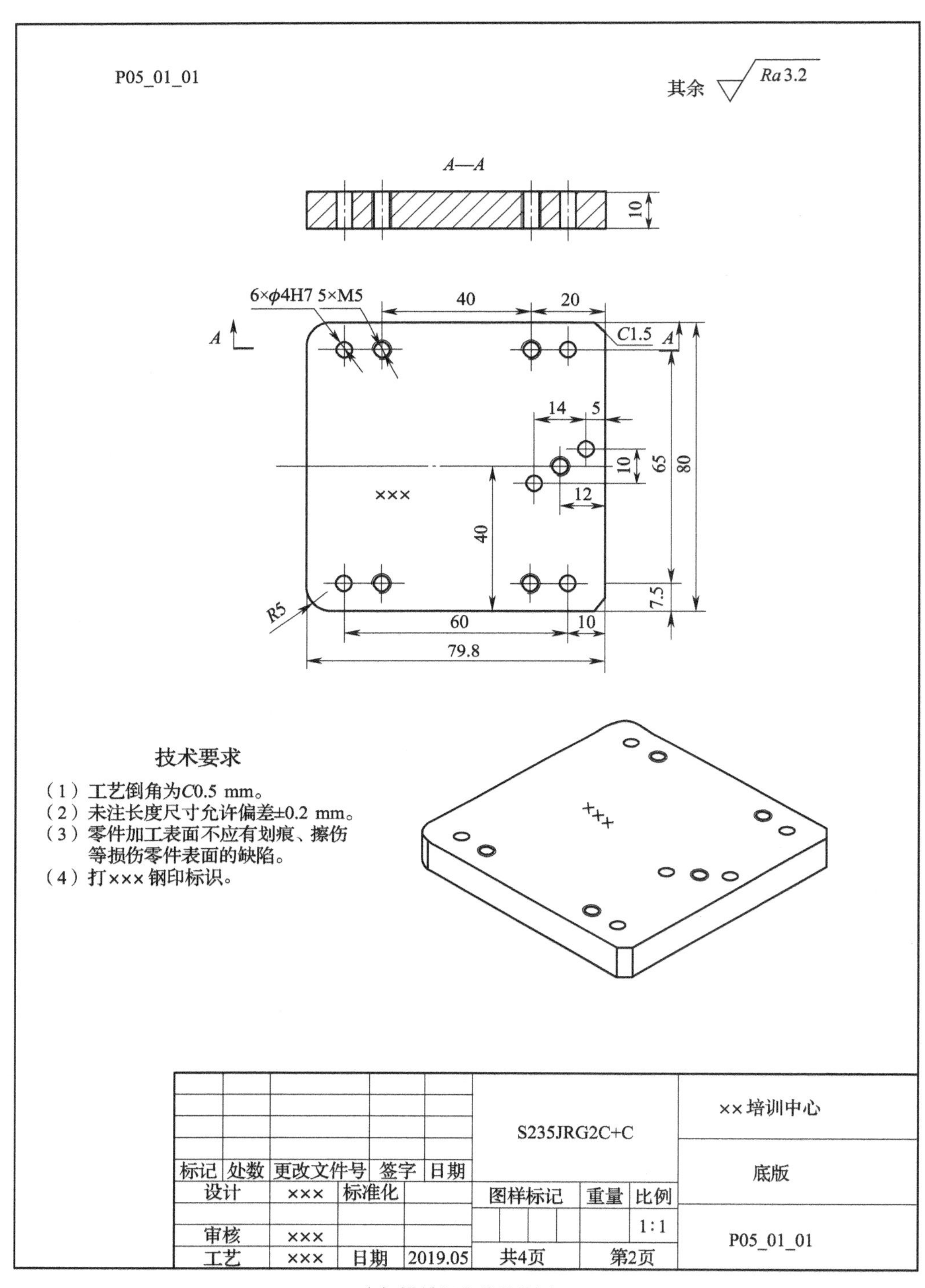
P05_01_01
其余 Ra3.2
A—A
10
6×φ4H7 5×M5
40
20
C1.5
A
A
14
5
10
65
80
12
×××
40
7.5
R5
60
10
79.8
技术要求
（1）工艺倒角为C0.5 mm。
（2）未注长度尺寸允许偏差±0.2 mm。
（3）零件加工表面不应有划痕、擦伤等损伤零件表面的缺陷。
（4）打××× 钢印标识。
×××
标记 处数 更改文件号 签字 日期
设计 ××× 标准化
审核 ×××
工艺 ××× 日期 2019.05
S235JRG2C+C
图样标记 重量 比例
1∶1
共4页 第2页
×× 培训中心
底版
P05_01_01

（a）滑槽组合件零件图 1

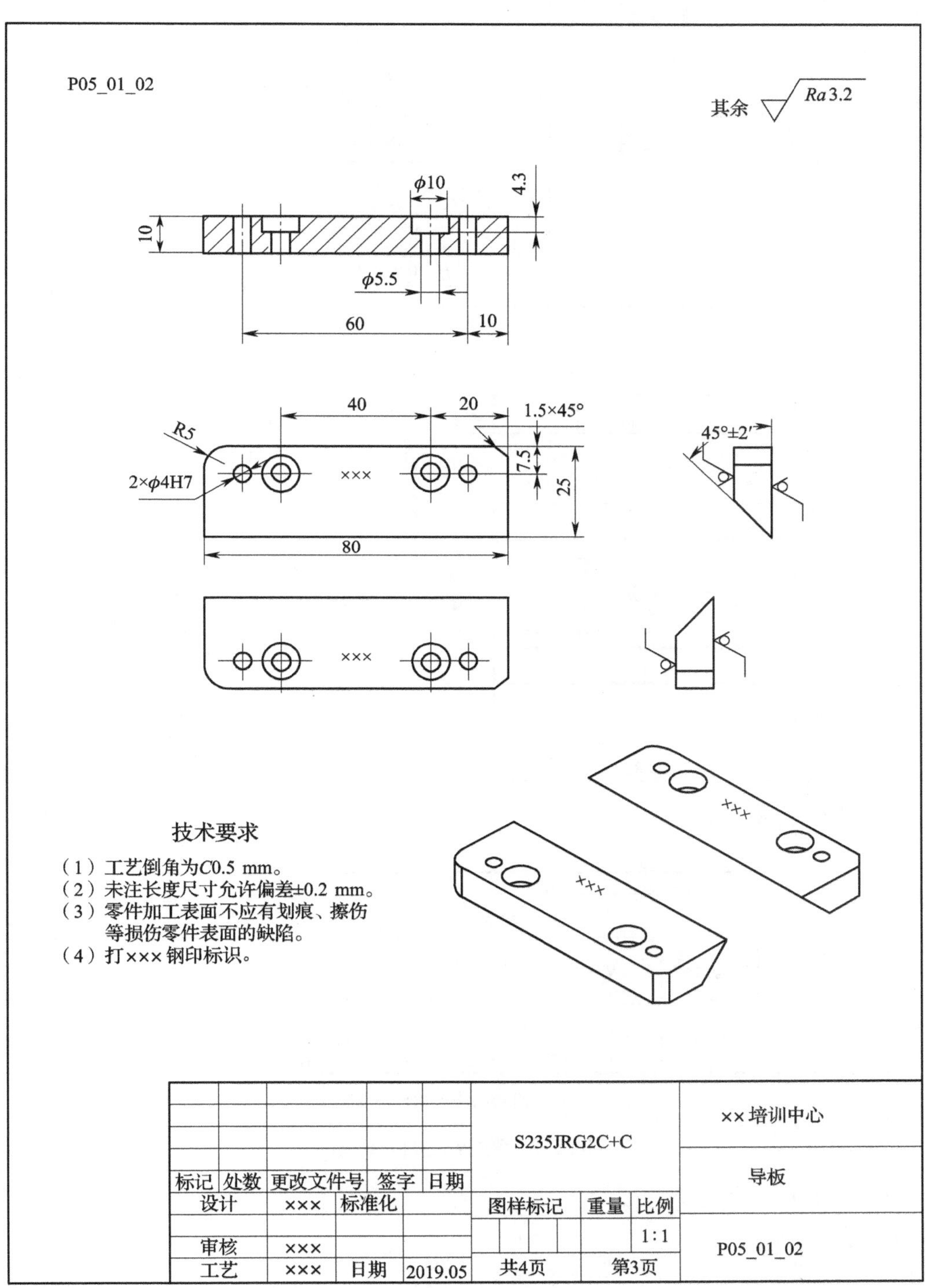

P05_01_02
其余 Ra3.2
ϕ10
4.3
10
ϕ5.5
60
10
40
20
1.5×45°
R5
2×ϕ4H7
×××
7.5
25
80
45°±2′
技术要求
（1）工艺倒角为C0.5 mm。
（2）未注长度尺寸允许偏差±0.2 mm。
（3）零件加工表面不应有划痕、擦伤等损伤零件表面的缺陷。
（4）打××× 钢印标识。
S235JRG2C+C
××培训中心
导板
标记 处数 更改文件号 签字 日期
设计 ××× 标准化
图样标记 重量 比例
1:1
审核 ×××
工艺 ××× 日期 2019.05
共4页 第3页
P05_01_02

（b）滑槽组合件零件图 2

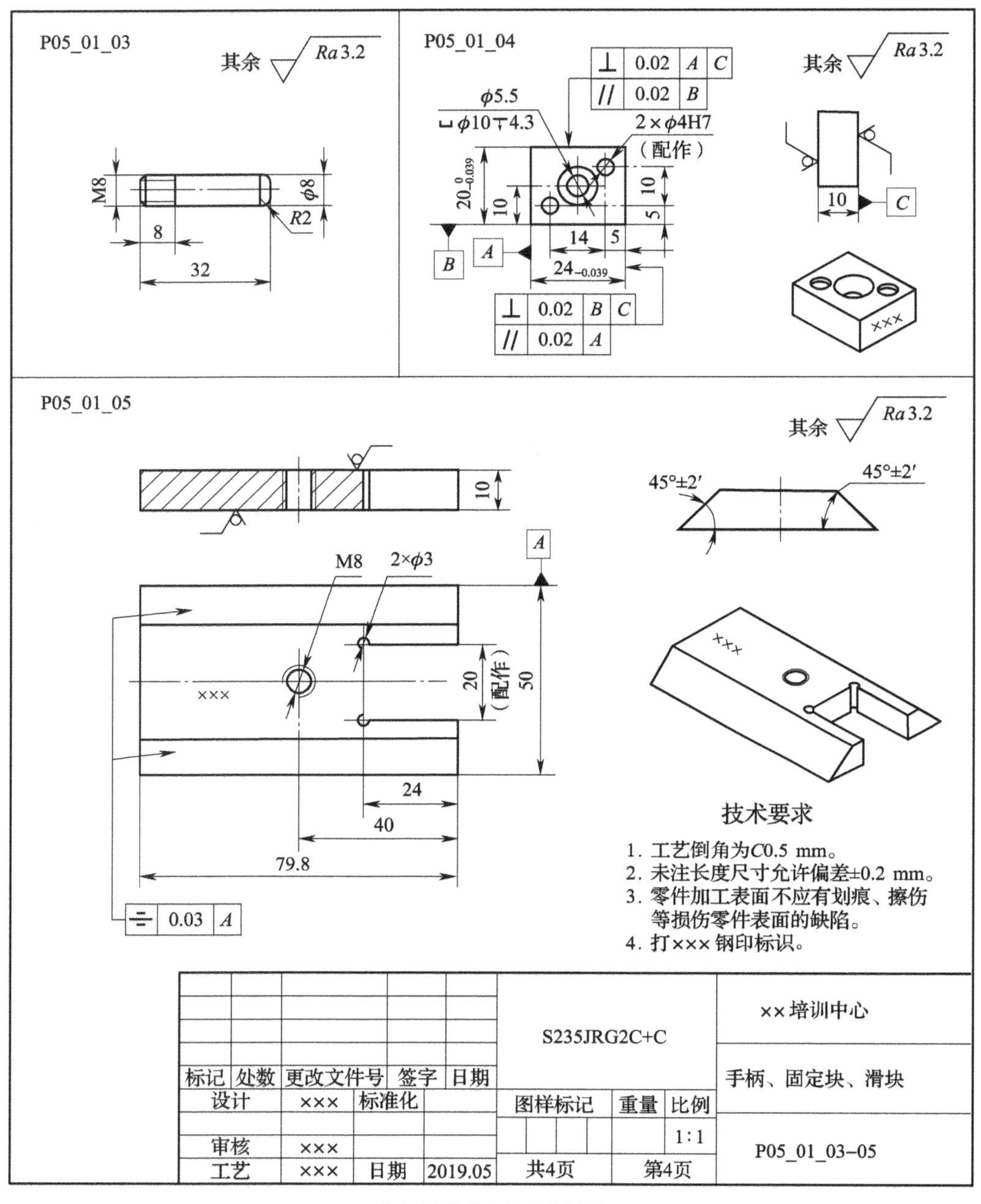

（c）滑槽组合件零件图 3

图 5-3 滑槽组合件零件图

可以使用以下资源：

（1）零件图样；

（2）网络教学资源；

（3）操作指南；

（4）材料。

任务提示

一、工作方法

- 读图后回答引导问题，可以使用的材料有工具手册、机械制造手册及网络教学资源等
- 以小组讨论的形式完成工作计划
- 按照工作计划，完成工具、量具、刃具计划表，编写滑槽组合件手动加工工艺卡。对于出现的问题，请先尽量自行解决，如确实无法解决，再与培训教师进行讨论
- 严格按照工艺流程完成滑槽组合件手动加工，做好加工过程记录，同时思考如何优化工艺方案，改进加工方法，提高零件配作技巧
- 完成“检查”部分内容。运用各种检测方法对滑槽组合件进行检测和评分，学生完成学生自评内容，培训教师完成教师评价内容
- 与培训教师、小组成员讨论后，进行工作总结

二、工作内容

- 收集工作过程及加工过程中的必要信息
- 分析零件图，完成工作计划
- 分析并编制滑槽组合件加工工艺
- 准备好加工所需的工具、量具、刃具及辅具
- 划线、钻孔、去余料、锉削、修配、铰孔、攻螺纹、装配
- 工件各边去毛刺、打钢印
- 使用测量工具检测滑槽组合件加工质量
- 完成自检、自评
- 展示作品，并找出不足之处
- 进行现场 5S 和 TPM 管理，并遵循岗位安全规范操作
- 对任务完成情况、学习及工作情况进行总结反思
- 在规定时间内，完成并提交工作页和滑槽组合件

三、工、量具

- 钢直尺、划针、样冲、定向钻、V 型铁块
- 锯条、锯弓、300 g 锤子、铜刷、毛刷、3 mm 钢印、錾子
- 各类常规锉刀、什锦锉
- 游标卡尺、游标万能角度尺、外径千分尺、高度游标卡尺、刀口角尺、角度样板、量块、杠杆表、ϕ 10 mm 测量棒
- 钻头、铰刀、铰杠、丝锥、塞规等

四、知识储备

- 滑槽组合件加工与装配工艺
- 各类螺纹、螺栓和螺钉、沉孔、销孔等相关知识
- 识读装配图的方法和步骤
- 装配操作方法和步骤
- 配合面测量的操作方法和步骤
- 配合间隙的控制及检测方法

五、注意事项与工作提示

- 识读滑槽组合件装配图，了解标题栏，熟悉组合件的构造、工作原理和用途，仔细查看编号和明细栏。
- 认真分析装配图，弄清各视图的表达意图和重点
- 分析各零件，并读懂各零件的结构形状，明确各零件的技术要求、公差、表面粗糙度等
- 根据各零件图加工先后顺序，逐一进行加工
- 先做凹凸配合，确保配合间隙
- 加工两侧斜面时，一定要确保对称

- 修配过程中，用透光和涂色法确定其修锉部分及余量；要综合兼顾，勤测慎修，逐步达到配合精度要求
- 销孔、螺纹孔需配作，确保孔中心线要垂直于大平面
- 主动与培训教师沟通交流

六、劳动安全

- 参照车间的安全标志的内容
- 配作孔时，用机用台虎钳夹紧工件，保证钻头与加工面垂直
- 试配时，切勿将凸件强行敲入凹件，注意不要敲到手
- 装配时，工件要放到工作台面上，不要在地面进行安装

七、环境保护

- 参照项目 1 相应的内容
- 注意台面、地面、台钻工作台及周围的铁屑要及时清扫，并放入指定废弃处

八、成本估算

- 根据零件、工具、量具以及人工等费用，简单估算成本，进行简单经济核算

工作过程

一、信息

A1 得分：　　/ 170

（中间成绩 A1 满分 170 分，10 分 / 题）

1．知识引导提问

（1）请指出该组合件中起导向作用的零件有哪些？

（2）分别计算使用高速钢钻头钻下列孔时所需的转速（r/min）：

1）在 Q235 钢件上钻 ϕ4 mm 孔；

2）在铸铁上钻 ϕ10 mm 孔；

3）在铝材或者铜材上钻 ϕ2 mm 孔。

（3）在铰 ϕ4H7 孔前应钻多大直径的孔？机铰孔时，铰刀的转速是多少？

（4）铰削余量约为多少？为什么铰削余量不能过大也不能过小？为什么铰孔时不能反转？

（5）切削液有什么作用？

（6）在钢件上攻 M5、M8 螺纹孔的底孔直径是多少？

（7）件 2 的 ϕ4H7 孔是否要与件 1 配钻、配铰？为什么？

（8）件 1、件 2 的 M5 螺纹孔是否要与件 4 配钻？为什么？

2. 工作方面引导提问

（1）该任务资料是否齐全？若不全，还缺少哪些？

(2) 列出滑槽组合件各零件的材料及标准件的标准牌号。

(3) 哪些尺寸影响件 7 滑槽组合件的间隙?

(4) 如何确保件 2、件 7 相互对正?

(5) 在加工滑槽组合件时，哪些尺寸公差有重要意义?

(6) 是否存在一种平面，它的表面质量和平面度会对零件配合产生重大影响?

(7) 你认为哪些评分检测项很重要?

(8) 你认为在安全方面会存在哪些危险? 为了避免发生危险应采取哪些措施?

(9) 在加工滑槽组合件时，需注意哪些环保事项?

二、计划

A2 得分：　　/ 100

（中间成绩 A2 满分 100 分，50 分 / 题）

1．小组讨论后，完成工作计划流程表

<table>
<tr><th colspan="5">工作计划流程表</th></tr>
<tr><td colspan="2">工件名称：</td><td colspan="3">工件号：</td></tr>
<tr><td>序号</td><td>工作步骤 / 事故预防措施</td><td>材料表（机器、工具、刃具、辅具）</td><td>安全环保</td><td>工作时间 / 小时</td></tr>
<tr><td>1</td><td></td><td></td><td></td><td></td></tr>
<tr><td>2</td><td></td><td></td><td></td><td></td></tr>
<tr><td>3</td><td></td><td></td><td></td><td></td></tr>
<tr><td>4</td><td></td><td></td><td></td><td></td></tr>
<tr><td>5</td><td></td><td></td><td></td><td></td></tr>
<tr><td>6</td><td></td><td></td><td></td><td></td></tr>
<tr><td>7</td><td></td><td></td><td></td><td></td></tr>
<tr><td>8</td><td></td><td></td><td></td><td></td></tr>
<tr><td>9</td><td></td><td></td><td></td><td></td></tr>
<tr><td>10</td><td></td><td></td><td></td><td></td></tr>
<tr><td>11</td><td></td><td></td><td></td><td></td></tr>
<tr><td>12</td><td></td><td></td><td></td><td></td></tr>
<tr><td>13</td><td></td><td></td><td></td><td></td></tr>
<tr><td>14</td><td></td><td></td><td></td><td></td></tr>
</table>

2. 工、量、刃、辅具及材料表

序号	种类	名称	规格	精度	数量	单位	备注

三、决策

A3 得分：　　/ 100

（中间成绩 A3 满分 100 分，每少一步扣 10 分，扣完为止）

小组讨论（或培训教师点评）后，最终确定工作计划，填写可实施的工艺流程工作页。

工艺流程工作页

序号	工序名称	工序内容 请使用直尺自行分割以下区域	设备	夹具	工具	量具	辅具	劳动保护及环保	工作时间 / 小时

四、实施

A4 得分：　　/ 150

（中间成绩 A4 满分 150 分）

（1）实施过程记录表。

步骤	工作内容（可用图示）	使用工具（工、量、辅、刃具）	操作记录

步骤	工作内容 （可用图示）	使用工具 （工、量、辅、刃具）	操作记录

（2）记录实施过程中出现的与决策结果不一致的情况以及出现异常的情况。

原计划：	实际实施：
(1)	(1)

五、检查

A5 得分：　　/ 50

学生与培训教师分别用量具或者量规检查被测零件，评价是否达到要求的质量特征值，并分别把测量的实际尺寸和是否完成特征值的判断结果填入“学生自评”和“教师评价”栏。

重要说明

- 当“学生自评”和“教师评价”一致时得 10 分，否则得 0 分；
- 不考虑学生自己测得的实际尺寸是否符合尺寸要求；
- “学生自评”的意义是对学生检测自己使用量具测量准确性和数据记录完整性的能力进行判断，而与各零件是否达到精度要求及功能要求无关；
- 灰底处由培训教师填写。

检查记录表

<table>
<tr><th rowspan="3">序号</th><th rowspan="3">件号</th><th rowspan="3" colspan="2">特征值</th><th colspan="3">学生自评</th><th colspan="3">教师评价</th><th rowspan="3">评分记录</th></tr>
<tr><th rowspan="2">实际尺寸</th><th colspan="2">完成特征值</th><th rowspan="2">实际尺寸</th><th colspan="2">完成特征值</th></tr>
<tr><th>是</th><th>否</th><th>是</th><th>否</th></tr>
<tr><td></td><td></td><td></td><td>图样尺寸</td><td></td><td></td><td></td><td></td><td></td><td></td><td></td></tr>
<tr><td>1</td><td>1–7</td><td>件 7 沿件 2 滑动间隙</td><td>≤ 0.03 mm</td><td></td><td></td><td></td><td></td><td></td><td></td><td></td></tr>
<tr><td>2</td><td>1–7</td><td>件 5 与件 7 配合间隙</td><td>≤ 0.04 mm</td><td></td><td></td><td></td><td></td><td></td><td></td><td></td></tr>
</table>

续表

序号	件号	特征值		学生自评			教师评价			评分记录
			图样尺寸	实际尺寸	完成特征值		实际尺寸	完成特征值		
					是	否		是	否	
3	4	长度	$24^{\ 0}_{-0.039}$ mm							
4	4	宽度	$20^{\ 0}_{-0.039}$ mm							
5	5	角度	45°±2′							

中间成绩：

评分等级：10 分或 0 分　　（A5 满分 50 分，10 分 / 题）　A5

六、评价

B1 得分：　/ 30　　B2 得分：　/ 110

重要说明：灰底处无须填写。

1. 完成功能和目测检查

序号	件号	项目	功能检查	目测检查
1	1–7	组合件完全按照图样装配，螺栓拧紧		
2	1–7	件 7 滑动适宜		
3	1–7	件 5 间隙		
4	1–7	装配后工件外形平整		
5	1–7	螺钉紧固，柱销配合良好		
6	1–7	锉削面表面粗糙度为 *Ra*3.2		
7	1–7	铰孔孔壁表面粗糙度为 *Ra*1.6		
8	1–7	去除毛刺及钢印		
9	1–7	倒角的表面质量		
10	1–7	实训过程中符合 5S 管理规范		
11	1–7	5S 管理执行效果		
12	1–7	5S 检查表填写情况		
13	1–7	TPM 管理执行效果		
14	1–7	TPM 点检表填写情况		

中间成绩：

（B1 满分 30 分，B2 满分 110 分，10 分 / 项）　B1　B2

评分等级：10–9–7–5–3–0 分

2. 完成尺寸检验

B3 得分： /80	B4 得分： /80

序号	件号	检测项目	偏差	实际尺寸	精尺寸	粗尺寸
1	1	长度 79.8 mm	±0.2 mm			
2	1	宽度 80 mm	±0.2 mm			
3	1	M5 螺纹孔间距 40 mm	±0.2 mm			
4	1	M5 螺纹孔间距 20 mm	±0.2 mm			
5	1	M5 螺纹孔间距 12 mm	±0.2 mm			
6	1	ϕ4H7 销孔间距 60 mm	±0.2 mm			
7	1	ϕ4H7 销孔间距 10 mm	±0.2 mm			
8	4	垂直度、平行度	⊥ 0.02 *B* *C* // 0.02 *A*			
9	4	垂直度、平行度	⊥ 0.02 *A* *C* // 0.02 *B*			
10	4	长度 24 mm	0/−0.039 mm			
11	4	宽度 20 mm	0/−0.039 mm			
12	5	M8 孔边距 40 mm	±0.2 mm			
13	7	两斜面对称度	⌯ 0.03 *A*			
14	7	角度 45°	±2′			
15	1–7	件 5 与件 7 配合间隙	≤ 0.04 mm			
16	1–7	件 7 与件 2 配合间隙	≤ 0.03 mm			

中间成绩：		
（B3 满分 80 分，B4 满分 80 分，10 分 / 项）	B3	B4

评分等级：10 分或 0 分

3．计算工作页评价成绩和技能操作成绩

（各项“百分制成绩”=“中间成绩 1”÷“除数”；“中间成绩 2”=“百分制成绩”×“权重”；“工作页评价成绩”和“技能操作成绩”分别为各项的中间成绩 2 之和）

序号	工作页评价	中间成绩 1		除数	百分制成绩	权重	中间成绩 2
1	信息	A1		1.7		0.2	
2	计划	A2		1		0.2	
3	决策	A3		1		0.2	
4	实施	A4		1.5		0.3	
5	检查	A5		0.5		0.1	
						工作页评价成绩：（满分 100 分）	Feld 1

Feld 1 得分：　/ 100

序号	技能操作	中间成绩 1		除数	百分制成绩	权重	中间成绩 2
1	功能检查	B1		0.3		0.1	
2	目测检查	B2		1.1		0.4	
3	精尺寸	B3		0.8		0.3	
4	粗尺寸	B4		0.8		0.2	
						技能操作成绩：（满分 100 分）	Feld 2

Feld 2 得分：　/ 100

4．项目总成绩

（各项“中间成绩”=“中间成绩 2”×“权重”；“总成绩”为各项“中间成绩”之和）

序号	成绩类型	中间成绩 2		权重	中间成绩
1	工作页评价	Feld 1		0.4	
2	技能操作	Feld 2		0.6	
				项目总成绩：（满分 100 分）	总成绩

项目总成绩：　/ 100

总结与提高

一、汇总分析并绘制雷达图

序号	工作页评价	百分制成绩	雷达图
1	信息 A1		
2	计划 A2		
3	决策 A3		
4	实施 A4		
5	检查 A5		
6	功能检查 B1		
7	目测检查 B2		
8	精尺寸检验 B3		
9	粗尺寸检验 B4		

二、自我评价与总结

（1）根据雷达图显示，说明其存在的问题，分析原因并提出改进措施。

存在问题	原因分析	改进措施

（2）利用思维导图方法绘制滑槽组合件加工工艺。

（3）锉配及螺纹连接过程中，你是如何保证配合间隙的？

（4）在整个加工过程中，你是如何执行现场 5S 和 TPM 管理，又是如何进行持续改进的？

（5）你觉得哪些地方没有做好？如果重新做，你会注意哪几个方面？

三、思考与练习题

1．选择题

（1）在检测技术中，人们将误差分为系统性误差和随机性误差。什么情况会导致系统性误差？（　　）

A．测量表面有脏物　　B．被测物体上有毛刺

C．测试员视力减退　　D．测试时用力过轻或过重

E．量具刻度的分度误差

（2）加工零件时，需要多次为钻孔划线和冲样冲。样冲的尖部应该保持怎样的形状？（　　）

A．软、非常尖（大约 30°）　　B．淬火、球形

C．淬火、非常尖（大约 30°）　　D．淬火、尖（大约 60°）

E．软、尖（大约 70°）

（3）如图 5-4 所示，对于底板（件 1）和导向块（件 2）之间的销连接，以下哪个说法是正确的？（　　）

A．圆柱销（件 11）不能被拆除，因为它没有内螺纹

B．圆柱销（件 11）能够承受纵向轴力

C．圆柱销（件 11）确保部件之间的相对位置正确

D．圆柱销（件 11）端部必须有一个凹坑，这样在压入时空气能够从孔中排出

E．圆柱销（件 11）必须与两个部件之间保持间隙配合

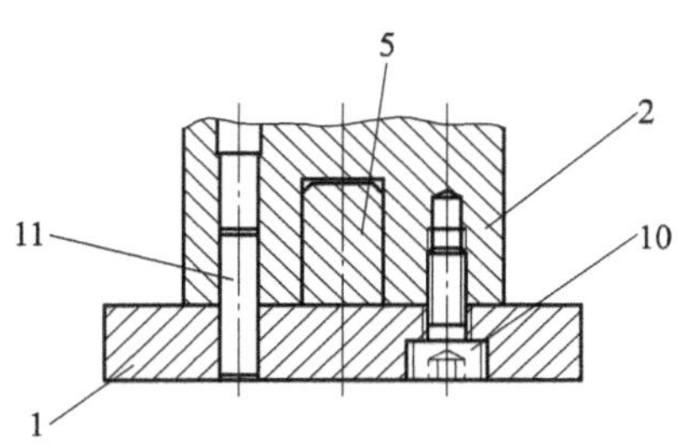

图 5-4　底板与导向块局部连接图

（4）如何理解钻头耐用度？（　　）

A．钻头冷却至 20℃所用的时间

B．钻头在钻孔时升温至 500℃所用的时间

C．钻头第一次研磨到第二次研磨所间隔的时间

D．钻头两次刃磨之间的时间

E．钻头装在钻夹头中不使用的时间

（5）如图 5-5 所示为导向块（件 2）的主视图（*A*-*A* 剖视图）和俯视图。图中存在一个错误，以下哪个说法是正确的？（　　）

A．对于定位尺寸 15-0.1，必须还要设一个极限偏差

B．剖视图中 ISO- 公差缩写 ϕ 16H7 写得太小

C．俯视图中，M4 螺纹线必须是看不见的

D．在 *A*-*A* 视图中，3 条边没有画出来

E．M4 螺纹标注不完整

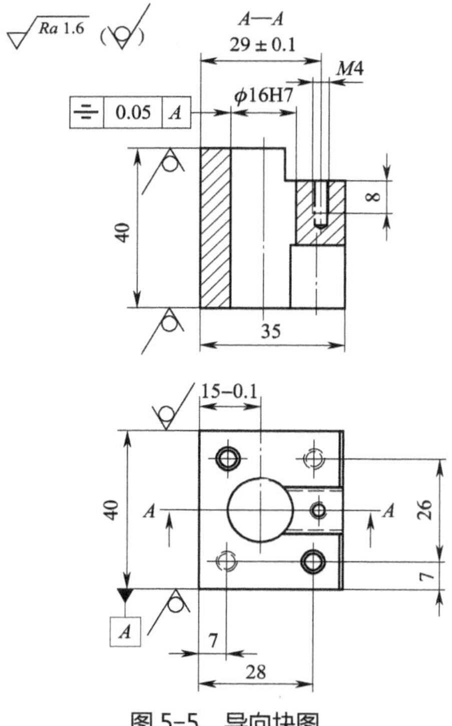

图 5-5　导向块图

(6) 螺钉标记为 M5 × 10 ISO 4762。图 5-6 中哪个尺寸与 10 对应？（　　）

A．尺寸 1　　B．尺寸 2　　C．尺寸 3

D．尺寸 4　　E．尺寸 5

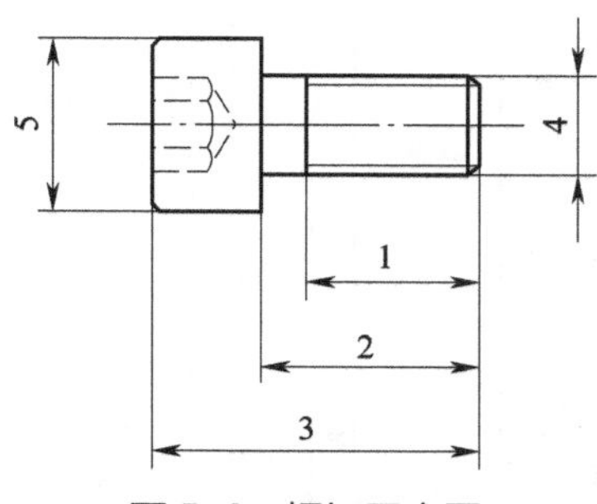

图 5-6　螺钉示意图

(7) 使用图 5-7 所示的丝锥加工螺纹 M4 和 M5，以下针对这个丝锥的说法哪个是正确的？（　　）

A．它攻螺纹时不会产生铁屑

B．它是左旋进行切削的

C．它能将铁屑向上排出，即向柄部排出

D．它只适合于加工通孔

E．柄部有加强的作用

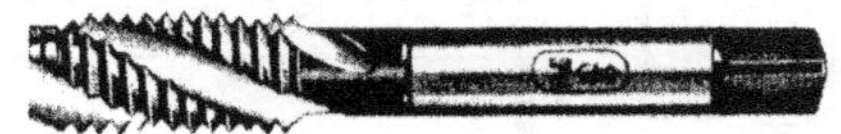

图 5-7　丝锥

(8) 如何区分手动铰刀和机用铰刀？（　　）

A．通过铰刀的材质进行区分　　B．通过切削部分的长度进行区分

C．通过切削刃间隔的方式进行区分　　D．通过刀刃的数量进行区分

E．通过中心的形状进行区分

(9) 当员工第一个来到了事故现场，他必须采取哪些援救措施（一系列抢救措施）？（　　）

A．急救，救护工作，急救电话　　B．紧急措施，急救电话，急救

C．救护工作，送医院，急救　　D．只采取紧急措施

E．只进行救护工作

(10) 关于在车间通道上堆放零件的说法，哪个是正确的？（　　）

A．当车间内带标记的通道足够宽时，允许堆放零件

B．零件允许短时间堆放在通道上

C．零件允许堆放在离警示牌较远的通道上

D．只要不挡住视线，零件可堆放在通道上

E．任何时候都不允许将零件堆放在通道上

2．如图 5-8 所示，根据互锁装置装配图，拆画各零件图，并编制各零件手动加工工艺方案。

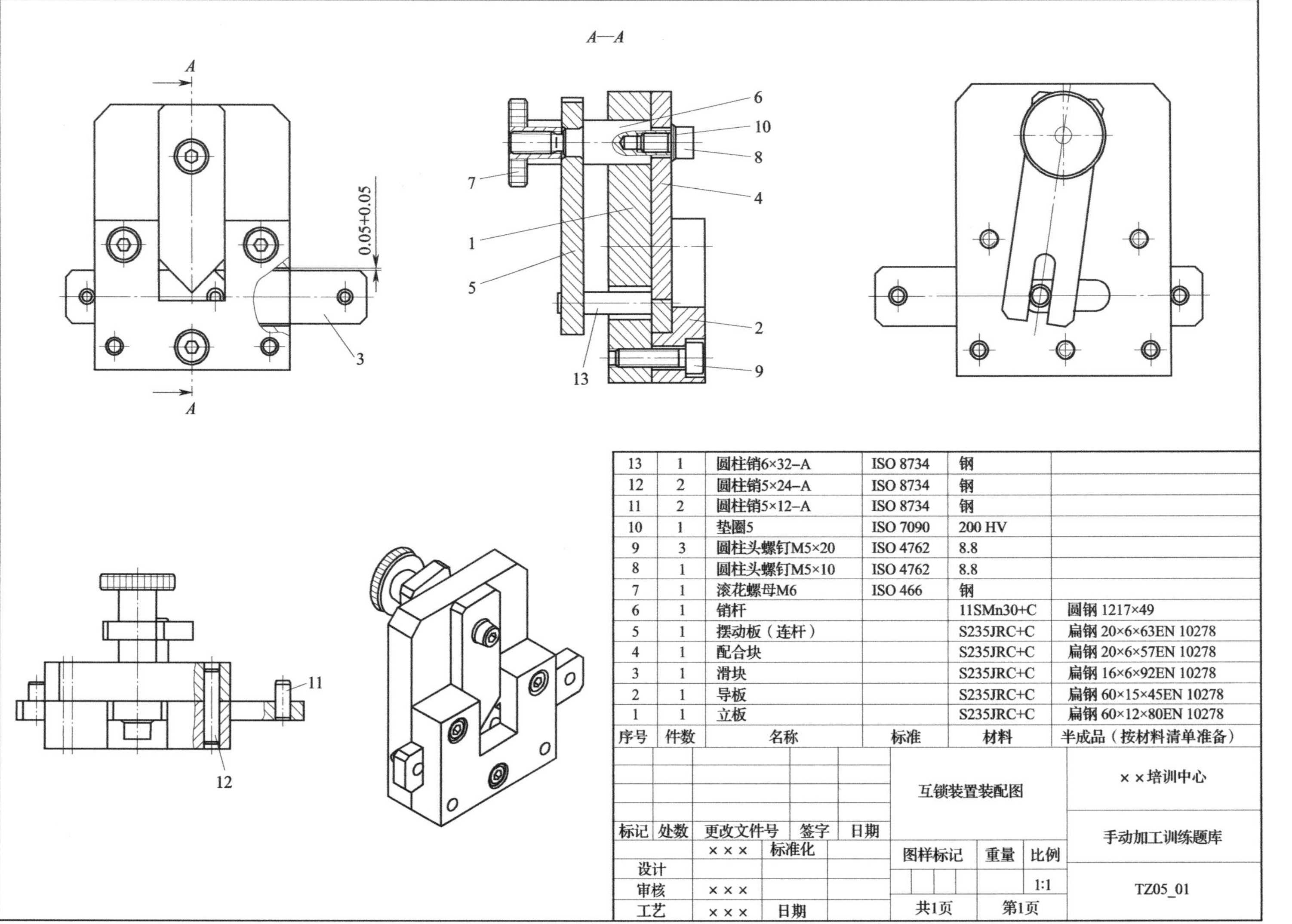

序号	件数	名称	标准	材料	半成品（按材料清单准备）
13	1	圆柱销6×32–A	ISO 8734	钢	
12	2	圆柱销5×24–A	ISO 8734	钢	
11	2	圆柱销5×12–A	ISO 8734	钢	
10	1	垫圈5	ISO 7090	200 HV	
9	3	圆柱头螺钉M5×20	ISO 4762	8.8	
8	1	圆柱头螺钉M5×10	ISO 4762	8.8	
7	1	滚花螺母M6	ISO 466	钢	
6	1	销杆		11SMn30+C	圆钢 1217×49
5	1	摆动板（连杆）		S235JRC+C	扁钢 20×6×63EN 10278
4	1	配合块		S235JRC+C	扁钢 20×6×57EN 10278
3	1	滑块		S235JRC+C	扁钢 16×6×92EN 10278
2	1	导板		S235JRC+C	扁钢 60×15×45EN 10278
1	1	立板		S235JRC+C	扁钢 60×12×80EN 10278

图 5-8　互锁装置装配图

四、任务小结

通过本任务的学习，学生能分析装配图和零件图，编制零件加工工艺；会合理选用各类材料、工具、量具、刃具、辅具等，能手动加工、检测、修配和装配简单组合件。

知识提示：

1. TPM 全面生产维护；
2. 车间的安全生产与防护；
3. 锉削工艺及相关知识；
4. 精度测量知识；
5. 装配工艺知识；
6. 装配图和零件图相关知识。

项目 5　组合件手动加工 任务 2　滑阀导板机构组合件手动加工	姓名：	班级：
	日期：	页码：

任务 2　滑阀导板机构组合件手动加工

任务描述

一、任务背景

本任务要求完成滑阀导板机构组合件手动加工。

本任务学习时间：72 小时。

二、学习目标

1．知识目标

（1）掌握工件材料的加工特性；
（2）掌握螺纹连接、销连接知识；
（3）熟悉装配与拆卸组件知识；
（4）熟练掌握钳工操作相关知识；
（5）熟悉简单机械机构运动知识。

2．能力目标

（1）能制订组合件加工工艺方案；
（2）使用手动工具加工复杂组合件；
（3）会综合使用通用量具检测并分析组合件出现的质量问题，提出解决方案；
（4）能做好现场 5S 和 TPM 管理。

3．素质目标

（1）遵守车间安全操作规范要求；
（2）具有良好的环境保护意识；
（3）能与他人合作，进行有效沟通，主动获取有效信息，展示工作成果；
（4）能听取他人的建议，对工作过程中的不足之处加以改善；
（5）能发现问题，并找出解决办法。

三、加工图纸

滑阀导板机构组合件装配图，如图 5-9 所示；滑阀导板机构组合件零件图，如图 5-10 所示。

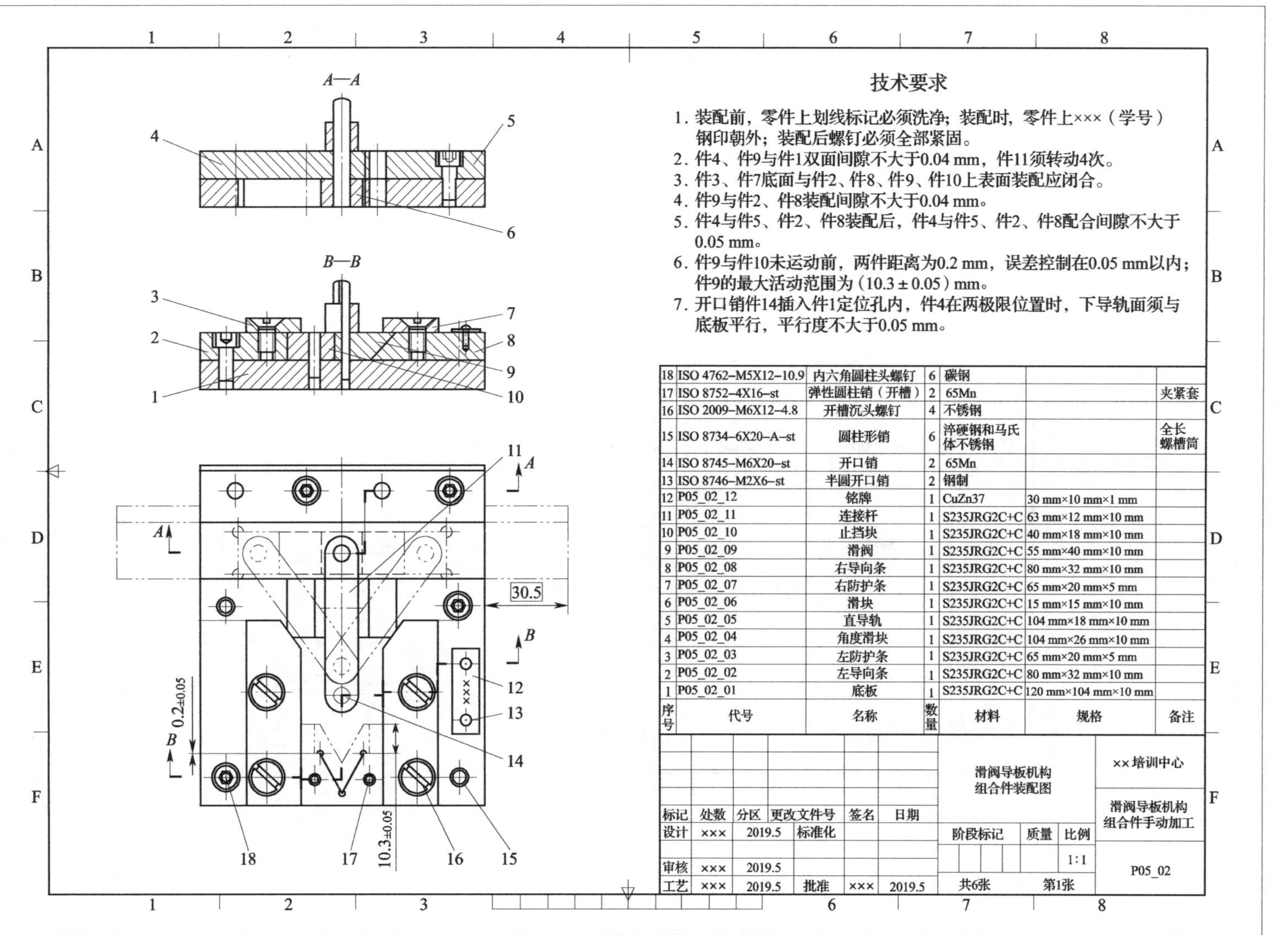

序号	代号	名称	数量	材料	规格	备注
18	ISO 4762–M5X12–10.9	内六角圆柱头螺钉	6	碳钢		
17	ISO 8752–4X16–st	弹性圆柱销（开槽）	2	65Mn		夹紧套
16	ISO 2009–M6X12–4.8	开槽沉头螺钉	4	不锈钢		
15	ISO 8734–6X20–A–st	圆柱形销	6	淬硬钢和马氏体不锈钢		全长螺槽筒
14	ISO 8745–M6X20–st	开口销	2	65Mn		
13	ISO 8746–M2X6–st	半圆开口销	2	钢制		
12	P05_02_12	铭牌	1	CuZn37	30 mm×10 mm×1 mm	
11	P05_02_11	连接杆	1	S235JRG2C+C	63 mm×12 mm×10 mm	
10	P05_02_10	止挡块	1	S235JRG2C+C	40 mm×18 mm×10 mm	
9	P05_02_09	滑阀	1	S235JRG2C+C	55 mm×40 mm×10 mm	
8	P05_02_08	右导向条	1	S235JRG2C+C	80 mm×32 mm×10 mm	
7	P05_02_07	右防护条	1	S235JRG2C+C	65 mm×20 mm×5 mm	
6	P05_02_06	滑块	1	S235JRG2C+C	15 mm×15 mm×10 mm	
5	P05_02_05	直导轨	1	S235JRG2C+C	104 mm×18 mm×10 mm	
4	P05_02_04	角度滑块	1	S235JRG2C+C	104 mm×26 mm×10 mm	
3	P05_02_03	左防护条	1	S235JRG2C+C	65 mm×20 mm×5 mm	
2	P05_02_02	左导向条	1	S235JRG2C+C	80 mm×32 mm×10 mm	
1	P05_02_01	底板	1	S235JRG2C+C	120 mm×104 mm×10 mm	

标记	处数	分区	更改文件号	签名	日期	滑阀导板机构组合件装配图	××培训中心
设计	×××	2019.5	标准化			阶段标记 / 质量 / 比例 1:1	滑阀导板机构组合件手动加工
审核	×××	2019.5					P05_02
工艺	×××	2019.5	批准	×××	2019.5	共6张 第1张	

图 5-9　滑阀导板机构组合件装配图

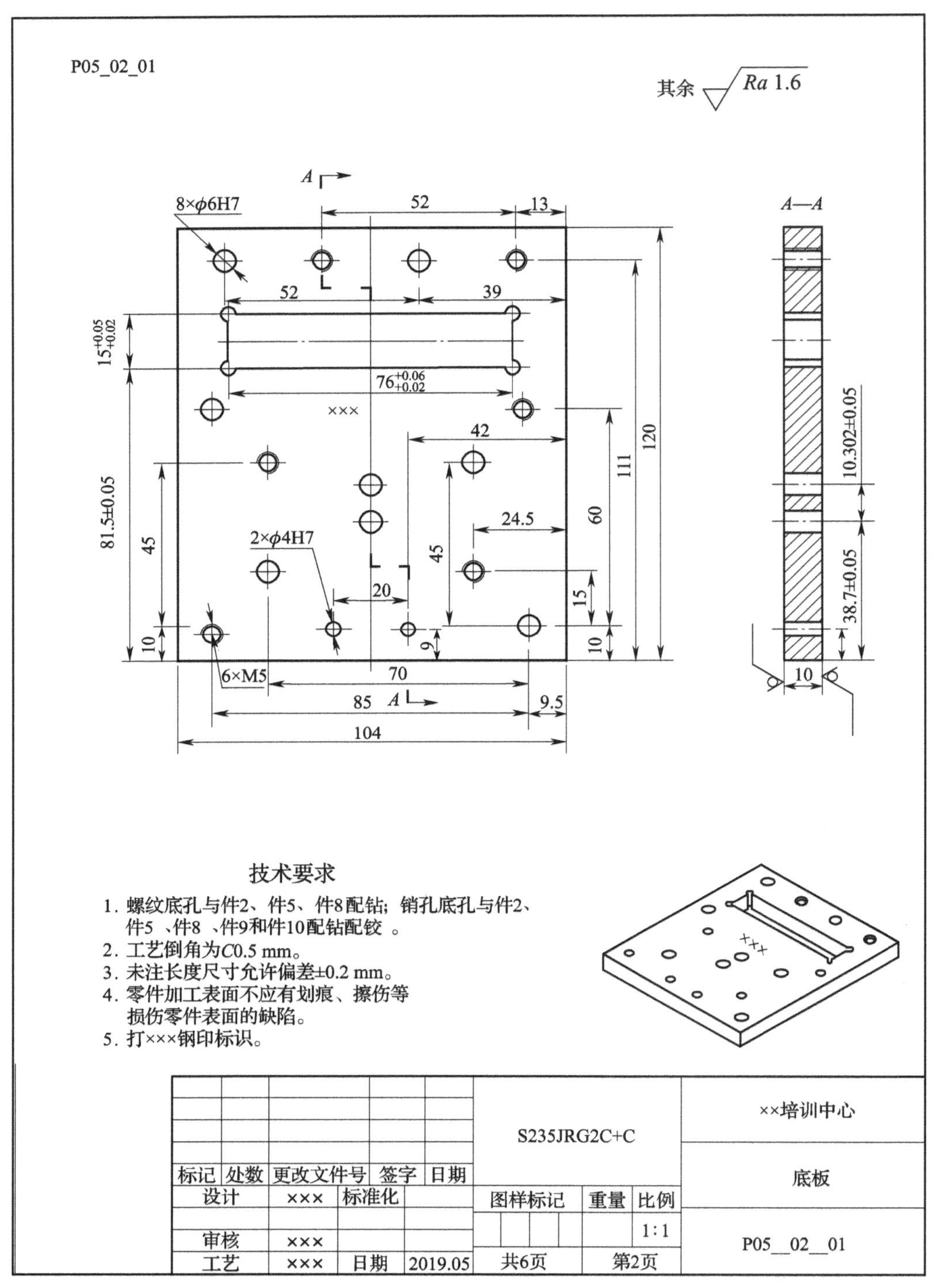

（a）滑阀导板机构组合件零件图1

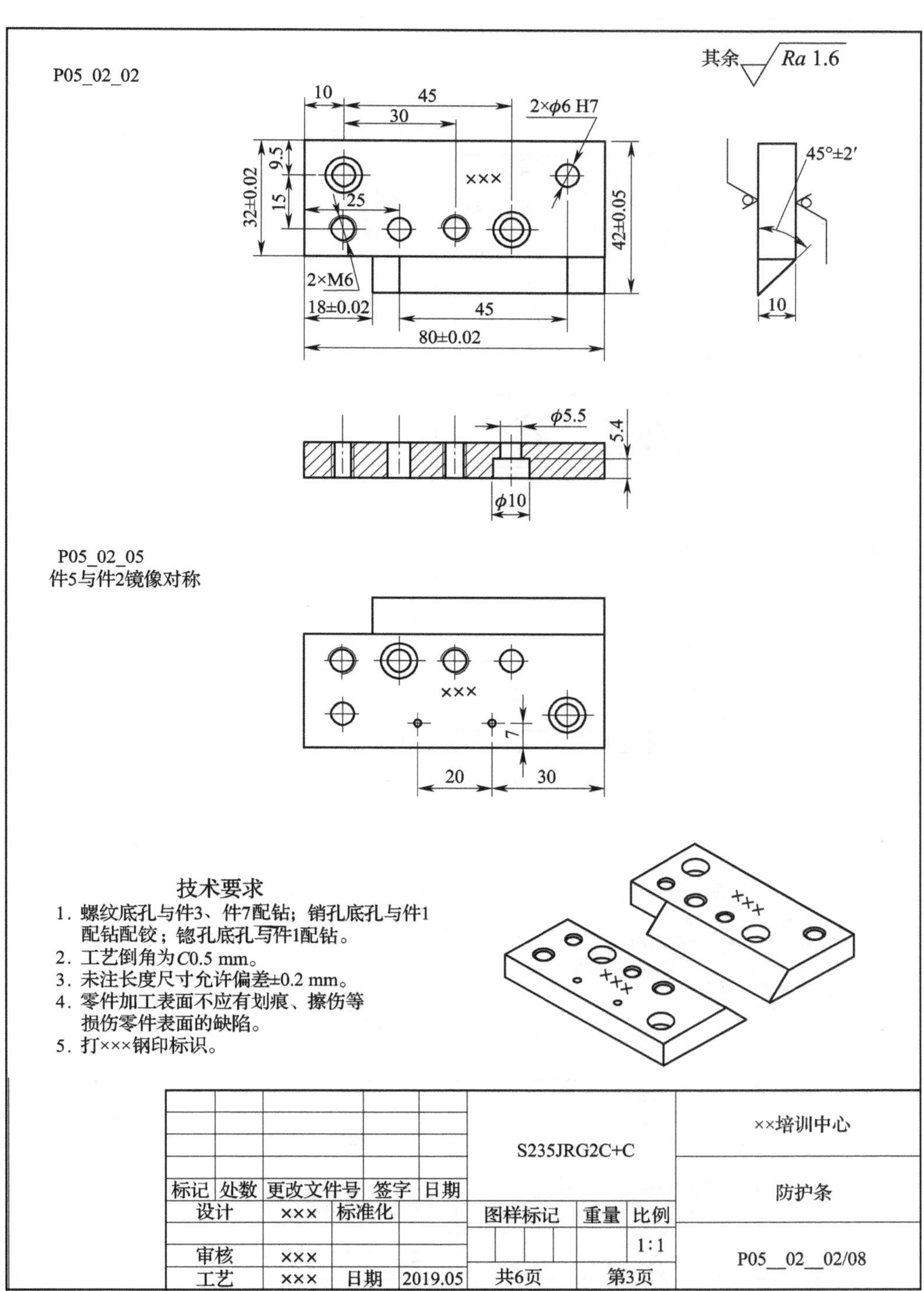

（b）滑阀导板机构组合件零件图2

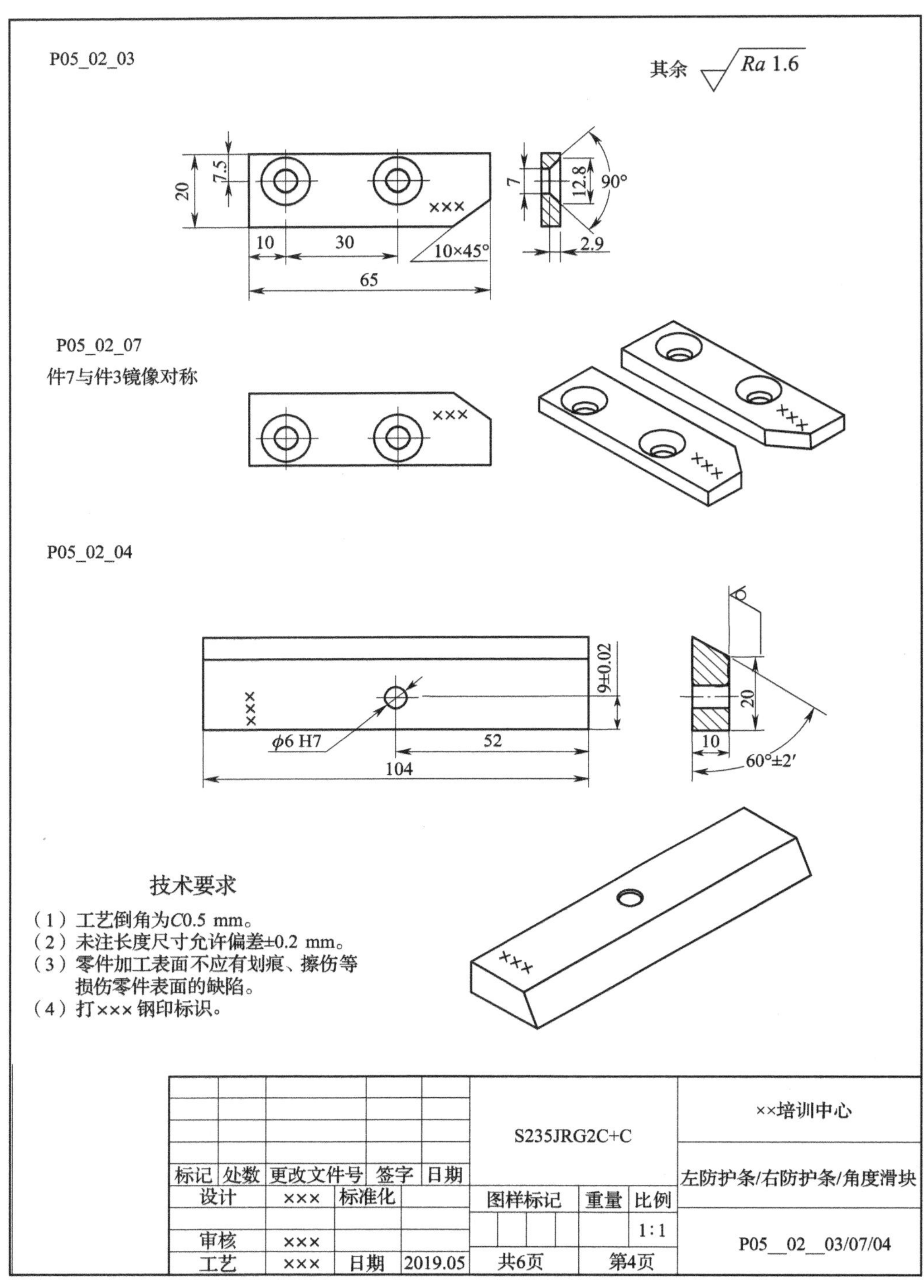

（c）滑阀导板机构组合件零件图3

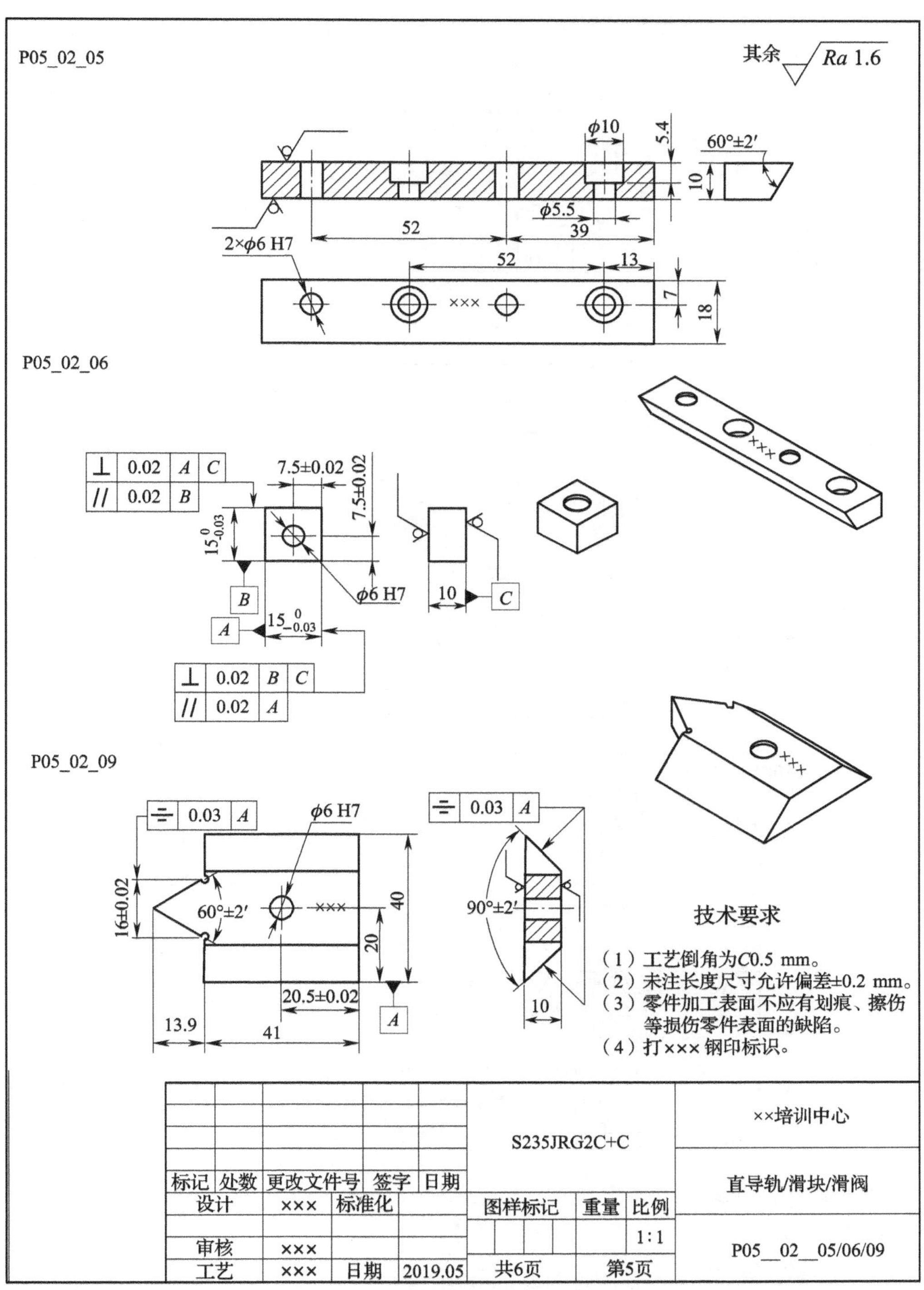

（d）滑阀导板机构组合件零件图4

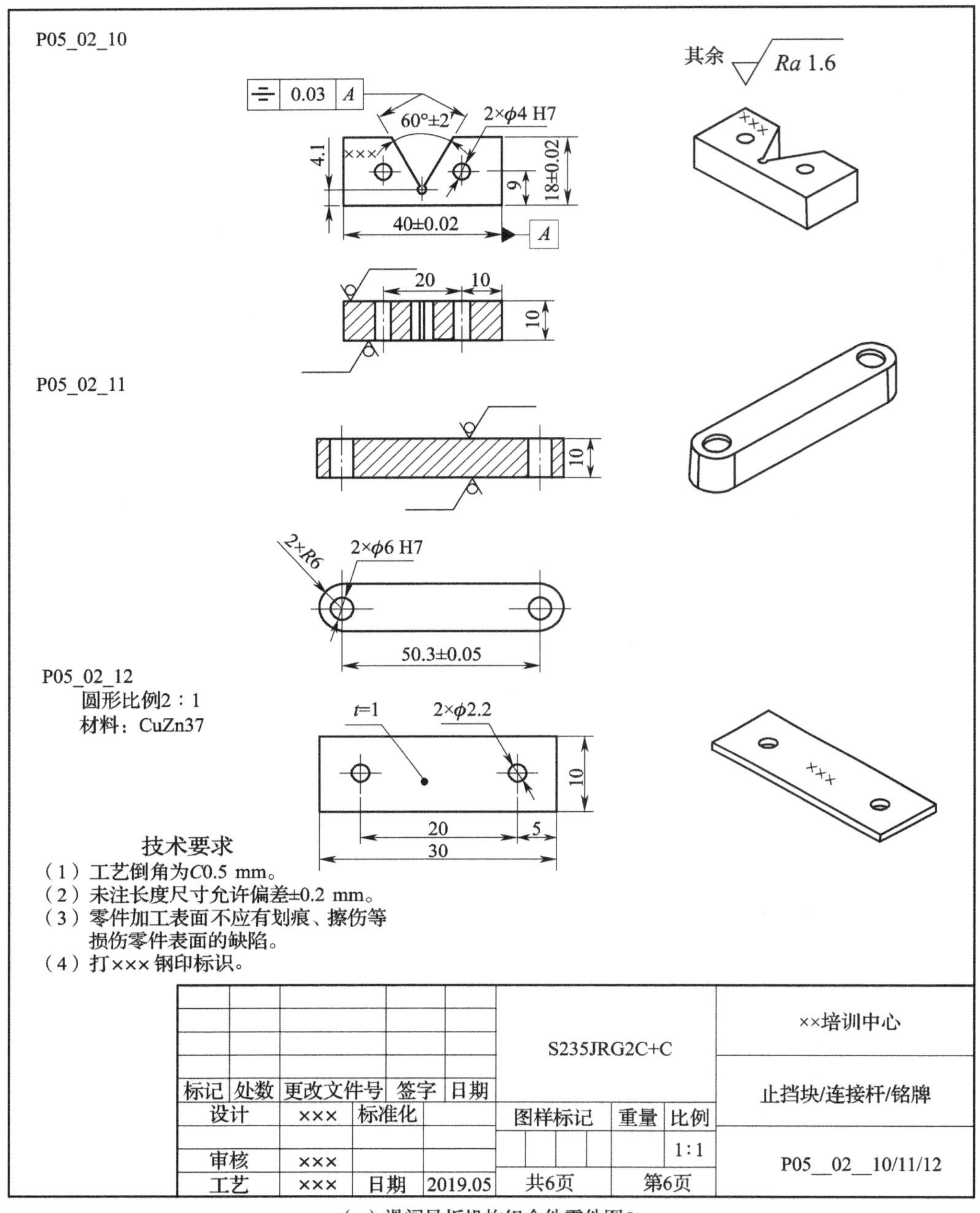

（e）滑阀导板机构组合件零件图5

图 5-10　滑阀导板机构组合件零件图

可以使用以下资源：

(1) 零件图样；

(2) 网络教学资源；

(3) 操作指南；

(4) 材料。

任务提示

一、工作方法

- 读图后回答引导问题，可以使用的材料有工具手册、机械制造手册及网络教学资源等
- 以小组讨论的形式完成工作计划
- 按照工作计划，完成工具、量具、刃具计划表，编写滑阀导板机构组合件手动加工工艺卡。对于出现的问题，请先尽量自行解决，如确实无法解决，再与培训教师进行讨论
- 严格按照工艺流程完成滑阀导板机构组合件手动加工，做好加工过程记录，同时思考如何优化工艺方案，改进加工方法，提高零件配作技巧
- 完成“检查”部分内容。运用各种检测方法对滑阀导板机构组合件进行检测和评分，学生完成学生自评内容，培训教师完成教师评价内容
- 与培训教师、小组成员讨论后，进行工作总结

二、工作内容

- 收集工作过程及加工过程中的必要信息
- 分析零件图，完成工作计划
- 分析并编制滑阀导板机构组合件加工工艺
- 准备好加工所需的工具、量具、刃具及辅具
- 划线、钻孔、去余料、锉削、修配、铰孔、攻螺纹、装配
- 工件各边去毛刺、打钢印
- 使用测量工具检测滑阀导板机构组合件加工质量
- 完成自检、自评
- 展示作品，并找出不足之处
- 进行现场 5S 和 TPM 管理，并遵循岗位安全规范操作
- 对任务完成情况、学习及工作情况进行总结反思
- 在规定时间内，完成并提交工作页和滑阀导板机构组合件

三、工、量具

- 钢直尺、划针、样冲、定向钻、V 型铁块
- 锯条、锯弓、300 g 锤子、铜刷、毛刷、3 mm 钢印、錾子
- 各类常规锉刀、什锦锉
- 游标卡尺、游标万能角度尺、外径千分尺、高度游标卡尺、刀口角尺、角度样板、量块、杠杆表
- 钻头、铰刀、铰杠、丝锥、塞规等

四、知识储备

- 滑阀导板机构组合件加工与装配工艺
- 各类螺纹、螺栓和螺钉、沉孔、销孔等相关知识
- 识读装配图的方法和步骤
- 配合面测量的操作方法和步骤
- 配合间隙的控制及检测方法

五、注意事项与工作提示

- 识读滑阀导板机构组合件装配图，熟悉组合件的构造、工作原理和用途，仔细查看编号和明细栏
- 认真分析装配图，弄清各视图的表达意图和重点
- 分析各零件，并读懂各零件的结构形状，明确各零件的技术要求、公差、表面粗糙度等
- 根据各零件图加工先后顺序，逐一进行加工
- 修配过程中，用透光和涂色法确定其修锉部分及余量；要综合兼顾，勤测慎修，

逐步达到配合精度要求

- 销孔、螺纹孔需配作，确保孔中心线要垂直于大平面
- 主动与培训教师沟通交流

六、劳动安全

- 参照车间的安全标志的内容
- 配作孔时，用机用台虎钳夹紧工件，保证钻头与加工面垂直
- 试配时，切勿将凸件强行敲入凹件，注意不要敲到手
- 装配时，工件要放到工作台面上，不要在地面进行安装

七、环境保护

- 参照项目 1 相应的内容
- 注意台面、地面、台钻工作台及周围的铁屑要及时清扫，并放入指定废弃处

八、成本估算

- 根据零件、工具、量具以及人工等费用，简单估算成本，进行简单经济核算

工作过程

一、信息

A1 得分：　　/ 190

（中间成绩 A1 满分 190 分，10 分 / 题）

1. 知识引导提问

（1）请指出该组合件中起导向作用的零件有哪些？

（2）分别计算使用高速钢钻头钻下列孔时所需的转速（r/min）：

1）在 Q235 钢件上钻 ϕ5.5 mm 孔；

2）在铸铁上钻 ϕ12 mm 孔；

3）在铝材或者铜材上钻 ϕ8 mm 孔。

（3）在铰 ϕ6H7 孔前应钻多大直径的孔？机铰孔时，铰刀的转速是多少？

（4）销连接有什么作用？可分为哪几类？其装配时需要注意哪些要点？

（5）螺纹连接方式有哪几种，请分别用图示来表示。

2. 工作方面引导

（1）毛坯材料的尺寸是多少？

（2）件 1 底板 6 个 M5 螺纹孔底孔是多大？其定位尺寸分别是多少？

（3）定位销连接在装配过程中应该注意哪些要点？

（4）件 1 底板与件 2 左导向条、件 8 右导向条装配时，应采用怎样的加工步骤？

（5）如何保证件 9 滑阀与件 10 止挡块、件 2 左导向条、件 8 右导向条的配合间隙？

（6）如何保证件 4 角度滑块在件 5 直导轨移动时的配合间隙？

（7）件 1 底板与件 2、件 5、件 8、件 10 销孔加工，请填写下列内容。

底孔麻花钻规格	铰刀规格	麻花钻钻孔时机床转速	机用铰削时机床转速	是否可以拆卸后重新装夹再铰孔？

（8）如何保证件 9 滑阀与件 1 的销孔位置？件 4 角度滑块与件 6 的销孔位置？

(9）在件 10 止挡块销孔加工过程中，需要注意哪些事项？

(10）请列出加工组合件需要用到的丝锥清单以及相应的麻花钻清单。

(11）是否存在一种平面，它的表面质量和平面度会对零件配合产生重大影响？

(12）你认为哪些评分检测项很重要？

(13）你认为在安全方面会存在哪些危险？为了避免发生危险应采取哪些措施？

(14）在加工滑阀导板机构组合件时，需注意哪些环保事项？

二、计划

A2 得分：　　/ 100

（中间成绩 A2 满分 100 分，50 分 / 题）

1. 小组讨论后，完成工作计划流程表

工作计划流程表				
工件名称：		工件号：		
序号	工作步骤 / 事故预防措施	材料表（机器、工具、刃具、辅具）	安全环保	工作时间 / 小时
1				
2				
3				
4				
5				
6				
7				
8				
9				
10				
11				
12				
13				
14				

2. 工、量、刃、辅具及材料表

序号	种类	名称	规格	精度	数量	单位	备注

三、决策

A3 得分：　　/ 100

（中间成绩 A3 满分 100 分，每少一步扣 10 分，扣完为止）

小组讨论（或培训教师点评）后，最终确定工作计划，填写可实施的工艺流程工作页。

工艺流程工作页

序号	工序名称	工序内容 请使用直尺自行分割以下区域	设备	夹具	工具	量具	辅具	劳动保护及环保	工作时间/小时

说明：可自行增加表格。

四、实施

A4 得分：　　/ 150

（中间成绩 A4 满分 150 分）

（1）实施过程记录表。（100 分）

步骤	工作内容（可用图示）	使用工具（工、量、辅、刃具）	操作记录

步骤	工作内容（可用图示）	使用工具（工、量、辅、刃具）	操作记录

（2）记录实施过程中出现的与决策结果不一致的情况以及出现异常的情况。（50分）

原计划：	实际实施：
(1)	(1)

五、检查

A5 得分：　/ 100

学生与培训教师分别用量具或者量规检查被测零件，评价是否达到要求的质量特征值，并分别把测量的实际尺寸和是否完成特征值的判断结果填入“学生自评”和“教师评价”栏。

重要说明

- 当“学生自评”和“教师评价”一致时得 10 分，否则得 0 分；
- 不考虑学生自己测得的实际尺寸是否符合尺寸要求；
- “学生自评”的意义是对学生检测自己使用量具测量准确性和数据记录完整性的能力进行判断，而与各零件是否达到精度要求及功能要求无关；
- 灰底处由培训教师填写。

检查记录表

序号	件号	特征值		学生自评			教师评价			评分记录
			图样尺寸	实际尺寸	完成特征值		实际尺寸	完成特征值		
					是	否		是	否	
1	1，4，9	双面间隙	≤ 0.04 mm							
2	2，8，9	装配间隙	≤ 0.04 mm							
3	2，4，5，8	配合间隙	≤ 0.05 mm							
4	9，10	初始状态	(0.2 ± 0.05) mm							
5	1	长度	$76^{+0.06}_{+0.02}$ mm							
6	5	角度	60° ± 2′							
7	6	长度	$15^{0}_{-0.03}$ mm							
8	9	行程距离	(10.3 ± 0.05) mm							
9	9	宽度	(20.5 ± 0.02) mm							
10	9	角度	90° ± 2′							

中间成绩：

评分等级：10 分或 0 分　　（A5 满分 100 分，10 分 / 题）　A5

六、评价

B1 得分： /50	B2 得分： /50

重要说明：灰底处无须填写。

1. 完成功能和目测检查

序号	件号	项目	功能检查	目测检查
1	1–18	组合件完全按照图样装配，螺钉拧紧		
2	1，2，8，9，11，14	连接杆（件 11）可使滑阀（件 9）在导向条（件 2 和件 8）中运动		
3	1，6	滑块（件 6）可在底板（件 1）凹槽中左右运动		
4	1，2，4，5，8	角度滑块（件 4）可在直导轨（件 5）和导向条（件 2 和件 8）之间运动		
5	4，9，14	角度滑块（件 4）可使连接杆（件 11）运动		
6	1–12	所有单个零件都按照图样加工		
7	1，2，4，5，6，8，9，10，11，12	半圆开口销（件 13），开口销（件 14），圆柱形销（件 15），弹性圆柱销（件 17）的位置符合要求		
8	1–11	锉削面粗糙度为 $Ra3.2$		
9	1，2，4，5，6，8，9，10，11	铰孔孔壁表面粗糙度为 $Ra1.6$		
10	1–12	去除毛刺，打钢印符合要求		
		中间成绩：		
			B1	B2

评分等级：10–9–7–5–3–0 分　(B1 满分 50 分，B2 满分 50 分，10 分 / 项)

2. 完成尺寸检验

B3 得分： / 290 | **B4 得分： / 20**

序号	件号	检测项目	偏差	实际尺寸	精尺寸	粗尺寸
1	1，4，9	双面间隙	≤ 0.04 mm			
2	2，8，9	装配间隙	≤ 0.04 mm			
3	2，4，5，8	配合间隙	≤ 0.05 mm			
4	9，10	初始状态间隙 0.2 mm	±0.05 mm			
5	9	行程距离	（10.3±0.05）mm			
6	1，2，4，5，6，8，9，11	销孔 ϕ6H7	0/+0.012 mm			
7	1，10	销孔 ϕ4H7	0/+0.012 mm			
8	1	孔距 38.7 mm	±0.05 mm			
9	1	长度 81.5 mm	±0.05 mm			
10	1	槽长 76 mm	+0.02/+0.06 mm			
11	1	槽宽 15 mm	+0.02/+0.05 mm			
12	1	孔边距 9 mm	±0.2 mm			
13	2	宽度 32 mm	±0.02 mm			
14	2	槽深 18 mm	±0.02 mm			
15	2	长度 80 mm	±0.05 mm			
16	2	宽度 42 mm	±0.02 mm			
17	2	角度	45°±2′			
18	4	孔距 52 mm	±0.2 mm			
19	4，9，10	角度	60°±2′			
20	4	孔距 9 mm	±0.02 mm			
21	6	垂直度、平行度	⊥ 0.02 B C // 0.02 A			
22	6	垂直度、平行度	⊥ 0.02 A C // 0.02 B			
23	6	长度	$15^{0}_{-0.03}$ mm			
24	6	孔距 7.5 mm	±0.02 mm			
25	9	宽度 20.5 mm	±0.02 mm			
26	9	角度 90°	±2′			

续表

序号	件号	检测项目	偏差	实际尺寸	精尺寸	粗尺寸
27	9	长度 16 mm	±0.02 mm			
28	9	对称度	⌯ 0.03 A			
29	10	长度 40 mm	±0.02 mm			
30	10	宽度 18 mm	±0.02 mm			
31	11	孔距 50.3 mm	±0.05 mm			
				中间成绩：		
				（B3 满分 290 分，B4 满分 20 分，10 分 / 项）	B3	B4

评分等级：10 分或 0 分

3. 计算工作页评价成绩和技能操作成绩

（各项“百分制成绩”=“中间成绩 1”÷“除数”；“中间成绩 2”=“百分制成绩”×“权重”；“工作页评价成绩”和“技能操作成绩”分别为各项的中间成绩 2 之和）

序号	工作页评价	中间成绩 1		除数	百分制成绩	权重	中间成绩 2
1	信息	A1		1.9		0.1	
2	计划	A2		1		0.2	
3	决策	A3		1		0.2	
4	实施	A4		1.5		0.45	
5	检查	A5		1		0.05	
						工作页评价成绩：	
						（满分 100 分）	Feld 1

Feld 1 得分：　　/ 100

序号	技能操作	中间成绩 1		除数	百分制成绩	权重	中间成绩 2
1	功能检查	B1		0.5		0.1	
2	目测检查	B2		0.5		0.1	
3	精尺寸	B3		2.9		0.75	
4	粗尺寸	B4		0.2		0.05	
						技能操作成绩：	
						（满分 100 分）	Feld 2

Feld 2 得分：　　/ 100

4．项目总成绩

（各项“中间成绩”=“中间成绩 2”×“权重”；“总成绩”为各项“中间成绩”之和）

序号	成绩类型	中间成绩 2		权重	中间成绩
1	工作页评价	Feld 1		0.4	
2	技能操作	Feld 2		0.6	
				项目总成绩：（满分 100 分）	
					总成绩

项目总成绩：　　/ 100

总结与提高

一、汇总分析并绘制雷达图

序号	工作页评价	百分制成绩	雷达图
1	信息 A1		
2	计划 A2		
3	决策 A3		
4	实施 A4		
5	检查 A5		
6	功能检查 B1		
7	目测检查 B2		
8	精尺寸检验 B3		
9	粗尺寸检验 B4		

二、自我评价与总结

（1）根据雷达图显示，说明其存在的问题，分析原因并提出改进措施。

存在问题	原因分析	改进措施

（2）利用思维导图方法绘制滑阀导板机构组合件加工工艺。

（3）锉配、螺纹与销连接过程中，你是如何保证配合间隙的？

（4）在整个加工过程中，你是如何执行现场5S和TPM管理，又是如何进行持续改进的？

（5）你觉得哪些地方没有做好？如果重新做，你会注意哪几个方面？

三、思考与练习题

1．选择题

（1）以下哪一选项与图 5-11 所示吻合？（　　）

A．横刃、主切削刃、前刀面　　B．主切削刃、前刀面、横刃

C．前刀面、横刃、主切削刃　　D．主切削刃、横刃、前刀面

E．横刃、前刀面、主切削刃

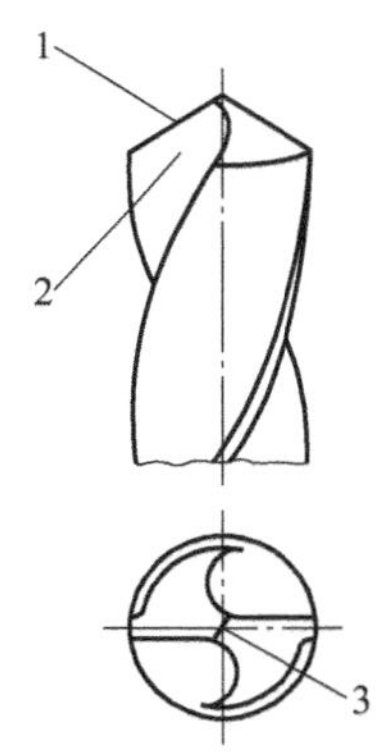

图 5-11　麻花钻图

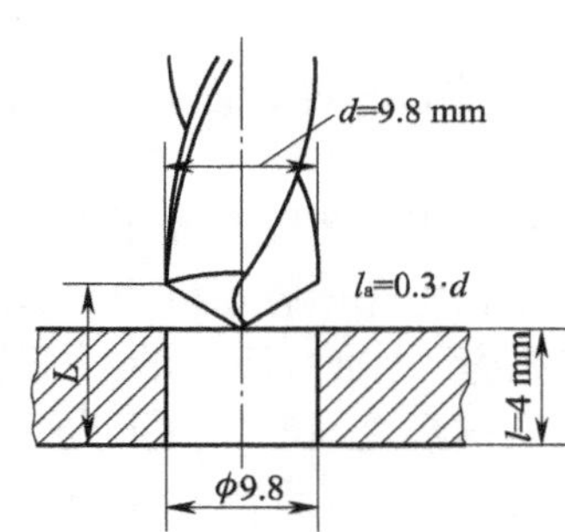

图 5-12　钻孔图

（2）钻孔时要使用冷却润滑液，冷却润滑液的主要作用是什么？（　　）

A．增大摩擦　　B．除去异物

C．清洗　　D．带走热量

E．防腐蚀

（3）如图 5-12 所示，钻孔行程 l 为多少 mm？（　　）

A．l=2.94 mm　　B．l=4 mm

C．l=6.94 mm　　D．l=8 mm

E．l=10.1 mm

（4）在 45# 钢上用高速钢麻花钻加工一个 ϕ 5.5 的孔，当切削速度为 v_c=20 m/min 时，钻床的转速 n（r/min）应为多少？（　　）

A．n=110 r/min　　B．n=220 r/min

C．n=1150 r/min　　D．n=1200 r/min

E．n=2200 r/min

(5) 要把圆柱销打入一个盲孔时必须要注意（　　）。

A．圆柱销必须使用装配粘接剂，确保牢固

B．圆柱销打入盲孔应敦实

C．使用带扁式的圆柱销，使孔内空气能够泄出

D．在圆柱销上涂一层油脂

E．不必注意，因为圆柱销总是过盈配合

(6) 在铰孔时，以下答案哪一个是正确的？（　　）

A．戴发套和穿皮围裙

B．穿安全防护鞋，戴保护耳塞

C．穿工作服，戴防护眼镜

D．用手死死握住台虎钳

E．用压缩空气吹扫切屑

(7) 要求零件表面粗糙度达到 $Ra1.6$ μm，请问用以下哪种量具能够检查这一参数？（　　）

A．用游标卡尺

B．用百分表

C．用刀口直尺

D．用触针式轮廓仪

E．通过目检

(8) 加工孔时需要磨削样冲，因此必须要考虑砂轮机磨粒，请问砂轮机加工时要注意哪些事项？（　　）

A．在砂轮机旁工作时要有操作指导书

B．圆形工件只允许在砂轮机侧面磨削

C．在砂轮机旁工作时必须戴防护眼镜

D．砂轮和支撑板之间的距离至少为 3 mm

E．加工大型工件时允许拆除保护罩

(9) 组合件的零件是按不同的公差标准来确定公差的。请问在确定公差时有什么基本规则？（　　）

A．公差总是要尽可能设得小

B．公差可以任意确定

C．在满足精度要求的前提下公差设得尽可能大；在工艺条件许可的前提下公差可以设得小

D．公差总应设得大

E．公差对组合件的功能没有影响

(10) 为什么要回收利用工件和辅助材料？（　　）

A．为了改善产品质量　　B．为了节省空间

C．为了降低成本和环保　　D．为了规避法律法规

E．为了快速加工

2．如图 5-13 所示，根据旋转推送机构装配图相关信息，拆画各零件图，并编制各零件手动加工工艺方案。

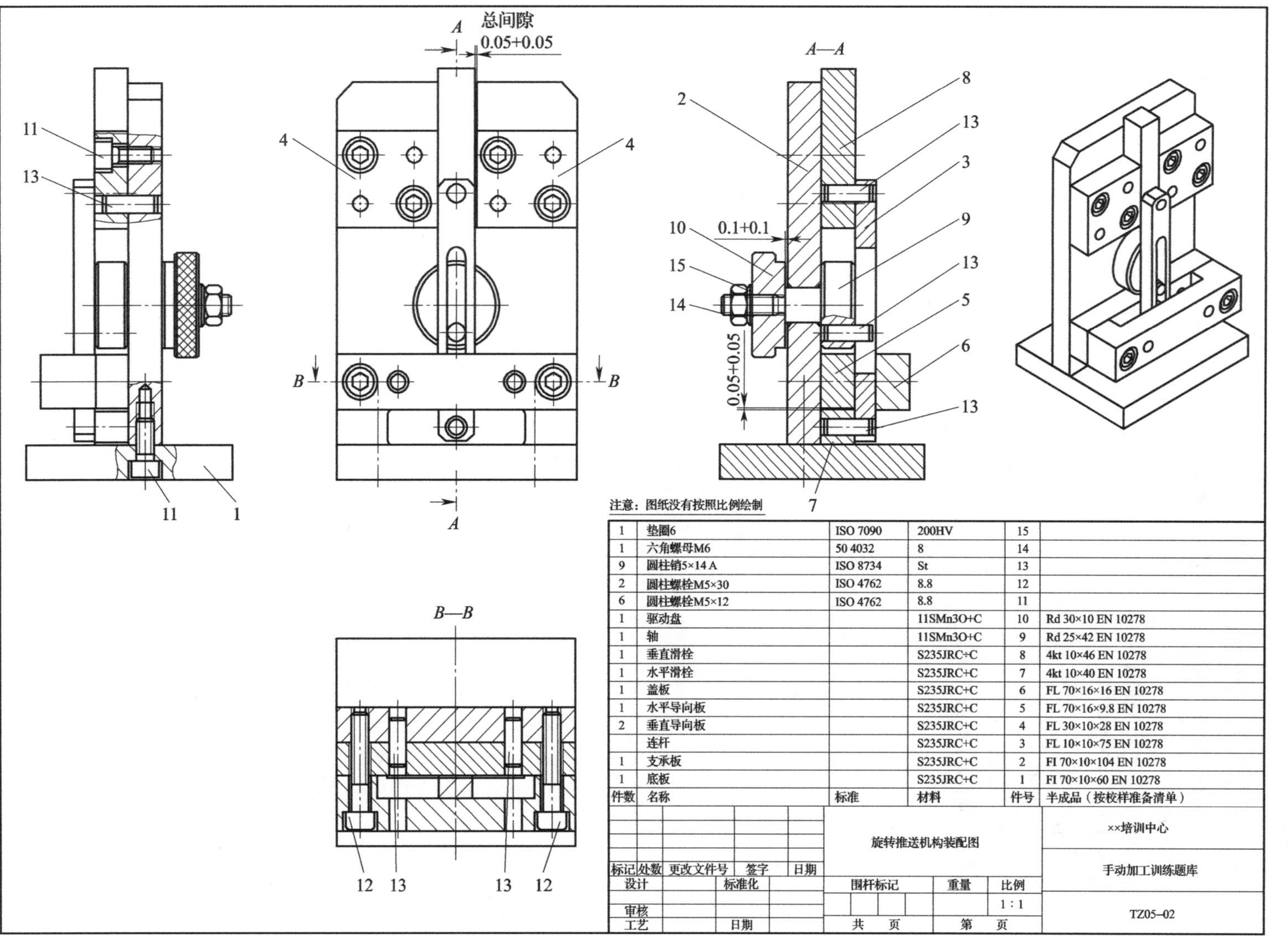

图 5-13　旋转推送机构装配图

四、任务小结

通过本任务的学习，学生能分析装配图和零件图，编制零件手动加工工艺；会合理选用各类材料、工具、量具、刃具、辅具等，能手动加工、检测、修配和装配复杂组合件。

知识提示：

1. 车间的安全生产与防护；
2. 现场 5S 和 TPM 管理；
3. 测量知识；
4. 钳工技能知识；
5. 精度控制方法；
6. 装配与调试的相关知识。